信息理论与编译码技术

刘立柱 王 刚 丁志鸿 编著

国防工业出版社

·北京·

内 容 简 介

本书论述了信息、信息系统和智能系统的概念与特性,信源和信道的分类,阐述了信源产生冗余的根源,分析了去除冗余的一般方法,重点论述了信源熵函数、信道容量代价函数和速率失真函数及其特性,给出了相应的信源编码、信道编码和信源—信道编码四个定理。

本书阐述了数据、传真、语音等各种媒体信源编码原理和信道编码原理,重点是无失真信源编译码理论与技术;提出了信源码的纠错译码原理与技术;探讨了智能信息处理和译码技术融合的抗误码译码新技术。

本书具有独特的板块体系结构,并致力于理论与技术深度融合,编码技术与译码技术的统一,目的是使读者清晰可见信息理论既与编码密切相关、也与信息传输系统密不可分,是指导编码和信息系统理论与技术发展的强大武器。本书具有探索性与创新性,其中信源码的纠错译码技术,具有很强的探索性,把智能信息处理与译码技术融合,开辟了一个新的研究方向。

本书可供信息技术(通信、电子信息、测控、计算机)领域科研和工程技术人员学习参考,同时也可作为高等学校电子信息类或相关专业本科生、研究生的专业基础课或专业课教材。

图书在版编目(CIP)数据

信息理论与编译码技术/刘立柱,王刚,丁志鸿编著. —
北京:国防工业出版社,2013.8
 ISBN 978-7-118-08867-0

Ⅰ.①信… Ⅱ.①刘… ②王… ③丁… Ⅲ.①信
息论 ②信源编码 – 编码技术 Ⅳ.①TN911.2

中国版本图书馆 CIP 数据核字(2013)第 180028 号

※

国防工业出版社出版发行

(北京市海淀区紫竹院南路 23 号　邮政编码 100048)
北京奥鑫印刷厂印刷
新华书店经售

*

开本 787×1092　1/16　印张 18　字数 472 千字
2013 年 8 月第 1 版第 1 次印刷　印数 1—2500 册　定价 52.00 元

(本书如有印装错误,我社负责调换)

国防书店:(010)88540777　　　发行邮购:(010)88540776
发行传真:(010)88540755　　　发行业务:(010)88540717

前　言

1948 年 C. E. Shannon(香农)发表的"通信的数学理论",创立了信息论。香农信息论一般称为信息论基础。在发展历程中,从最初的、解决通信中的有效性和可靠性,发展成为信息系统的有效性、可靠性、保密性和经济性四维度课题;从广度的角度看,从最初单一概率信息,发展成概率的、偶发的、模糊的、语法的、语义的和语用的多维信息。目前,信息论已发展成为信息科学。随着社会信息化进程的推进,信息理论与编译码技术是信息科学中最基础和最活跃的发展领域,广泛应用于信息技术之中,同时,信息的概念遍及当今社会的各个领域。

在信息化时代,经济全球化趋势明显,社会信息化进程加快,国家之间的竞争更加激烈,其核心是人才的竞争、技术的竞争。竞争,促使信息交互向着网络化、信息处理智能化、信息开发利用大众化方向发展,促使教育从全民教育向全人教育的方向发展。

社会信息化需要网络的大发展:互联网(Internet),把单台计算机连接在一起,称为第一个里程碑;万维网(WWW),即 Web 超媒体网络,把一个个网页连接起来,称为第二个里程碑;网格则是利用计算机网络,把地理上分布式的计算资源、存储资源、软件资源、信息资源等连成一个整体,为用户提供一体化的信息服务,实现网络上所有资源的全面连通、全面共享,消除了"信息孤岛"和"资源孤岛",称为第三个里程碑。2008 年,IBM 首席执行官彭明盛首次提出"智慧的地球"这一概念。认为,IT 产业下一阶段的任务是,把感应器嵌入和装备到电网、铁路、桥梁、大坝、油气管道等各种物体中,并且被普遍连接,形成所谓的"物联网",可称为第四个里程碑。应该指出,在网络发展过程中,需要大量的信息处理技术作为支撑,需要更高水平的信息处理技术,这个需求,促使信息处理向智能化方向发展。

社会信息化需要信息资源的深度开发和充分利用。把新一代 IT 技术充分运用在各行各业之中,人们将充分利用各种媒体信息,人类社会将进入后信息化时代。所谓媒体信息,包括声音、文字、传真、图像、视频、数据、多媒体等。信息处理,包括媒体数据的采集、存储、处理、压缩、传输、显示或播放等。

网络的发展水平,信息资源的开发和利用水平决定了信息化社会的发展水平,一个国家网络的发展、信息资源开发和利用的竞争优势,是在国际竞争中立于不败之地的法宝。竞争优势的取得,关键是人才的竞争、智力的优势。这就说明,国家教育从大众教育向"全人教育"发展的客观需求。所谓"全人教育",坚持以人为本,更加注重"综合素质教育"。即培养"专业素质"、"文化素质"、"信息素质"较高,创新能力较强,具有"国际视野"的智能水平较高的人。何谓智能? 获取信息、处理信息、利用信息解决问题的能力就是智能。正因为如此,作者一直想写一本适应社会信息化发展需求、顺应全人教育教学改革趋势、使读者学会信息理论并能应用于信息技术实践的书,此书最好的冠名就是《信息理论与编译码技术》。

本书是在《概率与模糊信息论及其应用》(2004 年)和《无失真信源编码纠错译码理论与技术》(2008 年)的基础上,归纳整理了我的博士研究生和硕士研究生们的研究成果编写而成。在编写中,我们追求的目标如下:

（1）信息理论与编码技术紧密结合的板块体系。以基本概念（第1章、第2.4节、第3.1节）为第一板块，信源熵函数和信源编码理论与技术（第2~9章）为第二板块，信道特性分析和信道编码（第10~12章）为第三板块，限失真编码理论与技术和系统优化（第13~16章）为第四板块，最后是第五板块——智能译码技术。目的是解决学习信息论不知如何应用，做技术创新如何寻求理论支撑的难题。

（2）理论与技术的深度融合。在板块体系结构的基础上，把理论与实现技术密切结合，既阐述编码原理，又论述编码的实现技术；既讨论译码理论，又探讨译码技术；既论述信道传输能力，又讨论在信息系统设计中的应用。其目的还是使读者真正提高分析问题、解决问题的能力。

（3）探索与创新的具体实践。信息理论包括经典的香农信息论，探索性与创新性使其在深度和广度上都得到了发展，体现在信源冗余、编码冗余、去除冗余的技术分析及压缩系统分析方面；同时本书在论述了各种媒体压缩码算法基础上，重点讨论了译码算法与技术，信源码的纠错译码技术，具有很强的探索性。本书针对多种信源编码，较深入地论述了纠错译码算法和技术；把智能信息处理与译码技术融合所提出的抗误码译码技术，具有显著创新性。由此可见，需求激发技术创新，技术创新需要理论支撑。

本书共17章，由刘立柱总体构思、统审定稿。王刚审阅全书，并执笔第7、8、9章；第4、5、6、17章及14.2节、14.3节由丁志鸿执笔；第2、13章及14.1节由海洁执笔，第3章由陈杨执笔，第10、11章由张军执笔，第12、15、16章由杜海龙执笔。

需要指出的是，在编写过程中，得到了解放军信息工程大学信息系统工程学院领导和同事们鼓励，以及有关项目的支持，得到了项仕标教授的鼓励，以及西亚斯国际学院"电子信息工程省级特色专业建设"项目的支持，本书内容包括孙正安、张沛、刘伟华、朱文文、何鑫、牛小立等多名研究生作出的贡献，在《概率与模糊信息论及其应用》和《无失真信源编码纠错译码理论与技术》中所列参考文献，在本书中未再列出。在此，一并表示深切的谢意。

由于时间仓促，水平有限，存在不妥甚至错误之处，敬请广大读者批评指正。

编著者

2013 年 7 月

目　录

第1章 概 论

1.1 信息的概念与分类

信息论的创始人香农(Shannon)研究了通信系统,在 1948 年发表了"通信的数学理论"一文,对信息给出了定量的规定,从而开辟了对信息的了解和研究。香农用概率方法给出了信源和信道的数学模型,通信系统模型如图1.1 所示。

$$信源 \rightarrow 编码 \rightarrow 信道 \rightarrow 译码 \rightarrow 信宿$$

图1.1 通信系统模型

所谓信源,就是任何一类在某个地方产生在另一个地方感兴趣消息的设备。例如,一本书、一张布告,以及舞蹈、音乐等,都导致了多种多样的信息表现形式,它们本身就是信息源。

1.1.1 信源的描述与分类

为了深入研究对信源符号的处理、编码等问题,首先讨论各种信源的描述,即信源的数学模型,进一步研究信源的数字特征和物理特性。例如,掷一颗均匀骰子,每掷一次出现哪个点数是不可预测的,也就是说是随机的。因此,该试验可用随机变量 X 表示试验结果,其值域 $R = \{1,2,3,4,5,6\}$,每个数值出现的概率为 $p_i = 1/6\,(i = 1,2,3,4,5,6)$。该试验信源的数学模型由概率空间 $[R,P]$ 表示,即

$$[R,P] = \begin{bmatrix} 1 & 2 & 3 & 4 & 5 & 6 \\ p_1 & p_2 & p_3 & p_4 & p_5 & p_6 \end{bmatrix}$$

需要指出的是,我们以后所研究的随机变量,随机序列以及随机过程都可作为信源的统计模型。

(1)离散信源。离散信源就是随机变量的值域 R 为一离散集合 P。记 X 的值域 $R = \{x_1,x_2,\cdots,x_n\}$,要充分描述 X,需要给出集合 R 中各个元素的概率量度 $p(x_i)$。一般的 X 的值域 R 和集合 P 的概率分布称为概率空间,并简记为 $[R,P]$,即

$$[R,P] = \begin{bmatrix} x_1 & x_2 & \cdots & x_n \\ p(x_1) & p(x_2) & \cdots & p(x_n) \end{bmatrix} \left(\sum p(x_i) = 1 \right)$$

(2)连续信源。即出现的消息数是无限的或不可数的。可用连续性随机变量来描述,其数学模型为

$$[R,P] = \begin{bmatrix} R \\ p(x) \end{bmatrix} \quad \left(\int p(x)\,\mathrm{d}x = 1 \right)$$

式中:$R = (a,b)$、$P = (-\infty,\infty)$;$p(x)$ 为连续随机变量 X 的概率密度函数。

应该指出的是,实际上,信源发出的不一定都是一个一个的信源符号,而是一系列的信源符号,更为一般的是时间的函数 $X(t)$,通过抽样可得到时间上离散的诸个随机变量,可用随机序列表示,即

$$X_1, X_2, \cdots, X_N, \text{或 } X_1, X_2, \cdots, X_h, \cdots (h = 1, 2, \cdots, N)$$

若 $\boldsymbol{X} = (X_1, X_2, \cdots, X_N)$，当 X_h 的值域 $R = \{x_1, x_2, \cdots, x_n\}$，那么

$$\boldsymbol{x} = (x_1, x_2, \cdots, x_N) \in R^N$$

$$p(x) = p(x_1, x_2, \cdots, x_N) = p(X_1 = x_1, X_2 = x_2, \cdots, X_N = x_N)$$

可见 $\boldsymbol{X}$ 的取值有 n^N 种，若对每一种 $\boldsymbol{X}$ 的取值 x 规定了概率量度，也就充分描述了随机矢量 $\boldsymbol{X}$。

（3）无记忆信源与有记忆信源。当 X_h 相互独立时，且有同样的概率密度函数，则有 $p(\boldsymbol{x}) = \prod_{h=1}^{N} p(x_h)$，与此相对应的信源称为无记忆信源；反之，就是有关联的，与此相对应的信源称为有记忆信源。该信源的描述相对比较困难，因此在实际问题中往往限制记忆的长度，即 X_h 的概率密度仅仅与它前面的一个 (X_{h-1}) 或 M 个 $(X_{h-1}, X_{h-2}, \cdots, X_{h-M})$ 有关，当只与 X_{h-1} 有关时，则称为马尔柯夫链性质，这样的信源就是有记忆的信源。

（4）平稳性信源与非平稳信源。就是指信源发出的消息序列 $X_1, X_2, \cdots, X_h, \cdots$ 具有下列特性：

① 信源在 $t = h$ 时刻发出什么符号与信源在 $t = h$ 时刻随机变量 X_h 取 x_h 符号的概率分布 $p(x)$ 有关。一般情况下，在 $t = i$ 时的 $p(x_i) \neq p(x_h)$。

② 信源在 $t = h$ 时刻发出什么符号与信源在 $t = h$ 时刻以前发出的符号有关，即与 $p(x_h/x_{h-1}, x_{h-2}, \cdots)$ 有关。一般情况下，$p(x_h/x_{h-1}, x_{h-2}, \cdots)$ 为时间 t 的函数，即

$$p(x_h/x_{h-1}, x_{h-2}, \cdots) \neq p(x_i/x_{i-1}, x_{i-2}, \cdots)$$

这样的信源称为非平稳信源。而把满足

$$p(x_i) = p(x_h) \text{ 和 } p(x_h/x_{h-1}, x_{h-2}, \cdots) = p(x_i/x_{i-1}, x_{i-2}, \cdots)$$

的信源称为平稳信源，它的统计特性与时间的起点无关。平稳信源发出的符号序列中，不同符号组的联合概率应满足

$$\begin{cases} p(x_h, x_{h+1}) = p(x_h)p(x_{h+1} \mid x_h) \\ p(x_h, x_{h+1}, x_{h+2}) = p(x_h)p(x_{h+1} \mid x_h)p(x_{h+2} \mid x_h, x_{h+1}) \\ \vdots \\ p(x_h, x_{h+1}, \cdots, x_{h+N}) = p(x_h)p(x_{h+1} \mid x_h)\cdots p(x_{h+N} \mid x_{h+N-1}, \cdots, x_h) \\ \vdots \end{cases}$$

且有

$$p(x_{h+N} \mid x_{h+N-1}, \cdots, x_h) = p(x_{i+N} \mid x_{i+N-1}, \cdots, x_i)$$
$$= p(x_N \mid x_{N-1}, \cdots, x_1)$$

（5）随机过程信源。即信源输出可用随机过程来描述。此时，随机变量 $X(t)$ 是时间 t 的函数，$t \in T$，$T = \mathbf{R}$ 或 $T = (a, b) \in \mathbf{R}$，$\mathbf{R}$ 为实数集。比较简单的过程有限时、限频过程。所谓限时过程，就是随机过程 $X(t), t \in (a, b)$；限频过程，是指 $X(t)$ 具有频谱函数 $H(f)$，也就是满足

$$H(f) = 0, \mid f \mid > F$$

这两种过程都可以展开成傅里叶级数，当然展开式系数之间一般还是线性相关的。对于限时随机过程也可以进行 K – L 变换，此时的展开式系数之间是相互独立或线性无关。

1.1.2　信道的描述与分类

信道是指用于传输信息的任何一类物理媒介，或者说是载荷着信息的信号所通过的通道（途径）。它的作用是传输信息和存储信息，它是以信号特别是电信号的形式载荷信息的，如一条电缆、

2

一束光等。

要规定一个信道,一是必须规定信道所容许的输入信号;二是要确定输入与输出之间的统计依赖关系。这种依赖关系一般不是确定的函数关系,而是统计依赖关系,可用条件概率来描述。信道的输入信号就是信源的输出符号,前面已经进行了讨论,而信道也可分为离散与连续、平稳与非平稳、有记忆与无记忆的。

应该指出,这里的信道是广义的,凡是讨论信息流通路径中某一段的信号的统计依赖关系,都可把这一段路径看作为信道来讨论。例如,纠错编码器的输入和输出之间统计依赖关系,纠错编码器被看作为编码信道。因此,信道按照输入和输出信号的取值,可分为离散信道、连续信道、数字信道、半数字信道以及半连续信道。

信道的输入与输出之间的统计依赖关系可用条件转移概率进行描述,其输入为 $X(x \in A)$,那么,$X = (X_1, X_2, \cdots, X_n)(x \in A_n)$;输出为 $Y(y \in B)$,而 $Y = (Y_1, Y_2, \cdots, Y_n)(y \in B_n)$。$x$ 与 y 之间的转移概率可用矩阵表示,即

$$[p(y \mid x)] = Q$$

若 $[p(y \mid x)] = \prod_i p(y_i \mid x_i)$,则该信道就是无记忆的;否则就是有记忆的。若 $[p(y \mid x)] = \{0, 1\}$,则该信道称为无干扰或无噪声信道;反之,就是有噪声的。

对一个信道而言,当输入与输出都不是单个的,则称为多用户信道(如多路复用信道)或多输出信道(如广播信道)。多用户信道的最大传信率不是一个数值,而是一个数值集合,即容量区域。

信道的描述形式:线图表示法和方框图表示法。信道的线圈表示如图1.2所示。

方框图表示法,如离散无记忆信道(DMC),其输入为 $\{0, 1, 2, \cdots, r-1\}$,其输出为 $\{0, 1, 2, \cdots, s-1\}$,该信道的方框图表示如图1.3所示。

图1.2 信道的线图表示

图1.3 信道的方框图表示

编码实际上就是用符号来表示信息,或者说是用适合于信道传输的符号来表示信源输出的符号;而译码是编码的逆变换。

1948年,香农在"通信的数学理论"论文中提出了"通信的基本问题是在某一点(终端—信宿)准确地或近似地再现从另一点(信息源)选择的消息。"这句话提出了两类问题:第一类问题是,从信源中如何选择消息? 第二类问题是,如何把已选用的消息可靠地传送出去? 也就是说,既要解决传输的有效性,也要解决传输的可靠性问题。由此可见,对信源而言核心问题是它包含的信息到底有多少? 这就是信源熵函数问题;而信道的核心问题是它最多能传送多少信息? 这就是信道的容量问题,在一定的限制条件下,就是容量—代价函数问题;如何编码才能使信息源的信息被充分表示、信道容量才能被充分利用,这些编译码方法是否存在? 这是编码定理所解答的问题;在牺牲一定的保真度的条件下,具有更大压缩比的编译码方法是否存在? 或者说压缩与失真如何折中? 这就是速率失真函数问题。总之,香农信息论是研究通信系统的可靠性、有效性和低成本问题,是寻求系统优化的基本理论。

在20世纪后期,以信息作为主要研究对象、以信息的运动规律为主要研究内容、以现代科学方

3

法论为主要研究方法、以扩展人的信息功能(尤其是其中的智力功能)为主要研究目标的一门科学诞生了,称为信息科学。它所研究的运动规律包括信息产生规律、信息提取规律、信息再生规律、信息施效规律。利用信息科学方法论研究在机器上复现主体的提取信息的功能、传递信息的功能、处理信息的功能、再生信息的功能、施用信息的功能,尤其是这些功能的综合即智力功能,就是信息科学的研究目标。

目前,信息科学的研究的重点:揭示利用信息来描述系统和优化系统的方法和原理;寻求通过加工信息来生成智能的机制和途径。

能够扩展人的信息器官功能的技术群,称为信息技术。它包括:感测技术——感觉器官功能延伸;通信技术——传导神经功能延伸;计算机技术——思维器官功能延伸;控制技术——效应器官功能延伸。应该指出,通信技术和计算机技术是信息技术的核心,感测技术和控制技术是核心与外部世界的接口,信息技术四基元是一个完整的体系。因此,可以说信息技术是指遥感遥测、通信、计算机、控制等技术的整体。

何谓信息?有人说,"信息就是消息"、"通信的内容就是信息"。这些说法不够严谨,信息与消息是有区别的,信息是消息或消息传输的概括,消息是信息的具体化。信息必须具有"能消除某些知识的不肯定性"的性质,就是说能改变人们的知识状态,使从无知变为有知、从不肯定变为肯定。广义信息是指人类感官所能感知(直接的或间接的)的一切有意义的东西,例如,电话、电视、雷达、声纳可以给我们传来信息。意大利学者 G. Longo 在 1975 年出版的《信息论:新的趋势与未决问题》一书序言中,称"信息是反映事物的形式、关系和差别的东西,它包含在事物的差异之中,而不在事物本身。"我国已故电子学家冯秉铨先生也赞同"信息就是差异"的理解;钟义信教授在他的《信息科学原理》一书中对信息进行了精辟的阐述。

下面给出钟义信教授关于信息的论述:

(1)本体论层次的信息:就是事物运动的状态和状态改变的方式。

(2)认识论层次的信息:就是认识主体所感知或所表述的事物运动的状态和状态改变的方式。

(3)语法信息:就是认识主体所感知或所表述的事物运动的状态和方式的形式化关系。

(4)语义信息:就是认识主体所感知或所表述的事物运动的状态和方式的逻辑含义。

(5)语用信息:就是认识主体所感知或所表述的事物运动的状态和方式相对于某种目的的效用。

关于语法、语义和语用信息的含义,可通过一个例子来进一步说明。例如,爱因斯坦的著名的物理学公式 $E = mc^2$,给出了能量与质量之间转换关系的信息。从语法信息的角度看,这个公式规定了 E、m、c 和数字 2 的一种排列方式,再没看到该式之前我们不知道哪几个字母、哪个数字会出现,也不知道它们以何种方式排列,具有一定的不确定性。而在观察到该公式时,它们得知了它们的"存在状态和方式",消除了先前的不确定性而获得了语法信息。然而,若不知道这些字母、数字和它们的排列方式有何含义,可以说我们并不知该公式的语义何在。当得知 E 代表能量、m 代表质量、c 代表光速、2 代表平方关系时,才知道了这个公式的含义,消除了先前的语义不确定性而获得了语义信息。对于观察者是否有价值?那要看是做什么工作的,如对搞核能开发的而言,他根据这一公式就可以通过改变原子核的质量状态而获得巨大的原子核能。

另一个例子:香农著名的限带限功率高斯信道容量公式 $C = W\log\left(1 + \dfrac{P}{NW}\right)$,当我们知道了 W 为信道带宽、P 为信号功率、N 为噪声功率谱密度以后,也就是知道了该公式的逻辑含义。才由此得知当信道容量一定时,带宽与信噪比可以互换,由此发展了扩频通信技术。这个公式对通信科技工作者而言,显然是非常重要的。扩频通信技术是通信领域中一个发展迅速的技术分支,扩频通信是一种信号隐藏传输技术,即是把信号淹没在噪声之中,在军事通信中占有重要的位置。这个公式没有给出具体的实施方案,而是指明了一个方向,这就是科学理论的意义所在。

应该指出,语法信息仅涉及"事物运动的状态和状态改变的方式",是最基本的层次。大家知道,在语言学里只考虑"词与词的结合方式"的研究称为语法学。在此我们把只考虑"状态和状态改变的方式"这一层次的信息称为语法信息。同理,借用语言学中的语义学这个术语把只考虑"状态和状态改变的方式的含义"这一层次的信息称为语义信息。借用语言学中的语用学术语,而把只考虑"状态和状态改变的方式的含义的效用"这一层次的信息称为语用信息。

目前,大家所研究的是一些基本信息,如语用信息、语义信息、概率信息、偶发信息、确定型信息和模糊信息。

在语法信息中,根据运动状态和方式的不同可细分为概率信息、偶发信息、确定型信息和模糊信息。概率信息与运动状态是完全按照概率规则和统计规律出现相联系;偶发信息则是指各状态的出现是随机的而不是确定性的,但是由于这类试验只能进行若干次而不可能大量重复,不能用概率统计规则来描述,因此这类试验所提供的信息称为偶发信息。确定型的运动方式是指其各状态的出现规则能用经典数学公式来描述,而未知因素表现在初始条件和环境影响方面,与这类运动方式相对应的信息称为确定型信息。

1.2 信息论及其应用

1.2.1 香农信息论与模糊信息论

在信息科学发展历程中,模糊信息理论是目前有发展潜力值得注意的一个方向,它与香农信息论既有着本质的区别,又有类似的理论体系,先介绍几个基本概念。

1. 模糊信息

我们首先承认由于存在模糊性,就必然存在着某种不确定性。例如,在传真通信中,一张本来黑白分明的传真图像,由于某种原因变得模糊不清了,对于那些半白半黑的灰度色调究竟应算作白还是黑呢? 这就产生了不确定性,而为了消除这种不确定性就需要信息。因此,就把与事物的模糊性相联系的信息称为模糊信息。也可以说,模糊信息是以模糊状态显现出的一种表现形式。

2. 模糊信息论

模糊信息论是研究模糊信息的本质、模糊信息的度量、模糊信息的处理、模糊模式识别、模糊检测、模糊决策、模糊信息优化处理等领域的理论;研究模糊现象的数学工具是模糊数学;研究的目标是构筑智能系统;应用领域为信息技术的四大领域,即通信、计算机、控制和感测技术领域。

应该指出,模糊性与随机性是存在本质区别的。随机性是对事件的发生与否而言的,由于条件不充分,事件可能发生也可能不发生,即事件的发生存在一定的概率,但事物本身的含义是明确的。例如,抛掷硬币,国徽朝上与否无法确定,是随机的,但国徽含义是明确的。我们可以通过多次抛掷得出国徽朝上的概率,研究随机性的工具为统计数学。香农信息论以通信问题为背景,所追求的目标是通信系统的有效性和可靠性。模糊性是指事件本身的含义就是不明确的,但事件发生与否是明确的。例如,"老张的病不轻",老张有病是确定的,但老张病重到何种程度却是不明确的。研究模糊现象的数学工具是模糊数学;模糊信息论以信息技术领域为背景,所追求的目标是信息系统的智能化或智能化水平的提高。可见模糊信息论与香农信息论同属于语法信息的研究领域,但有着不同的研究对象、不同的研究工具、不同的研究内容、不同的应用环境和不同的研究目标。

1.2.2 香农信息论与编码

香农信息论,研究的主要目标是信息传输的有效性和可靠性。信息传输的有效性,即将信源产生的信号(或数据),在传输前删除信号中的冗余成分,这就是信源编码或称为数据压缩。能去除信源中冗余成分的所有技术,常常称为压缩编码技术。信息传输的可靠性,即如何抗御信道噪声或干扰影响,防止传输的码元符号的变形,造成接收端判决时的误判。在送往信道前,需要采用收发双方共知规律的添加冗余码元,接收方可利用添加的冗余码元,发现传输错误或纠正传输错误,这种技术措施就是信道编码或纠错编码。

1. 信源编码

信源编码可按照媒体分类,简述如下。

1)语音压缩编码

(1)波形编码,是应用最早的语音编码方法。例如,脉冲编码调制(PCM),在 G.711 建议中,规定了 A 律或 μ 律两种规格。

(2)参数编码。根据语音信号产生的数学模型,提取语音信号特征参数,再对参数进行编码。在接收端,首先恢复特征参数,再结合数学模型,恢复语音。主要目标是使重建语音保持尽可能高的可懂度,重建波形同原始语音信号的波形可能会有较大的差异。如线性预测(LPC)编码类,其编码速率为 1.2 ~ 2.4kb/s,对环境噪声敏感。

(3)混合编码。将波形编码与参数编码相结合,在 1.2 ~ 2.4kb/s 速率上能够得到高质量的合成语音。

2)传真压缩编码

传真通信中采用的压缩编码主要有面对二值图像的 MH 码、MR 码、MMR 码、JBIG 码、JBIG2 码,面对灰度图像或彩色图像的 MMR 码、JBIG 码、JBIG2 码和 JPEG 码。

3)图像压缩编码

主要有 JPEG 码、JBIG2 和 JPEG -2000 码,在不同图像文件格式中出现的还有游程编码等。

4)数据压缩编码

主要有字典压缩编码:LZ 77 码、LZ 78 码、LZW 码、deflate 码,以及 ZIP、RAR、PDF 等桌面压缩系统。

5)视频压缩编码

在视频压缩编码中,有两个系列:即 MPEG - 1、MPEG - 2、MPEG - 4 和 H.261、H.263、H.263 + 、H.26 + + 、H.264 标准中,压缩中的最后算法,均采用了变长编码(霍夫曼(Huffman)编码)。

2. 信道编码

信道编码(channel coding),为了与信道的统计特性相匹配,主要是提高通信的可靠性,在信源编码以后,按规律加入新的监督码元,以实现纠正传输错误的编码。换言之,通过信道编码器和译码器实现的用于提高信道可靠性的理论和方法。分两类问题:一是信道编码定理,从理论上解决编译码器的存在性问题,也就是解决信道能传送的最大信息率的可能性和超过这个最大值时的传输问题;二是构造性的编码方法以及这些方法能达到的性能界限。

从策略的角度看,增加人为冗余码元方法是多种多样的。根据加入规则将信道编码分为两种类型:一种是加入冗余码元与信息码元分组呈线性规律,即线性关系,这类信道编码称为线性码;另一种是加入冗余码元既与本信息码元分组有关,同时也与前面的信息码元分组有关,这种编码称为卷积码。近年来,又结合信息处理技术发展了 Turbo 码,进一步提高了信道编码性能。

1.3 智能系统与信息技术智能化

1.3.1 智能与智能系统

目前,社会信息化进程是社会发展的大趋势,社会各领域也都需要信息,发展趋势可概括为数字化、网络化、智能化、可视化。

智能化、信息科学与技术的发展,使人们有能力在机器上复现人(主体)的那些信息过程的机制。一方面导致大量高级智能信息系统的问世;另一方面也孕育着智能科学与技术的诞生,有的专家断言在21世纪的技术变革中,信息技术发展方向将是智能化。

为了阐述智能与知识的关系,我们首先说明何谓智能?我国出版的《辞海》中是这样描述的:"智能是人认识客观事物并运用知识解决实际问题的能力,集中表现在反映客观事物深刻、正确、完全程度上和应用知识解决实际问题的速度和质量上,往往通过观察、记忆、想象、思考、判断等表现出来"。福格尔(Fogel)等人提出:"智能是一种有目的以某种好的方法使用某个有用信息的能力。"我国钟义信教授对智能的定义:智能,即是获取信息、处理信息、利用信息的能力。刘增良博士则把智能表述为:智能,就是能获取存储知识并运用知识解决实际问题的能力。至此,不难看出,知识是智能行为的基础,智能是一种能力,是一种学习能力、思维能力、分析问题和解决问题的能力、认识世界和改造世界的能力。应该指出,智能是一种"动态"行为,特别是一种"思维"行为,是一种知识和经验的综合运用过程,可以说"思维"是智能行为的核心。直感和灵感也是一种思维活动,它与逻辑思维、形象思维不同的是,速度上的差异,直感和灵感来的迅速。至此我们可以说,知识是智能的基础,智能是知识的提升物,是对知识加工、变换和利用的产物。

通过上述分析,我们认为一个智能系统应具有合理的物理结构、完善的知识系统、健全的思维机制。一个智能系统的功能主要是一种"信息加工"功能,其智力即"信息加工"的速度和能力。

我们也可以认为一个智能系统就是可实现一种信息"映射",可将智能系统分为两类。

第一类,即系统的输出和输入信息之间不在保持固定不变的简单对应,而是在一定的"知识平面"内"线性"可变,这类系统在运用固有特性和本能进行信息处理时,有一定的灵活性和适应性,是一类"适应性"系统,可称为适应性智能系统,也称为低级智能系统。

第二类,即智能系统,具备了以主观能动性为特征的有意识的自学习和创造功能。具有灵活运用其本身固有的特性和本能的"能力",也就是说本身也不是相对稳定的了。这类系统可称为意识型能动性智能系统,也称为高级智能系统。

应该指出的是,第一,智能系统必须具有"适应能力",即智能体对外部信息不但具有感知能力,还具备经过"思维"灵活作出"适应性"反映的能力;第二,智能系统具有"学习能力",否则它就无法"获取"作为信息处理基础的"知识"、也无法改进其"思维能力"。正因为如此,一个智能系统,当且仅当具有"学习功能"和"思维功能"时才可称为智能系统。

L. A. Zadeh 教授在接受1989年本田奖仪式上的讲话时说:"……我认为模糊理论今后在两个领域取得较大进展:一个是熟练技术者替代系统,这种系统将人无意识进行的操作由机器替代,如日本仙台市营地铁的自动驾驶系统;另一个是替代专家的专家系统,如山一证卷公司的股票交易系统及医疗诊断系统。"为使专家头脑中所进行的思考与决策实现自动化,模糊理论将起重要作用。当然,模糊理论并不能解决所有各种问题,但是只要不回避现实中的不确定事物并加以认真对待,就有可能大大提高在不确定(模糊)环境中进行智慧思考与决策的人及机器的能力。

1990年6月,日本明治大学信息科学中心所长、工学博士向殿政南教授,曾从事模糊理论、多值逻辑和安全技术的研究工作,在趣谈"模糊"时指出:要想发展智能工业,必须能输入模糊信息,特别是人类知识大多使用语言表达的,不能不使用模糊理论。

1.3.2 信息技术智能化

综上所述,自从 1965 年美国 L. A. Zadeh 教授提出"模糊集"理论之后,模糊数学得到了迅速的发展。模糊信息理论、模糊控制理论、模糊计算机理论等也有多年的发展历程,同时信息科学的普及与发展,人工智能理论的发展,神经网络、专家系统的发展,其目标都是为了发展智能工业。在 21 世纪,信息技术的发展必将对智能科学与技术提出更高的需求,因此,我们对"智能科学与技术"应给予足够的重视。关于智能科学与技术,目前应包括模糊信息处理理论,人工智能理论,模式识别,模糊逻辑与智能控制,神经网络,专家系统等研究领域。

IT 技术,即计算机技术、通信技术、感测技术和控制技术,以及以 IT 为基础的综合技术——信息网络技术,必将向深度和广度发展。发展历程:计算机网络——互联网——网格——物联网。计算机网络把一台台计算机连了起来;互联网把计算机网实现了互联;万维网把一个个网页连了起来;网格则是一个个应用的互连、互通。网格可以说是构筑在互联网上的一组新技术,它使人们可以动态地共享分布在网上不同地方的各种资源,如大型计算机、数据库、应用、服务等,是互联网发展的第三个里程碑。

奥巴马就任美国总统后,与美国工商业领袖举行了一次"圆桌会议",IBM 公司首席执行官彭明盛首次提出"智慧的地球"这一概念,建议新政府投资新一代的的智慧型基础设施,阐明其短期和长期效益。奥巴马对此给予了积极的回应:"经济刺激资金将会投入到宽待网络等新兴技术中去,毫无疑问,这就是美国在 21 世纪保持和夺回竞争优势的方式。"

该战略认为,IT 产业下一阶段的任务是把新一代 IT 充分运用在各行各业之中。具体地说,就是把感应器嵌入和装备到电网、铁路、桥梁、隧道、公路、建筑、供水系统、大坝、油气管道等各种物体中,并且被普遍连接,形成所谓的物联网,然后将物联网与现有的互联网整合起来,实现人类社会与物理系统的整合。在这个整合的网络当中,存在能力超级强大的中心计算机群,能够对整合网络内的人员、机器、设备和基础设施实施实时的管理和控制。在此基础上,人类可以以更加精细和动态的方式管理生产和生活,达到"智慧"状态,提高资源利用率和生产力水平,改善人与自然间的关系。

在今后的信息技术领域,可称为智能信息技术,对信息的加工和处理将由集中型向分布型转变,也是说智能技术将渗透到传输、控制、计算、感测等领域。

第 2 章 信源特性分析

信源,即信息的产生源。信源的数字特性是我们所关注的特性之一,因为它与信源编码关系密切且极其重要,为此,我们在这一章首先对各种信源的信息特性进行讨论,主要包括信源熵,即 $H(X)$、$H(\boldsymbol{X})$、$h(X)$、$h(\boldsymbol{X})$ 等函数,讨论它们的基本概念、主要特性,以及它们的物理意义。

2.1 离散信源的熵

2.1.1 信源熵的定义

设信源 X 的值域 $R = \{x_1, x_2, \cdots\}$ 是有限的或可数的,令 $p_i = p\{X = x_i\}$,这就是说信源输出的信号是随机的,在未观测到信号之前,对信源发出什么信号是不能肯定的,否则通信就没有什么意义。而通信的目的就是要想办法使接收者把它肯定下来,那么信号中到底具有多大的不肯定度? 即判断某一随机事件是否发生的难易程度如何? 接收者要收到多少信息才能把信号肯定下来? 下面就来讨论这些问题。

若信源概率空间为

$$X = \begin{bmatrix} x_1 & x_2 & \cdots & x_n \\ p_1 & p_2 & \cdots & p_n \end{bmatrix}$$

其不肯定度为

$$H(X) = -\sum_{i=1}^{n} p_i \log p_i \tag{2.1}$$

这个公式是信息论中一个最基本的公式,给出这个公式的目的是要给 $H(X)$ 确定量值。要定量一定要有单位,就把式(2.1)等于 1 的情况看作为 $H(X)$ 的单位,为此先设

$$X = \{x_1 = 0.5, x_2 = 0.5\}$$

那么

$$H(X) = -\sum_{i=1}^{n} p_i \log p_i = \frac{1}{2}\log 2 + \frac{1}{2}\log 2 \tag{2.2}$$

显然,当对数以 2 为底时,式(2.2)恰等于 1;若以 e 为底时,$H(X) = 0.693147$。可见式(2.2)之所以等于 1,一是因为两个事件的概率相等;二是必须以 2 作为对数的底。我们把这样得到的 1 称为 1bit(bit – binary digits)。不严密地说,式(2.2)可解释为"两个事件的概率相等时,其不肯定度为 1bit"。

两个等可能事件的概率空间是最简单而又经常遇到,将它的不肯定度作为单位是合适的。这是因为一个 N 进制的波形总可以用若干个二进制波形来表示。同时以 2 为底时运算也简单方便,而在数字通信中又常是以二进制传输。对于多进制而言,如 $N = 2^K (K = 1, 2, \cdots)$,则

$$H(X) = -\sum_{i=1}^{N=2^K} p_i \log p_i$$

由于 $p_i = 1/N$，所以 $H(X) = -\log_2(1/N) = \log_2 2^k = K$ bit。这就是说，N 进制的每一波形包含的不肯定度恰恰是二进制每一波形所包含的不肯定度的 K 倍。当对数以 e 为底时，其单位为奈特（nat, nats – natural digits）；以 10 为底时，称为哈特（Hartly 或 Det）。

例 2.1 令 X 表示一个完好的骰子单纯滚动时的输出，于是 $R = \{1,2,3,4,5,6\}$，对每一个 i 都有 $p_i = 1/6$。这时熵函数为

$$H(X) = \log 6 = 2.58 \text{ bit} = 1.79 \text{ nat}$$

例 2.2 令 X 的值域 $R = \{0,1\}$，$p\{x=0\} = p$，$p\{x=1\} = 1-p$，那么

$$H(X) = -p\log p - (1-p)\log(1-p) = H(p)$$

$H(p)$ 是 p 的函数，如图 2.1 所示。

图 2.1　熵函数 $H(p_i)$

应该指出的是，在式（2.1）中 $p_i \log p_i$ 项，当 $p_i = 0$ 时，它是不定元，而我们规定它为 0，当然这个规定不是主观随意的。

要强调指出的是，信源熵是信源的一个数值特征，熵函数的特性折射出信源本身的特性是值得我们关注的。

2.1.2　信源熵的特性分析

1. $H(X)$ 的数学性质

（1）对称性。可表示为

$$H(p_1, p_2, \cdots, p_n) = H(p_2, p_1, p_3, \cdots, p_n)$$
$$= H(p_3, p_2, p_1, \cdots, p_n) = H(p_n, p_{n-1}, \cdots, p_1)$$

这就是说，所有变元 p_i 是可以互换的，而不影响熵的大小，这一点说明了熵的总体性，也说明熵不能反映信源符号的个体性。

（2）扩展性。可表示为

$$\lim_{\varepsilon \to 0} H(p_1, p_2, \cdots, p_n - \varepsilon, \varepsilon) = H(p_1, p_2, \cdots, p_n)$$

这就是说，一个随机变量其值域有 n 个元素；另一个有 $n+1$ 个元素。若后者中有一种元素出现的概率趋于 0 的话，而其他元素出现的概率与前者总体上相同时，则二者的熵是相等的。其原因为 $\lim_{\varepsilon \to 0} \varepsilon \log \varepsilon = 0$，这说明了取值虽可以增多，但概率很小（近似于 0）是可以忽略不计的。这就是熵的扩展性，也是熵的总体性的另一种表现形式。

（3）非负性。可表示为

$$H(X) \geqslant 0$$

这是显见的，因为对任意 p_i 都有 $0 \leqslant p_i \leqslant 1$，那么当对数底大于 1 时，每一项 $-p_i \log p_i$ 均为正值，正值的和仍是正的。应该指出，对于连续信源，在相对熵的概念下，它的熵可能出现负值。

（4）确定性。可表示为

$$H(1,0) = H(0,1) = H(1,0,0\cdots) = \cdots = 0$$

它的意义是说 0，1 分布信源已变成确知的事件，无不肯定性而言。

（5）可加性。若 X 和 Y 的概率分布分别为 $(p_1, p_2, \cdots, p_n)$，$(g_1, g_2, \cdots, g_m)$ 且 $\sum_i p_i = \sum_i g_i = 1$，当 X、Y 独立时，可表示为

$$H(p_1,p_2,\cdots,p_n,g_1,g_2,\cdots,g_m) = H(p_1,p_2,\cdots,p_n) + H(g_1,g_2,\cdots,g_m)$$

可加性是熵函数的一个重要特性,正是因为要求它具有可加性,因而可以证明熵函数的形式是唯一的。

(6) 极值性。可表示为

$$H(p_1,p_2,\cdots,p_n) \leqslant -\sum_{i=1}^{n} p_i \mathrm{log} g_i \quad (\sum_i p_i = \sum_i g_i = 1)$$

这就是说,对任意概率分布 p_i,它对其他概率分布 g_i 的自信息($\mathrm{log} g_i^{-1}$ 取概率平均时必不小于 p_i 自身的熵。

证:由不等式 $x \leqslant x - 1 (x > 0)$,可写出

$$\ln \frac{g_i}{p_i} \leqslant \frac{g_i}{p_i} - 1$$

则有

$$\sum_i p_i \ln \frac{g_i}{p_i} \leqslant \sum_i p_i \left(\frac{g_i}{p_i} - 1\right) = \sum_i g_i - \sum_i p_i = 0$$

即

$$-\sum_i p_i \ln p_i + \sum_i p_i \ln g_i \leqslant 0$$

进一步地,则有 $H(p_1,p_2,\cdots,p_n) \leqslant -\sum_i p_i \ln g_i$。若令 $g_i = 1/n$,则该式可写成 $H(p_1,p_2,\cdots,p_n) \leqslant \ln n$。说明所有概率分布 p_i 所给出的熵,以等概率时为最大,这是一个重要的结果,也称为最大离散熵定理。不严密地说,一个随机变量,等概率分布时具有最大的"随机性"。

2. $H(X)$ 的物理意义

大家知道,要实现由不肯定向比较肯定或完全肯定的转变,一定要获取一定的信息。例如,收到一封电报,说某人已平安到达目的地,这就消除了你的疑虑,或对随机事件 x 进行了观测。知道了某事件的状态符合我们的要求,这将使你去除了某种担心,这正是由于你获得了信息的结果。由此可见,信息量就等于不肯定度的缩减量,于是平均信息量则可定义为

$$平均信息量 = 不肯定度的平均减小量 \tag{2.3}$$

对于任意 $x \in R$,其概率为 $p(x) = p\{X = x\}$,我们定义

$$I(x) = -\mathrm{log} p\{X = x\} \tag{2.4}$$

$I(x)$ 就是观测到 x 而获得的自信息量。

由式(2.4)可见,$p(x)$ 越小则 $I(x)$ 就越大,当 $p(x) \to 0$ 时,$I(x) \to +\infty$。这也就是说,较小可能事件发生时,可得到较大的信息量。而一个几乎不可能事件发生时,却提供了一个很大的信息量,当然可靠事件(以概率1发生的事件)反而不存在什么信息。

不难想象,$I(x)$ 是 $p(x)$ 的函数,$I(x)$ 的曲线如图2.2所示,而且 $I(x)$ 是一个新的随机变量。

$I(x)$ 的数学期望就是观测到 x 所获取的平均信息量,即

$$E\{I(x)\} = -\sum_i p(x_i) \mathrm{log} p(x_i) \tag{2.5}$$

图2.2 $I(x)$ 函数曲线

由此可见,$E\{I(x)\} = H(X) = H(p(x_1),p(x_2),\cdots p(x_n))$。由这个等式可以比较清楚地说明不肯定度与信息量之间的关系。从数值来说,信源的不肯定度恰恰等于信源所提供的信息量;从概念上来说,还是有区

别的。

我们说信源的熵是在平均意义上表征了信源的总体特性的,代表了信源的平均不肯定度。某一信源不管它是否输出符号,只要具有概率分布,就一定有信源的熵 $H(X)$。然而信息量则不同,只有当信源输出符号被接收者收到以之后,消除了不肯定度,这时才可以说给接收者以信息量,也只有这时信息量才有意义。

此外,在香农信息论中,信息总是与随机变量(随机矢量、随机过程)联系在一起的,因此,在含义上信息与熵将有不少共同之处,以致香农信息论称为信息熵理论。

综上所述,$H(X)$ 从平均意义上表征信源的总体数字特性。其物理意义如下:

(1) 在信源输出前,表示信源的平均不肯定性。

(2) 在信源输出后,表示一个信源符号所提供的平均信息量。

(3) 表示信源的随机性,$H(X)$ 越大,随机性就越大。

(4) 对信源进行无失真编码时,$H(X)$ 是平均码长的下限,这是一个非常漂亮的物理意义。

最后还应着重指出,我们在这里谈到的"信息量"这一技术术语,其含义是在不考虑事件发生的具体意义,也不涉及事件发生的重要程度而只是根据事件发生的概率而言的。例如,两本书,一本是小说,另一本是自然科学史。若书中出现的汉字个数恰好相等,而且每个汉字出现的频度也相同。按照香农信息论的观点,可以计算出每一个汉字所具有的不肯定度,或者说看到一个字平均所获取的信息量。然而,不难想象,这两部书的含义是不同的,对不同的读者,也有不同的使用价值。因此,香农信息论中,关于信息量这一术语,是在忽略了信源消息的具体含义,不考虑对接收消息者的使用效用(价值)的情况下而定量的。这一点既使得香农信息论具有通用性,而恰恰也是这一点使香农信息论又具有了局限性。

2.2 微分熵和随机矢量的熵

在这一节中,首先讨论连续随机变量的微分熵,然后再讨论随机矢量的熵。随机矢量包括单变量的 n 次扩展矢量和一般 n 维矢量,它们的熵函数及其物理含义也是下面要讨论的具体内容。

2.2.1 连续信源的熵

连续信源与离散信源有所不同,首先是它的描述方式,连续信源描述是用符号的概率密度函数。众所周知,时间上连续的过程一般是可以展开成为时间上离散的序列,实现了时间离散化,然而序列元素的取值在数轴上还是连续的,要实现数值上离散化,我们采用的方法就是量化。

关于离散量化问题,下面就来进行讨论。为此,设 X 是一个分布函数为 $F(x) = P\{X \le x\}$ 随机变量,如果 $p = \{s_i, i = 1, 2, \cdots\}$ 是把实轴 R 分割为有限个或可数个子区间的划分,即由 P 对 X 的量化,由 $[X]_p$ 或只是 $[X]$ 表示相应的离散随机变量,其概率分布为

$$P\{[X] = i\} = P\{X \in S_i\} = \int_{s_i} p(x)\mathrm{d}x = p(x_i)\Delta x = p(x_i)s_i$$

$p(x)$ 为 x 的连续函数,由中值定理可知必存在一个 x_i 值使上式成立。这样所得的取值域为 $x_i (i = 1, 2, \cdots)$ 的离散随机变量是连续变量 X 的近似,当 $\Delta x \to 0$ 时,极限存在,就以连续变量 X 为其极限。

当 $S_i(i = 1, 2, \cdots, n)$ 为常数时,即等间隔分割时,

$$p_i = p\{[x] = i\} = p(x_i)\Delta \quad \left(\Delta = \frac{X \text{ 的值域}}{n} = \frac{[a, b]}{n}\right)$$

则有

$$h_n(X) = -\sum_{i=1}^{n} p_i \log p_i = -\sum_{i=1}^{n} p(x_i)\Delta \log p(x_i)\Delta$$

$$= -\sum_{i=1}^{n} p(x_i)\Delta \log p(x_i) - \sum_{i=1}^{n} p(x_i)\Delta \log \Delta$$

于是

$$\lim_{\substack{n\to\infty \\ \Delta\to 0}} h_n(X) = -\int_a^b p(x)\log p(x)\,\mathrm{d}x - \lim_{\Delta\to 0}\log\Delta$$

显然 $\lim\limits_{\Delta\to 0}\log\Delta \to \infty$。但是仍一般地定义连续随机变量 X 的熵为

$$h(X) = -\int p(x)p(x)\,\mathrm{d}x \tag{2.6}$$

这样定义的熵仍具有可加性,但 $h(X)$ 不具有非负性。

例 2.3 当 $p(x) = \begin{cases} \dfrac{1}{b-a} & (a \leqslant x \leqslant b) \\ 0 & (x > b, x < a) \end{cases}$

这个连续信源 X 的熵为

$$h(X) = -\int_a^b \frac{1}{b-a}\log\frac{1}{b-a}\,\mathrm{d}x = -\frac{1}{b-a}\log\frac{1}{b-a}x \Big|_a^b = \log(b-a)$$

当 $b-a < 1$ 时,$h(X) < 0$,由此可见,$h(X)$ 就不能作为信源的不肯定度的量度,$h(X)$ 称为微分熵。

2.2.2 n 次扩展信源

对一个离散无记忆信源 $X = \{x_1, x_2, \cdots, x_r\}$,其 n 次扩展记为

$$X^n = (X_1, X_2, \cdots, X_n)$$

式中:$X_1, X_2, \cdots, X_n$ 的取值域相同,且概率分布也是一致的。

而 X^n 的取值形式有 r^n 种,且概率分布为

$$p(x^n) = p(x_1, x_2, \cdots, x_n) = p(x_1)p(x_2)\cdots p(x_n)$$

那么 X^n 的熵定义为

$$H(X^n) = -\sum_{x^n} p(x^n)\log p(x^n)$$

而且由熵函数的可加性,不难证明

$$H(X^n) = nH(X) \tag{2.7}$$

例 2.4 有一个 DMS,$X = \{0,1\}$ 且 $P(0) = P(1) = 1/2$,试求出其二次扩展的熵 $H(X^2)$。

解:$X^n = \{00, 01, 10, 11\}$,其概率分布为

$$p(00) = \frac{1}{2}\times\frac{1}{2} = \frac{1}{4}, \; p(01) = p(10) = p(11) = \frac{1}{2}\times\frac{1}{2} = \frac{1}{4}$$

则

$$pH(X^2) = 2H(X) = 2 \text{ bit}$$

2.2.3 随机矢量的熵

对于随机矢量 $\boldsymbol{X} = (X_1, X_2, \cdots, X_n)$,其概率分布为 $p(\boldsymbol{x}) = p(x_1)p(x_2)\cdots p(x_n)$,它的熵定义为

$$H(\boldsymbol{X}) = \sum_x p(\boldsymbol{x})\log p(\boldsymbol{x})$$

13

可以证明 $H(\boldsymbol{X}) \leqslant \sum_{i=1}^{n} H(X_i)$。

假设有一 n 维随机矢量 $\boldsymbol{X}$，其 n 维连续密度函数为 $p(\boldsymbol{x})$，那么 $\boldsymbol{X}$ 的熵为

$$h(\boldsymbol{X}) = -\int p(\boldsymbol{x})\log p(\boldsymbol{x})\mathrm{d}\boldsymbol{x}$$

例 2.5 令 $\boldsymbol{X} = (X_1, X_2, \cdots, X_n)$，这里的 X_i 是独立的，高斯型的均值为 μ_i，方差为 σ_i^2 的随机变量。那么 $\boldsymbol{X}$ 的密度函数为

$$g(\boldsymbol{x}) = \prod_{i=1}^{n} (2\pi\sigma_i^2)^{-\frac{1}{2}} \exp\left[-\frac{(x_i - \mu_i)^2}{2\sigma_i^2} \right]$$

它的熵为

$$h(\boldsymbol{X}) = \int g(\boldsymbol{x})\log\frac{1}{p(\boldsymbol{x})}\mathrm{d}\boldsymbol{x} = \sum_{i=1}^{n}\int g(\boldsymbol{x})\log(2\pi\sigma_i^2)\frac{1}{2}\exp\left[\frac{(x_i-\mu_i)^2}{2\sigma_i^2}\right]\mathrm{d}\boldsymbol{x}$$

$$= \sum_{i=1}^{n}\int g_i(x_i)\left[\frac{1}{2}\log(2\pi\sigma_i^2) + \frac{(x_i-\mu_i)^2}{2\sigma_i^2}\right]\mathrm{d}x_i$$

$$= \sum_{i=1}^{n}\frac{1}{2}\left[\log(2\pi\sigma_i^2) + 1\right] \quad \left(g_i(x_i) = \frac{1}{\sqrt{2\pi\sigma_i^2}}\exp\left[-\frac{(x_i-\mu_i)^2}{2\sigma_i^2}\right],\right.$$

$$\left.\int g_i(x_i)\mathrm{d}x_i = 1, \int g_i(x_i)(x_i-\mu_i)2\mathrm{d}x_i = \sigma_i^2\right)$$

$$= \sum_{i=1}^{n}\frac{1}{2}\left[\log(2\pi\sigma_i^2) + \log e\right] \quad (\log e = \ln e = 1)$$

$$= \sum_{i=1}^{n}\frac{1}{2}\left[\log 2\pi e + \log\sigma_i^2\right]$$

$$= \sum_{i=1}^{n}\frac{1}{2}\log 2\pi e + \sum_{i=1}^{n}\frac{1}{2}\log\sigma_i^2$$

$$= \frac{n}{2}\log 2\pi e + \frac{n}{2}\log(\sigma_1^2\sigma_2^2\cdots\sigma_n^2)^{\frac{1}{n}}$$

$$= \frac{n}{2}\log 2\pi e(\sigma_1^2\sigma_2^2\cdots\sigma_n^2)^{\frac{1}{n}} \qquad (2.8)$$

当 $n = 1$ 时，则有

$$h(\boldsymbol{X}) = \frac{1}{2}\log 2\pi e\sigma^2$$

对所有的 n 维已知方差的随机矢量中，有趣的是一个重要的事实为，独立高斯随机矢量具有最大的微分熵，见如下定理。

定理 2.1 若 $\boldsymbol{X} = (X_1, X_2, \cdots, X_n)$ 的密度函数为 $p(\boldsymbol{x})$，如果 $E[(x_i - \mu_i)^2] = \sigma_i^2(i = 1, 2, \cdots n)$，那么 $h(\boldsymbol{X}) \leqslant \frac{n}{2}\log 2\pi e(\sigma_1^2\sigma_2^2\cdots\sigma_n^2)^{\frac{1}{n}}$，当且仅当 $p(\boldsymbol{x})\stackrel{ae}{=} g(\boldsymbol{x})$ 时，上式为等式。

证明：由假设，x_i 的边缘密度函数 $p_i(x)$ 满足 $\int p_i(x)\mathrm{d}x = 1, \int p_i(x)(x_i - \mu_i)^2\mathrm{d}x = \sigma_i^2$。因此，由例 2.5 的计算可知

14

$$\int p(\boldsymbol{x}) \log \frac{1}{g(\boldsymbol{x})} \mathrm{d}\boldsymbol{x} = \frac{n}{2} \log 2\pi e \, (\sigma_1^2 \sigma_2^2 \cdots \sigma_n^2)^{\frac{1}{n}}$$

因此,若 $\boldsymbol{Y}$ 表示一个 n 维随机矢量,具有高斯密度函数 $g(\boldsymbol{x})$,则

$$h(\boldsymbol{X}) - h(\boldsymbol{Y}) = \int p(\boldsymbol{x}) \log \frac{g(\boldsymbol{x})}{p(\boldsymbol{x})} \mathrm{d}\boldsymbol{x}$$

由 Jensen 不等式,可得

$$\log \int p(\boldsymbol{x}) \frac{g(\boldsymbol{x})}{p(\boldsymbol{x})} \mathrm{d}\boldsymbol{x} = \log \int g(\boldsymbol{x}) \mathrm{d}\boldsymbol{x} = 0$$

当且仅当,对所有的 $\boldsymbol{x}, g(\boldsymbol{x}) \overset{ae}{=} p(\boldsymbol{x})$ 时,上式成立。

2.3 联合熵与条件熵

2.3.1 联合熵

关于联合信源,可理解为对若干个信源综合进行观测,也可理解为对扩展信源的综合考察。关于联合信源的熵,定义为

$$\begin{aligned}
H(Y, X) &= \sum_{x,y} p(x,y) \log \frac{1}{P(x,y)} \\
&= \sum_{x,y} p(x,y) \log \frac{1}{P(y \mid x)p(x)} = H(X) + H(Y \mid X) \\
&= \sum_{x,y} p(x,y) \log \frac{1}{P(x \mid y)p(y)} = H(Y) + H(X \mid Y)
\end{aligned} \tag{2.9}$$

定理 2.2 设 X_1, X_2 均为概率空间,那么

$$H(X_1, X_2) \leqslant H(X_1) + H(X_2)$$

当且仅当 $p(x_1 x_2) = p(x_1)p(x_2)$ 时,等式成立。

证明:由不等式 $x \leqslant x - 1 (x > 0)$,可得

$$\begin{aligned}
H(X_1, X_2) &= -\sum_{x_1, x_2} p(x_1, x_2) \log p(x_1, x_2) \\
&\leqslant -\sum_{x_1, x_2} p(x_1, x_2) \log p(x_1)p(x_2) \\
&= -\sum_{x_1, x_2} p(x_1, x_2) \log p(x_1) p - \sum_{x_1, x_2} p(x_1, x_2) \log p(x_2) \\
&= H(X_1) + H(X_2)
\end{aligned}$$

推论 若扩展信源 $X^K = (X, X, \cdots, X)$,则有 $H(X^K) \leqslant KH(X)$。

该推论有一个重要的含义,即是说,把信号进行扩展,必定会减小总的不肯定度,不肯定的减小就意味着数码率可以降低。可见扩展信源是压缩数码率的一种重要的方法。

2.3.2 条件熵

作为 X、Y 两个随机变量,那么,如果要观测 X,可通过示波器或其他测试设备进行观测,实际上我们看到的并不是真实的 X,而是 X 输入到检测设备以后,经过设备内部电子系统处理后的 Y。通过对 Y 的分析,理想情况下完全可以确定 X,但是也可能不能作出确切的判断,对 X 仍留有不肯定性,此时的不肯定性如何衡量呢? 我们引入条件熵 $H(X \mid Y)$:

$$H(X \mid Y) = E\left[\log\frac{1}{p(x \mid y)}\right] = \sum_{x,y} p(x,y)\log\frac{1}{p(x \mid y)} \qquad (2.10)$$

在此仍有 $0\log 0^{-1} = 0$，而当和式发散时，$H(X \mid Y) = +\infty$。

定理2.3 对于平稳随机变量序列 $X_1, X_2, \cdots, X_N$，则有

$$H(X_N) \geqslant H(X_N \mid X_{N-1}) \geqslant H(X_N \mid X_{N-2}X_{N-1}) \cdots H(X_N \mid X_1X_2\cdots X_{N-2}X_{N-1})$$

证明：（略）。

这个定理说明了，为什么预测变换编码能够压缩数码率。即是说上述定理给出了预测编码进行数据压缩的理论依据，一般说来，高阶预测的压缩比要高于低阶预测的压缩比。

2.4 信源的冗余度分析

2.4.1 信源冗余分析

信源是信息的产生器。信源产生的信号，其表现形式：字符信号，数据信号，波形信号，图像信号，视频信号等。信号是信息的表现形式，信号中存在冗余，其分类如下。

1. 空间冗余

在正常的图像中，一些区域的像素可能会描述同一个目标，如天空或者云，这种情况下像素之间的变化很小，不用记录每个像素中的亮度 Y 和色度信息，可基于统计信息进行编码。例如，利用离散余弦变换（DCT）技术，并对量化的 DCT 系数进行游程编码（Run Length Encoding,RLE）和变长编码，有效地消除了图像数据的空间相关性。

2. 时间冗余

视频有一系列的图像（称为帧）组成，每一帧由大量的像素来描述。而在运动的情况下，使得每一帧有些像素相对于前一帧有所变化，有些像素却没有多少改变，当帧率很高时（25～30 帧/s），很多像素与前一帧的相同。帧图像之间存在着很强的相关性，因此，没有必要传输每一帧的所有像素信息，只传两帧之间的变化信息就行了。两帧之间的变化信息，体现在两帧之间的差值之中，可由运动矢量来表示，这就是时域或帧间压缩的基本依据。

采用已经编码的图像对后续待编码的图像进行运动估计和补偿预测，再对运动矢量和预测差值进行编码，能充分消除相邻两帧图像间的强相关性，得到较高的压缩比。

3. 视觉冗余

人类的视网膜和视觉皮层天生就能超精确地分辩物体的边缘。这也许是因为人类在进化过程中，识别目标比分辨细节更重要。人类视觉特点可以用在基于对象的编码，如 MPEG－4，就采用了基于轮廓（对象）的图像编码。

它充分利用了人眼睛对亮度信号比色度信号较敏感的特性，在视频信源中对色度信号进行了亚抽样，形成了 YUV12（Y：U：V＝4：1：1 格式），使得平均每个像素的数据量由原来的 24bit（Y、U、V 各占 8bit）降低为 12bit（Y 占 8bit ，U、V 各占 2bit），从而使数据量减少了 1/2，消除了视觉冗余。

4. 统计冗余

在自然图像中，不是所有的参数都等概率发生。正因为如此，可以用较少的位数来对频繁出现的参数进行编码，而用较多的位数来对较少出现的参数编码。这种类型的编码可减少码流的码率。如霍夫曼编码技术。

从 $H(X)$ 的特性可得如下性质：

（1）$H(X) \leqslant \log n$，即当且仅当信源概率分布为等概分布时，其熵取最大值。

（2）$H(X/Y) \leqslant H(X)$，这就是熵的不增原理，即在信息处理过程中，条件越多熵就越小。

（3）$H(X_1, X_2, \cdots, X_n) = H(X_1) + H(X_2/X_1) + \cdots + H(X_n/X_1, X_2, \cdots, X_{n-1}) \leqslant nH(X_i)$，即当且仅当各 X_i 相互独立时，等式成立。

对于单一信源 X 的熵取决于各个概率 P_i，且当所有 n 个概率相等时，达到其最大。而对于扩展信源 $X_i(i=1,2,\cdots,n)$，只有相互独立时 $H(X_1, X_2, \cdots, X_n) = n H(X_i)$。根据这一事实可以把数据的冗余度 R 定义为某一符号集合中数据的最大可能的熵与其实际熵之差，即

$$R = -\log_2 n + \sum p_i \log_2 p_i$$

数据的冗余度 R，可分为源数据冗余 R_S 和编码冗余 R_C。当 $R_C < R_S$ 时，通过编码已获得了编码增益。

应强调指出，信源的冗余来自两个方面：

（1）信源符号的相关性；

（2）信源符号概率分布的非均匀性。

具体表现在信源熵不能达到最大值，这就是冗余度的本质和数字表现形式。

2.4.2　信源冗余度的计算

任何非随机选择的数据都有一定的结构（看不出什么结构性），可利用这种结构得到数据的更小的表示。冗余度（redundancy）和结构（structure）用于专业文献，此外还有相干（coherence）及相关（correlation），都是指同一个意思。可见在有关数据压缩的任何讨论中，冗余度是一个相当重要的概念。

通俗地讲冗余度（多余度），就是指除了在传输或恢复消息时所需的最少信息之外，其他出现在信源、码、消息、信号、信道或系统中某一细节的符号都称为冗余的，冗余的程度由冗余度来表示，信源的冗余度定义为

$$D = 1 - \frac{H_\infty(X^\infty)}{H(X)_{\max}} \tag{2.11}$$

式中：$\dfrac{H_\infty(X^\infty)}{H(X)_{\max}}$ 为相对熵；$H(X)_{\max}$ 表示一个信源符号所具有的平均最大不定度；$H_\infty(X^\infty)$ 是指一个信源符号实际上所具有的平均不定度，称为极限熵（X^∞ 表示无限维随机序列）。

对于无限平稳序列，可以证明

$$\lim_{N\to\infty} H_N(X^N) = \lim_{N\to\infty} H(X_N \mid X_1, X_2, \cdots, X_{N-1}) \tag{2.12}$$

式中：$H_N(X^N) = \dfrac{1}{N} H(X_1, X_2, \cdots, X_N)$。

对于遍历的 m 阶马尔柯夫链，有

$$H_\infty(X^\infty) = H(X_{m+1} \mid X_1, X_2, \cdots, X_m) \tag{2.13}$$

对一阶马尔柯夫链：

$$H_\infty(X^\infty) = H_2 = H(X_N \mid X_{N-1}) = H(X_{N-1} \mid X_{N-2}) \cdots = H(X_2 \mid X_1)$$

即一阶马尔柯夫信源的熵就等于条件熵。

现在来证明式（2.12），把式（2.9）进行推广，则有

$$H_N(X^N) = \frac{1}{N} H(X_1, X_2, \cdots, X_N)$$

$$= \frac{1}{N} \left[H(X_1) + H(X_2 \mid X_1) + \cdots + H(X_N \mid X_1, X_2, \cdots, X_{N-1}) \right]$$

由定理 2.3，可得

$$H_N(X^N) \geqslant \frac{1}{N} \left[H(X_N \mid X_1, X_2, \cdots, X_{N-1}) + H(X_N \mid X_1, X_2, \cdots, X_{N-1}) + \cdots + \right.$$
$$\left. H(X_N \mid X_1, X_2, \cdots, X_{N-1}) \right]$$
$$= H(X_N \mid X_1, X_2, \cdots, X_{N-1})$$

另外，若有

$$H_{N+K}(X^{N+K}) = \frac{1}{N+K} H(X_1, X_2, \cdots, X_{N+K})$$
$$= \frac{1}{N+K} \left[H(X_1, X_2, \cdots, X_{N-1}) + \right.$$
$$H(X_N \mid X_1, X_2, \cdots, X_{N-1}) + H(X_{N+1} \mid X_1, X_2, \cdots, X_N) + \cdots +$$
$$\left. H(X_{N+K} \mid X_1, X_2, \cdots, X_{N+K-1}) \right]$$

由定理 2.3，则有

$$H_{N+K}(X^{N+K}) \leqslant \frac{1}{N+K} \left[H(X_1, X_2, \cdots, X_{N-1}) + \right.$$
$$H(X_N \mid X_1, X_2, \cdots, X_{N-1}) + H(X_N \mid X_1, X_2, \cdots, X_{N-1}) +$$
$$\left. \cdots + H(X_N \mid X_1, X_2, \cdots, X_{N-1}) \right]$$
$$= \frac{1}{N+K} \left[H(X_1, X_2, \cdots, X_{N-1}) + \right.$$
$$\frac{K+1}{N+K} H(X_N \mid X_1, X_2, \cdots, X_{N-1})$$

当 N 已给定时，$H(X_1, X_2, \cdots, X_N)$，$H(X_N \mid X_1, X_2, \cdots, X_{N-1})$ 是一个定值。因此，上式中的第一项随 K 的增大而消失；又因为 $K+1/N+K$，为 $K \to \infty$ 时，而趋于 1，所以第二项应为 $H(X_N \mid X_1, X_2, \cdots, X_{N-1})$。

综上所述，可得

$$H_{N+K}(X^{N+K}) \leqslant H(X_N, X_1, X_2, \cdots, X_{N-1}) \leqslant H_N(X^N)$$

当 $N \to \infty$ 时，当假设极限是存在的，而得到

$$\lim_{N \to \infty} H_{N+K}(X^{N+K}) = \lim_{N \to \infty} H_N(X^N) = H_\infty(X^\infty)$$

即有

$$\lim_{N \to \infty} H_N(X^N) = \lim_{N \to \infty} H(X_N \mid X_1, X_2, \cdots X_{N-1})$$

由上述对式(2.12)的证明可见，对于平稳无限序列来说，平均符号熵的下限值是可以用计算的方法来确定的。然而，实际上要求这个值是很困难的，但是由式(2.12)可见，极限熵 H_∞ 可以通过条件熵来计算。而当序列具有马尔柯夫链性质时，可用转移概率进行计算，这就是式(2.13)的内涵所在。下面就来讨论马尔柯夫信源。

我们说马尔柯夫信源是用来使信号比较接近实际情况的一种表示方法。像前面已讨论过的平稳信源，它的极限熵 H_∞ 是难以求得的。然而，若把信号的关联限制在有限个符号之间时，就是说，即时发生的符号之概率只与前面的 m 个符号有关，与更前面的符号无关，这时的信源称为 m 阶马尔柯夫信源。

如三阶马尔柯夫信源，$X=\{$中文单字$\}$，它将根据前面已经发生的三个中文单字来决定发出一个单字应该采用什么概率分布。像前面三个单字是"无所不"，那么接着是"谈"，"有"，"包"等单字的概率就要大些，其他字发生的概率就小些，甚至不可能发生，这时相当于以一种概率分布来决定即时发生的单字。若已经发生的三个单字是"自欺欺"，下一个单字几乎就是"人"字，即以概率1发出的是"人"字，这时就是以另一种概率分布来决定即时发生的单字。也就是说，发信号所用的概率分布是不改变的，而是发完一个信号换一种概率分布，发第i个信号时所用的概率分布，由前面已经发出的m个信号来决定。这正是马尔柯夫信源与平稳信源所不同的地方。

马尔柯夫信源的数学模型为

$$X:\begin{cases}a_1,a_2,\cdots,a_g\\p(a_{k_{m+1}}\mid a_{k_1},a_{k_2},\cdots,a_{k_m})\end{cases}\quad(k_1,k_2,\cdots,k_{m+1}=1,2,\cdots,g)$$

且满足

$$\sum_{k_{m+1}=1}^{g}p(a_{k_{m+1}}\mid a_{k_1},a_{k_2},\cdots,a_{k_m})=1$$

信源状态数为g^m个（信源符为g，m阶是指只与前m个符号有关，故有g^m个不同的状态），所以条件概率可表示为

$$p(a_{k_{m+1}}\mid a_{k_1},a_{k_2},\cdots,a_{k_m})=p(a_{k_{m+1}}\mid s_i)=p(a_k\mid s_i)$$

式中：$i=1,2,\cdots,g^m$；S_i表示信源状态。

那么$p(a_{k_{m+1}}\mid s_i)$表示任何时刻、信源处于状态S_i时，发出信源符号$a_{k_{m+1}}$的概率。而$a_{k_{m+1}}=\{a_1,a_2,\cdots,a_g\}$，$a_{k_{m+1}}$简记为$a_k$。

由上述模型可见，当信源处于某一状态S_i时，信源再发出一个符号后，即时的信源状态也就改变了。信源从一个状态转移到另一个状态，完全由前一时刻的状态和发出的符号所决定。这样，就可以把信源输出的符号序列变成状态序列，这状态序列在数学模型上可作为马尔柯夫链来研究。另外，还可以用状态图来表示这个信源。在状态图上，把g^m个可能的状态中的每一状态用一圆圈表示，然后用箭头表示发生什么符号由某一状态转移到另一状态。

例2.6 有一个二进制二阶马尔柯夫信源，其信源符号为$\{0,1\}$，条件概率为

$$\begin{cases}P(0\mid00)=P(1\mid11)=0.8\\P(1\mid00)=P(0\mid11)=0.2\\P(0\mid01)=P(0\mid10)=P(1\mid01)=P(1\mid10)=0.5\end{cases}$$

这是一个二阶马尔柯夫信源，信源发出什么符号只与前面两个符号有关，与更前面的无关。那么信源就有$2^2=4$个可能的状态，即为00,01,10,11，其状态图如图2.3所示。

状态转移概率为

$$\begin{cases}p(s_1\mid s_1)=p(s_4\mid s_4)=0.8\\p(s_2\mid s_1)=p(s_3\mid s_4)=0.2\\p(s_3\mid s_2)=p(s_2\mid s_3)=p(s_4\mid s_2)\\\qquad=p(s_1\mid s_3)=0.5\end{cases}$$

由此可见，状态转移概率与给定的发出符号的条件概率完全相关。这样一来，信源输出的一串二进制序列就可

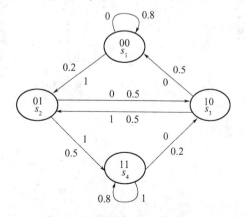

图2.3 二阶马尔柯夫信源状态图

变换成状态 $s_i(i=1,2,3,4)$ 的序列。这状态序列构成了时齐的马尔柯夫链,即任何时刻状态之间的转移都由一步转移概率来决定。

对于一般的 m 阶马尔柯夫信源都可将它的数学模型转换成时齐马尔柯夫链来描述。时齐马尔柯夫链可由一组状态和状态的一步转移概率确定:

$$\text{状态集 } E : \begin{Bmatrix} s_1, s_2, \cdots, s_{g^m} \\ p(s_j \mid s_i) \end{Bmatrix}$$

式中: $s_i = (a_{i_1}, a_{i_2}, \cdots, a_{i_m})(i_1, i_2, \cdots, i_m = 1, 2, \cdots, g)$。

状态转移概率由条件概率 $p(a_{k_{m+1}} \mid a_{k_1}, a_{k_2}, \cdots, a_{k_m})$ 确定。我们只研究信源状态形成的马尔柯夫链是各态历经的马尔柯夫链,这样的信源称为历经的马尔柯夫信源。时齐历经的马尔柯夫链,一定存在极限概率 $g(s_i)$,即

$$\lim_{i \to \infty} p(s_l = s_i \mid s_l = s_j) = \lim_{i \to \infty} p_{ji}(l) = g(s_i) \tag{2.14}$$

而 $g(s_i)$ 满足

$$\sum_{j \in E} g(s_j) p(s_i \mid s_j) = g(s_i) \ (s_i \in E; \sum_{j \in E} g(s_j) = 1) \tag{2.15}$$

$g(s_i)$ 的表达式表示转移步数 l 足够长以后,状态的 l 步转移概率与初始状态无关。这意味着信源在初始时刻可以处于任意状态,然后,状态之间可以互相转移,经过足够长时间以后,信源处于什么状态已与初始状态无关,这时每种状态出现的概率已达到一种稳定分布。而这种稳定分布由式(2.14)决定,因此,在足够长时间以后,信源所处的状态序列可以看作是一种平稳的随机序列,可看作为平稳信源来处理。

下面开始讨论信源极限熵 H_∞ 的计算问题。

对于历经的 m 阶马尔柯夫信源,当时间足够长以后,可作为平稳信源来处理,又由信源发出的符号只与前 m 个符号有关,所以

$$\begin{aligned} H_\infty &= \lim_{N \to \infty} H(X_N \mid X_1, X_2, \cdots, X_{N-1}) \\ &= H(X_{m+1} \mid X_1, X_2, \cdots, X_m) \\ &= H_{m+1} \end{aligned}$$

而

$$\begin{aligned} H_{m+1} &= H(X_{m+1} \mid X_1, X_2, \cdots, X_m) \\ &= - \sum_{k_{m+1}, k_m, \cdots, k_1} p(a_{k_{m+1}}, a_{k_m}, \cdots, a_{k_2}, a_{k_1}) \log p(a_{k_{m+1}} \mid a_{k_m}, a_{k_{m-1}}, \cdots, a_{k_1}) \end{aligned}$$

因为

$$s_i = (a_{k_1}, a_{k_2}, \cdots, a_{k_m}) \ (k_1, k_2, \cdots, k_{m+1} = 1, 2, \cdots, g)$$

$$\begin{aligned} p(a_{k_{m+1}}, a_{k_m}, \cdots, a_{k_1}) &= p(a_{k_m}, \cdots, a_{k_1}) p(a_{k_{m+1}} \mid a_{k_1}, \cdots, a_{k_m}) \\ &= p(s_i) p(a_k \mid s_i) \end{aligned}$$

于是可得

$$\begin{aligned} H_{m+1} &= - \sum_{s_i \in E} \sum_X g(s_i) p(a_k \mid s_i) \log p(a_k \mid s_i) \\ &= - \sum_{s_i \in E} g(s_i) H(X \mid s_i) \end{aligned}$$

式中: $g(s_i)$ 为状态的极限概率; $H(X \mid s_i)$ 表示信源处于某状态 s_i 时发出一个信源符号的平均不肯定性。

20

对于一阶马尔柯夫信源,其概率空间为

$$X: \begin{Bmatrix} a_1, a_2, \cdots, a_g \\ p(a_k \mid a_{k-1}) \end{Bmatrix} \quad (\sum_{k_{m+1}=1}^{g} p(a_k \mid a_{k-1}) = 1)$$

它的马尔柯夫链的状态集空间也和概率空间一样,即

$$E: \begin{Bmatrix} a_1, a_2, \cdots, a_g \\ p(a_k \mid s_i) = p(a_k \mid a_{k-1}) \end{Bmatrix} \quad (\sum_{k_{m+1}=1}^{g} p(a_k \mid a_{k-1}) = 1)$$

所以,信源熵

$$\begin{aligned}
H_\infty = H_2 &= \sum_k \sum_{k-1} p(a_k) p(a_k \mid a_{k-1}) \log p(a_k \mid a_{k-1}) \\
&= H(X_N \mid X_{N-1}) \\
&= H(X_2 \mid X_1)
\end{aligned}$$

可见一阶马尔柯夫信源的熵应等于条件熵。应指出的是,式中的符号概率分布 $p(a_k)$ 应是信源达到平稳以后的分布,并不是起始符号的概率分布,它不一定等于起始符号的概率分布。

例 2.7(续例 2.6) 这四个状态都是常返的,并具有历经性,为此,有

$$\begin{cases}
g(s_1) = 0.8 g(s_1) + 0.5 g(s_3) \\
g(s_2) = 0.2 g(s_1) + 0.5 g(s_3) \\
g(s_3) = 0.5 g(s_2) + 0.2 g(s_4) \\
g(s_4) = 0.8 g(s_4) + 0.5 g(s_2) \\
g(s_1) + g(s_2) + g(s_3) + g(s_4) = 1
\end{cases}$$

由此可求得

$$\begin{cases}
g(s_1) = g(s_4) = \dfrac{5}{14} \\
g(s_2) = g(s_3) = \dfrac{2}{14}
\end{cases}$$

因而,有

$$\begin{aligned}
H_\infty = H_3 &= -\sum_{s_i} \sum_k g(s_i) p(a_k \mid s_i) \log p(a_k \mid s_i) \\
&= \sum_{s_i} g(s_i) H(X \mid s_i) \\
&= \frac{5}{14} H(0.8, 0.2) + \frac{2}{14} H(0.8, 0.2) + \frac{2}{14} H(0.8, 0.2) + \frac{5}{14} H(0.8, 0.2) \\
&= \frac{5}{7} \times 0.7219 + \frac{2}{7} \times 1 \\
&= 0.8 (\text{bit})
\end{aligned}$$

显然这个二进制信源的冗余度为

$$D = 1 - \frac{H_\infty}{H(X)_{\max}} = 1 - \frac{0.8}{1} = 0.2$$

综上所述,可以作出结论:对于一个平稳信源,当已得到 N 足够大时的条件概率 $p(X_N \mid X_1, X_2, \cdots, X_{N-1})$ 就可近似地计算 H_∞,当然,这样处理也是有困难。更简单的方法是,当作为 m 阶马尔柯夫链来处理,这时用 H_{m+1} 来近似 H_∞。

根据前面的讨论,可有如下不等式:

$$\log g = H_0 \geqslant H_1 \geqslant H_2 \geqslant \cdots \geqslant H_{m+1} \geqslant H_{m+2} \geqslant \cdots \geqslant H_\infty$$

这说明,实际信源的符号熵为 H_∞,理论上说,就是只要能传送 H_∞ 的手段就够了。而我们只能得到 H_m,只好采用能传送 H_m 的手段,这当然是不经济的,就是说传送设备太富余了。

例如,设一个信源能输出 26 个英文字母,各个英文字母出现的概率均等,且英文字母与英文字母之间没有空间,那么信源的熵为

$$H_0 = \sum_{i=1}^{26} \frac{1}{26} \log 26 = 4.7 \ (\text{bit})$$

但是,实际上英语的熵远小于这个数值,其原因如下:

(1)各个英文字母出现的概率彼此并非是相等的,例如,英文字母出现的概率见表 2.1,它的熵 $H_1 = 4.16\text{bit}$。

表 2.1　英文字母出现的概率

英文字母	概率	英文字母	概率	英文字母	概率	英文字母	概率
A	0.081	H	0.051	O	0.079	V	0.009
B	0.016	I	0.072	P	0.023	W	0.020
C	0.032	J	0.001	Q	0.002	X	0.002
D	0.037	K	0.005	R	0.060	Y	0.019
E	0.124	L	0.040	S	0.066	Z	0.001
F	0.023	M	0.022	T	0.096		
G	0.016	N	0.072	U	0.031		

(2)由于并非什么英文字母都能组成单字,也不是什么英文单字都能组成有意义的句子缘故。考虑到英文字母之间的依懒关系时,即二维结构,三维结构,以至多维结构,可以算出它们的熵 $H_2 = 3.32\text{bit}$,而 $H_3 = 3.1\text{bit}$。而对 H_∞ 这个值,有不少近似值,一般就取为 $H_\infty = 1.4\text{bit}$。于是,英文字母的冗余度为

$$D = 1 - \frac{H_\infty}{H(X)_{\max}} = 1 - \frac{H_\infty}{H_0} = 1 - \frac{1.4}{4.7} = 0.7$$

这就说明,英文字母的冗余度是很大的,可以进行压缩。像 100 页文件,压缩后大概只相当于 29 页的文件,这样就可大量地节省传输容量或存储空间。

第3章 逼近码长下限的理论与技术

3.1 去相关分析

3.1.1 预测去相关

预测变换编码是信源编码中的一类,其基本思想是利用信源输出采样点信号的相关性,对未来时刻信号进行预测或估计,估值与实际信号样值之差,即预测误差信号。预测变换编码系统就把预测误差信号作为传输信号,一般经过量化、编码等处理。

香农信息论的创立,为我们研究通信问题、信息技术领域的许多课题,提供了强有力的理论指导。使我们变得更"聪明"了,减少了试验、设计活动中的盲目性,下面将进行例证性的阐述。

预测变换编码原理:预测变换编码是信源编码的一个重要的组成部分。基本思想如下:

(1) 利用信号的相关性,对未来时刻的样值进行估计(预测),估计值与实际值之差为预测误差信号,称为差值信号。对差值信号进行编码、传输,由于差值信号的数值范围及概率分布均发生了变化,使得 $H(P_e) < H(X)$,因此减少了每样值所要传输的比特数,实现了数据压缩。其理论基础就是 K 阶马尔柯夫信源理论:

$$\log|X| \geqslant H(X|X) \geqslant H(X|X^2) \geqslant \cdots \geqslant H(X|X^K)$$

(2) 基于当失真小于某一规定值时,并不被人们所察觉(听觉和视觉)或即使察觉了也不妨碍。利用容许的失真来换取更大的数据压缩比是一个实际感兴趣的理论问题和实践问题,其理论基础就是速率失真函数,这里的失真是指量化失真。

例 3.1 DM 利用前一样值对即时样值进行估计,即 $\hat{x}_i = x_{i-1}$,称为前值预测。其预测误差为 $e_i = x_i - \hat{x}_i = x_i - x_{i-1}$。将 e_i 量化成 $\pm\Delta$,由"1","0"表示。DM 系统框图如图 3.1 所示。

图 3.1 DM 系统框图

例 3.2 LPC(线性预测编码),与 DM 不同的是预测器的预测函数为

$$\hat{x}_i = \alpha_1 x_{i-1} + \alpha_2 x_{i-2} + \cdots + \alpha_N x_{i-N}$$

式中:$\alpha_1, \alpha_2, \cdots, \alpha^N$ 为预测参数。

3.1.2 域变换去相关

1. 正交变换编码原理

正交变换编码,对原信源输出信号进行正交变换,即把原信号域转移到了变换域。例如,沃尔什

23

（Walsh）变换、离散余弦变换（DCT）等，是信源编码中非常重要的一个组成部分。它的实质是将信源所产生的信号进行正交变换，在变换域中的域值发生了向某局部区域集中的现象，而且变换域的域值具有独立性或不相关特性。这样一来，在一定的失真条件下（有些变换域数值可忽略不计，缩小需要编码的域值范围；另外，根据人眼视觉特性，一般采用分区域、分等级量化技术，即低频区域变换系数采用精细量化，高频区域变换系数采用粗糙量化，减小量化失真），再对量化后的系数进行无失真编码，这样就可实现数据压缩，这就是变换编码。变换编码系统模型如图 3.2 所示。

信源序列 $\longrightarrow$ 变换 $\longrightarrow$ 变换域采样 $\longrightarrow$ 量化编码 $\longrightarrow$ 输出

图 3.2　变换编码系统模型

正交变换算法比较多，如 DCT、K–L 变换（最佳变换）、离散傅里叶变换（DFT）、Walsh 变换等。它们的共同特征就是变换域的样值具有独立或不相关特性，而且较大幅度样值集中于某一区域。下面举例说明。

Walsh–Hadamard 变换（WHT）的基本图像，以 $M = N = 4$ 为例加以说明。对于具有 4×4 个元素组成的图像信号矩阵 f，其二维 WHT 为

$$F = \frac{1}{4} T_{\text{WHT}}(4) f T_{\text{WHT}}(4)$$

式中

$$T_{\text{WHT}}(4) = \begin{bmatrix} 1 & 1 & 1 & 1 \\ 1 & -1 & 1 & 1 \\ 1 & 1 & -1 & -1 \\ 1 & -1 & -1 & 1 \end{bmatrix}, \quad f = \begin{bmatrix} -1 & -1 & -1 & -1 \\ -1 & -1 & -1 & -1 \\ -1 & -1 & 1 & 1 \\ -1 & -1 & 1 & 1 \end{bmatrix}$$

$$F = 2 \begin{bmatrix} -1 & 0 & -1 & 0 \\ 0 & 0 & 0 & 0 \\ -1 & 0 & 1 & 0 \\ 0 & 0 & 0 & 0 \end{bmatrix}$$

其反变换为

$$f = \frac{1}{4} T_{\text{WHT}}(4) F T_{\text{WHT}}(4) = \frac{1}{2} \begin{bmatrix} 1 & 1 & 1 & 1 \\ 1 & -1 & 1 & -1 \\ 1 & 1 & -1 & 1 \\ 1 & -1 & -1 & 1 \end{bmatrix} \begin{bmatrix} -1 & 0 & -1 & 0 \\ 0 & 0 & 0 & 0 \\ -1 & 0 & 1 & 0 \\ 0 & 0 & 0 & 0 \end{bmatrix} \begin{bmatrix} 1 & 1 & 1 & 1 \\ 1 & -1 & 1 & -1 \\ 1 & 1 & -1 & -1 \\ 1 & -1 & -1 & 1 \end{bmatrix}$$

我可得到 Walsh 的基本图像及其二维谱，如图 3.3 所示。

f 可由 Walsh 基本图像的加权和表示，即

$$f = \frac{1}{4} \left[-2 W_{00} + 2 W_{22} - 2 W_{02} - 2 W_{20} \right]$$

$$= -\frac{1}{2} \begin{bmatrix} 1 & 1 & 1 & 1 \\ 1 & 1 & 1 & 1 \\ 1 & 1 & 1 & 1 \\ 1 & 1 & 1 & 1 \end{bmatrix} + \frac{1}{2} \begin{bmatrix} 1 & -1 & -1 & 1 \\ 1 & -1 & -1 & 1 \\ -1 & 1 & 1 & -1 \\ -1 & 1 & 1 & -1 \end{bmatrix} - \frac{1}{2} \begin{bmatrix} 1 & -1 & 1 & -1 \\ 1 & -1 & 1 & -1 \\ 1 & -1 & 1 & -1 \\ 1 & -1 & 1 & -1 \end{bmatrix} - \frac{1}{2} \begin{bmatrix} 1 & 1 & 1 & 1 \\ 1 & 1 & 1 & 1 \\ -1 & -1 & -1 & -1 \\ -1 & -1 & -1 & -1 \end{bmatrix}$$

$$= \frac{1}{2} \begin{bmatrix} 0 & 0 & -2 & -2 \\ 0 & 0 & -2 & -2 \\ -2 & -2 & 0 & 0 \\ -2 & -2 & 0 & 0 \end{bmatrix} - \frac{1}{2} \begin{bmatrix} 2 & 2 & 0 & 0 \\ 2 & 2 & 0 & 0 \\ 0 & 0 & -2 & -2 \\ 0 & 0 & -2 & -2 \end{bmatrix} = \frac{1}{2} \begin{bmatrix} -2 & -2 & -2 & -2 \\ -2 & -2 & -2 & -2 \\ -2 & -2 & 2 & 2 \\ -2 & -2 & 2 & 2 \end{bmatrix}$$

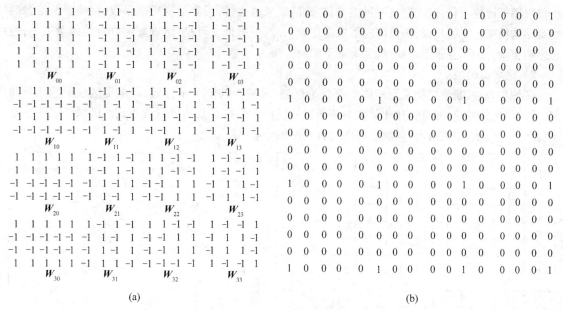

(a)   (b)

图 3.3 Walsh 基本图像及基二维谱
（a）Walsh 基本图像；（b）二维谱。

由上述分析可得以下结论：

（1）对一般图像而言，在二维 Walsh 变换域中的变换系数，其幅度较大者都在低频率区域，即集中在左上角，这为实现压缩编码奠定了基础。

（2）Parseval 定理，即

$$\sum_{s=0}^{M-1}\sum_{t=0}^{N-1}\left[F(s,t)\right]^2 = \frac{1}{N^2}\sum_{m=0}^{M-1}\sum_{n=0}^{N-1}\left[f(m,n)\right]^2$$

其物理意义在于，当 $f(m,n)$ 已知时，式的右边是一个常量。因此，变换系数中只有少数幅度较大，那么必有多数个系数幅值较小，当丢弃小幅度系数时，可实现限失真的数据压缩，而当丢弃的部分系数，其能量仅占总能量的一小部分时，可认为这部分能量丢失不至于对图像质量产生大的影响，这就是限失真压缩编码的理论基础。

2. 变换域采样与编码

在前面几节中，讨论了正交变换问题，主要阐述了正交变换的构成方法、去相关性能分析、正交变换的基本图像及其意义，还有正交变换的谱结构，这为讨论编码问题提供了理论基础。所谓正交变换编码，实质上就是把信源信号先变换后处理（采样、编码），从采样的角度来看，目前比较实用的是带状采样和门限采样（方差准则）。从采样与量化综合考虑，变换编码可分为区域采样法、区域编码法和阈值编码法三种编码方法。阈值编码法实际上是一种自适应编码方法。下面将分别进行讨论。

1）区域采样法

区域采样法也就是带状采样法，是指只对变换域系数矩阵中的左上角低频率系数进行采样与量化，即编码，右下角的阴影区中的系数既不编码也不传输（或存储），这就相当于将变换域系数矩阵通过一个二维低通滤波器，只保留这些低频系数，而把高频率系数滤掉。对保留的待传输的系数进行等比特量化。例如，每样值系数都用 8 比特量化，如图 3.4 所示。

应该指出，由上述可见，区域采样法有两个缺点：一是采样值均用等比特编码，即不管样值的大小都采用等比特量化,这无疑是一种浪费;二是区域采样法,所丢弃的高频率系数,将使图像信源的细致结构模糊。也就是说,图像出现了散焦现象,分辨率降低。可见,尽管高频分量的能量虽小,但其影响重大。为了克服上述缺点,又有如下编码方法。

2)区域编码法

区域编码法,是将变换系数矩阵的低频率区域、分成为若干个子区域,每个子区域中的系数样值,采用等比特量化,而且量化比特数与该子区域里单个变换系数的能量成正比。区域编码法示意图如图 3.5 所示,应该指出,区域编码法仍有使图像分辨率降低之缺点。

图 3.4　区域取样法示意图

图 3.5　区域编码法示意图

3)阈值编码法(自适应变换编码法)

阈值编码法,也称为门限采样编码法。是为了克服前两种编码法使图像分辨率下降之缺点所采用的方案之一。它只对幅度大于某一阈值的变换系数(称为重要样值)进行量化编码,显然还要编以相应的地址供恢复端识别,以便正确复原图像。这样的方法,有可能保留某些高频率变换系数;而对阈值以下的高频样值予以丢弃。

为了保持一定的数码率,可以根据子图像的总比特数的多少,适当地自动调整阈值。因此,这种编码方法对子图像的结构有一定的自适应性。

关于各种编码方法的性能,从数据压缩的角度考虑,应该说区域编码法有较高的压缩率,在此不再作具体分析了。

例 3.3　有一个二维图像信号为

$$f = \begin{bmatrix} 2 & 2 & 1 & 1 \\ 2 & 2 & 1 & 1 \\ 1 & 1 & 0 & 0 \\ 1 & 1 & 0 & 0 \end{bmatrix}$$

试对其进行 Walsh 变换,说明应采用哪一种编码方法,故有

$$F = \frac{1}{4} \begin{bmatrix} 1 & 1 & 1 & 1 \\ 1 & 1 & -1 & -1 \\ 1 & -1 & -1 & 1 \\ 1 & -1 & 1 & -1 \end{bmatrix} \begin{bmatrix} 2 & 2 & 1 & 1 \\ 2 & 2 & 1 & 1 \\ 1 & 1 & 0 & 0 \\ 1 & 1 & 0 & 0 \end{bmatrix} \begin{bmatrix} 1 & 1 & 1 & 1 \\ 1 & 1 & -1 & -1 \\ 1 & -1 & -1 & 1 \\ 1 & -1 & 1 & -1 \end{bmatrix} = \frac{1}{4} \begin{bmatrix} 16 & 8 & 0 & 0 \\ 8 & 0 & 0 & 0 \\ 0 & 0 & 0 & 0 \\ 0 & 0 & 0 & 0 \end{bmatrix}$$

由矩阵 F 可见,应采用区域编码法为宜。

3.1.3　并元处理去相关

我们知道,对一个二值传真信源来说,一幅传真图像是由扫描线上的像素组成的,而每一个扫描线又总是一些接连的黑像素和白像素而组成,我们称连续发生的黑像素为连"1",白像素为连"0",也称为黑游程和白游程。连"1"的个数称为黑游程长度,连"0"的个数称为白游程长度,黑、白游程总是交替出现的。

在传真信源编码中,首先把数字序列进行并元处理,即把连续 0(或 1)的个数作为一个游程(看作一个源符号),这样就从 0,1 序列域转换到游程长度域,这样就把具有相关性的二值序列转变成了无相关性的黑、白游程域。

不同长度的游程其发生的概率也是不同的,即若游程长度集合为 $\{1,2,\cdots,M\}$,那么 $P\{L_i\} = P_i$ 是一个非均匀分布$(i = 1,2,\cdots,M)$。当 $i = 1$ 时,游程长度 $L_1 = 1$ 为单点像素;当 $i = M$ 时,游程长度就等于一条扫描线上的像素总数,A4 幅面一般为 1728。

根据 $P\{L_i\}$ 分别赋以不同长度的码字,这种编码方法就称为基于游程的统计编码,其实质是先采用了游程编码 + 再进行统计编码。

所谓游程编码,其码字的构成形式一般为

<u>游程颜色标志码 + 游程长度码 + 游程终止码</u>
<small>游程编码的码字</small>

对于二值传真图像而言,只有黑白两种游程,且规定每一扫描线均由白游程开始。若实际扫描线由黑游程开始,则前面加一个长度为 0 的白游程,这样一来,游程编码的码字仅仅为

<u>游程长度码</u>
<small>游程编码的码字</small>

经游程编码后,每一扫描线由 0 和 1 构成 0、1 数字序列,就变成了由白、黑游程构成的白、黑游程序列。可以将黑、白游程混合统一编码,也可以将黑、白游程分开来分别进行编码。

在游程长度域,各个游程长度已经是各自独立了,互不相关了,但各个游程出现的概率即是非均等的。为此,以游程为符号的信源仍然具有冗余度,我们在前面已经得知,信源的冗余来自信源符号的"相关性"和"信源符号出现概率的非均等性"。通过游程长度识别,把传真图像从"像素域"变换到"游程长度域",消除了游程长度符号 L_i 之间的相关性。我们再通过最优二元编码,再把信源从游程长度域变换到以 0,1 为编码符号的 0,1 二元域。该域中"0"、"1"出现的概率应该是均等的或近均等的。该 0,1 符号就是信源编码输出的符号,亦就是送往信道传输的符号。

在矢量量化编码中,首先通过并元处理技术,将 N 个变量看作为一个矢量,然后,通过聚类将矢量空间分割成 M 个子空间,并根据某种规则确定 M 个矢量构成码本或码书。编码时将要编码的矢量与码本中的矢量进行比较,并以最接近的矢量的脚标作为码字,这样一来,就把相关性较强的变量域编码转换到了几乎不相关的矢量脚标域编码,实现了较好的数据压缩。

3.1.4　字典索引去相关

在字典压缩中,不管是 LZ 77 还是 LZ 78,其本质都是建立字典,在这个基础上,把编码符号流中

"符号组合"或"符号串",与字典中的"符号组合"或"符号串"进行匹配,找到匹配后,把"符号串"之间距离和"符号串"长度作为编码结果而输出。因此,字典压缩编码输出的"符号串"的"距离"和"长度"码之间是不相关的。一般还要对"距离"和"长度"码再进行等概化编码,进一步提高压缩比。

1. LZ 77 算法

1）概述

1977 年—1978 年,以色列人 Jacob Ziv 和 Abraham Lempel 描述了使用自适应字典的两种压缩方法,即 LZ 77 算法和 LZ 78 算法。1977 年,Jacob Ziv 和 Abraham Lempel 的论文"A Universal Algorithm for Sequential Data Compression"（数据压缩的一个通用算法）在"IEEE Transaction on Information Theory"上发表;1978 年,发表了"Compression of Individual Sequences via Variable – Rate Coding"（通过可变比率编码的独立序列的压缩）,这两篇文章激起了基于字典压缩算法研究的洪流。

字典式编码技术是一类重要的无失真数据压缩编码技术,广泛应用于通信、计算机文件存档等方面。字典式编码分为固定字典式编码和自适应字典式编码两类;自适应字典式编码又分为滑动窗口字典式编码（LZ 77 算法）动态字典式编码（LZ 78 算法）。

字典式编码的基本思想:将长度可变的字符串集合一起,尤如编成一本字典,给每个字符串规定一个标号（INDEX）作为其代码,在编码后,就把原始数据变换成了"由标号代码组成的码流"。在存储时以文件的形式进行存储。在通信中,只发送标号代码而不传送字符串本身,在接收到标号码后,通过查阅字典将标号码转换成字符串。显然,与统计编码中将单个字符编码成可变长度的比特流有本质的区别。

例 3.4　现有一本英文字典:"Random House Dictionary of the English Language",该字典有 2200 页,且每页上词条少于 256 个。若我们约定,每个英文单词以它所在页的页号和在该页的序号作为其标号码。如下面句子:

A　good　example　of　how　dictionary　based　compression

根据编码规则,可转换成如下标号码流:

1/1　822/3　674/4　1343/60　928/75　550/32　173/46　421/2

由于该字典共 2200 页,页号编码需要 12bit;每页上词条少于 256 个,单词序号编码需要 8 位,每个词需要 20 位（2.5B）。在原来句子中有 8 个单词共使用 43B,而编码后的消息只使用 2.5 × 8 = 20B,压缩率约 50%。

应该指出,在这种编码中,字典是关键,发端和收端必须保持相同的字典;在设计字典时,必须考虑字典的大小、如何选择条目以及构造方式等。根据建立和维护字典的方式,字典式编码分为固定字典式编码和自适应字典式编码。在固定字典式编码中,字典是在压缩之前建立的,而且长时间保持不变;其压缩效率可能受到如下两个因素的影响:一是字典不能最佳匹配不同类型的待传文本;二是有时要将字典与已压缩的文本一道传送给收方。在自适应方式字典编码中,压缩之前是没有字典的,字典的建立与字符的编码同步进行,而且随着所发文本的变化不断地修改字典。自适应字典式编码:一是滑动窗口式编码,即 LZ 77 算法;二是动态字典式编码,即 LZ 78 算法。这两种算法共同之处是字典随待压缩的文本而变化,但是两者建立字典的方式不同;LZ 77 算法又称为滑动窗口式压缩编码,LZ 78 算法又称为字典式压缩编码。

2）LZ 77 算法

LZ 77 算法是一种字典式编码,由于所用的字典是由前面已处理过的一串字符所构成的,随着编码的进行,字典也不断地滑动,故取名为滑动窗口编码。文本窗口可分成两个部分:第一部分为搜索缓存区（Search buffer）,用于存放部分最近已编码的序列,即字典;第二部分为前视缓存区（Look – ahead buffer）,一般要小一些,用于存放刚被读入但未编码的字符,如图 3.6 所示。需要指出的是,此处,搜索缓存区可存放 8 个字符,前视缓存区可存放 7 个字符,实际中两个缓存区要大得多,这里仅是一个示意图。

图 3.6　LZ 77 算法示意图
(a) 搜索缓存区；(b) 前视缓存区。

LZ 77 算法的实质就是在字典中寻找一个尽可能长的字符串,与前视缓冲区中待编码的第一个字符为首的字符串相匹配,然后产生一个说明该匹配字符串的码字。码字包括三部分:①在搜索缓存区所找到的匹配字符串的第一个字符与前视缓存区中待编码的第一个字符的距离(记为 D);②匹配串的长度(记为 L);③匹配串之后的第一个字符(记为 C)。例如,在图 3.6 中,箭头指向最长匹配字符串的起点,距离 $D = 7$,匹配串长度 $L = 4$,匹配串之后的第一个字符 $C = \rho$。之所以要发送匹配串之后的第一个字符,主要是照顾到有时找不到匹配串,此时 $D = 0,L = 0$。

在编码过程中,可能会有三种情况出现:①没有搜索到匹配字符串;②搜索到长度不超过前视缓冲区长度的匹配字符串;③搜索到一个其长度超过前视缓冲区长度的匹配字符串。

如果搜索缓存区长度为 S,窗口(包括搜索缓存区和前视缓冲区)长度为 W,信源字母表尺寸为 A,采用固定长度码对 D、L、C 三个参数编码所需比特数为 $\lceil \log_2 S \rceil + \lceil \log_2 W \rceil + \lceil \log_2 A \rceil$,$\lceil x \rceil$ 表示取 $\geqslant x$ 的最小整数。要注意的是,第二项是 $\lceil \log_2 W \rceil$,而不是 $\lceil \log_2 (W - S) \rceil$,这是因为匹配串的长度可能超过搜索缓存区长度。

例 3.5　假设待编码的序列为

···cabracadabrarrarrad···

窗口长度是 13,前视缓存器长度是 6,窗口现在的内容如下:

cabraca	dabrar

其中,dabrar 在前视缓存器中。

此时没有搜索到匹配字符串,故发送一个三元数组 <0,0,C(d) >,其中前两个参数表示在搜索缓存器中没有 d 的匹配字符串,C(d)是字符 d 的码字。接着将窗口移动一个字符,缓存器现在的内容如下:

abracad	abrarr

其中,abrarr 在前视缓存器中。

现在继续在搜索缓存器中寻找以待编码的第一个字符 a 为起头的匹配字符串,结果是在距离 a 两个字符处有一个匹配字符串 a,匹配长度为一;在距离 a 四个字符处有第二个匹配字符串 a,匹配长度仍为一;在距离 a 7 个字符处有第三个匹配字符串 abra,匹配长度为 4,如图 3.7 所示。第三个最长,故代表字符串 abra 的码字是 <7,4,C(r) >。窗口移动五个字符后的内容如下:

adabrar	rarrad

其中,rarrad 在前视缓存器中。

现在继续搜索,结果是在距离 r 一个字符处有一个匹配字符串 r,在距离 r 三个字符处有第二个匹配字符串,匹配串的长度初看是 3,而实际上我们取 5。其原因在下面介绍译码时给予说明。

为了说明译码过程,假设业已完成序列 cabraca 的译码,并收到三元数组 <0,0,C(d) > , <7,4,

图 3.7　编码过程

C(r) > , <3,5,C(d) >。第一个三元数组的译码很简单,在已译码的序列中没有匹配串,下一个字符是 d,故已译码的序列是 cabracad。第二个三元数组告诉译码器将拷贝指针后退 7 个字符,并从该点起复制四个字符,如图 3.8 所示。最后对三元数组 <3,5,C(d) > 译码,将指针后退三个字符并开始复制,所复制的前三个字符是 rar。复制指针再次后退,以便复制刚刚复制过来的字符 r,如图 3.9 所示。按同样方式复制下个字符 a。尽管开始时我们只复制三个字符,而最后完成了五个字符的译码。可以看出,匹配字符串的起点只能在搜索缓存器中,但它可能延伸到前视缓存器。事实上,如果前视缓存器中最后一个字符是 r 而不是 d,并且后面跟若干组 rar,用一个三元数组便可对整个由 rar 重复构成的序列编码。

图 3.8　<7,4,C(r) >的译码

图 3.9　<3,5,C(d) >的译码

30

上述的 LZ 77 编译码算法的演进过程,表述了滑动窗口编码的基本思想,它的突出问题是效率不高。因此,在 LZ 77 算法基础上又推出了改进算法,如 LZSS 算法、LZB 算法等。

2. LZ 78 算法

1) LZ 78 算法分析

LZ 77 算法固定了窗口的大小,这就意味着窗口中字典的内容不断地移出,新的内容又不断地补充,构成新的字典。LZ 77 算法的基础在于:对待编码的字符串而言,最新进入字典的字符串重复出现的可能性较大,而最早进入字典的字符串重复出现的可能性较小。然而,实际上这一假设并非符合实际,已经移出窗口的字符串或许与待编码的字符串存在更密切的联系。图 3.10 例举了 LZ 77 算法缺陷的一种极端情况,此时输入字符是周期为 9 的重复图样,周期正好比搜索缓存器长一个字节,不然的话输入文本会被大大地压缩。如果通过增加窗口尺寸来解决这一问题,一是会影响编码效率和处理速度;二是增加窗口尺寸总是有限度的。所以必须寻求新的解决办法,在此背景下 Ziv 和 Lempel 又提出了称为 LZ 78 的新的压缩算法。

图 3.10　LZ 77 算法的缺陷示意图

(a) 搜索缓存器；(b) 前视缓存器。

LZ 78 算法仍是基于字典的,与 LZ 77 算法一样,在压缩编码之初,所用的字典是空的,随着编码的进程,字典由已处理的文本逐步构成。但与 LZ 77 算法的实现思路有本质的区别:LZ 78 算法放弃了窗口滑动的概念,采用树形结构组织字典,保存短语。字典的大小没有限制,凡是已出现过的短语都被收入在字典之中。编码输出的码字由两部分构成:字典中短语的标号和紧跟在该短语之后的第一个字符的标号(或字符码)。与 LZ 77 不同,不给出匹配字符串的长度,其长度可由算法本身的规则来确定。

在实现 LZ 78 算法时,字典的构造和维护十分重要。LZ 78 算法用一棵多叉树存放字典,每个节点对应一个短语,即一串字符,并且被赋予一个固定的标号,码树的根节点是空字符(NULL)。LZ 78 算法开始压缩时从 NULL 开始构造字典。每读入源文件的一个字符,与字典已存放的短语逐一比较,如果与某一条目匹配,继续输入下一个字符,直至找不到匹配的条目为止。这时将最后找到的也是最长的匹配字符串的标号和未匹配的字符作为输入串的压缩码字输出,同时将匹配字符串和紧随其后不匹配的字符级连,构成一个新的短语,加入到字典中。下面用一个例子说明是如何工作的。

2) LZ 78 算法举例

例 3.6　现在用 LZ 78 算法对如下一段歌词进行压缩编码:

wabba□wabba□wabba□wabba□woo□woo□woo

其中:□代表间隔。开始时字典是空的,所以前几个字符编码所用的标号都规定为"0"。编码器的输出的前三个码字为 <0,C(w)> , <0,C(a)> , <0,C(b)> ,所形成的字典如表 3.1 所列。

第 4 个字符是 b,它是字典中第 3 个条目,如果在 b 之后再附加下一个字符 a,便得字符串 ba,它不在字典之中,所以将字符串 ba 编码为 <3,2> ,并且将 ba 作为第 4 个条目加入字典。如此方式,继续进行下去,编码器的输出及字典的形成过程如表 3.2 所列。字典的树形结构如图 3.11 所示。可以看出,字典的条目是在不断地加长的,如果像在歌词中那样有一个句子被重复,那么不一会整个句子会成为字典的一个条目。

表 3.1　字典的前三个条目

条目的标号	条目代表的字符串
1	w
2	a
3	b

表 3.2　LZ 78 的字典形成过程

编码器的输出	字　典		编码器的输出	字　典	
	条目的标号	条目代表的字符串		条目的标号	条目代表的字符串
<0,C(w)>	1	w	<4,5>	10	ba□
<0,C(a)>	2	a	<9,3>	11	wabb
<0,C(b)>	3	b	<8,1>	12	a□w
<3,2>	4	ba	<0,C(o)>	13	o
<0,C(□)>	5	□	<13,5>	14	o□
<1,2>	6	wa	<1,13>	15	wo
<3,3>	7	bb	<14,1>	16	o□w
<2,5>	8	a□	<13,13>	17	oo
<6,3>	9	wab			

图 3.11　字典的树形结构

LZ 78 算法的长处是能够捕捉到各种字符串图样并且将之永久保存,但是这也带来一个严重的缺陷:字典会无限制地膨胀变大。实际中必须在某一阶段停止字典的扩展,或者对字典进行修整,或者按固定字典方式编码,具体方式将在后面讨论。

3.2　无失真信源编码

3.2.1　无失真信源编码概念

众所周知,要把信源发出的信息进行传输或存储,根据前面的分析已知,信源的冗余度存在于信源符号的记忆特性之中,也蕴藏于各符号出现的概率非均等特性当中。因此,各种各样的去相关技术发展迅速,同时各种统计编码技术也得到学术界的高度重视。统计编码也称无失真信源编码,分为两大类,一是固定长度编码,即每个码字所包含的编码符号个数相同;二是变长编码。在这一节中我们仅讨论定长编码。

设某个无记忆信源 X 共有 N 个消息 $\{x_1,x_2,\cdots,x_N\}$,它们的概率分布为 $\{p_1,p_2,\cdots,p_N\}$。信源的概率空间记为 $\bar{X}$,或者简记为

$$X = \begin{Bmatrix} x_1,x_2,\cdots,x_N \\ p_1,p_2,\cdots,p_N \end{Bmatrix} \tag{3.1}$$

例 3.7　某一信源,它的概率空间为

$$X = \left\{ \begin{matrix} x_1, x_2, x_3, x_4 \\ \dfrac{1}{2}, \dfrac{1}{4}, \dfrac{1}{8}, \dfrac{1}{8} \end{matrix} \right\} \tag{3.2}$$

那么,信源熵为

$$H(X) = -\frac{1}{2}\log\frac{1}{2} - \frac{1}{4}\log\frac{1}{4} - \frac{1}{8}\log\frac{1}{8} - \frac{1}{8}\log\frac{1}{8} = \frac{7}{4}(\text{bit})$$

若对这个信源进行编码,编码字母表 $B = \{b_1, b_2, \cdots, b_M\}$,对应于每个消息的码字由 N_i 个编码符号组成。那么每个消息的平均码长为

$$\overline{N} = \sum_{i=1}^{m} p_i N_i \tag{3.3}$$

因此,平均说来每符号所具有的熵应为 $H(X)/\overline{N}$。根据上述的规定,编码字符是在字母集中选取的。假设,编码后是一个新的等概率的无记忆信源,由于字符个数为 M,那么,它所含有的熵为

$$\log M \; (\text{bit}) \tag{3.4}$$

因此,这是一个极值。若 $\dfrac{H(X)}{\overline{N}} = \log M$,则认为编码效率已达到 100%;若 $\dfrac{H(X)}{\overline{N}} < \log M$,则认为编码效率较低,故定义编码效率为

$$\eta = \frac{H(X)/\overline{N}}{\log M} = \frac{H(X)}{\overline{N}\log M} \tag{3.5}$$

很显然,当 $\eta < 1$ 时可认为还有冗余度存在,故编码冗余度定义为

$$R_d = 1 - \eta = \frac{\overline{N}\log M - H(X)}{\overline{N}\log M} \tag{3.6}$$

由此可见,编码问题就在于降低 $\overline{N}$,使得 $R_d = 0$。当然,人们会问 $\overline{N}$ 是否有最小的界值?即 $\eta \to 1$ 的下限是否存在?若不存在,那么效率就无意义了。因此,首要的问题是求出这个下限值;其次是如何达到这个下限值,其下限值为

$$\overline{N} = \frac{H(X)}{\log M} \tag{3.7}$$

3.2.2 编码举例

我们可以根据这种准则来确定编码方法的优劣。

例 3.8 对式(3.2)给出的信源,讨论如下几种情形:

(1) 取 $B = \{0, 1, 2, 3\}$,即 $M = 4$,则

$$\overline{N} = 1 \times \frac{1}{2} + 1 \times \frac{1}{4} + 1 \times \frac{1}{8} \times 2 = 1$$

$$\eta = \frac{H(X)}{\overline{N}\log M} = \frac{7/4}{\log 4} = \frac{7}{8}$$

$$R_d = 1 - \eta = \frac{1}{8}$$

显然,这种编码方法没有达到 $\overline{N}$ 的下限。

（2）取 $B = \{0,1\}$，即 $M = 2$。那么

$$x_1 \rightarrow 00,\ x_2 \rightarrow 01,\ x_3 \rightarrow 10,\ x_4 \rightarrow 11$$

这时可得

$$\overline{N} = 2\left(\frac{1}{2} + \frac{1}{4} + \frac{1}{8} + \frac{1}{8}\right) = 2$$

$$\eta = \frac{7}{8}$$

$$R_d = 1 - \eta = \frac{1}{8}$$

可见, $\overline{N}$ 并没有降低,也没达到下限。

（3）仍取 $B = \{0,1\}$，但是 p_i 较大的消息 x_i 则取较短的码字,反之,则选取较长的码字。如果

$$x_1 \rightarrow 0,\ x_2 \rightarrow 10,\ x_3 \rightarrow 110,\ x_4 \rightarrow 111$$

可得

$$\overline{N} = \frac{7}{4},\ \eta = 1,\ R_d = 1 - \eta = 0$$

这就达到了的 $\overline{N}$ 下限,上述两个问题同时被解决了。

由此可见,几种编码的方法共同的特点是消息与码字之间是一对一的,即是无失真的编码。所谓统计编码,主要就是对于无记忆信源,根据消息出现的概率分布而进行的压缩编码。当然,这种理论与方法对有记忆信源来说也是适用的。这种编码的宗旨在于,在消息和码字之间找到明确的一一对应关系,以便在收端准确无误地再现出来。或者是至少极相似地找到相当的对应关系,并把这种失真或不对应概率限制在可充许的范围内,但不管什么途径,它们都是使平均码长 $\overline{N}$ 或码率 R 压低到最低程度为目标。$\overline{N}$ 的下限值,在无失真的情况下就是 $H(X)$。

3.3 定长编码分析

3.3.1 无失真信源编码定理

大家知道,在实际中定长编码是常被采用的,如 PCM 码,对于语音来说,长度常取为 7bit 或 8bit,对应的码字个数分别为 128 个或 256 个。但是为了提高编码效率,我们总是希望用尽可能短的码字来编码。即是说确定短码长度的下限是问题的关键。如何确定这个下限呢?

若一个信源的输出,用序列 $\boldsymbol{x} = (x_1, x_2, \cdots, x_n)$ 来表示 $x_i \in A(i = 1, 2, \cdots, n)$，$A = \{a_1, a_2, \cdots, a_N\}$，$a_k$ 出现的概率为 $p_k(k = 1, 2, \cdots, N)$，那么就有 N^n 个可能的信源序列。若要对该信源序列进行等长编码,且编码字符集为 $B = \{b_1, b_2, \cdots, b_M\}$，码长取为 m，于是就有 M^m 个码字。为使得由码字准确地译出信源序列,每一信源序列必须有与之对应的一个特殊的码字,这就要求

$$M^m \geq N^n \Leftrightarrow m \geq n\log\frac{N}{\log M} \tag{3.8}$$

式（3.8）就确定了为正确地由码字译出信源序列码字的最小长度。

例 3.9 英文字母表的每一个英文字母由等长编码,且用二进制数表示,码字的最小长度是多少?

这里的 $N=26, n=1, M=2$，因此，由式（3.8）得出 $m \geqslant \log_2 26 = 4.7$bit，码字中字符个数不能是分数，因此码字的最小长度为5。

若想用少于 $\log \dfrac{N}{\log M}$ 的比特来编码，即违背式（3.8），那就要放松对译码的要求。所给定的码字只能与长为 n 的信源序列的某一子集相对应。当然，对于充分大的 n 来说，没有对应码字的信源序列的概率会变得任意小，但总会产生一定的误差。因此，我们有必要研究其中的一些规律。

对于无记忆信源来说，它输出的序列 $\boldsymbol{x}$ 的概率为

$$p(\boldsymbol{x}) = \prod_{i=1}^{n} p(x_i) = \prod_{i=1}^{n} p_i$$

因为 $\boldsymbol{x}$ 序列中的 x_i 是从 A 中选取的，p_i 就是这种选择的概率。例如，$A = \{a_1, a_2\}$，$p(a_1) = 0.7$，$p(a_2) = 0.3$，于是当 $\boldsymbol{x} = x_1 x_2 x_3$，且 $x_1 = a_2, x_2 = a_1, x_3 = a_1$ 时，则 $P(\boldsymbol{x}) = 0.3 \times 0.7 \times 0.7 = 0.147$。

序列 $\boldsymbol{x}$ 的每符号的平均自信息量定义为

$$I_n = -\frac{1}{n}\log p(\boldsymbol{x}) = -\frac{1}{n}[\log p(x_1) + \log p(x_2) + \cdots + \log p(x_n)] \tag{3.9}$$

显然，信源序列的概率是不相等的，当码字个数少于信源序列个数时，选择哪些信源序列与码字建立对应关系呢？这是需要研究的，直观地理解是，应当将 $p(\boldsymbol{x})$ 较大的信源序列集与码字建立一一对应关系，这样由编码造成的失真会小些。如此说来，把信源序列集按照其自信息 I_n 的数值与信源熵 $H(X)$ 之差小于某一规定值 δ 来划分为组是研究编码的一个基本问题。于是我们有如下定理。

定理3.1 信源序列的划分定理。给了 $\varepsilon > 0$、$\delta > 0$，当 n 充分大时，信源序列可划分为 G_1 和 G_2 两组，序列 $\boldsymbol{x}$ 发生的概率的 $p(\boldsymbol{x})$，如果

$$\left| \frac{\log p(\boldsymbol{x})}{n} + H(X) \right| < \delta \tag{3.10}$$

则有 $\boldsymbol{x} \in G_1$，G_1 可称为典型序列集或高概率集。于是，又有在 G_2 中的所有序列的概率之和小于 ε，即

$$P(G_2) < \varepsilon \tag{3.11}$$

证明：由大数定律可知，字母 p_k 在一个长为 n 的长序列中，出现的次数大概为 np_k 次，而在某一特定的序列中，实际出现的次数并不是 np_k，而假设为 n_k 次。我们把信源序列分为 G_i、G_j 两组（G_j 是 G_i 的补集），G_i 中的每一序列 $\boldsymbol{x}$ 都满足

$$\frac{n_k}{n} - p_k < \eta \quad (k = 1, 2, \cdots, N)$$

式中：η 充分小，于是当 $\boldsymbol{x} \in G_i$ 时，与式（3.11）等效地有 $\dfrac{n_k}{n} = p_k + \theta_k \eta (\theta_k < 1)$。

因为信源序列是统计独立的，$p(\boldsymbol{x})$ 可写为

$$p(\boldsymbol{x}) = p_1^{n_1} p_2^{n_2} \cdots p_N^{n_N}, \quad (p_k \neq 0, k = 1, 2, \cdots, N)$$

因此

$$\log p(\boldsymbol{x}) = \sum_{k=1}^{N} n_k \log p_k = \sum_{k=1}^{N} n(p_k + \theta_k \eta) \log p_k$$

$$\frac{1}{n}\log p(\boldsymbol{x}) = \sum_{k=1}^{N} p_k \log p_k + \sum_{k=1}^{N} \theta_k \eta \log p_k$$

$$\frac{1}{n}\log p(\boldsymbol{x}) + H(X) = \eta \sum_{k=1}^{N} \theta_k \log p_k$$

从而

$$\left|\frac{\log p(\boldsymbol{x})}{n}+H(X)\right| \leqslant \eta \sum_{k=1}^{N}|\theta_k||\log p_k| < \eta \sum_{k=1}^{N}|\log p_k|$$

是有限的,因此,当选定 $\eta = \dfrac{\delta}{\displaystyle\sum_{k=1}^{N}|\log p_k|}$ 时,则有 $G_i = G_1$,即 $\boldsymbol{x} \in G_1$。

若 $\boldsymbol{x} \in G_j$,那么至少存在一个 j,使得

$$\left|\frac{n_j}{n} - p_j\right| \geqslant \eta \tag{3.12}$$

时,令 E_j 事件发生,E_j 是一个信源序列子集

$$E_j = \left\{\boldsymbol{x} = (x_1, x_2, \cdots, x_j, \cdots x_n); \left|\frac{n_j}{n} - p_j\right| \geqslant \eta\right\}$$

于是 $p(E_j) = $ 满足式(3.12)的所有信源序列的概率之和。而在 G_j 中的所有信源序列的概率之和用 $p(E_1 E_2 \cdots E_N)$ 表示,则有

$$p(E_1 E_2 \cdots E_N) \leqslant \sum_{j=1}^{N} p(E_j) \leqslant N \max_j p\left\{\left|\frac{n_j}{n} - p_j\right| \geqslant \eta\right\} < \varepsilon$$

这是因为 η 已给定了,由大数定律可知,n 可取充分大,则有

$$\max_j p\left\{\left|\frac{n_j}{n} - p_j\right| \geqslant \eta\right\} < \frac{\varepsilon}{N}$$

由大数定律可知当 $n \to \infty$ 时,$\dfrac{n_j}{n} \to p_j$,那么

$$p\left\{\left|\frac{n_j}{n} - p_j\right| \leqslant \eta\right\} \to 0$$

因此,G_j 是有定理中 G_2 的性质,即 $G_j = G_2$。

由信源划分定理,可估计 G_1 中序列的个数。为了方便,我们设对数以 2 为底,那么若 $\boldsymbol{x} \in G_1$,由

$$\left|\frac{\log_2 p(\boldsymbol{x})}{n} + H(X)\right| < \delta \to -\delta < \frac{\log_2 p(\boldsymbol{x})}{n} + H(X) < \delta$$

即有

$$-n\delta - nH(X) < \log_2 p(\boldsymbol{x}) < n\delta - nH(X)$$

因而可得到

$$2^{-n|\delta + H(X)|} < p(\boldsymbol{x}) < 2^{-n|-\delta + H(X)|} \tag{3.13}$$

G_1 中序列的个数用 N_G 表示,那么 $N_G \min p(\boldsymbol{x}) \leqslant P\{G_1\} \leqslant 1$,由式(3.13)可得

$$N_G < 2^{n|\delta + H(X)|} \tag{3.14}$$

另外,每一信源序列必有 $\boldsymbol{x} \in G_1$,或 $\boldsymbol{x} \in G_2$,因而,$P\{G_1\} \geqslant 1 - \varepsilon$,于是又有 $N_G \max p(\boldsymbol{x}) \geqslant P\{G_1\} \geqslant 1 - \varepsilon$,而 $\max p(\boldsymbol{x}) < 2^{-n|H(X) - \delta|}$,所以

$$N_G > (1 - \varepsilon) 2^{n|H(X) - \delta|} \tag{3.15}$$

由式(3.14)和式(3.15)的约束,可知 N_{G_1} 的数值不会远离 $2^{nH(X)}$。

对 G_1 中的个数有了基本估计之后,我们就可确定码长 m 的数值。若一个码的字长满足

$$\frac{m}{n} \geqslant \frac{[H(X) + \delta]}{\log M}$$

由式(3.14),可将码字分别赋以 G_1 中的每一个序列。即每一个信源序列都有一个唯一的码字相对应。最坏的情况是,G_2 中的序列没有独特的码字与之对应。因此,若以 P_e 表示不是有与之对应的各别码字的信源序列的概率之和,那么应有下述不等式

$$p_e \leqslant P\{G_2\} < \varepsilon$$

反之,若

$$\frac{m}{n} < \frac{[H(X) - 2\delta]}{\log M}$$

这时要覆盖 G_1 就出现了码字数量不足的现象,实际上在 G_1 中与之有对应码字的序列的概率之和不超过 $2^{-n\delta}$,即

$$2^{n[H(X)-2\delta]} \max p(\boldsymbol{x}) \leqslant 2^{-n\delta}$$

这是因为

$$2^{n[H(X)-2\delta]} \times 2^{-n[H(X)-\delta]} = 2^{-n\delta}$$

而 $\max p(\boldsymbol{x}) < 2^{-n[H(X)-\delta]}$,$M^m < 2^{n[H(X)-2\delta]}$,这时,有

$$1 - p_e \leqslant 2^{-n\delta} \big|_{\delta-\text{定},n\to\infty} = 0$$

即 $p_e = 1$,也就是说,不可能进行正确地编码。

我们可把上述结果概括成如下定理。

定理 3.2   信源编码定理   若一离散无记忆信源,其熵为 $H(X)$,若将 n 个信源字符构成的序列进行编码,码字母表为 $\{b_1, b_2, \cdots, b_M\}$,码长为 m,为了保证某信源序列集的子集都有独特的码字相对应,则还可能有一些信源序列没有码字可对应,令这部分的概率为 p_e,那么对任意 $\delta > 0$,且有

$$\frac{m}{n}\log M \geqslant H(X) + \delta \tag{3.16}$$

当 n 充分大时,可使 p_e 任意小,反之,当 $n \to \infty$ 时,$p_e \to 1$。

由上述讨论可见,一个 DMS 输出的消息序列可分成两组 G_1、G_2,且 $P\{G_1\} \to 1$。而 $\boldsymbol{x} \in G_1$ 的每个信源序列中的每个符号,其平均信息量都接近于信源熵 $H(X)$,即是说 G_1 中的每一序列的 $P(\boldsymbol{x})$ 趋近于均等。这种划分性质称为渐近等同分割性,或称渐近等概序列。

虽然非典型序列集 G_2 的概率很小,但 G_2 中元素的个数并不一定少。比如说 X^n 中元素的总数 $N^n = 2^{n\log M}$,而典型序列的个数 $N_{G_1} = 2^{nH(X)}$,于是典型序列所占的比例为 α,即

$$\alpha = \frac{N_{G_1}}{N^n} \leqslant 2^{-n[\log N - H(X) - \varepsilon]}$$

若 $\log N - H(X) - \varepsilon > 0$,则 $\alpha|_{n\to\infty} \to 0$,这就是说典型序列集虽然是高概率集,但它的数目常常是远远少于非典型序列。但由于 $P(G_1)$ 在整个序列中,从概率的角度来看又是占有绝对优势的,因而在信息论中可以只考察 G_1,而忽略 G_2。

3.3.2   中文电报系统编码分析

例 3.10   中文电报系统,编码分析。目前中文电报编码是分两步进行的:①把单字变换成 4 位十进制数,0000 ~ 9999;②把 4 位十进制数的每一位用 5 位等重码(三个 1,两个 0 的 5 位二进制码)表示。

定义   中文字母,0,1,2,3,4,5,6,7,8,9 这样分两步做的目的是简化设备。这正像英文电报一样,对英文字母编码要比对英文单字(词)编码方便得多。

中文电报编码步骤如下:

令 $X=\{$中文单字$\}$, $Y=\{4$位十进数:0000～9999$\}$, $U=\{$中文字母:0,1,2,…,9$\}$ $V=\{5$位二进制等重码$\}$。①$X\rightarrow Y$;②$U\rightarrow V$。

由编码步骤可见,U 的概率分布决定于 X 的概率分布,这一点是不可改变的。只能是加以利用。下面就来作具体分析。

根据对私人电报的统计:

$$H(\text{中文单字})=H(X)=9.5053\text{bit}$$

若是一次编码,则

$$X=\{\text{中文单字}\}\rightarrow[\text{编码器}]\rightarrow\text{单字代码}$$
$$\uparrow$$
$$A=\{0,1\}$$

这样,码长取为 10 即 $2^{10}=2048$ 个,这样编码器就非常复杂。我们采取两步进行,中文单字 0000～9999,人工完成,实际的编码器输入由 X 改变为 u,那么。$P(u)$根据对 17 万个中文字母的统计,即

$P(u)$: $P(0)$ $P(1)$ $P(2)$ $P(3)$ $P(4)$ $P(5)$ $P(6)$ $P(7)$ $P(8)$ $P(9)$
　　　0.155　0.120　0.100　0.104　0.100　0.096　0.114　0.084　0.060　0.067

$H(U)=H(\text{中文字母})=3.2746\text{bit}$,这样码长取为 4。

这样每个中文单字有四个字母,故这种分两次完成的编码,一个中文单字平均需要二进制符号的个数的下限是 $4H(U)=13.01\text{bit}$,它比一次编码的下限大得多。原因是我们现在放弃字母间的关联不用,即假设

$$H(U^4)=4H(U)\text{,实际 }H(U^4)<4H(U)$$

由此可见,减小 $H(U)$,可以在不改变编码方法的情况下少付点代价。其减小方法是改变 $P(u)$使 $P(u)$非均匀化。

如果设 $X=\{x_1,x_2,…,x_n\}$,把它分成两个互不相交的子集,即

$$X_1=\{x_1,x_2,…,x_k\},\ X_2=\{x_{k+1},x_{k+2},…,x_n\}$$

X_1包含 k 个最常用的单字,X_2包含所有其他的单字。将各单字的概率按大小排列如下:

$$p(x_1)\geqslant…\geqslant p(x_k)\geqslant p(x_{k+1})…\geqslant p(x_n)$$

令

$$p(X_1)=\sum_{i=1}^{k}p(x_i)$$
$$p(X_2)=1-p(X_1)$$

从 k 与 $p(X_1)$的关系,可以看出私人电报单字在多大程度上集中于常用字,统计的结果如下:

$k=70～200$　　　256　　　625　　　129　　　2401　　　4090
$P(X_1)=\left(\dfrac{k}{560}\right)^{1/2}$　0.650　　0.850　　0.957　　0.997　　0.999

当 $k=70～200$,用经验公式

$$p(X_1)=\left(\frac{k}{560}\right)^{1/2}$$

计算,结果与实际统计误差不大($p(X_1)<1.4\%$),如当 $k=140$ 时,$P(X_1)=0.5$。按统计

$$\sum_{i=1}^{140}p(X_1)=0.5047$$

由上述可见,电报单字大约有 1/2 是这 140 个常用字。这种集中于使用常用字的特性,可以用

来减小 $H(U)$。

根据上面统计的字母概率,可见 $p(0)$、$p(1)$、$p(6)$ 比较大。有人做了试验,只改变标准电码本中 49 个最常用字的编码其目的是希望 $p(0)$、$p(1)$、$p(6)$ 尽量增加。结果如下:

$p(0)$ $p(1)$ $p(2)$ $p(3)$ $p(4)$ $p(5)$ $p(6)$ $p(7)$ $p(8)$ $p(9)$

0.257 0.160 0.080 0.067 0.068 0.063 0.154 0.053 0.047 0.051

这时,$H($ 中文字母 $) = 3.0611\mathrm{bit}$,若改变 256 个最常用单字的编码、可使 $H(X)$ 下降到 2.8642。这时可采用码长为 3 的编码。

中文单字的新旧代号对照如表 3.3 所列。

表 3.3 中文单字新旧代号对照表

单字	原代号	新代号	单字	原代号	新代号	单字	原代号	新代号
速	6647	0000	机	2894	6011	局	1444	6000
电	7193	0010	有	2589	1106	⋮		
来	0171	0600	接	2234	1111	你	0132	0111
我	2053	1000	生	3932	1006	已	1570	0101
						急	1838	6110

3.4 变长编码分析

3.4.1 变长编码概念

3.3 节我们讨论了定长编码,在这一节中我们讨论变长编码。首先介绍莫尔斯(Mirse)码电报通信系统。Mirse 码是美国的一位画家 Mirse,在 1837 年用自己的双手成功地制造出世界上传送"点"、"划"符号的机器,称为"电报机"。Mirse 码是一种有广泛应用的信源码。是国际通用的一种电报编码方法。Mirse 码的码字符集为{点·;划—,间隔},编码规则如下:

(1)在一个字母中的点、划之间的时间间隔是 1 个单位时间;

(2)字母之间的间隔是 3 个单位时间;

(3)字之间的间隔是 7 个单位时间。

编码表如下:

A ·—	G ——·	L ····	R ·—·	W ·——
B —···	H ····	M ——	S ···	X —··—
C —·—·	I ··	N —·	T —	Y —·——
D —··	J ·———	O ———	U ··—	Z ——··
E ·	K —·—	P ·——·	V ···—	
F ··—·	Q ——·—			

可见 Mirse 码是一种变长编码。

应该指出,变长码所追求的最终目标是使平均码长 $\overline{N}$ 最小化,即得到最优码,但是,只有在唯一可译性或字首性的约束之下,$\overline{N}$ 最小的码才是有意义的。人们自然会问,唯一可译性、字首性的确切含义是什么?二者之间的关系如何?唯一可译码、字首码是否存在?若存在又如何构造?变长码的唯一可译性和字首性如何检验?下面我们将一一进行讨论。

树码及字首性。对于给定的码 $C = \{x_1, x_2, \cdots, x_M\}$，可方便地用树来表述，例如，码 $C: a_1 \to 0$，$a_2 \to 10$，$a_3 \to 110$，$a_4 \to 111$，可用图 3.12 所示的码树来表示。

所谓树，就是一个简单图，树是图论中的一个重要概念。简单图，即是不存在环，且每一对相异节点之间至多由一条边连接。将树用于编码时，树的单枝数就是码字母表中字符的个数。如图 3.12 中树枝的个数为 2，编出的码为二进制码。由节点向左伸出的枝代表"0"；向右伸出的枝代表"1"。有伸出枝的节点，称为中间节点；没有伸出枝的节点，称为终端点。

由图 3.12 可见，四个信源字符，需要四个码字与之对应，这四个码字如何用码树表示呢？即怎样选择路由呢？对码 C 来说，如图 3.12 所示选择了四个终端节点。为了使码具备字首性：一是要选择不同的路由；二是每个码字必须按排在终端节点上。否则，中间节点上的码字与由此中间节点伸出的任一终端节点上的码字，是无法区分的。

图 3.12 字首条件码 C 的树图表示

显然，当编码字母表中字符个数 $M > 2$ 时，那么从每一节点伸出的枝数就应等于 M。另外，若中间节点的级数为 K，则 K 级节点伸出去的码字一定是 $K + 1$ 个码元。这是显见的，因此，只要 M 及 K 已经确定，树码的构造也就定下来了。于是，根据前面讨论的唯一可译码字的字头部分（码字的前 n 个码元），这个条件满足了，码的唯一可译性（单义可译性，可分离性）也就解决了。因而我们首先解决码的字首性问题。

定义 3.1 对任意的码字来说，只要它与比其自身更长的任何一个码字的字头不一致，那么这个码就是字首码。

根据这个定义，如何检验一个码是否具有字首性，从直观上说，若用码树来表述该码的话，只要所有码字都落在了相异的终端节点上，就意味着码是具有字首性的。到目前为止，码字首性检验问题就这样解决了，也只有这种方法才是充分有效的。

3.4.2 变长编码定理

关于字首码的存在性问题，我们有如下定理。

定理 3.3（Kraft 定理，Kraft 不等式） 对于长为正整数 $N_1, N_2, \cdots, N_m$ 的码字，当且仅当

$$\sum_{i=1}^{m} M^{-N_i} \leqslant 1 \tag{3.17}$$

时，存在一个字首条件码。反之，任意一个字首码的码字长度也一定满足式(3.17)。

证明：若某一字首码成立，那么该码就可用码树来表征，也就是从每个节点至多可伸出 M 个分枝。于是第 N 级节点总共可有 M^N 个节点。如有一个比 N 级低的且为 N_i 级节点，已经选定为终端节点了，那么，就不能再由此节点伸出新的枝了，因而对 N 级节点的可能的个数就要减少 M^{N-N_i}。因为该字首码 N_i 的 $i = 1 \sim m$，所以，总的可能减少的 N 级节点数为

$$\sum_{i=1}^{m} M^{N-N_i}$$

但是，这个数是不会大于 N 级节点可能具有的总节点数 M^N，因而就有

$$\sum_{i=1}^{m} M^{N-N_i} \leqslant M^N$$

即可得

$$\sum_{i=1}^{m} M^{-N_i} \leqslant 1$$

下面,证明定理的充分性。

设有正整数 $N_1, N_2, \cdots, N_m$,那么总是能按其大小排列成 $N_1 \leqslant N_2 \leqslant \cdots \leqslant N_m$,且满足式(3.17),如此说来,在上述条件下如何构成字首码呢?先按照 N_m 次构成一个完全树(N_m 级的节点数为 M^{N_m} 个),N_m 级的终端节点可有 M^{N_m} 个。现在再选取树上的任一节点,例如,离根较近的任一节点作为码长 N_1 的码字位置。为了使码具有字首性,那么从这一位置伸出的所有终端节点就不可再用了,这个排除掉的个数为 $M^{N_m-N_1}$。根据式(3.17),显然有

$$M^{N_m-N_1} < M^{N_m} \tag{3.18}$$

既然式(3.18)是取"≤"号的,就意味着在 N_m 级还一定留有再次可用的终端节点。于是再在此可用路径上选取一个节点作为 N_2 的码字的位置,于是又排除掉 $M^{N_m-N_2}$ 个 N_m 级节点。但是,由式(3.17)仍有

$$M^{N_m-N_1} + M^{N_m-N_2} < M^{N_m} \tag{3.19}$$

故仍可能再配置 N_3 级的码字。如此类推下去,肯定得到

$$\sum_{i=1}^{l} M^{N_m-N_i} < M^{N_m} \quad (l = 1, 2, \cdots, m-1) \tag{3.20}$$

因此,至少还剩下一个 N_m 级节点可用于配置最后一个码字,这样也就构成了完整的字首码。

例 3.11 设 $M = 3, N = 3, m = 7$ 的树码是一个字首码,如图 3.13 所示,在 $N = 3$ 时的节点总数为 $M^N = 3^3 = 27$ 个。而在构造该码过程中所排斥了的 $N = 3$ 级的节点数为

$$\sum_{i=1}^{m} M^{N-N_i} = M^{N-N_1} + M^{N-N_2} + M^{N-N_3} + M^{N-N_4} +$$
$$M^{N-N_5} + M^{N-N_6} + M^{N-N_7}$$
$$= 9 + 3^2 + 3 + 3 + 1 + 1 + 1 = 27$$

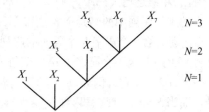

图 3.13 $M = N = 3, m = 7$ 的码树

从此例可见,当 $m < 7$ 时,则式(3.18)取"<"号,但不管怎样,它一定满足式(3.17)。

为了讨论唯一可译性与字首性之间的关系,我们首先给出如下定义。

定义 3.2 一个码是唯一可译的,若对每一有限长的信源序列的码字不与任何其他码字相一致。则该码具有唯一可译性。

应该指出,一个唯一可译码所构成的码字序列,它不需要任何间隔符号就可正确地判出相应的消息序列,所以唯一可译性也称为可分离性,字首码一定具有唯一可译性;反之,则不然。因此,便可认为字首条件码集只是唯一可译码集的一个子集,如图 3.14 所示。对于一个字首码来说,译码时不需等待时间,因而字首码又称为"即时码"或"实时码"。

关于唯一可译码的存在性问题,我们可作如下讨论。

上面我们只是直观地说明了一下字首码与唯一可译码之间的关系,但从本质上二者的联系又是怎样的呢?我们的想法是,推广定理 3.3 于唯一可译码。对于充分性来说,是显而易见的,即若码的码字长度满足式(3.17),一定有字首码存在,也就一定存在一个唯一可译码。然而对于必要性来说,我们有如下定理。

图 3.14 唯一可译码与字首码的关系

定理 3.4 若唯一可译码的字长分别为 $N_1, N_2, \cdots, N_m$,那么

必有

$$\sum_{i=1}^{m} M^{-N_i} \leqslant 1$$

证明：令 r 为任意的正整数，那么可作这样的考虑：有 r 个任意的码字组成的码字序列如图 3.15 所示。

共 r 个码字

$$
\begin{array}{ccccc}
1 & 2 & \cdots & r-1 & r \\
N_{i_1} & N_{i_2} & & N_{i_{r-1}} & N_{i_r}
\end{array}
$$

图 3.15 码字序列图

每个码字的长度分别为 $N_{i_1}, N_{i_2}, \cdots, N_{i_{r-1}}, N_{i_r}$，因此，有下述不等式成立，即

$$\left(\sum_{i=1}^{m} M - N_i \right)^r = \sum_{i_1=1}^{m} \frac{1}{M^{N_{i_1}}} \cdot \sum_{i_2=1}^{m} \frac{1}{M^{N_{i_2}}} \cdot \cdots \cdot \sum_{i_r=1}^{m} \frac{1}{M^{N_{i_r}}} \tag{3.21}$$

对于一个有限项之和总是可以重新排列而不影响其大小，由

$$(M^{-N_1} + M^{-N_2} + M^{-N_m})(M^{-N_1} + M^{-N_2} + M^{-N_m}) \cdots (M^{-N_1} + M^{-N_2} + M^{-N_m})$$

$$= M^{-N_1-N_1-\cdots-N_1} + M^{-N_2-N_2-\cdots-N_2} + \cdots + M^{-N_m-N_m-\cdots-N_m}$$

可看出，相乘之后式(3.21)的每一项都是 $M^{-N_{i_1}-N_{i_2}-\cdots-N_{i_r}}$ 的形式。而 $-N_{i_1}-N_{i_2}-\cdots-N_{i_r}$ 表示会有 r 个码字的某一序列中的码元个数，当 $i_1,i_2,\cdots,i_r$ 变化时将给出含有 r 个码字的所有可能的序列。于是又令 r_K 是包含 r 个码字 K 个码元的序列的个数，显然，对 r 个码字来说，不会出现少于 r 码字符（码元符号）的序列，也不会有多于 $rN_{\max}$ 个符号的序列，$N_{\max}$ 是 $N_1,N_2,\cdots,N_m$ 中最大的一个，因此，$r \leqslant N_{i_1} + N_{i_2} + \cdots + N_{i_r} \leqslant rN_{\max}$，例如，$K = r$ 时，这就意味着 $N_{i_1} = N_{i_2} = \cdots = N_{i_r} = 1$，即每个码字只有一个码元符号。而当 $K = rN_{\max}$ 时，意味着 $N_{i_1} = N_{i_2} = \cdots = N_{i_r} = N_{\max}$，因此，有

$$\left(\sum_{i=1}^{m} M^{-N_i} \right)^r = \sum_{k=r}^{rN_{\max}} \frac{r_k}{M^{-N_i}}$$

由于该码是唯一可译的，因此，具有 K 个码元符号且含有 r 个码字的所有序列必然是各异的，可见 r_K 不会超过含有 K 个字符的不同序列的最大值 M^K，即 $r_K \leqslant M^K$。因此，有

$$\sum_{i=1}^{m} M^{-N_i} \leqslant \left(\sum_{k=r}^{rN_{\max}} 1 \right)^{1/r} = (rN_{\max} - r + 1)^{1/r} \leqslant (rN_{\max})^{1/r}$$

当 $r \to \infty$ 时，$(rN_{\max})^{1/r} \to 1$。

推论 任何一个唯一可译码，不改变任何码字的长度就可变换为字首条件码。

关于码的唯一可译性检验问题，尚未真正解决，一般是检验码的字首性，若一个码具有字首性，它一定也是唯一可译的。

关于变长码的存在性，我们就讨论于此，对于变长码所能达到的理论界限，即平均码长 $\overline{N}$ 的数值范围，以及逼近下限的途径，我们将给出如下编码定理。

定理 3.5 对于任意一个唯一可译码，其码字的平均码长 $\overline{N}$ 满足

$$\overline{N} \geqslant \frac{H(X)}{\log M} \tag{3.22}$$

和

$$\overline{N} < \frac{H(X)}{\log M} + 1 \tag{3.23}$$

42

总是可以对码字进行选择而满足字首性。

证明:我们可给出一个代替式,即

$$H(X) - \overline{N}\log M = -\sum_{k=1}^{m}(p_k\log p_k + p_k N_k\log M) = \sum_{k=1}^{m}p_k\log\frac{1}{p_k M^{N_k}} \tag{3.24}$$

由不等式 $\ln x \leqslant x - 1(x > 0)$,可得

$$H(X) - \overline{N}\log M \leqslant \sum_{k=1}^{m}p_k(\frac{1}{p_k M^{N_k}} - 1) = \sum_{k=1}^{m}\frac{1}{M^{N_k}} - 1 \tag{3.25}$$

由码的唯一可译性,根据定理3.4可知式(3.25)≤0,因而就有

$$H(X) - \overline{N}\log M \leqslant 0$$

$$\overline{N} \geqslant \frac{H(X)}{\log M}$$

由此可见,当且仅当 $k = 1, 2, \cdots, m, p_k = \dfrac{1}{M^{N_k}}$ 时,式(3.22)为等式。然而,在实际中,总不是那么理想的,怎样逼近这个下限值的问题,正是式(3.23)的基本内容。

若由于 p_k 的特性不能使的字长度为整数,我们可近似地作如下选择:

$$M^{-N_k} \leqslant p_k \leqslant M^{-N_k+1} \quad (1 \leqslant k \leqslant m) \tag{3.26}$$

式中:N_k 为整数。

对式(3.26)的 k 求和,左边的不等式为 Kraft 不等式,于是用这样的长度就可构造出字首码。而右边有不等式,即

$$\log p_k < (-N_k + 1)\log M$$

式两边乘以 p_k,且以 k 求和,得

$$\sum_{k=1}^{m}p\log p_k < \sum_{k=1}^{m}p_k(1 - N_k)\log M = (1 - \overline{N})\log M$$

由此可得到式(3.23)。

若码表是二进制($M = 2$),对数的底也是2,定理3.5论断了码字的平均长度不小于信源熵,至多比熵多1bit。可见信源熵是码字平均长度的相当好的估计。那么式(3.26)则给出了与 p_k 相对应的码字的长度就是 $-\log_2 p_k$。由此可见,p_k 出现的概率越小,即 p_k 的自信息越大,就把较长的码长与它相对应。

尽管定理3.5给出了平均码长 $\overline{N}$ 的下限和数值范围,但是它并非就是最好的,若改变那种一个消息对应一个码字的做法,而是以一组消息对应一个码字,这时 $\overline{N}$ 会进一步降低。

例3.12 设信源 $U = \{u_1, u_2\}$,$p(u_1) = 3/4$,$p(u_2) = 1/4$,信源码为 $u_1 \to 0$,$u_2 \to 1$,显然 $\overline{N} = 1$。若将信源输出看作一个矢量 $U = \{u_1, u_2\}$,u_1, u_2 的分布与 U 相同,那么采用如下编码:

u	$p(u)$	码字
$u_1 u_1$	9/16	0
$u_1 u_2$	3/16	10
$u_2 u_1$	3/16	110
$u_2 u_2$	1/16	111

这时的平均码长(以每 u 计)为

$$\overline{N} = \frac{9}{16} + \frac{3}{16} + \frac{3}{16} + \frac{1}{4} \times 3 = \frac{27}{16}$$

若以 u 计,则

$$\overline{N} = \frac{27}{32}$$

与 $\overline{N} = 1$ 比较是有所改进的,而一般情况下,可由下述定理确定。

定理 3.6 给定一离散无记忆信源 U,其熵为 $H(U)$。给定的编码字母集 $B = \{b_1, b_2, \cdots, b_M\}$,于是可按 L 个消息序列对应一个码字的方法来构造出满足字首条件,且每消息的平均字长为

$$\frac{H(U)}{\log M} \leqslant \overline{N} < \frac{H(U)}{\log M} + \frac{1}{L} \tag{3.27}$$

的码。

证明:考虑 L 个消息序列的集合,因为 $u_1, u_2, \cdots, u_L$ 为独立的同分布随机变量序列,所以该集合的熵为 $LH(U)$,而总的平均码长为 $L\overline{N}$。注意到,这里的 $\overline{N}$ 是每消息的平均码长。由定理3.5,我们可认为对长为 L 的每一消息序列来构成一种变长码,它的平均码长一定满足

$$\frac{H(U)}{\log M} \leqslant L\overline{N} < \frac{H(U)}{\log M} + 1$$

上式两边除以 L,就可得到式(3.27)。

很显然,当 $L \to \infty$ 时,$\overline{N} \to \dfrac{H(U)}{\log M}$,即趋于下限。这就说明,采用信源扩展(延长)编码是进一步压缩码率的有效方法之一。

上面是针对无记忆信源进行讨论的,下面讨论有记忆信源的编码问题。

定理 3.7(平稳信源的编码定理) 设 $U = (u_1, u_2, \cdots, u_L)$,编码字母表为 $B = \{b_1, b_2, \cdots, b_M\}$,于是可将该消息序列编成字首码,且每消息的平均码长满足

$$\frac{H_L(U)}{\log M} \leqslant \overline{N} < \frac{H_L(U)}{\log M} + \frac{1}{L} \tag{3.28}$$

这个定理的证明与定理3.6的证明类似,故从略。

3.5 变长码的编码方法

3.4节讨论了变长码的一些基本问题,即码的唯一可译性、字首性、码的存在性,码的平均码长 $\overline{N}$ 的下限,以及一个码的字首性检验等问题。在这一节,我们就来讨论编码方法和编码实现技术问题。

3.5.1 霍夫曼码

1. 最优变长码的理论基础

1952年,霍夫曼(D. A. Huffman)发明了一种构造最优码的程序。为了加深理解,我们首先证明霍夫曼码是最优的。关于最优问题,我们有如下引理。

引理 3.1 设有一类字首码,它们的概率为 $p_1, p_2, \cdots, p_m$。若码 C 是在这类字首码中是最优的,那么在相应的全部唯一可译码中,码 C 也是最优的。

证明:所谓最优,就是说在这类码中,对概率分布 $p_1, p_2, \cdots, p_m$ 而言,码 C 的平均码长 $\overline{N}$ 为最短。

于是,设唯一可译码 C′ 的码长 $\overline{N'} < \overline{N}$,C′ 的码字长度分别为 $N_1{}',N_2{}',\cdots,N_m{}'$,那么由定理 3.4,就一定有

$$\sum_{i=1}^{m} M^{-N_i'} \leqslant 1 \quad (\text{成立})$$

又由定理 3.3 可得

$$\sum_{i=1}^{m} M^{-N_i} \leqslant 1 \quad (\text{成立})$$

就意味着存在着一个字首码 C″,且其码字长度也为 $N_1',N_2',\cdots,N_m'$,因此码 C″ 的平均码长肯定要比 $\overline{N}$ 小,这就与 $\overline{N}$ 的最小化假设相矛盾,故 C′,C″ 是不存在的。

引理 3.2 假设 $B = \{0,1\}$,信源 U 的概率分布满足 $p_1,p_2,\cdots,p_m$,则一定存在 $N_1 \leqslant N_2 \leqslant \cdots \leqslant N_m$ 这样的最优码,即码字 $\boldsymbol{x}_{m-1}$ 与 $\boldsymbol{x}_m$ 具有相同的长度,且它们的最后一个码元必是一个为"0",而另一个为"1"。

证明:首先可以看到,对一个最优码来说至少有一个 $\boldsymbol{x}_m$,它的码长 N_m 比其他的码字长度 $N_i(i = 1,2,\cdots,m-1)$ 并不小。若不是这样,例如,某一个 i,有 $N_i > N_m$,于是可把 $\boldsymbol{x}_i$ 与 $\boldsymbol{x}_m$ 的位置互换,那么平均码长就要发生变化,其变化量为

$$\overline{\Delta} = p_i N_m + p_m N_i - p_i N_i - p_m N_m = (p_i - p_m)(N_m - N_i) \leqslant 0$$

这就是说,置换后平均码长不会增加。这样的置换可进行下去,最后的 $\boldsymbol{x}_m$ 的码长不小于任意的码字长度。

还可看到,还一定存在这样的码字,仅仅它的最后一位与 x_m 的最后一个码元不同。假如不是如此,那就可以将 $\boldsymbol{x}_m$ 的最后一个码元舍去而仍满足字首性。如图 3.16 所示,若 x_3 不存在,则可将 $x_4 \rightarrow$ 11,这完全满足字首性。还得到了平均码长更短的码。这与原假设的最优码相矛盾。因此上述结论是正确的。

最后,若与 $\boldsymbol{x}_m$ 相差最后一位的码字是 $\boldsymbol{x}_i$,而 $i \neq m-1$ 的话,因而 $N_{m-1} < N_i$,可将 $\boldsymbol{x}_i$ 与 $\boldsymbol{x}_{m-1}$ 相互置换位置。而不会增加平均码长。

综上所述,我们总是可使 $\boldsymbol{x}_m$ 与 $\boldsymbol{x}_{m-1}$ 有相同的码字长度,且最后一个码元不同,$\boldsymbol{x}_m$ 的末位是 1 而 $\boldsymbol{x}_{m-1}$ 的是 0。

引理 3.3 假如对于 U′ 有满足字首性的最优码 C′,而 U′ 为 U 的简化信源,即

图 3.16 引理 3.2 的证明

$$U = \left\{ \begin{matrix} u_1 & u_2 & \cdots & u_{m-1} & u_m \\ p_1 & p_2 & \cdots & p_{m-1} & p_m \end{matrix} \right\}$$

而

$$U' = \left\{ \begin{matrix} u_1 & u_2 & \cdots & u_{m-2} & u_{m-1} \\ p_1' & p_2' & \cdots & p_{m-2}' & p_{m-1}' \end{matrix} \right\} \tag{3.29}$$

式中:u_{m-1}' 是 u_{m-1} 与 u_m 合并成的一个新的符号;$p_{m-1}' = p_{m-1} + p_m$。那么,只要在对应于 u_{m-1}' 的码字 $\boldsymbol{x}_{m-1}'$ 的后面加"0",即 $\boldsymbol{x}_{m-1}'0 \rightarrow \boldsymbol{x}_{m-1}'$;加"1",即 $\boldsymbol{x}_{m-1}'1 \rightarrow \boldsymbol{x}_m$,就可得到相应于 U 的码 C,且码 C 也是最优的。

证明:设对应于 U′ 的码 C′,其平均码长为 $\overline{N'}$,对应于 U 的码 C 的平均码长为 $\overline{N}$,于是

$$\overline{N} = \sum_{i=1}^{m} p_i N_i = \sum_{i=1}^{m-2} p_i N_i + (p_{m-1} + p_m) N_m$$

$$= \left[\sum_{i=1}^{m-2} p_i N_i + (p_{m-1} + p_m)(N_m - 1) \right] + (p_{m-1} + p_m)$$

$$= \overline{N}' + p'_{m-1}$$

而 p'_{m-1} 与码 C′是无关的。也就是说,不管 C′是如何构造的,它总是一个固定的量,所以对 x_{m-1} 和 x_m 只差最后一个码元字符的这类码中,不同的 $\overline{N}'$ 加上一个固定的值 p'_{m+1} 就是码 C 的平均码长,因而只要 $\overline{N}'$ 是最小的,那么对应的 $\overline{N}$ 也是这类码中的最小值。即码 C 也是最优的,另外,根据引理 3.2 也说明在这类码中也确实存在着最优码。

2. 最优变长码的编码方法

根据上述引理,可以把最优变长编码方法概括如下。

设原信源为

$$U = \begin{Bmatrix} u_1 & u_2 & \cdots & u_{m-1} & u_m \\ p_1 & p_2 & \cdots & p_{m-1} & p_m \end{Bmatrix}$$

且有 $p_1 \geqslant p_2 \geqslant \cdots \geqslant p_m$。于是先着手把该信源置换成如式(3.29)所示的信源 U′,即把信源的字符减少一个。同时,再次按照消息概率的大小重新排列,可得到

$$U' = \begin{Bmatrix} u'_1 & u'_2 & \cdots & u'_{m-2} & u'_{m-1} \\ p'_1 & p'_2 & \cdots & p'_{m-2} & p'_{m-1} \end{Bmatrix} \tag{3.30}$$

式中:$p'_{m-1} = p_{m-1} + p_m$, $p'_1 \geqslant p'_2 \geqslant \cdots \geqslant p'_{m-1}$。

再把 U′看成一个新信源,对 U′这个信源,以同样的方法作成如下新的信源:

$$U'' = \begin{Bmatrix} u''_1 & u''_2 & \cdots & u''_{m-2} & u''_{m-2} \\ p''_1 & p''_2 & \cdots & p''_{m-2} & p''_{m-2} \end{Bmatrix} \tag{3.31}$$

式中:$p''_{m-2} = p'_{m-2} + p'_{m-1}$, $p''_1 \geqslant p''_2 \geqslant \cdots \geqslant p''_{m-2}$,

这样如此继续下去,直至新信源只有两个字符时为止,即

$$U^{\circ} = \begin{Bmatrix} u^{\circ}_1 & u^{\circ}_2 \\ p^{\circ}_1 & p^{\circ}_2 \end{Bmatrix}$$

对 U° 这个信源,构成一个最优码的方法是,分别以 0,1 与 u°_1, u°_2 建立对应关系即可。而在上述每次的合并消息时,也总是要把被合并的字符赋以 0 和 1,或 1 和 0。这样,就构成了 U 的具有字首性的最优码。

例 3.13 有一信源,其概率空间为 U,求最优码

$$U = \begin{Bmatrix} u_1 & u_2 & u_3 & u_4 & u_5 & u_6 \\ 0.25 & 0.25 & 0.20 & 0.15 & 0.10 & 0.05 \end{Bmatrix}$$

那么

$$U' = \begin{Bmatrix} u'_1 & u'_2 & u'_3 & u'_4 & u'_5 \\ 0.25 & 0.25 & 0.20 & 0.15 & 0.15 \end{Bmatrix}$$

这样一来,x_5 的最末码元为 0,x_6 的最后码元赋以 1。这里,U′的概率是由大到小顺序排列的,故不需重排。因而再作新的信源,即

46

$$U'' = \left\{ \begin{matrix} u''_1 & u''_2 & u''_3 & u''_4 \\ 0.30 & 0.25 & 0.25 & 0.20 \end{matrix} \right\}$$

同样,x_4 的最后一位赋以 0,x_5 最后两位应为 10,而 x_6 的最后两位为 11。再将 U'' 的最后两个字符合并而成为 u'''_1 构成新的信源 U''',即

$$U''' = \left\{ \begin{matrix} u'''_1 & u'''_2 & u'''_3 \\ 0.45 & 0.30 & 0.25 \end{matrix} \right\}$$

最后,得

$$U^{\circ} = \left\{ \begin{matrix} u^{\circ}_1 & u^{\circ}_2 \\ 0.55 & 0.45 \end{matrix} \right\}$$

这样的最优编码法如图 3.17 所示。

图 3.17　最优编码法示例

再就是编码过程中有些方面并不是唯一的,例如,在每次赋值时,把 0,1 指派给哪一个信源符号是随意的;而当两个概率相等时,我们在排表时,把哪一个排在前面也是无关紧要的,但是,由此所得到的码字长度可能有所不同。而平均码长将是一致的。

尽管霍夫曼码从性能上来说是最优的,然而它缺乏构造性。即是说它不能用某种数学方法比较简单地建立消息与码字之间的对应关系。实际实现时往往有些困难,因此,寻求准最优性能而实现容易的变长编码方法是必要的。

3. 最优变长码等价码数量分析

对于霍夫曼码,在 n 一定的情况下等价码个数分析求解方法,在此给出我们的研究结论。设信源的符号集 $U = u_1 u_2 \cdots u_{n-1} u_n$,概率分布为 $p_1 p_2 \cdots p_{n-1} p_n$。信源的概率空间为

$$U = \left\{ \begin{matrix} u_1 & u_2 & \cdots & u_n \\ p_1 & p_2 & \cdots & p_n \end{matrix} \right\}$$

按照霍夫曼编码规则进行编码,共需进行 $n-1$ 次运算,每次选取概率最小的两个信源符号进行组合。每次循环先查找概率最小的信源符号(包括组合出来的符号),若同时有最小概率的信源符号个数不小于 2(设为 k 个),那么,此次运算共有 C_k^2 种可能的组合;若最小概率的信源符号仅有一个,则查找第二小概率的信源符号,假设有 t 个,则此次运算共有 C_t^1 种可能与最小小概率的信源符号进行组合;最后,将每次循环的组合数相乘,得出的就是基于组合的编码树的总个数,记为 Q。而对每个编码树而言,根据二叉树的两枝与 0 和 1 对应关系随机性,又可编出 2^{n-1} 种不同的码。因此,码的

总个数为

$$S = Q \times 2^{n-1} = \prod_{i=n-1}^{1}(X_i C_{k_i}^2 + Y_i C_{i}^1) \times 2^{n-1} \quad (i \text{ 为树中节点级})$$

式中:k 为同时有最小概率的信源符号的个数,t 为 $k<2$ 时有第二小概率的信源符号个数如下:

$$X_i = \begin{cases} 1 & (k \geq 2) \\ 0 & (\text{其他}) \end{cases}$$

$$Y_i = \begin{cases} 1 & (t \geq 1, k < 2) \\ 0 & (\text{其他}) \end{cases}$$

例 3.14 设信源 $U = u_1, u_2, u_3, u_4, u_5$;概率分布 $p = 0.4, 0.2, 0.2, 0.1, 0.1$。试求解等价霍夫曼码的个数。

求解等价霍夫曼码如图 3.18 所示。

$$C_2^2 \times C_3^2 \times C_2^1 \times C_1^1 \times 2^{n-1} = 6 \times 16 = 96$$

图 3.18 求解等价霍夫曼码示例

即共有 96 种压缩效率等同的不同的霍夫曼码。

应该指出,经认真探索给出的等价码数量分析,具有重要的应用前景,根据特殊的应用需求,为我们设计具有独特性的通信系统提供了技术基础。

3.5.2 Shannon – Fano 码

Shannon – Fano 码(SF 码)编码方法与霍夫曼编码方法稍有不同,但有时也可得到最优码的性能。这个编码方法所遵循的主要准则:第一,符合字首性条件;第二,在码字中的 0,1 是独立的,且几乎是等概率的。

这个码的编码程序是这样的,设信源有非增的概率分布,即

$$U = \begin{Bmatrix} u_1 & u_2 & \cdots & u_{m-1} & u_m \\ p_1 & p_2 & \cdots & p_{m-1} & p_m \end{Bmatrix} \quad (p_1 \geq p_2 \geq \cdots \geq p_m) \tag{3.32}$$

于是把 U 分为两个子集,而每个子集的 p_i 之和几乎或恰恰相等,即

$$U_1 = \begin{Bmatrix} u_1 & u_2 & \cdots & u_k \\ p_1 & p_2 & \cdots & p_k \end{Bmatrix}, \ U_2 = \begin{Bmatrix} u_{k+1} & u_{k+2} & \cdots & u_m \\ p_{k+1} & p_{k+2} & \cdots & p_m \end{Bmatrix} \tag{3.33}$$

而且 $\sum_{i=1}^{k} p_i = \sum_{j=k+1}^{m} p_j$ 成立或几乎成立,因而对 U_1 中的 u 赋以 1(或 0),U_2 中的 u 赋以 0(或 1),然后再对

48

U_1, U_2 中实行类似的分割,直到子集中只有一个消息时为止。可见根据等概率原则来分割并对子集赋以 0 和 1,而前后的分割是独立进行的,因此,上述两原则是可以满足的。

例 3. 15 如图 3. 19 所示,对信源 $U = \{u_1, u_2, u_3, u_4, u_5, u_6, u_7, u_8\}$ 进行 SF 编码。

图 3. 19　SF 码编码程序示例

该信源的熵和平均码长分别为

$$H(X) = -\left(\frac{1}{2}\log\frac{1}{4} + \frac{1}{4}\log\frac{1}{8} + \frac{1}{4}\log\frac{1}{16}\right) = 2\frac{3}{4}(\text{bit})$$

$$\overline{N} = \sum_{i=1}^{8} p_i N_i = \frac{1}{2} \times 2 + \frac{1}{4} \times 3 + \frac{1}{4} \times 4 = 2\frac{3}{4}(\text{bit})$$

显然,这个码已达到最优。每一位具有 1bit 信息量。效率达到 1。应该指出,它之所以能达到最优,是因为它的概率分布恰满足 $p_i = 2^{-N_i}$ 而且 $\sum_{i=1}^{m} 2^{-N_i} = 1$。否则,就不会达到 100% 的效率。

例 3. 16 有一信源 U,其概率空间为

$$U = \left\{ \begin{array}{ccccccccc} u_1 & u_2 & u_3 & u_4 & u_5 & u_6 & u_7 & u_8 & u_9 \\ 0.49 & 0.14 & 0.14 & 0.07 & 0.07 & 0.04 & 0.02 & 0.02 & 0.01 \end{array} \right\}$$

SF 码编码过程如图 3. 20 所示。

经计算可得 $H(X) = 2.24\text{bit}, \overline{N} = 2.33\text{bit}, \eta = 0.99$。可见,仍是一种相当好的编码方法。

3.5.3　Huffman – shannon – Fano(HSF 码)

由前面的分析可见,Huffman 码性能是最优的,而 SF 码却具有数值序列的特点,即从概率大的到概率小的码字来看,码字的二进制数值由小到大是递增的。这一点正是用来减少译码表的尺度,缩短编译码时间的基本条件。因而 HSF 码兼有了两者的优点。下面我们介绍它的构造方法。

例 3. 17 设有一信源,其概率空间为

$$U = \left\{ \begin{array}{cccccccccccc} 2 & 9 & 4 & \Phi & A & 8 & 3 & 7 & 1 & 5 & B & 6 \\ 0.226 & 0.165 & 0.135 & 0.120 & 0.079 & 0.063 & 0.054 & 0.041 & 0.038 & 0.034 & 0.030 & 0.015 \end{array} \right\}$$

图 3.20 SF 码准匹配示例

若对这个信源进行霍夫曼编码,则有

$$C_H = \{10 \quad 000 \quad 010 \quad 011 \quad 0010 \quad 1100 \quad 1101 \quad 1111 \quad 00110 \quad 00111 \quad 11100 \quad 11101\}$$

可见,码字长度为 2 ~ 5。于是,定义一个"等长码字个数"所构成的集合 I,即

$$I = \{W_1 \quad W_2 \quad W_3 \quad W_4 \quad W_5\}$$

式中:W_i 是字长为 i 的码字的个数;I 为这个数(十进制)的集合。显然,C_H 的 $I = \{0 \quad 1 \quad 3 \quad 4 \quad 4\}$。

有了 I 这个集合,我们可根据 I 来构造 HSF 码,这就是说,用 SF 码的构造方法,但它的字长和个数要受到 I 的约束。如此说来,显然它的平均字长与霍夫曼码是一致的,HSF 编码树如图 3.21

$$I = \{0 \qquad 1 \qquad 3 \qquad 4 \qquad 4\}$$

图 3 - 21 HSF 编码树图

所示。若把霍夫曼码和 HSF 码放在一个表内,则更显得清楚。H 码没有数值序列的特性,而 HSF 码的码字的十进制数值则是从 $0 \sim (2^K - 1)$。式中 K 是最后一个码字的码元字符的个数。HSF 码及其码值如表 3.4 所列。根据 HSF 的这个性质,便可构造出较小的译码表和较短的编译码时间,即

$$I = \{0 \quad 1 \quad 3 \quad 4 \quad 4\}$$

表 3.4　码的比较对照表

消息字符	概率	概率排序	H 码	HSF 码	HSF 码值
2	0.226	0	10	00	0
9	0.165	1	000	010	2
4	0.135	2	010	011	3
Φ	0.120	3	011	100	4
A	0.079	4	0010	1010	10
8	0.063	5	1100	1011	11
3	0.054	6	1101	1100	12
7	0.041	7	1111	1101	13
1	0.038	8	00110	11100	28
5	0.034	9	00111	11101	29
B	0.030	10	11100	11110	30
6	0.015	11	11101	11111	31

我们所要建立的三个编译码表如表 3.5 ~ 表 3.7 所列。

表 3.5 为编码表,它反映了消息字符的自然顺序与概率大小顺序之间的关系。表 3.5 中第一行的位置(从左到右)是字符的自然排列,第二行中各个位置上填写的数字是概率排序号,如消息字符中的概率排序号为 3 等。

表 3.5　编码表

消息字符	0	1	2	3	4	5	6	7	8	9	10	11
概率排序	3	8	Φ	6	2	9	11	7	5	1	4	10

表 3.6 为译码表,它恰恰与表 3.5 有相反的意义。例如,概率排序为 0 的正好是消息字符 2,而概率排序为 3 的位置上恰恰就是消息字符 Φ 等。

表 3.6　译码表

概率排序	0	1	2	3	4	5	6	7	8	9	10	11
消息字符	2	9	4	Φ	A	8	3	7	1	5	B	6

表 3.7 既是编码表,又是译码表。它一共有三列,第一列是极限值,它指明每一组相同字长的码字中,所能表示的最大十进制数值(括号中的数);第二列是基值,在每一组中都有一个基值,而基值的特性如下:

$$\text{“本组的码字值”} - \text{“本组的基值”} = \{概率排序号 0,1,2,\cdots,11\} \quad (3.34)$$
$$\text{“本组的范围值”} + \text{“本组的基值”} = \text{“本组的极限值”} \quad (3.35)$$

第三列是范围值,且为

$$\text{“本组范围值”} = \text{“本组码字中相应的概率排序最大序号值”} \tag{3.36}$$

根据上述编译码表,就可以进行 HSF 码的编译码了。

表 3.7　编译码表

极限值	基值	范围值	极限值	基值	范围值
00(0)	0	0	1101(13)	6	7
100(4)	1	3	11111(31)	20	11

例 3.18　信源 U 就是例 3.17 中的信源,根据 HSF 码的编译码表 3.5、表 3.7 进行编码。例如,信源送出消息字符 8 时,在表 3.5 第 8 号位置上查出的概率排序号为 5,于是将 5 与范围值进行逐一的比较,可见它是小于 7 的,于是可确定其是在表 3.7 的第三行内,故字长为 4、基值为 6,因为,根据式(3.34),有

$$\text{“码字值”} = \text{“基值”} + \text{“概率排序号”}$$

所以,编码的码字应为 $6 + 5 = 11$,即 1011。可见,这样的编码程式是快速而简便的。

对 HSF 码的译码,如比特流为 101100011…进入译码设备,第一步比较头两个比特 (10),$(2)_+$,即 (10) 与第一个极限值 (00) 比较,则 $(10)_+ > (00)_+$。因此,将前三个比特 (101) 与第二个极限值比较,则有 $(101)_+ > (100)_+$,于是比较前四个比特,即有 $(1011)_+ < (1101)_+$。因此,可判定 1011 属于 1101 这一码字的范围,故它的字长为 4,基值为 6。因而可根据式(3.34),得

$$(1011)_+ - (110)_+ = (101)_+ = 5$$

得到概率排序号为 5,由表 3.6 可查得第 5 位置上的数字为 8,即为译出的消息字符。Huffman - Shannon - Fano 码,在 PKZIP 压缩软件中得到应用。

第4章 MH码分析与编译码技术

4.1 MH码编译码分析

4.1.1 改进霍夫曼编码

改进霍夫曼编码(MH)是霍夫曼编码的改造形式,实践证明,它有不少优点,如编码效率高,容易扩展等特点。它是ITU-T向各国推荐的一维标准码,主要用在三类机上。这种码是ITU-T第八研究组于1977年提出的(见T.4建议草案)。

由前面的讨论可见,霍夫曼编码虽然是最优的,根据它的原则来分配游程长度的码字,可获得最高的压缩比。但是实现起来是很困难的,其原因如下:

(1)游程长度的概率分布,一行与一行不同,一页文件与另一页文件也不同,每一种分布都需要有与之相应的游程——码字对照表,这在实际中是难以实现的。

(2)每一扫描线,即一行有1728像素,那么可能出现的游程长度 L_i 可有 $1,2,\cdots,1728$ 共1728种,因此在编码时,需要很大的游程——码字对照表,也就是要占用很大的存储容量。不但实现起来有困难,而且很不经济。

鉴于上述原因,提出了改进的霍夫曼编码方案。一维修改的霍夫曼编码如表4.1、表4.2和表4.3所列。应该指出,基于游程编码的统计编码,黑、白游程是分别进行编码的,其目的是进一步提高压缩比。下面进行具体的理论分析。

1. 黑、白游程长度编码

根据 $P\{L_i\}$ 分别把不同的游程长度赋以不同长度的码字,即采用的是变长编码。这种变长编码简称为游程长度编码。可以将黑、白游程长度混合统一编码,也可以将黑、白游程分开来分别进行编码。黑、白游程长度分别进行编码,它的压缩比将有所提高,下面将进行具体讨论。

游程长度编码,其信息集是传真信源的游程长度之集合 $\{1,2,\cdots,M\}$,当不区分黑、白游程时,游程长度的熵为 $H(X) = -\sum_{i=1}^{M} p_i \log p_i$,而游程长度的平均值为 $\bar{L} = \sum_{i=1}^{M} i p_i$。而当游程长度编码,采用黑、白长度分开编码的方法时,有

$$H_W = -\sum_{i=1}^{M} p_{iW} \log p_{iW}, \qquad H_B = -\sum_{i=1}^{M} p_{iB} \log p_{iB} \qquad (4.1)$$

式中: p_{iW} 为白游程长度为 i 的概率; p_{iB} 为黑游程长度为 i 的概率。

游程长度熵为

$$H_{BW} = p_W H_W + p_B H_B$$

式中: p_W 为白游程出现的概率; p_B 为黑游程出现的概率。

我们将要证明的是

$$H_{BW} \leqslant H \qquad (4.2)$$

证明:首先分析 p_i 与 p_{iW}、p_{iB} 的关系:

$$p_i = P\{RL = i, RLW\} + P\{RL = i, RLB\}$$

$$= P\{\text{RLW}\}P\{\text{RL}=i\mid\text{RLW}\} + P\{\text{RLB}\}P\{\text{RL}=i\mid\text{RLB}\}$$

$$= P_W P_{iW} + P_B P_{iB}$$

因此

$$H = -\sum_{i=1}^{M} P_i \log P_i = -\sum_{i=1}^{M} (P_W P_{iW} + P_B P_{iB})\log P_i$$

$$= -\sum_{i=1}^{M} P_W P_{iW}\log P_i - \sum_{i=1}^{M} P_B P_{iB}\log P_i$$

根据 H 函数的极值性定理,有

$$H \geqslant -\sum_{i=1}^{M} P_W P_{iW}\log P_{iW} - \sum_{i=1}^{M} P_B P_{iB}\log P_{iB}$$

当且仅当 $P_{iW} = P_{iB} = P_i$ 时,上式为等式,即

$$H = P_W H_W + P_B H_B = H_{BW}$$

由此可见,采用黑、白游程长度分别编码时有更大的压缩可能性:即 RLC 平均码长的下限值更小了,根据定理 3.5 可知

$$H_{BW} \leqslant \overline{N}_{BW} < H_{BW} + 1$$

$$H \leqslant \overline{N} < H + 1$$

由于 $H_{BW} \leqslant H$,所以有,$\overline{N}_{BW} \leqslant N$。而当 $\dfrac{H_{BW}}{N_{BW}} = 1$ 时,编码效率 $\eta = 1$。对于像素来说,有

$$H_{BW}/L_{BW}$$

式中

$$L_{BW} = P_W L_W + P_B L_B = P_W \sum_{i=1}^{M} i P_{iW} + P_B \sum_{i=1}^{M} i P_{iB}$$

$$= \sum_{i=1}^{M} i(P_W P_{iW} + P_B P_{iB}) = \sum_{i=1}^{M} i P_i = L$$

所以就有 $H_{BW}/L_{BW} \leqslant H/L$,因此极限压缩比 R_{max} 应为 $R_{max} = 1/H_{BW}/L_{BW}$,可见,黑、白游程长度分别进行统计并建立黑白游程编码表,可进一步提高压缩比。

2. 样张的数据传输格式

每样张的数据传输格式如图 4.1 所示,说明如下。

图 4.1　一页文件传真信息码的传输格式

1) 行同步码(EOL)

行同步码格式为

$$000000000001$$

行同步码是紧跟在每一扫描线的数据之后的特殊码字,它在有效数据中是不可能出现的,因而在突发错误之后能重新建立同步。应该指出的是,在每页文件的第一个数据之前也设置一个 EOL 码。

2）填充码(Fill)

它的作用是保证每扫描线,即每一行的数据传输时间不小于某一规定时间 T,T 为发送一行编码数据所用的最小时间,T. 4 建议中规定 $T=20\text{ms}$,不足 20ms 时应加入填充码,其格式为长度不一的全"0"串。

3）转回控制码(RTC)

转回控制码格式为

$$0000000000010\cdots01000000000001$$

其为 6 个连发的 EOL 码,表示一页文件码的传输结束。

终止码、形成码、供加大纸宽用的形成码,如表4.1～表4.3所列。

表 4.1 终止码

白游程长度	码　字	黑游程长度	码　字
0	00110101	0	0000110111
1	000111	1	010
2	0111	2	11
3	1000	3	10
4	1011	4	011
5	1100	5	0011
6	1110	6	0010
7	1111	7	00011
8	10011	8	000101
9	10100	9	000100
10	00111	10	0000100
11	01000	11	0000101
12	001000	12	0000111
13	000011	13	00000100
14	110100	14	00000111
15	110101	15	000011000
16	101010	16	0000010111
17	101011	17	0000011000
18	0100111	18	0000001000
19	0001100	19	00001100111
20	0001000	20	00001101000
21	0010111	21	00001101100
22	0000011	22	00000110111
23	0000100	23	00000101000
24	0101000	24	00000010111
25	0101011	25	00000011000

白游程长度	码　字	黑游程长度	码　字
26	0010011	26	000011001010
27	0100100	27	000011001011
28	0011000	28	000011001100
29	00000010	29	000011001101
30	00000011	30	000001101000
31	00011010	31	000001101001
32	00011011	32	000001101010
33	00010010	33	000001101011
34	00010011	34	000011010010
35	00010100	35	000011010011
36	00010101	36	000011010100
37	00010110	37	000011010101
38	00010111	38	000011010110
39	00101000	39	000011010111
40	00101001	40	000001101100
41	00101010	41	000001101101
42	00101011	42	000011011010
43	00101100	43	000011011011
44	00101101	44	000001010100
45	00000100	45	000001010101
46	00000101	46	000001010110
47	00001010	47	000001010111
48	00001011	48	000001100100
49	01010010	49	000001100101
50	01010011	50	000001010010
51	01010100	51	000001010011
52	01010101	52	000000100100
53	00100100	53	000000110111
54	00100101	54	000000111000
55	01011000	55	000000100111
56	01011001	56	000000101000
57	01011010	57	000001011000
58	01011011	58	000001011001
59	01001010	59	000000101011
60	01001011	60	000000101100
61	00110010	61	000001011010
62	00110011	62	000001100110
63	00110100	63	000001100111

表 4.2　形成码

白游程长度	码　字	黑游程长度	码　字
64	11011	64	0000001111
128	10010	128	000011001000
192	010111	192	000011001001
256	0110111	256	000001011011
320	00110110	320	000000110011
384	00110111	384	000000110100
448	01100100	448	000000110101
512	01100101	512	0000001101100
576	01101000	576	0000001101101
640	01100111	640	0000001001010
704	011001100	704	0000001001011
768	011001101	768	0000001001100
832	011010010	832	0000001001101
896	011010011	896	0000001110010
960	011010100	960	0000001110011
1024	011010101	1024	0000001110100
1088	011010110	1088	0000001110101
1152	011010111	1152	0000001110110
1216	011011000	1216	0000001110111
1280	011011001	1280	0000001010010
1344	011011010	1344	0000001010011
1408	011011011	1408	0000001010100
1472	010011000	1472	0000001010101
1536	010011001	1536	0000001011010
1600	010011010	1600	0000001011011
1664	011000	1664	0000001100100
1728	010011011	1728	0000001100101
EOL	000000000001	EOL	000000000001

表 4.3　供加大纸宽用的形成码(黑白游程共用)

游程长度	码　字	游程长度	码　字
1792	00000001000	2240	000000010110
1856	00000001100	2304	000000010111
1920	00000001101	2368	000000011100
1984	000000010010	2432	000000011101
2048	000000010011	2496	000000011110
2112	000000010100	2560	000000011111
2176	000000010101		

4.1.2　码字的构成方法

我们设每一扫描线有 1728 像素。那么游程长度可能取 $1,2,\cdots,1728$。每个游程的码字均由形成码加上终止码构成。其构造方法如下。

1. 游程长度 RL≤63

游程的码字为

$$终止码 \qquad\qquad (4.3)$$

2. 游程长度 RL > 63 且为 64 的整数倍

游程的码字为

$$形成码 + "0" 终止码 \qquad\qquad (4.4)$$

如 64,128,192,256,…。白游程长度为 64 和 128 的码字应为

$$11011 \qquad 00110101$$

64 的形成码,"0"终止码

$$10010 \qquad 00110101$$

128 的形成码,"0"终止码

3. 游程长度 RL > 63 且不为 64 的整数倍

游程的码字为

$$形成码 + (游程长度 - 形成码表示的游程长) 的终止码 \qquad\qquad (4.5)$$

如白游程长度为 65 的码字应为

$$11011 \qquad 000111$$

64 的形成码(65 - 64)的终止码

还应指出,为了使收,发片机保持色同步,特规定所有数据行都从白游程长度码开始,如果实际扫描线以黑游程长度开始,那么先送一个白游程长度为"0"的码字。

例 4.1 若一扫描行(线)数据为

$$\cdots \quad 000\cdots0 \quad 11111 \quad 000\cdots0 \quad 111\cdots1 \quad 000\cdots0$$

$$W = 9 \quad B = 5 \quad W = 75 \quad B = 18 \quad W = 1621$$

那么,MHC 流应为

$$000000000001 \quad 10100 \quad 0011 \quad 1101101000$$

$$EOL \qquad W = 9 \quad B = 5 \qquad W = 75$$

$$0000001000 \quad 0100110100010111$$

$$B = 18 \qquad\qquad W = 1621$$

其行压缩比为 1728/57 = 30。

由分析可见,MH 码与霍夫曼码有两点不同:一是编码表是根据一组典型文件的游程概率分布的统计均值而构造出来的;二是码字的构成是由形成码和终止码的组合实现的,这样一来,码表大为缩减。

MH 码具有一定的检错能力,这是因为 EOL 码与 EOL 码之间的数据经过译码恢复应为 1728 像素,否则就认为已发生了错误。

还应指出,在垂直分辨率为标准的 3.85 线/mm 时,文件的宽度可扩展,表 4.3 中的形成码就是为此而设置的。据有关调查表明,一维 MH 码基本上适用于中文文件传真的样张,其编码效率较高。

4.2　MH 码编码技术

在 4.1 节中我们对 MH 码的编码规则进行了论述。在这一节主要讨论一下 MH 码的编码与译码实现原理与技术,对快速译码算法也将进行讨论。

4.2.1　编码原理

关于 MH 码的编码实现技术,主要包括两个部分:一是游程长度的识别,这是编码的技术要点之

一;二是查表技术,当然包括码表的构造及码表的查找算法。编码系统框图如图4.2所示。

图4.2 编码系统方框图

应该指出,RL识别可用硬件逻辑实现,也可用软件实现;一是数据序列变化点检测;二是两变化点之间数据的计数。用硬件实现,速度快,用软件实现速度相比较而言较慢。软件实现也有不同的算法,可称之谓快速识别算法。

关于查表编码,码表的构造一般是把MH码的每一个码字分配两个地址,一个地址存放码长,一个地址存放码型。实际上是由RL构成地址,再从该地址中读出码型,再在下一地址读出码长,大于8位的由0填补,这样就编出了与RL对应的码字。编码算法流程图如图4.3所示。

图4.3 编码算法流程图

4.2.2 编码技术

关于 RL 的计算,端点识别(变化点检测)和端点与端点之间的比特计数构成了 RL 识别算法,用硬件技术实现时,游程长度识别硬件逻辑系统如图 4.4 所示。

图 4.4 游程长度识别硬件逻辑系统

对每一扫描线而言,首先清零。如果扫描线数据的第一比特为"0"那么第一个"1"到来时,检测变化点电路检测到第一个变化点,该变化点用"1"表示再经过非门将封锁住变化点检测电路 CP 脉冲,二进制计数脉冲,以及数据序列输入脉冲,同时向主 CPU 发出中断请求,通知主机读取 RL。当主处理器接收中断并读取游程长度时,同时也发出变化点状态清除信号,启动下一个 RL 计数,当下一个变化点到来时,再次封锁有关 CP 脉冲,主处理器读取下一个 RL,依次继续下去,当一条扫描线最后一个游程长度被读取将变化点状态清零。

应该指出,当一条扫描线第一个比特为"1"时,第一个 CP 脉冲将使变化点状态为"1",读取的游程长度恰恰为"0"。这正符合 MHC 的规则。关于 RL 的缓存,由于游程长度为 1728 或 2048 或 4096 时,用二进制表示,也不过 12 位,因此,每个游程占用两个地址就完全够用了。故可采用每个 RL 占用两个地址单元来进行缓存,每条线可用 EOL 作为标志。编码时,可从缓存器中读出 RL 长度,再形成查表地址,来进行编码。

如果对传真图文信息经扫描、数字化信号,用软件来完成 RL 识别,有不同的实现方法,比如说对缓存下来的数字信号一比特一比特的进行"0"、"1"判别,进行变化点检测,对变化点之间的连"0"或连"1"进行计数,也可完成 RL 识别。游程长度识别算法流程图如图 4.5 所示。

游程长度识别出以后,根据码表构成规则,用 RL 形成查表地址,经过查表完成 RL→码字的转换。查表编码流程图如图 4.6 所示。流程图中 HL 是指 Z80CPU 中的 HL 寄存器,A 为累加器。TRL 指终止码游程长度,MRL 指形成码游程长度。

例 4.2 WRL = 29,白终止码,地址高 8 位为 A4,则

$$W = [2 \times 29]_{10} = (3A)_{16}$$

例如,WRL = 29,输入的游程长度,数据格式为

$$(29)_{10} = (11101)_2$$

存放形式为 $(0)\ 000000\ (0)$ $(0)011101(0)$

        $H = 0$ $2XTRL = (2 \times 29)_{10} = (3A)_{16}$

60

图 4.5　游程长度识别算法流程图

该游程长度所对应的码表地址为 A43AH。于是有

$$H \leftarrow A4, \quad L \leftarrow 3A$$

调用子程序：$(A43A) \rightarrow A$　00001000

$(A43B) \rightarrow A$　00000010

故从 A43BH 中读出的数据 00000010 就是编码结果。

　　例 4.3　BRL = 960，输入的 RL，数据格式为 $(960)_{10} = (1111000000)_2$，而存在 HL 寄存器中的形式为

$$(0)001111(0) \quad (0)000000(0)$$

$$H \neq 0 \quad L = 0$$

MRL = 15，形成的查表地址为

$$A7 \rightarrow H, (2 \times MRL)_{10} = (1E)_{16} \rightarrow L$$

执行子程序：$(A71E) \rightarrow (OD)_{16} = (13)_{10}$ 即码长为 13 位。

$(A71F) \rightarrow (73)_{16}$　　01110011

右移：$(13 - 8) = 5$ 位 $\Rightarrow$ 先加上五个 0，10011 先移出，即为码字的前 8 位：00000011，先存入缓

61

图 4.6 查表编码流程图

存器。

再一次取出 $(A71F) \rightarrow (73)_{16}$ 01110011

左移:$(16-13)=3$,即有 01110011→10011,即为码字的后 5 位。将 10011 移至高 5 位,再把这 5 位存入缓存器。

由上面的阐述,我们可将编码方法概括如下:

(1)设 G 为该游程长度形成的码表地址,那么从码表中地址为 G 的单元中读出的内容为该游程长度所对应的码字长度,如 N。

(2)G+1 中放的是码形,即码字的码元形式。根据 MH 码的特点,当 $N>8$ 时,则应在码型前面补上 $N-8$ 个 0,就是所求的码字;当 $N \leqslant 8$ 时,则取该码型的低 N 位码元就是所求的码字。

例如,WRL =21,地址高 8 位为 A4,$W=[2 \times 21]_{10}=(2A)_{16}$。由该游程所形成的查表地址为 A42A,读出该地址的内容为 $N=7<8$,得知码长为 7,下一个地址为 $L+1 \rightarrow L$,故 HL = A42B。其内容为 00010111,即得到码型,再取该码型的低 7 位,得到的码字为 0010111。又如,BRL = 1344,MRL = 21,查表地址高 8 位为 A7,而 $W=[2 \times 21]_{10}=2A_{16}$,地址为 A72A,读出该地址的内容为 $N=13>8$。下一个地址由 $L+1 \rightarrow L$,HL = A72B,读出其内容为 01010011。因为 $N=13>8$,故 $13-8=5$,则应在该码型前补加五个 0,得到的编码结果为 0000001010011。

4.3 MH 码快速译码技术

4.3.1 MH 码译码

前面我们介绍了编码技术实施方案,在此将阐述一下译码技术。对于 MH 码而言,首先它是一个变长码,发送端在编码时把 RL 所对应的码字是不留间隙地存入发送缓存器中再去调制载波后而发送出去。接收端解调出来的数据。若无差错的话,就是发送端的编码数据,译码时要从数据序列中分离出码字,这样就可由码字去寻找出所对应的 RL,也就完成了译码过程。

译码的基本原理:对于 0,1 序列而言,构造出译码树,把序列中所包含的所有码字都分配到一个端点上。这样一来,每一个码字与树图编码时类似,以码字首位码元开始,从树根起上移一步,到达一级节点上,再以次位码元为依据,再上移到高一级节点上,继续下去即可达到端点节点,这样就可实现由序列到码字的分离。按上述办法译码时,显然从树根起每上移一级节点,必须提供节点信息,即该节点是中间节点,还是终端节点。为查寻方便,树中的每一节点,分配一个地址,该地址中可存放节点信息。再就是,终止码和形成码共用一棵树,即一个译码表。因此,在节点信息中还应提供是形成码节点,还是终止码节点,若是形成码节点,地址中存放的二进制数据再乘以 64 就是所译出的RL,终止码节点、地址中存放的二进制数据就是该码字所对应的游程长度。中间节点、地址中存放的二进制数据是下一步搜索地址信息即基址。由此可见,节点信息中还包括进一步搜索的地址信息,以及游程长度信息。译码系统方框图如图 4.7 所示。

(a)

DATA1	EOL	码符号(包含填充码)	EOL	⋯	EOL	码符号(含fill)	RTC
DATA2		RL RL⋯RL ⋯				RL⋯ RL	

(b)

图 4.7 译码系统方框图

译码时所采用的数据格式,如图 4.8 所示。

图 4.8 译码的数据格式

译码搜索算法:以收到的编码数据序列为引导,进行树搜索译码。译码树如图 4.9 所示,下面举例说明具体做法。

例 4.4 WRL = 64,码字为 11011,MRL = 1。那么有以下结果:

以开始 <00> 作为基准,由输入码序列的第一个码元与 <00> 相加,形成第一个地址 <01>,即到达了第一级节点,读出其内容为(04),即 00000100。由此可见,为中间节点,最高有效位为"0",于是再输入下一个码元,即第二个码符号"1",与 <04> 相加得新的地址 <05>,再读出其内容为(0C),即

$$0\ 0\ 0\ 0\ 1\ 1\ 0\ 0$$
$$\uparrow$$
中间节点

再输入第三个码符号"0"与(0C)相加,得 <0C> 读出其内容为(1C),即

$$0\ 0\ 0\ 1\ 1\ 1\ 0\ 0$$
$$\uparrow$$
中间节点

再输入第四个码符号"1",新地址为 1C + 1 = 1DH 内容为(20),即

$$0\ 0\ 1\ 0\ 0\ 0\ 0\ 0$$
$$\uparrow$$
中间节点

再输入第五个码元"1",新地址为 20 + 1 = 21H,内容为(C1),即

$$1\qquad\qquad 1\qquad\qquad 0\ 0\ 0\ 0\ 0\ 1$$
$$\uparrow\qquad\qquad \uparrow\qquad\qquad \uparrow$$
终端节点　　　形成码　　　游程长度

因而,游程长度应为 $1 \times 64 = 64$,译码结束。

图 4.9　译码树图

例4.5 WRL=3,对应的码字为1000,其译码过程如图4.10所示

图4.10 WRL=3的译码过程

从上述译码过程可见,上述译码是以收到的解调数据序列为"导游子",在码树中从根开始按 1bit 一步的方式,一步一步地爬至终端节点的。译码速度是不高的,访问内存的次数很多,占用较长时间。下面将阐述快速译码算法。快速译码算法往往决定了一种编码方法的应用价值,快速译码算法仍是需要研究的重要课题。

4.3.2 快速译码算法

快速译码算法的基本思想:采取多步合一的方法,减少访问内存地址的次数,也就是一次输入的不是一个码元,而是多个码元。根据码表的特点,对白译码来说,第一次可直接输入4bit,因为最短的码字码长为4,随之可输入2bit或1bit。对黑译码来说,由于最短的码字长度为2,因此第一次输入的应为两个码元,随后可输入两个或一个码元。快速译码算法的数据格式如图4.11所示。

下次查寻地址信息($B_0=0$)

图4.11 快速译码算法的数据格式

例4.6 WRL=64,码字为11011,第一次取四个码元1101,与00相加形成新的地址00+1101=<0D>,其内容为34H,即

```
0 0 1 1 0 1 0  0
             └─→"0"为中间节点
         └─────→"0"下次输入 1bit
```

65

于是再输入一个码元"1",形成新的地址 1 + 34 = <35>其内容为(07),即

$$000001 \quad 1 \qquad 1$$

游程长度   "1"终端节点

形成码

可得译码结果为 RL = 1×64 = 64,由该译码过程可见,译码速度有了显著提高。一般译码流程图如图 4.12 所示。白译码树如图 4.13 所示。

图 4.12 快速译码算法流程图

例 4.7 WRL = 50,对应的码字为 01010011 译码过程为

$$00 + 0101 = <05>(26)$$

↓中间节点,输入两个码元

$$(26) + 00 - 10 = <24>(6C)$$

↓中间节点,输入一个码元

$$(6C) + 01 = <6D>(B0)$$

↓中间节点,输入一个码元

$$(B0) + 01 = <B1>(C9)$$

即得 C9 = 1 1 0 0 1 0 0 1

终端节点

终止码

可得出:游程长度 RL = (110010)$_2$ = 32 + 16 + 2 = 50$_{10}$,译码结束。

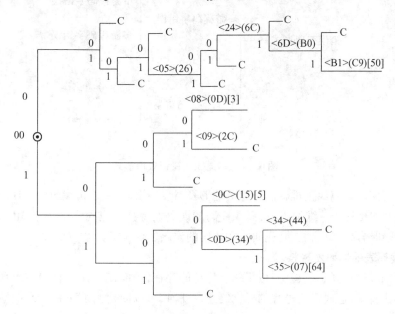

图 4.13　白译码树图举例

4.4　MH 码纠错译码技术

4.4.1　误码分类

在通信信道中有两类错误:①随机型噪声,由此造成的错误称为随机错误,它的特点是随机的、孤立的;②突发型干扰,由这种干扰导致的错误称为突发错误,该错误的表现形式是有连续的多位比特出错。

在传真通信中,随机错误和突发错误往往是并存的,造成的影响可分为两类。

1. 游程码字错误

在一条扫描线中,随机错误一般会造成单游程码出错,突发错误可使多个游程码同时出错;具体是指在进行译码时,游程的个数也没有改变,但译码结果仍然是错误的。也就是在译码过程中没有发现任何错误,译码仍可以正常进行,例如,MH 码表中的白游程"2"对应的码字为"0111",假设其第一位发生了错误,即"0"变成"1",即"1111"所对应的游程长度为 7。这说明码字分离无误,但译码结果仍然错误。这意味着码字分离没有错误。

2. 码字分离错误

译码时造成码字分离错误,即一个码字会分解成两个或多个码字。在 MH 码中,白游程"29"对应的码字为"00000010",假设第一比特位发生了错误,即错成了"10000010"。那么在码字分离时就按照如下方式进行:即前 4 位与后 4 位分开,因为前 4 位恰好对应于白游程长度为"3"的码字,而后4 位又对应黑游程长度为"6"的码字,译码结果出现错误。在扫描线内错误表现形式如图 4.14所示。

4.4.2　MH 码误码发现技术

传真信源码在信道中传输时会受到噪声的污染,从而导致传输误码,影响译码恢复传真副本的

图 4.14　扫描线内错误表现形式

质量,因此,需要解决误码纠正难题。首先要能够及时发现误码,基于再编码的 MH 码纠错译码算法适用于 MH 码和 MR 码的一维编码行,而 MH 码的误码发现技术也同样适用于 MR 码一维编码行。因此,在研究该纠错译码算法之前,先研究 MH 码的误码发现技术。

1. 基于编码表的误码发现技术

对一条扫描线进行译码过程中,由于错误比特的存在,可能使得译码过程中出现不能与码表中码字相匹配的比特串,造成译码过程的异常终止。此时,可以断定当前正在译码的编码扫描线中含有错误。

传真信源码采用的是变长编码。译码时要从数据序列中正确分离出码字,根据码字确定每一扫描行中黑、白游程的长度。由于 MH 码表中码字不完全是成对的,因此,可能存在与码表中码字无法匹配的比特串。而编码数据是由码表中的码字组成的,不可能出现非码表中码字的情况,由此可以判断在编码数据中出现了错误。但是,由于传真信源码采用变长编码,因此并不能将当前比特判断为传输过程中出错的比特。当前出现的错误也可能是受到前面错误比特影响的结果。但是,只要错误不发生在线同步码 EOL 中,对 MH 码而言,错误比特对传真图像的影响可以控制在一条扫描线内。

2. 基于编码规则约束条件的误码发现技术

信源编码虽然以去相关、去冗余对数据进行压缩为目的,在编码时仍然要遵循一定的编码规则,这样使得编码数据本身具有了内在的约束关系。传输过程中出现的误码破坏了这些规则,使得压缩图像数据不再受到这些条件的约束。如果译码过程没有异常终止,即译码过程中没有出现不能与码表中码字相匹配的比特串,此时仍然不能简单的认为当前译码行中没有出现错误。从 MH 码编译码的基本理论出发,对其压缩机理和编码规则特点进行深入系统的研究,分析总结出 MH 压缩编码数据相互间所具有的约束关系,并且将分析结果作为误码检测的根据,在传真数据中发现错误。只要编码数据不符合这些约束条件,就可以判定为出现了误码。当然,出现这种错误仍然可能是受到前面错误比特影响的结果,也不能简单的判定当前比特出错。

3. 基于标准长度的误码发现技术

利用传真编码数据流中的线同步码 EOL 进行错误发现。标准的一条扫描线中所包含的像素个数的标准数值为 1728、2048、2432 等。即使一行 MH 编码数据在译码过程中没有出现无法与码表中码字相匹配的比特模式,也没有出现违背编码规则约束条件的情况,但是,在一条扫描线译码结束时,译码得到的游程总和不等于标准值,那么同样可以断定该行数据一定有误。为了叙述方便,如果没有特别声明,在算法设计过程中使用的扫描线标准长度均等于 1728。

根据以上分析,在上述三种误码发现技术的基础上,具体给出以下五个非常重要的错误检查条件:

68

（1）使用的码表中没有码字能够与接收到的比特模式相匹配；

（2）一个形成码的后面跟的不是终止码；

（3）零游程长度的终止码既不是出现在一条扫描线的开头也不是跟在形成码后面；

（4）接收到 EOL 码字之前已经写了多于 1728 个像素；

（5）在 1728 个像素写完之前出现了 EOL 码字。

如果满足以上五种错误判定条件中任何一种,就认为存在传输错误,并且根据出错的不同情况,将分别或者综合使用所提出的错误纠正算法进行纠错。

另外需要着重指出的是,当译码过程中发现码流中存在错误时,发现错误的位置不一定是真正的出错位置。发生在前面码字中的传输错误可能引起当前的码字错误,或是紧跟着出错码字后面的一些码字产生错误,结果使得接收图像质量严重下降。编码数据中出错的情况是非常复杂的,对错误也是不易定位和纠正的。我们只能通过假设检验的方法对特定的错误模式的错误进行纠正。

4.4.3 基于再编码的 MH 码纠错译码算法

1. 错误模式假设

在对基于再编码的 MH 码纠错译码算法进行叙述之前,先给出算法中假设的错误模式,整个算法的设计和实现都建立在这些假设基础之上。

（1）假设传输过程中的噪声污染只是使得编码数据的数值发生改变,即由"0"错成"1",或者由"1"错成"0",而编码数据中比特数目没有发生变化,没有出现增加或者缺失。

（2）假设线同步码字中不含错误,即编码数据中的误码对传真图像译码恢复的影响范围限制在一条扫描线之内,在发现错误之后,纠错算法是以一条扫描线为单位进行纠错处理的。

（3）假设一条扫描线数据在译码过程中不会出现非码表中码字的比特串模式,即不会出现异常的译码终止,只是在该行译码结束时对所有的游程进行累加,其和不等于 1728 标准长度。

（4）假设当前译码扫描线中码字分离无误,有单个游程码字出错,即数据中存在的误码使得扫描线中某个游程相应码字错为码长相等的其他游程码字。

对于同时满足上述四个假设条件的误码,采用基于再编码的 MH 码纠错译码算法,可以获得较好的纠错效果。

2. 基于再编码的 MH 码纠错译码算法设计与实现

基于再编码的纠错译码算法,其基本的假设是该扫描线编码数据中存在的误码仅仅造成了单个游程码字错误、且没有产生码字分离错误。这样一来,如果能把错误定位到具体的码字上,就可实现误码纠正。基于再编码的纠错译码算法经过游程长度码字错误的发现、定位与纠正之后,最终实现的是游程长度替换,这里的替换相对于误码补偿(扫描线替换)而言,是一种精确的替换,有着本质的区别。

如果 MH 码数据中的错误模式符合基于再编码的 MH 码纠错译码算法中所假设的错误模式,当前扫描线译码结束后,总的游程长度之和不等于标准长度。首先计算出实际译出来的总游程长度与标准长度之间的差值;然后分别从实际译出的各个游程中减去这个差值。如果译码所得的实际游程与差值相减大于 0,即符合作为一个游程长度的基本要求,分别计算此游程长度和实际游程长度相应的 MH 码码字中所包含的比特数。如果两组码字中所包含的比特数相等,则认为该游程所对应的编码数据中可能含有错误。满足这个条件的实际游程可能不只一个,此时,根据 MH 编码原理可知,在编码时,对出现概率大的游程长度分配短码。因此,在几个满足上述条件的游程中选取相应码字中含有的比特数最少,出现概率相对最大的游程作为纠正对象。由于输出的译码结果是译出的游程长度,因此,确定出错游程之后,直接从出错的游程长度中减去实际游程长度总和与标准长度之间的差值即可,而无需进一步了解该游程对应码字内部出错的具体情况,也不必对这些码字进行重新译码。这样做可以大大降低算法的复杂度,节省运算时间和资源。

为了说明算法,我们首先设定符号:假设第 M 条扫描线译码结束,对译出的游程求和时发现错误。其中,经过译码所得的实际游程序列为 $rl_1,rl_2,\cdots,rl_i,\cdots,rl_m$,记总游程长度 $RL = \sum_{i=1}^{m} rl_i$。基于前面所述的错误模式假设可知,编码数据中错误的存在并没有影响到当前扫描线中游程的个数,并且没有引起码字分离错误,出错的比特仅存在于一个游程所对应的码字内,使其相应的译码结果即游程长度与实际不符,对其他游程的译码结果均不造成影响。所以,可以假设该行扫描线中每个游程所对应的正确游程序列为 $rl'_1、rl'_2,\cdots,rl'_i,\cdots,rl'_m$,记总游程长度 $RL' = \sum_{i=1}^{m} rl'_i$,则 RL' 必然等于标准的扫描线长度,令 $RLE = RL - RL'$,详细算法流程图如图 4.15 所示。

图 4.15 基于再编码的 MH 码纠错译码算法流程图

4.4.4　基于多游程补偿的 MH 码纠错译码算法

在基于再编码的 MH 码纠错译码算法的设计思路的启发下,设计并实现了基于多游程补偿的 MH 码纠错译码算法。此算法能纠正一条扫描线中多个游程码字错误,在纠错能力以及图像恢复效果上有了显著的提高。

需要指出的是,该算法也适用于 MR 码中的一维编码行,在 MR 码的纠错译码中,在检测到误码后判断出错行是一维编码行,该算法完全适用,不需要作任何改动。

下面介绍算法描述的一般过程。

1. 错误模式假设

在对基于多游程补偿的 MH 码纠错译码算法的设计和实现过程进行叙述之前,先给出算法中假设的错误模式,整个算法的设计和实现都建立在这些假设基础之上。

(1) 假设传输过程中的噪声污染只是使得编码数据的数值发生改变,即由"0"错成"1",或者由"1"错成"0",而编码数据中比特数目没有发生变化,没有出现增加或者缺失。

(2) 假设线同步码字中不含错误。

(3) 假设一条扫描线数据在译码过程中不会出现非码表中码字的比特串模式,即不会出现异常的译码终止,只是在该行译码结束时对所有的游程进行累加,其和不等于标准长度 1728。

(4) 假设当前译码扫描线中码字分离无误,即数据中存在的误码使得扫描线中某些游程相应码字错为码长相等的其他游程码字。

(5) 假设出错行的游程个数与其上一行的游程个数相当。

对于同时满足上述五个假设条件的误码,我们采用基于多游程补偿的 MH 码纠错译码算法对其进行处理,可以获得较好的纠错效果。此算法假设的错误模式与基于再编码的 MH 码纠错译码算法假设的错误模式相比,前三条相同,第(4)条放宽了要求,并不限于单个游程出错,第(5)条的加入是因为在游程个数相当的情况下,上下线有较强的相关性。基于多游程补偿的 MH 码纠错译码算法正是充分利用了该相关性,将错误定位到出错行中的多个游程,并用上一行对应的游程替换。可以说基于多游程补偿的 MH 码和 MR 码纠错译码算法是精确到游程的一种误码补偿,即游程替换,与常规的误码补偿(扫描线替换)有本质的区别。

2. 基于多游程补偿的 MH 码纠错译码算法设计与实现

1) 算法描述

为了具体说明算法,我们首先设定符号:假设第 $M(M>1)$ 条扫描线为当前译码扫描线,经过译码所得到的实际游程序列为 $rlM_1,\cdots,rlM_i,\cdots,rlM_m$,各游程对应的码字的长度为 $clM_1,\cdots,clM_i,\cdots,clM_m$,其中,若游程长度超过 64,则游程码的长度为形成码和终止码的长度之和,记总游程长度 $RLM = \sum_{i=1}^{m} rlM_i$,记标准长度与总游程长度之间的差值 $RLE = 1728 - RLM$。假设上一行为第 $N(N=M-1)$ 条扫描线,已经正确恢复,其游程序列为 $rlN_1,\cdots,rlN_j,\cdots,rlN_n$,各游程对应的码字的长度为 $clN_1,\cdots,clN_i,\cdots,clN_n$,记总游程长度 $RLN = \sum_{j=1}^{n} rlN_j$,则 RLN 必然等于标准的扫描线长度 1728。

假设该扫描线数据中的错误模式符合优化纠错译码算法中所假设的错误模式,如果当前扫描线译码结束后,对译出的游程序列求和时发现错误,即 $RLE \neq 0$。首先将上一行游程序列与本行游程序列依次比较,筛选出游程码长度相等的游程序列对,如果对应游程没有码长相等的,则此纠错算法不适用。再将所得的序列对一一对应相减,得出差值序列,并去除为 0 的差值,得 $\Delta rl_{t_1}, \Delta rl_{t_2}, \cdots,$ $\Delta rl_{t_j}, \cdots, \Delta rl_{t_k}(1 \leq j \leq k, k \leq \min(m,n))$。下面对差值序列进行操作,从中依次取每一个差值,如 Δrl_{t_j}。

若 $\Delta rl_{t_j} = RLE$,则得到一个纠错方案:用第 N 行的第 t_j 个游程替换第 M 行的第 t_j 个游程,即 $rlM_{t_j} = rlN_{t_j}$。然后计算此次替换后上下线的汉明距离 Ham,若小于 Hammin(初始化时设为标准线长),则令 Hammin = Ham,并将此纠错方案作为保留的纠错方案。当穷尽单个差值后,再从差值序列中任取两个差值求代数和,如 Δrl_{t_i},Δrl_{t_j},若 $\Delta rl_{t_i} + \Delta rl_{t_j} = RL_e$,则又得到一个纠错方案:用第 N 行的第 t_i 和第 t_j 个游程分别替换第 M 行的第 t_i 和第 t_j 个游程,即 $rlM_{t_i} = rlN_{t_i}$,$rlM_{t_j} = rlN_{t_j}$。同样计算此次替换后上下线的汉明距离 Ham,若小于 Hammin,则令 Hammin = Ham,并将此纠错方案作为保留的纠错方案。当穷尽两个差值的组合后,再从差值序列中任取三四个直至 k 个作类似的运算,最后保留下来的纠错方案就是最终纠错方案。若没有则纠错失败退出,考虑用其他的纠错算法或进行误码补偿。根据对基于多游程补偿的 MH 码和 MR 码纠错译码算法的描述,设计的纠错译码算法流程如图 4.16 所示。

图 4.16　基于多游程补偿的 MH 码纠错译码算法流程图

2）算法性能分析

下面通过简单的例子详细分析一下该算法的性能。在错误模式假设中提到了出错行的游程个数与其上一行的游程个数相当，从这一点出发，举例研究在不同的情况下该算法的纠错能力。设当前行的游程个数为 x，上一行的游程个数为 y，定义

$$\rho = \frac{|x-y|}{\max(x,y)}$$

显然 $0 \leqslant \rho < 1$。下面首先考虑上下线游程个数相等，即 $\rho = 0$，且上下线对应游程相等的情况。如图 4.17 所示，假设每条线共有五个游程，而且每个游程对应相等，即 $rlN_i = rlM'_i (1 \leqslant i \leqslant 5)$，$\sum\limits_{i=1}^{5} rlN_i = \sum\limits_{i=1}^{5} rlM'_i =$ 标准线长。显然各游程对应的码长也相等，即 $clN_i = clM'_i (1 \leqslant i \leqslant 5)$。假设在传输或接收中产生了满足错误模式的误码，使得在恢复时 rlM'_3 和 rlM'_5 分别错为 rlM_3 和 rlM_5，由错误模式可知，误码导致游程码错为与其码长相等的另一个码字，即 $clM_3 = clM'_3 = clN_3, clM_5 = clM'_5 = clN_5$。

正确恢复的第N行：
（N=M-1）

编码前的第M行：
（M>1）

产生误码后恢复的第M行：

图 4.17　上下线完全相同时的纠错示意图

当第 M 行译完时，计算发现 $\sum\limits_{i=1}^{5} rlM_i \neq$ 标准线长，则进入纠错模块：

（1）计算 $RLE =$ 标准线长 $- \sum\limits_{i=1}^{5} rlM_i$。

（2）依次比较第 N 行与第 M 行对应游程，如果码长相等则计算差值，此例中所有码长均相等，则得 Δrl_1、Δrl_2、Δrl_3、Δrl_4、Δrl_5。

（3）去除其中差值为 0 的项得 Δrl_3、Δrl_5。

（4）从非 0 差值序列中依次取一个差值并与 RLE 比较，若 $\Delta rl_3 = RLE$，则得到一个纠错方案：$rlM_3 = rlN_3$，显然此例中 $\Delta rl_3 \neq RLE$，$\Delta rl_5 \neq RLE$，无法形成纠错方案。

（5）从非 0 差值序列中任取两个求代数和，并与 RLE 比较，此例中 $\Delta rl_3 + \Delta rl_5 = RLE$，则得到一个纠错方案：$rlM_3 = rlN_3$，$rlM_5 = rlN_5$，通过计算替换后的上下线汉明距离 Ham =0 小于现有的 Hammin（此时为标准线长），则令 Hammin = Ham，将此方案作为保留的纠错方案。

（6）完成纠错，最终的纠错方案：$rlM_3 = rlN_3$，$rlM_5 = rlN_5$。可见正确地纠正了错误。

此例中非 0 差值序列只有两个，如果有 $k(k>2)$ 个，则继续穷举两个差值的代数和，完成后继续穷举三四个直到 k 个，并将每次的 Ham 与 Hammin 比较，将 Ham 最小的纠错方案作为保留纠错方案。当所有计算完成后，所得的保留纠错方案即为最终的纠错方案。需要说明如下问题：当 k 较大时计算量很大，实际操作时，在穷举到四五个的代数和时即可将保留下的纠错方案作为最终的纠错方案，因为在实际中一条扫描线中出现太多同时满足假设模式的误码的概率并不大。

由上例可见，满足错误模式的误码可以被纠正有一个条件：即与错误的游程 rlM_i 对应的 rlN_i 必须等于 rlM'_i。此条件在上下线相关性较大时是很容易满足的。

下面讨论 $\rho = 0$，但上下线对应游程不相等的情况。如图 4.18 所示，假设 $rlN_4 = rlM'_4$，$rlN_i \neq rlM'_i$

$(i = 1,2,3,5)$。在完成该行译码后,假设误码以及误码造成的影响与上例相同:rlM'_3 和 rlM'_5 分别错为 rlM_3 和 rlM_5 且 $clM_3 = clM'_3$,$clM_5 = clM'_5$。并假设 $clN_i \neq clM_i$($i = 1、2、3$),只有 $clN_4 = clM_4$,$clN_5 = clM_5$,且 $rlN_5 - rlM_5 = $ 标准线长 $- \sum_{i=1}^{5} rlM_i$。

当第 M 行译完时,计算发现 $\sum_{i=1}^{5} rlM_i \neq $ 标准线长,同样进入纠错模块。因为 $rlN_3 \neq rlM'_3$,$rlN_5 \neq rlM'_5$,所以得不到正确的纠错方案:$rlM_3 = rlM'_3$,$rlM_5 = rlM'_5$。按照本课题设计的算法得到的对应游程码长度相等且差值非 0 的游程差序列为 Δrl_5,而 $\Delta rl_5 = $ 标准线长 $- \sum_{i=1}^{5} rlM_i$,所以得到纠错方案:$rlM_5 = rlN_5$。由图 4.18 可见,虽然没有正确的纠错,但其效果比传统的误码补偿方法更逼近原始行。因为误码补偿是将所有的游程都用上一行的对应游程替换,包括本来正确译码的 rlM_1 和 rlM_2,而基于多游程补偿的 MH 码和 MR 码纠错译码算法只是针对少量几个游程进行补偿,保留了大量正确译码的游程,图像质量得到改善是很显然的,扫描线游程个数越多越明显。

图 4.18　上下线不同但游程个数相等时的纠错示意图

随着 ρ 的增大,即上下线的游程个数相差越来越大,上下扫描线的相关性越来越小,那么与错误的游程 rlM_i 对应的 rlN_i 与 rlM'_i 相等的概率就越来越小,导致纠错性能的降低。通过试验初步分析,当 $\rho > 0.2$ 时,纠错效果已不太明显。另外,传真图像相邻扫描线间的相关性是很大的,一般只有在接近全白线时 ρ 才会大于 0.2。从这一点可见,基于多游程补偿的 MH 码和 MR 码纠错译码算法完全适合于传真 MH 码以及 MR 码一维编码行的纠错,而且很显著的提高了传真图像的恢复质量。

3）算法理论依据

下面对基于多游程补偿的 MH 码和 MR 码纠错译码算法设计过程中用到的主要理论进行如下总结。

(1) 根据假设的错误模式,我们在译码过程中不会出现比特的增加或缺失,译码过程中没有出现码字分离错误,即误码仅仅使得游程码字错为码长相等的码字。根据一维码的唯一可译性,在出错的第 M 行中,与错误的游程 rlM_i 相对应的正确游程 rlM'_i(编码前的那个原始游程)是确定的。由于没有出现码字分离错误,出错游程与原始游程相应的游程码字应该具有相同的码长。所以,在最初选择纠错方案时,将错误游程 rlM_i 和上一行相应游程 rlN_i 码字的码长是否相等作为判定游程是否出错的基本条件。根据传真图像中相邻扫描线之间具有很强的相关性,rlN_i 与 rlM'_i 相等的可能性很大,至少很接近,这为使用 rlN_i 替换 rlM_i 提供了理论依据,使多游程补偿成为可能。

(2) 在实际通信中,主要通过使用信道编码来解决传输的可靠性问题,而使用信源编码来解决有效性问题。但是,从编码实现角度来说,这两种编码都是要根据一定的规则对原始数据进行处理,从这一点上来说是一致的。尽管传真信源编码的目的在于压缩数据,减少传输的数据量,通过编码去除了原始信源中的冗余信息,但是,编码过程中仍然要遵循一定的编码规则。因此,对传真信源编码进行纠错不是不可实现的,只是相对于信道编码来说更加困难。我们在设计实现纠错译码算法时正是利用了这些编码规则,在错误检测阶段检验编码数据间是否违背了这些约束关系,找到可能出错的编码数据。同时,需要再一次强调的是,检测到出错的位置不一定是真正的出错位置,需要采取进一步措施对错误位置加以判定。因此,算法设计的基本思想是采用假设检验的方法,对错误假设进行检验,找到最合理的错误解决方案,尽可能的提高传真图像的恢复质量。

(3)同样根据扫描线间的强相关性,在多个纠错方案中选取使得上下线汉明距离最小的游程替换方案作为最终的纠错方案,能最有效的提高恢复传真图像的质量。若最终无法找到纠错解决方案,则需寻求其他纠错算法或直接利用相邻的正确扫描线替代含有误码的扫描线等相应的误码补偿技术对传真图像进行恢复。

(4)基于多游程补偿的 MH 码和 MR 码纠错译码算法也可以应用到对 MR 码的纠错处理上。因为 MR 编码为了防止误码扩散,把扫描线分为 K 线为一组,每组的第一线采用 MH 码编码,一般 $k=2,4$。所以上面的这种纠错算法可以用到 MR 码中一维编码行的纠错译码处理中,并且,基于多游程补偿的设计方法也为 MR 码中二维编码行的纠错译码算法设计提供了一种思路。当然,二维编码有着自己的特点,与一维编码情况是截然不同的,不能简单的将一维的纠错译码方法直接用在二维编码中。但是,从解决问题的分析方法考虑,基于多游程补偿的纠错译码算法的研究和实现对二维编码的纠错译码算法的设计仍然具有很好的参考价值。

4.4.5 性能测试与结果分析

我们用 C++ 语言实现了设计的基于多游程补偿的 MH 码和 MR 纠错译码算法,为了将该算法与基于再编码的 MH 码纠错译码算法以及误码补偿算法进行比较,作了如下两个试验。

1. 测试试验一

表 4.4 给出对 10 份 MH 码传真报文,采用基于再编码的纠错译码算法进行处理的结果,根据纠错译码结果,采用这种算法的平均纠错率为 36%。表 4.5 给出对同样 10 份 MH 编码传真报文,采用基于多游程补偿的纠错译码算法进行纠错译码的结果,根据纠错译码结果,采用这种算法的平均纠错率达到了 70%。

表 4.4 基于再编码的 MH 码纠错译码算法纠错结果

传真文件	mh01	mh02	mh03	mh04	mh05	mh06	mh07	mh08	mh09	mh10
出错行数	17	12	13	11	8	11	18	32	27	26
纠正行数	5	5	6	3	2	5	6	11	10	11
错误纠正率	29%	42%	46%	27%	25%	45%	33%	34%	37%	42%

表 4.5 基于多游程补偿的 MH 码和 MR 码纠错译码算法纠错结果

传真文件	mh01	mh02	mh03	mh04	mh05	mh06	mh07	mh08	mh09	mh10
出错行数	17	12	13	11	8	11	18	32	27	26
纠正行数	13	9	7	8	6	7	12	27	21	14
错误纠正率	76%	75%	54%	73%	75%	64%	67%	84%	78%	54%

由表 4.4 和表 4.5 可见,基于多游程补偿的 MH 码和 MR 纠错译码算法的纠错率得到了显著的提高。原因是显而易见的,基于再编码的 MH 码纠错译码只是针对一条扫描线中的单个游程进行纠

错,而基于多游程补偿的 MH 码和 MR 纠错译码算法是针对多个游程进行纠错的,并且充分利用了扫描线间的相关性。

应该指出,在很多情况下,误码补偿不能取得很好的效果,甚至会降低图像的恢复质量。而基于多游程补偿的纠错译码算法性能在原有基于再编码的纠错译码算法的基础上有了明显的提高。从主观角度进行评定,采用基于多游程补偿的纠错译码方法恢复的传真文件质量最好。

2. 测试试验二

为进一步验证算法的有效性,再做如下试验:采用一份无误码的 MH 码传真报,用 UltraEdit 软件人为的加入满足错误模式的误码,用基于多游程补偿的 MH 码纠错译码算法进行纠错试验。

在该传真报中选取一条与其上一线游程个数差不多的扫描线,其游程序列为 rlM_1、rlM_2,…,rlM_i,…,rlM_{121},rlM_{122}。通过找到该行扫描线对应的编码数据,随机的抽取两个游程码,将其分别修改为码长相等的另外两个游程码;然后分别用基于多游程补偿的 MH 码和 MR 纠错译码算法和误码补偿技术对该行进行处理,将所恢复的该行扫描线分别与原始图像中该行扫描线进行比较。通过将像素对应的比特位依次进行异或运算,得出经过纠错处理和误码补偿后的该扫描线与原始的该扫描线之间相差的像素数,表 4.6 给出了纠错译码算法与误码补偿技术性能比较。

表 4.6　基于多游程补偿的纠错译码算法与误码补偿技术性能比较

采用的译码算法	修改的游程的序号									
	2,8		6,24		20,82		80,81		100,108	
	纠错译码算法	误码补偿技术	纠错译码算法	误码补偿技术	纠错译码算法	误码补偿技术	纠错译码算法	误码补偿技术	纠错译码算法	误码补偿技术
与原始线的差距(像素数)	29	105	0	105	0	105	18	105	0	105

由表 4.6 可见,与原始线的像素数差距为 0 意味着得到正确纠错方案,与原始线相差不为 0 的意味着最终保留的纠错方案不是完全正确的纠错方案。在五次纠错中有三次恢复了原始扫描线,另外两次未能正确纠错。造成不能正确恢复的原因有两个:①上一扫描线中与错误游程相对应的游程不等于原始的该游程;②正确的纠错方案并不是使得上下线汉明距离最小的方案,被错误的舍弃。但是,通过与原始扫描线的比较可见,虽然没有正确纠错而恢复原始线,但却很大程度的逼近了原始扫描线,图像质量比采用误码补偿有了显著的提高。

第5章 MR码分析与编译码技术

5.1 MR码编码原理与技术

5.1.1 MR码编码规则

MREAD码是日本KDD公司创立的一种二维编码方式,即相对地址码(Relative Address Code)的改进,并于1978年8月推荐给ITU–T第十四研究组;英国电信局对相对地址编码也进行了研究,并提出了改进的相对地址编码(Modified READ Code),二者结合,就形成了现在的MREAD码。ITU–T在日本京都会议上确定为三类机的标准编码方式,它属于二维逐行编码。所谓二维编码,是指不仅要考虑正在进行编码的这一扫描行上的像素分布,还考虑其相邻扫描线上像素分布。具体说来就是,一次编码时至少考虑两条扫描线:一是正在编码的扫描线;二是其上面一线。该行实际上已编定码字并传输,但该行的数据序列游程分布情况仍存储下来供本行编码时参考,也称为参考扫描线。

应该指出,由于每一页的第一扫描线无参考扫描线,因此MR编码规定每页第一扫描行采用MH编码。而为了限制误码扩散,把扫描线分为K线为一组,每组的第一线采用MH码编码,第二线及后续扫描线用二维编码。当垂直扫描分辨率为3.85L/mm时$K=2$;当分辨率为7.7L/mm时,$K=4$。

MREAD码简称为MR码,MR码的基本指导思想:由于图像是一种二维信息,它不仅在水平方向上,相邻像素之间具有相关性,而且在垂直方向上也具有相关性。考虑到利用图像水平和垂直二维相关性,更充分地减少图像信息冗余度,在综合几种编码方法的基础上创立了这种MR码。

1. MR码编码规则

MR码是一种逐条扫描线编码方法,即扫描线上每一迁移像元的位置是根据位于紧邻该行的上一参考行上的相应的参考像元的位置来编码的。所谓迁移像元,是指在同一扫描线上,其颜色(黑或白)与前一个像元的颜色不同的那个像元,如图5.1所示。

图5.1 迁移像元定义图

二维MR编码中用到的迁移像元有如下五个:

a_0:称为编码行的起始迁移像元或参考像元,对编码行的开头,a_0是一个假想的白的迁移像元,它紧靠在这一扫描线的第一个像元之前;编码开始后,a_0的位置由前一个编码模式决定。

a_1:位于正在编码的扫描线上,紧靠a_0右面的下一个迁移像元。

a_2:编码行上紧靠a_1右边的下一个迁移像元。

b_1:位于参考扫描线上紧靠a_0右边且与a_0颜色相反的第一个迁移像元。

b_2:位于参考扫描线上紧靠b_1右边的下一个迁移像元。

在编码过程中,根据编码行与参考行之间相应迁移像元的相对位置的不同,归属于不同的编码模式,分配给相应的码字。

1) 通过模(Pass Mode,P 模)

当 b_2 位于 a_1 的左面时,则认为是通过模,如图 5.2(a)所示;而当 a_1 正好位于 b_2 之下时,则不认为是通过模,如图 5.2(b)所示。由于通过模是用 a_1,b_2 的相对位置来表示的,a_0 的位置(作为起始迁移像元或参考迁移像元)是已知的,b_2 的位置因处在参考扫描线上,在接收端已解出。在对通过模编码时,将不再考虑 a_0 与 b_2 间的距离,而是把当前编码的扫描线上位于 b_2 正下方的像元(不是迁移像元)作为下一次编码的 a_0,记为 a'_0 如图 5.2(a)所示。

图 5.2 通过模的定义图示

2) 垂直模(Vertical Mode,V 模)

当 b_2 不是位于 a_1 左面时,而且 a_1 与 b_1 的距离不大于 3 时,则认为是垂直模如图 5.3 所示。若 a_1 与 b_1 间的距离用 d 表示($d=0,1,2,3$),a_1 的位置相对于 b_1 的位置来编码时,由于 a_1 与 b_1 的相对位置有 $V(0)$,$V_R(1)$,$V_R(2)$,$V_R(3)$,$V_L(1)$,$V_L(2)$,$V_L(3)$7 种数值,(下标 R,L 分别表示 a_1 在 b_1 的右面和左面)。与之对应的可用 7 个码字来进行编码。垂直模编码之后,把 a_0 置于 a_1 的位置。

图 5.3 垂直模定义图示

3) 水平模(Horizontal Mode,H 模)

所谓水平模,即是当 b_2 不是在 a_1 的左面且 $a_1 b_1$ 的距离大于 3 时的编码模式,如图 5.4 所示。在水平模情况下,$a_0 a_1$,$a_1 a_2$ 两个游程长度同时编码,游程长度码 $M(a_0 a_1)$,$M(a_1 a_2)$ 为 MH 码。水平模码字由标志码 H(001)和游程长度码构成:$001 + M(a_0 a_1) + M(a_1 a_2)$。编码后 a_0 将置于 a_2 位置上。

三种模式二维编码表如表 5.1 所列。

图5.4　水平模定义图示

表5.1　二维编码表

模	需编码的像元		符　号	码　字
通过模	b_1, b_2		P	0 0 0 1
水平模	$a_0 a_1, a_1 a_2$		H	$001 + M(a_0 a_1) + M(a_1 a_2)$
垂直模	a_1 在 b_1 之下	$a_1 b_1 = 0$	V(0)	1
	a_1 在 b_1 之右	$a_1 b_1 = 1$	$V_R(1)$	0 1 1
		$a_1 b_1 = 2$	$V_R(2)$	0 0 0 0 1 1
		$a_1 b_1 = 3$	$V_R(3)$	0 0 0 0 0 1 1
	a_1 在 b_1 之左	$a_1 b_1 = 1$	$V_L(1)$	0 1 0
		$a_1 b_1 = 2$	$V_L(2)$	0 0 0 0 1 0
		$a_1 b_1 = 3$	$V_L(3)$	0 0 0 0 0 1 0

2. MR 码编码过程

在编码过程中,首先要识别出编码行上每一迁移像元属于哪一种模式,相应位置,距离等信息,再用 MR 码的若干码字来表示。具体步骤如下:

第一步:

(1) 若识别为通过模,就用码字"0001"编码(表示),然后将 b_2 之下的像元作为下一次编码的新的起始像元 a_0'。

(2) 其未检出通过模,则进行下一步处理。

第二步:

(1) 确定相对距离 $a_1 b_1$ 的绝对值,即 $|a_1 b_1|$。

(2) 若 $|a_1 b_1| \leqslant 3$,则 $a_1 b_1$ 为垂直模,用垂直模编码,即用垂直模相应的码字表示,然后,把 a_1 的位置作为下一个编码新的起始像元 a_0'。

(3) 若 $|a_1 b_1| > 3$,则在水平模标志码字 001 之后,随之对 $a_0 a_1, a_1 a_2$ 分别进行一维 MH 编码。组成水平模码字。经这样的处理后,把 a_2 位置作为下一编码的起始像元 a_0'。

关于 MR 码的关键的特殊问题说明如下:

(1) 每条正在编码扫描线上的第一个起始像元 a_0 为假想的白像元,且置于实际的第一个像元之前,以便保持收、发颜色的同步。因此每一扫描线上第一个游程长度 $a_0 a_1$ 要用 $(a_0 a_1 - 1)$ 来代替,若第一个实际的像元是黑的,且用水平模进行编码时,第一个码字 $M(a_0 a_1)$ 应为长度等于 0 的白游程码字。关于扫描线起始像元的情况如图5.5 所示。图5.5(a)中 a_1 正好在 b_1 之下,故取垂直模 V(0);图5.5(b)中的 a_1 在 b_1 之左一个像元,故取垂直模 $V_L(1)$;图5.5(c)中 a_1 在 b_2 之右,故取通过模 P;图5.5(d)中 a_1 在 b_1 之右,故取 $V_R(2)$;图5.5(e)中,考虑到假想的 a_0,对 a_1 取水平模 H(0,3),因为 $a_0 a_1$ 用 $(a_0 a_1 - 1)$ 代替则为 0,$a_1 a_2 = 3$;而下一个迁移像元为垂直模且为 $V_R(1)$。

(2) 最末一个像元的处理。对于当前编码的扫描线而言,编码必须进行到位于实际的最末一个

图 5.5　扫描线起始部分编码模示例

像元之后的假想迁移像元位置为止,这一假想的像元可作为 a_1 或 a_2 进行编码。若在该扫描线的整个编码过程中没有检出 b_1 和(或) b_2,则认为它就在参考扫描线上实际最后一个像素之后的假想像元位置上。关于最末一个像元的处理如图 5.6 所示。图 5.6 中带黑点的像元表示需要编码的迁移像元。对图 5.6(a)的情况而言,左面标黑点的像元是需要编码的,它的模应确认为垂直模,因为该像元左面为白正上面为黑,显见正上面的迁移像元应为 b_1。因此编码模为 $V(0)$ 码字为"1",编完之后,还要看第 1728 像元位置,该像元不是迁移像元,因而要设置假想的像元(应为白),而参考线上 b_1 也被确认为是 1728 像元之后的假想像元。故编码扫描线上最后一个编码模仍为 $V(0)$。其他情况不作详述,可自己作出具体分析。切记编码应进行到实际最末一个像元之后的迁移像元为止。这样是不难分析掌握的。

图 5.6　扫描线末尾部分编码模举例

关于扫描线中间部分编码情况如图 5.7 所示。

图 5.7　扫描线中间部分编码模举例

5.1.2　传输码流格式

1. 帧同步码

在每页的第一个数据行之前和每一编码行的结尾均应加 EOL + 1,即"0000000000011",以说明下行应采用一维 MH 码进行编码,EOL + 0 表示下一行用二维编码。

2. 填充码

当一行编码数据和行结束码 + 特征比特之间插入填补码,码型为长度不等的"0"序列。插入填充码的原因与 MH 码相同。

3. 返回控制规程(RTC)

RTC 使用的码型是连续 6 个行同步码字,即 6 ×(EOL + 1)。

MR 码数据传输格式如图 5.8 所示。

图 5.8　数据传输格式
(a)一页的开头部分;(b)一页的末尾部分。

5.1.3　MR 码的编码实现技术

MR 码编码流程图如图 5.9 所示。

根据图 5.9 进行 MR 码编码。而要进一步说明的是,当判别为垂直模 $V(0)$,$V_L(1)$,$V_L(2)$,$V_L(3)$,$V_R(1)$,$V_R(2)$,$V_R(3)$ 时,这种垂直模编码,可根据 a_1 与 b_1 的距离,形成一个相应的地址 R。该地址可作为编码表中的地址,读出这个地址的内容,该内容为垂直模所对应码字的码长 N,再读出 R

图 5.9　MR 码编码流程图

（a）MR 码编码流程图；（b）MR 码编码流程图。

+1 地址中的内容，即为码型，取出相应的低 N 位码元，就是编码结果。

例如，垂直模 $V_L(3)$ 所形成的地址为 14DC，内容为 07（为码长），即 N = 7。，从 14DD 读出的内容为 20，即 00100000，再取低 7 位，为 0100000，与建议 T.4 中的规定一致，重排为 0000010。这样就完成了垂直模 $V_L(3)$ 的编码过程。

应该指出，若判为水平模，即进行 a_0a_1,a_1a_2 游程长度的 MH 编码，其编码过程与 MH 编码完全相同。若判别为通过模,直接将"0001"码字写入编码缓存器中即可结束。

5.2 MR 码译码原理与技术

5.2.1 MR 码译码原理与技术

对 MR 码译码来说,首先也是搜索线同步码"EOL + X",当 X = 1 时转入一维行译码,译码方法同 MH 码译码。若 X = 0,则用二维码,即 MR 码行译码。MR 码行译码实际上是对三种模码字的识别。与一维 MH 码译码算法类似,通过查表进行译码,为说明其译码算法,首先给出算法中使用的符号。

1. 符号的含义

算法中的符号含义如下:

2. 在算法中 < × × > 表示地址,(× ×) 表示地址中的内容

MR 码译码算法:由于二维码最短的码字为 1bit,故采用一、二、一译码算法,即若设初始地址为 00h,首先取 1bit 与初值相加获得一个新的地址 < × × >,查表即访问该地址,读出内容(× ×),再判断是否为终端节点。若是终端节点,则可计算出是那一种模:若是中间节点,再判明下次应输入 1bit 还是 2bit。地址计算方法如下:

若取 1bit:

$< × × > = (× ×) + X;$

若取 2bit × × :

$< × × > = (× ×) + XX - B_1 B_0 (10)。$

3. 终端节点的地址

终端节点的地址内容如表 5.2 所列。

$b_1 a_1 = 1,2,3$ 表示 a_1 在 b_1 之右,距离为 $1,2,3$;$a_1 b_1 = 1,2,3$,表示 a_1 在 b_1 之左,距离 $1,2,3$;$a_1 b_1 = 0$ 表示 a_1 在 b_1 之下。

表 5.2 终端节点的地址内容

地址内容	译码结果	含 义	地址内容	译码结果	含 义
01h	0	V 模,$a_1 b_1 = 0$	1Dh	7	V 模,$a_1 b_1 = 2$
05h	1	V 模,$b_1 a_1 = 1$	19h	6	V 模,$a_1 b_1 = 3$
09h	2	V 模,$b_1 a_1 = 2$	11h	4	H 模标志
0Dh	3	V 模,$b_1 a_1 = 3$	15h	5	P 模
21h	8	V 模,$a_1 b_1 = 1$			

例如,译码数据序列为 1100000,参与地址计算码元顺序是从右向左。因此,由(00)+0→地址 <00>,读出的内容为(04),再输入 2bit,即(04)+00—$b_1 b_0 = 04 + 00 - 2 → <02>$,得到(06),(06)

83

$+0\to<06>$，读出的内容为（0C）；再输入 2bit（0C）$+01-2\to<0B>$，读出（26）；最后再输入 1bit "1"，（26）$+1\to<27>$，内容为 0D = 00001101 为终端节点，一个码字的译码结束，译码结果为 3，即垂直模 $V_R(3)$。

4. 三种模的译码原理

以序列 0011　110　100　010　1000 为例（从右至左）介绍译码原理。

　　　　　W_5　B_4　H　$V_L(1)$　P

1）通过模

如图 5.10 所示的通过模，在编码时，当作通过模编码，以 0001 为标志码，将 a_0 的位置移到 a'_0 处，再寻找下一个 b_1 的位置。再判模式。译码时，若用 d_3 表示 a_0 的绝对位置，d_4 表示 b_1 的绝对位置。故 $a_0 a'_0$ 的长度为 $d_4 - d_3 + b_1 b_2$ 存入 d_5，$b_1 b_2$ 是 d_4 位置之后的第一个游程长度。显然，图中的白游程译码还未结束，所以把结果暂存入 d_5 寄存器中，再求得 $a'_0 a_1$ 后得到完整的白游程长度，故下一次译码的游程颜色（黑，白色）不变。再根据 a'_0 求得 b_1 的下一个位置 d_4。

图 5.10　通过模示例

2）垂直模

对垂直模而言，编码时，a_1 的位置相对于 b_1 的位置来编码。译码时，如图 5.10 所示，$a_0 a_1$ 的长度为（这里的 a_0 实际上为图 5.10 中的 a'_0）

$$a_0 a_1 = d_4 - d_3 + b_1 a_1 (b_1 a_1 = -1)$$

至此一个白游程译码完毕，其长度为 $d_5 + a_0 a_1$。将 d_5 所表示的游程写入缓存器中，将 d_5 置 0，d_3 置于 a_1 的位置。即 a_1 变为 a_0，根据 a_0（上次译码时的 a_1）颜色，找出下一个 b_1 的位置。同时改变游程颜色寄存器的值。

3）水平模

对水平模而言，编码时首先给出标志码 "001"，后跟 $a_0 a_1$，$a_1 a_2$ 两个长度的一维 MH 码。因此在译码时，检测到 "001" 后，根据 $a_0 a_1$ 的颜色，通过查一维相应的码表，求出 $a_0 a_1$，$a_1 a_2$ 的长度。写入缓存器，d_3 置于 a_2 的位置，游程颜色寄存器应与水平模前相同。根据 $a_0(a_2)$ 的位置和颜色，再求出 b_1 的位置 d_4，置 d_5 为 0。

5.2.2　MR 码译码技术

三种模式的译码，核心在于用 d_3，d_4，记录 a_0，b_1 的绝对位置，a_0 位置的改变是由编码决定的，b_1 位置改变的原则：a_0 右边和 a_0 颜色不同的第一个迁移像元。具体实现时是通过 d_4 再加其后的游程长度。

MR 码译码算法流程图如图 5.11 所示。

图 5.11　MR 码译码算法流程图

5.3　基于比特翻转的 MR 码纠错译码技术

5.3.1　MR 码误码发现技术

　　基于比特反转的 MR 码纠错译码算法既适用于 MR 码的一维编码行,又适用于 MR 码的二维编码行。同时也完全适用于 MH 码的纠错译码。

　　在研究该纠错算法的优化算法之前,先研究 MR 码误码发现技术。在这里除了使用基于再编码的纠错译码算法中提到的误码发现技术,在译码过程中对压缩编码数据中的误码进行检测之外,还结合 MR 码二维模码字的特点,加入了基于 MR 码二维模码字规则的误码发现技术。二维编码规则使得数据之间具有一定的约束关系,利用如下约束关系可以发现错误。

1. 垂直模

　　当 $V_L(i)(i=1,2,3)$ 被分离出时,计算游程长度时,根据公式 $d_4 - d_3 - i \leqslant 0$,$d_4$ 表示 b_1 的绝对位置、d_3 表示 a_0 的绝对位置,则可断定前面已处理的比特存在误比特。

　　当 $V_R(i)(i=1,2,3)$ 被分离出时,译出的当前扫描线上 a_1 的绝对位置超出扫描线的右端点,则可断定前面已处理的比特存在误比特。

2. 水平模

当水平模标志码字被分离出来时,$M(a_0a_1)$被译出,检查扫描线和当前译码线上的迁移像素的相对位置却不满足水平模的条件,即 $|a_1b_1|<3$ 或 b_2 的绝对位置小于 a_1 的绝对位置,以及 $M(a_0a_1)$,$M(a_1a_2)$ 被译码后,a_2 的绝对位置超出扫描线的右端点,均可断定前面已处理的比特存在误比特。

3. 通过模

当通过模码字被译出时,此时应满足 a_1 的绝对位置大于 b_2 的绝对位置,但检查参考扫描线上的迁移像素 b_2 的绝对位置在有效范围内却不存在。

结合上述误码发现技术,我们总结了 MR 码以下 12 个错误检查条件:

(1)在 1728 像素写完之前出现了 EOL 码字;

(2)接收到 EOL 码字之前已经写了多于 1728 像素;

(3)一个形成码的后面跟的不是终止码;

(4)零游程长度的终止码既不是出现在一条扫描线的开头也不是跟在形成码后面;

(5)使用的码表中没有码字能够与接收到的比特模式相匹配;

(6)出现通过模,但是迁移像素 b_2 超出扫描线的右端;

(7)出现水平模,使用的码表中没有码字能够与接收到的 a_0a_1 比特模式相匹配;

(8)出现水平模,游程长度 a_0a_1 被译出,但是迁移像素为 $|a_1-b_1|\leqslant3$ 或者 $b_2<a_1$;

(9)出现水平模,游程长度 a_0a_1 被译码,使用的码表中没有码字能够与接收到的 a_1a_2 比特模式相匹配;

(10)出现水平模,游程长度 a_0a_1 和 a_1a_2 被译出,但是 a_2 的绝对位置超出扫描线的右端;

(11)出现 $V_R(i)(i=1,2,3)$,但是译出的当前扫描线上 a_1 的绝对位置超出扫描线的右端点;

(12)出现 $V_L(i)(i=1,2,3)$,但是迁移像素为 $b_1-a_0-i\leqslant0$。

在 MR 码译码过程中,如果满足上述 12 个错误检查条件中的任何一个,那么当前正在译码的扫描线就被作为出错扫描线检测出来,随后将使用基于比特反转的 MR 码纠错译码算法进行纠错译码。

5.3.2 基于比特反转的 MR 码纠错译码算法

基于再编码的的 MH 码和 MR 码纠错译码算法有一个误码假设前提是码字分离正确,对于码字分离错误的误码是无法实现纠正的。针对这一问题,设计了同时适用于 MH 码和 MR 码的基于比特反转的纠错译码算法,此算法对于码字分离错误的误码同样有较好的纠错效果。下面就此算法进行简要的描述。

1. 错误模式假设

在对基于比特反转的 MH 码和 MR 码纠错译码算法进行叙述之前,先给出算法中假设的错误模式,整个算法的设计和实现都建立在这些假设基础之上。

(1)假设信道噪声和干扰的影响只是使得编码数据的数值发生改变,即由"0"错成"1",或者由"1"错成"0",而编码数据中比特数目没有发生变化,没有出现增加或者缺失。

(2)假设线同步码字中不含错误。

(3)假设如果出错编码行是 MR 码二维编码行,则其相应的参考行译码结果正确。

(4)假设如果当前扫描线为 MR 码中的二维编码行,则编码数据中出现错误的范围限制在 7bit 之内,包括长度不超过 7bit 的突发错误和分散在 7bit 之内的随机错误;如果当前扫描线为一维 MH 编码或 MR 码中的一维编码行,则编码数据中出现错误的范围限制在 13bit 之内,包括长度不超过 13bit 的突发错误和分散在 13bit 之内的随机错误。在这种情况下,出现错误的比特可能存在于一个码字中,也可能分散在几个码字中。

对于同时满足上述四个假设条件的传输错误,我们采用基于比特反转的 MH 码和 MR 码纠错译码算法对其进行处理,可以获得较好的纠错效果。

2. 基于比特反转的 MH 码和 MR 码纠错译码算法设计与实现

MH 码所有行都是采用了一维编码,而 MR 码则是一维编码与二维编码周期性的交替使用。由于二维编码与一维编码规则和码字都不相同,我们在设计比特反转算法时充分考虑各自编码规则和码表的特点,通过比特反转手段,针对出现在 MH 码和 MR 码扫描线中的误码进行纠正。由于一维码表中码字最长为13,将穷举反转范围定为13bit;而二维码表中码字最长为7,则将其穷举反转范围定为7bit。这样做既考虑了各自码字的特点,能够对所有的出现在一个码字内的错误进行纠正,又可以节省大量的运算开销。

基于比特反转的 MH 码和 MR 码纠错译码算法流程图如图 5.12 所示。

图 5.12　基于比特反转的 MR 码纠错译码算法

下面结合流程图对算法设计进行简要介绍。在检测到误码后，设 L 为纠错长度上限，则对一条扫描线采用基于比特反转的纠错译码算法的具体步骤如下：

（1）从扫描线起始位置开始，首先判断编码数据类型，如果是 MH 码，令 $L=13$，假设扫描线前 L 个比特中含有错误，错误的形式是 L 个比特范围内所有比特组合方式中的一种；如果是 MR 码，则根据 EOL + X 判断当前扫描线的编码类型。如果扫描线为一维编码，令 $L=13$，假设扫描线前 L 个比特中含有错误，错误的形式是 L 个比特范围内所有比特组合方式中的一种；如果扫描线为二维编码，令 $L=7$，假设扫描线前 L 个比特中含有错误，错误的形式是 L 个比特范围内所有比特组合方式中的一种。针对两种不同编码将相应的假设错误比特反转。

（2）对反转处理后的新数据行进行译码。

（3）还原刚才反转过的比特并且判断对反转后的数据行进行重新译码是否成功，若译码成功则保存重新译码结果。

（4）判断是否已经对整个扫描线中数据全部做过处理。

① 如果是，则在保存的重新译码结果中选取最佳纠错方案并退出纠错译码程序，继续下一条线的译码；如果没有得到解决方案，则退出纠错译码程序，采用误码补偿技术恢复扫描线之后继续下一条扫描线的译码。

② 如果还没有对整个扫描线中数据全部做过处理，则接着在该扫描线内对数据做另一种形式的反转，返回步骤（2）继续译码。

一般情况下，在一条扫描线编码数据中，如果错误所在的范围不超过算法的纠错能力 L，不管其形式如何，都可以使用本课题所设计的基于比特反转的纠错算法，通过对编码数据在有限范围内穷举反转并且重新译码对错误进行纠正。

在实现基于比特反转的 MH 码和 MR 码纠错译码算法时需要解决以下两个关键问题。

（1）如何穷举出在纠错长度 L 内的所有错误情况，对其进行特定比特位的反转。为了解决这个问题，我们设定了一个长度为 L 的滑动窗口，从扫描线编码数据第一个比特开始，先固定窗口，按照窗口内的比特的所有组合顺序依次对窗口内的比特进行反转。具体的做法：按照窗口内"0"和"1"比特的任意组合，将窗口数值与窗口内的编码数据进行异或；即第一轮从 L 中取出 1 个比特进行反转，此时，有 $C_L^1 = L$ 种形式，则第 i 轮从 L 中取出 i 个比特进行反转，此时，有 C_L^i 种形式，每次将相应的比特做反转之后都要进行重新译码，那么，第一轮反转时就需要重新译码 L 次，而进行第 i 轮反转时就需要重新译码 C_L^i 次。因此对于纠错长度等于 L 的纠错译码算法来说，在滑动窗口固定的情况下，需要进行 $\sum_{i=1}^{L} C_L^i = 2^L - 1$ 次重新译码。对滑动窗口内数据所有组合情况都进行过反转之后，将滑动窗口向后滑动一个比特，继续上述的操作，直至整个扫描线编码数据处理完毕。

（2）原始数据的保护。为了使纠错算法相对独立，不对其他纠错译码算法产生影响，不管是否纠错成功，算法都能够保证对原始数据的恢复。每次比特反转都不对原始数据进行操作，而是将原始数据复制到开辟的缓冲区中，对当前扫描线编码数据的副本进行操作，这样做可以很好的保护原始数据。

5.3.3 基于错线密度检测的 MR 码自适应纠错译码算法

在基于比特反转的 MR 码纠错译码算法的基础上，设计并实现了基于错线密度检测的 MH 码和 MR 码自适应纠错译码算法，作为基于比特反转纠错译码算法的优化算法。在纠错运算上主要是在滑动窗口的设置上更灵活，同时加入了错线密度检测，对错线密度较大的区域进行重点纠错，使纠错效率更高。下面就该算法进行具体阐述。

1. 错误模式假设

在对基于错线密度检测的 MH 码和 MR 码自适应纠错译码算法的设计和实现过程进行叙述之前,同样先给出算法中假设的错误模式,整个算法的设计和实现都建立在这些假设基础之上。

(1)假设信道噪声和干扰的影响只是使得编码数据的数值发生改变,即由"0"错成"1",或者由"1"错成"0",而编码数据中比特数目没有发生变化,没有出现增加或者缺失。

(2)假设线同步码字中不含错。

(3)假设如果出错编码行是 MR 码二维编码行,则其相应的参考行译码结果正确。

(4)将宽度小于 H_1 的多比特错误称为一处误码,在一条扫描线编码数据范围内只存在一处误码,H_1 将在后面的算法描述中进行介绍。

对于同时满足上述四个假设条件的误码,我们采用基于多游程补偿的 MR 码纠错译码算法对其进行处理,可以获得较好的纠错效果。此算法假设的错误模式与基于比特反转的 MR 码纠错译码算法假设的错误模式相比,前三条相同,第(4)条放宽了要求,并不限于一维线 13bit 范围内的错误,二维线 7bit 范围内的错误。

2. 基于错线密度检测的 MR 码自适应纠错译码算法设计与实现

在检测到误码后,则将误码定位到当前译码扫描线,在该区域内进行误码搜索。先定义一个长度为 $w$bit 的滑动窗口,w 为该算法中的第一个可调参数,即错误模式假设中的 H_1。纠错时,算法假设每一处误码宽度小于 w,错误的比特数小于 n,n 为该算法中的第二个可调参数。误码搜索的具体步骤如下:

(1)从扫描线起始位置开始,假设扫描线前 w 个比特中含有错误,错误的形式是其中任意 n 个比特所有组合方式中的一种,将相应的假设错误比特反转。

(2)对反转处理后的新数据行进行译码。

(3)还原刚才反转过的比特并且判断对反转后的数据行重新译码是否成功,若译码成功则保存重新译码的结果。

(4)判断是否已经对整个扫描线中数据全部做过处理。

① 如果是,则在保存的重新译码结果中选取最佳纠错方案并退出纠错译码程序,继续下一条线的译码;如果没有得到解决方案,则退出纠错译码程序,采用误码补偿技术恢复扫描线之后继续下一条扫描线的译码。

② 如果还没有对整个扫描线中数据全部做过处理,则接着在该扫描线内对数据做另一种形式的反转,返回步骤(2)继续译码。

经过一次纠错译码完成一页传真文件的处理后,进行错线密度检测。因为对于 MH 码和 MR 码,误码造成的影响往往被线同步码限制在一两条扫描线内,经常不影响传真信息的获取。所以可以通过检测错线密度,判断是否需要以及哪些局部区域需要进行进一步纠错译码。在叙述具体算法之前,先对变量定义进行说明:假设 m_i 为第一次译码时检测到的第 i 条错误扫描线的行号,记

$$\varepsilon(m_i) = \begin{cases} 1 & (\text{第 } m_i \text{ 条含误码扫描线在上一次纠错处理中未得到纠正}) \\ 0.5 & (\text{第 } m_i \text{ 条含误码扫描线在上一次纠错处理中得到纠正}) \end{cases}$$

错线密度检测步骤如下:

(1)将前一次纠错处理过程中检测到误码的扫描线的行号依次排列,初始化 $j = 0$。

(2)从行号序列中取五个行号 $m_j \sim m_{j+4}$,若 m_{j+4} 不存在,则退出;否则计算 $E = \sum_{i=j}^{j+4} \varepsilon(m_i)$。

(3)计算 $\rho_l = \dfrac{E}{m_{j+4} - m_j}$。

（4）若$\rho_l > 0.5$，则将$m_j \sim m_{j+4}$五个行号添加入待重新纠错行号序列中，令$j = j + 1$，返回步骤（2）；若$\rho_l \leqslant 0.5$，则直接令$j = j + 1$，返回步骤（2）。

在检测完成后，加大纠错窗口长w和拟纠窗口内比特数n，对待重新纠错行号序列中的扫描线进行重新纠错。完成所有待纠错扫描线重新纠错处理后，再次通过错线密度检测判断是否需要作进一步纠错，再次加大纠错窗长w和拟纠窗口内比特数n进行纠错译码。如此重复，直到达到待重新纠错行号序列中没有待纠错扫描线或达到指定的重复纠错次数为止。

在自适应调整滑动窗口长w和拟纠窗长范围内的比特数n时应注意：这两个参数越大，算法的纠错能力就越强。但其运算量却成指数级增长，不宜太大，在纠错程序设计时默认值为$w = 8$，$n = 8$，每次重新纠错时令$w = w + 2$，$n = n + 2$。

对错线密度ρ_l的说明：ρ_l反映了错误扫描线的密度。当第m_i条含误码扫描线在上一次纠错处理中未得到纠正时，在下一次错线密度统计中，作为一条可能需要纠正的扫描线，权重为1；当第m_i条含误码扫描线在上一次纠错处理中得到纠正时，在下一次错线密度统计中，权重赋为0.5。因为在上一次得到纠正的扫描线中，存在错误纠正的可能，0.5的权重有富余，为确保需要再次纠正的扫描线不被遗漏。选取五条扫描线求权重和是因为在传真图像中，一行字符的高度一般为10～30行扫描线，在一字符行中若出现少于五条的扫描线错误时，通常采用误码补偿后并不影响信息的获取；而当多于五条尤其是连续的扫描线出错时，将很可能导致字符无法辨认。$\rho_l > 0.5$正是反映了在一行字符中出错扫描线的密度过大，需要重新设置纠错窗长和拟纠窗长范围内的比特数后再次纠错。

另外，在具体实现上，如何避免重复运算上做了如下两点优化。

1）基于窗口首比特必须反转的优化方法

因为滑动窗口时是以1bit为单位距离向后滑动的，为了使本次窗口范围内不超过$n$bit的任意组合，与下一个窗口位置内的比特组合没有重复，所有窗口的第1比特均为1。不难计算出要纠$w$bit范围内不超过$n$bit的错误（$n \leqslant w$），窗口序列的数量为$C_{w-1}^0 + C_{w-1}^1 + C_{w-1}^2 + \cdots + C_{w-1}^{n-1}$。如需要纠8bit范围内不超过2bit的误码，窗口序列总数为$C_{8-1}^0 + C_{8-1}^{2-1} = 8$个："10000000"，"10000001"，"10000010"，"10000100"，"10001000"，"10010000"，"10100000"，"11000000"。这样虽然在某一个固定的窗口位置内不能穷举完$w$bit范围内不超过$n$bit的比特组合，但通过窗口的逐比特滑动，不但能穷举完一条扫描线内在$w$bit范围内不超过$n$bit的比特组合，又没有任一组合重复计算，提高了计算效率。当一个窗口滑完一条扫描线后，则更新窗口；在窗口进行过所有更新之后如仍未能正确纠错，则采用误码补偿技术。

2）基于中间运算结果数据保护的优化方法

在此算法中，由于需要重复纠错，在原有对原始数据保护的基础上，加入对需要进一步纠错的扫描线所对应纠错方案的保护。也就是在错线密度检测后，将需要进行再次纠错的扫描线，在上一次纠错处理后所得的游程序列进行了存储，其中通过纠错处理得到纠错方案的扫描线仍保存所对应的最小汉明距离；反之，最小汉明距离默认为初始值1728。这样，在下一次对需要纠错的扫描线再次进行纠错时，只需做与上一次纠错处理时不同的比特反转，获得纠错方案后，与已有的最小汉明距离进行比较，选取最佳纠错方案。这样尽可能的避免了重复运算，减少了运算量，从而提高了纠错效率。

5.3.4 性能分析

我们用C++语言实现了基于错线密度检测的MR码自适应纠错译码算法，通过试验将该算法与基于比特反转的MR码纠错译码算法以及误码补偿算法进行了比较。

试验证实：基于错线密度检测的自适应纠错译码算法，误码扩散范围小。有时对几条扫描线的误码补偿恢复报文的质量影响不是太明显，将运算量消耗在这些不重要的扫描线上是不值得的，通过错线密度检测，将计算机有限的计算能力应用在错线密度较大扫描线上确实是事半功倍的优化算法。

第6章 MMR码分析与编译码技术

6.1 MMR码编译码原理与技术

6.1.1 编码规则

四类传真机所采用的传真编码方案由 ITU - T 建议 T.6 规定。该方案采用二维逐线编码方法,即在当前的正在编码的扫描线上每一迁移像元的位置,是根据位于正在编码的扫描线上,或位于参考扫描线(与正在编码的扫描线紧靠着的上一条扫描线)上的相应参考像素的位置来编码的。正在编码的扫描线在编完码后,它就成为下一编码扫描线的参考扫描线。

该编码方案与建议 T.4 中规定的 MR 码中的二维编码方案相同。但为了进一步提高压缩比,该编码做了如下改进。

1. MMR 码 $K = \infty$

MR 码每 K 条扫描线为一组,每一组中第一条扫描线用 MH 码编码,而 MMR 码中 $K = \infty$,对每页而言,第一条参考扫描线,MR 码用的就是实际的第一条扫描线,而第一条扫描线用 MH 码编码。MMR 码(Modified Modified Read,改进的 MR 码)用的是第一条扫描线前的假想全白扫描线。

2. 无线同步码和特征标志码

由于 MMR 码 $K = \infty$,实际上就是不分组。因此实际扫描线的编码都是二维码。这样一来,扫描线编码特征标志已失去意义,因此,MMR 码与建议 T.4 的 MR 码不同,该码不设线同步码(EOL)和特征标志码(EOL 后面的 X 比特位),即没有 EOL + X。

3. 无填充码

我们已知,在 MH 码和 MR 码中,对每一扫描线编码数据量进行计算,凡未超过门限值(一般都用时间参数 T 表示)的都需要加填充码(长度可变的 0 序列),而在 MMR 码中不设该填充码。因为无线同步码,再设此码也就无实际意义了。在此编码中仍有填补位,它是为了字节对齐或块对齐。填补的意义有本质的区别。

正是由上述改进,该编码也称为改进的 MR 码,即 MMR 码。

游程长度在 64～2623 范围内时,首先要用一个最接近且不大于所要编码的游程长度的形成码来编码,然后在它后面接一个结尾码(终止码)。而长度大于或等于 2624 的游程,首先用 2560 的形成码编码,若剩余部分仍为 2560 或更长时,可再加一个或几个 2560 的形成码字,直到剩余部分小于2560,此后再根据具体长度,用终止码或用形成码加终止码对剩余部分进行编码。整个编码后,把 a_2 的位置作为下一个编码的新的起始像素 a_0。

6.1.2 传真编码的控制功能

1. 传真块结束

在每一个编完码的传真块之后加上一个传真块结束码(EOFB)。EOFB 的格式为

$$000000000001000000000001$$

2. 填补位

如果需要对齐 8 位组边界或者一个固定的块长度,在传真块结束码之后可以使用一些填补位。所用格式为长度可变的 0 序列。

6.1.3 编译码技术

编码第一步是要鉴别出正在编码的扫描线上每一迁移像元进行编码时所要使用的编码模式。编码模式确定后就可以通过查码表选出一个适当的码字。编码流程如图 6.1 所示。

图 6.1　MMR 码编码流程图

关于 MMR 码的快速译码算法,与 MR 码译码类似,算法描述中所用符号与 MR 码译码时相同,译码流程图如图 6.2 所示。

图 6.2　MMR 码译码流程图

6.2　MMR 码纠错译码技术

分析比较可见，MMR 码与 MH 码以及 MR 码的最明显的区别是没有线同步码，这使得信道中存在的误码对 MMR 编码数据产生的影响会更大，误码扩散非常严重。因此，设计实现 MMR 码纠错译码算法具有更加重要的意义。由于 MMR 编码压缩比更大，因此，经 MMR 编码后的数据中冗余信息更少，只有根据编码的语法规则找到编码数据间仅存的少量约束关系，才能在译码过程中发现错误，定位错误并且纠正错误。

通过对 MMR 编码数据特点的分析，我们对 MMR 码编码数据采用基于误码多线搜索的纠错译码算法，通过逐步假设误码区域，对数据中存在的误码进行搜索纠正。与 MH 码和 MR 码相同，我们先研究 MMR 码的误码发现技术。

6.2.1　MMR 码误码发现技术

MMR 码与 MR 码编码方案基本相同，在误码发现技术上也有相近之处，主要采用了基于二维模码字规则的误码发现技术。通过这些误码发现技术，我们总结了 MMR 码以下 8 个错误检查条件。

（1）在码字分离阶段，使用的码表中没有码字能够与接收到的比特模式相匹配。

（2）出现通过模，但是迁移像素 b_2 超出扫描线的右端。

（3）出现水平模，使用的码表中没有码字能够与接收到的 a_0a_1 比特模式相匹配。

（4）出现水平模，游程长度 a_0a_1 被译出，但是迁移像素为 $|a_1-b_1|\leqslant 3$ 或者 $b_2<a_1$。

93

（5）出现水平模，游程 a_0a_1 被译码，使用的码表中没有码字能够与接收到的 a_1a_2 比特模式相匹配。

（6）出现水平模，游程 a_0a_1 和 a_1a_2 被译出，但是 a_2 的绝对位置超出扫描线的右端。

（7）出现垂直模 $V_R(i)(i=1,2,3)$，但是译出的当前扫描线上 a_1 的绝对位置超出扫描线的右端点。

（8）出现垂直模 $V_L(i)(i=1,2,3)$，但是迁移像素为 $b_1-a_0-i\leqslant0$。

在 MMR 码译码过程中，如果满足上述 8 个错误检查条件中的任何一个，将使用本课题研究所提出的基于误码多线搜索的 MMR 码纠错译码程序进行纠错译码。在阐述 MMR 码纠错译码算法之前，先对 MMR 码重同步技术进行简要的介绍。

6.2.2　MMR 码重同步技术研究

MMR 码重同步技术是借助 MMR 码的编码规则，寻找码流中的自身特征，用来达到扫描线重新同步的目的。下面就此技术进行简要的描述。

MMR 码没有线同步码，每一扫描线游程序列的译码，都是建立在上一行扫描线已经译出的基础之上。由此可得出结论：在译码过程中出现误码或纠错失败，如果跳过错误区域，往下找到一行可预测的扫描线，则可以此扫描线为参考行继续译码，即重新得到了扫描线同步。通过对 MMR 码码流的仔细观察和研究，不难发现全白行是一个有效的突破口。根据编码规则，在报文间出现的第一条全白扫描线的编码将是若干个通过模 P(0)（码字为"0001"），最后加上一个垂直模 V(0)（码字为"1"）。通常全白行后还会有若干条全白行，以全白行为参考行的全白行编码时，仅仅是一个 V(0) 模码字。当出现误码或纠错失败时，只要跳过错误区域，在码流中寻找类似"0001　0001…　1 1 …1"的字段，即连续的通过模 P(0) 加连续的垂直模 V(0)，便假定出现了连续的全白行，由此继续译码。如果能够顺利的译出若干行，则可断定重新同步正确，否则需要继续在下面的码流中寻找该特征字段，进行重新同步。

由算法的描述可知，此方法并不寻求纠正误码的方案，而是跳过误码区域，属于一种容错处理。这样必然会有信息的损失，尤其是此方法的前提是全白行的存在，对于文本文件十分适用，而对于图像文件或文件中含有表格时将无法起到作用，此时需要使用其他形式的重同步技术。

6.2.3　基于单比特反转的 MMR 码纠错译码算法

1. 错误模式假设

在对基于单比特反转的 MMR 码纠错译码算法进行叙述之前，先给出算法中假设的错误模式，整个算法的设计和实现都建立在这些假设基础之上。

（1）假设信道噪声和干扰的影响只是使得编码数据的数值发生改变，即由"0"错成"1"，或者由"1"错成"0"，而编码数据中比特数目没有发生变化，没有出现增加或者缺失。

（2）在一份传真报数据中只有一个比特的错误。

对于同时满足上述两个假设条件的传输错误，采用基于单比特反转的 MMR 码纠错译码算法对其进行处理，可以获得较好的纠错效果。

2. 基于单比特反转的 MMR 码纠错译码算法设计与实现

在通过误码发现技术发现误码后，记录下检测到错误时的码流的位置 ED_i。显然此位置在实际误码位置的后面，记实际误码在码流中的位置为 E_i，此位置是未知的。为了能正确纠错，需要寻找到纠错的起始位置，记为 ES_i，使得 $ES_i<E_i<ED_i$，根据试验经验，取 $ES_i=ED_i-815\text{bit}$。纠错开始时，从位置 ES_i 开始，依次将每个比特反转。在每次反转后，重新进行译码，若通过误码发现技术检

测不到错误,则完成纠错;若再次检测到错误,则说明此次的反转没有纠错,将此比特反转回去。然后反转其后面的一个比特,继续试译码,直到位置 ED_i,若仍没有纠错,则放弃纠错。纠错译码流程图如图6.3所示。

图 6.3 基于单比特反转的 MMR 码纠错译码流程图

6.2.4 基于误码多线搜索的 MMR 码纠错译码算法

在基于单比特反转的 MMR 码纠错译码算法的基础上,设计并实现了基于误码多线搜索的 MMR 码纠错译码算法,作为基于单比特反转的 MMR 码纠错译码算法的优化算法。主要是在误码搜索的区域定位、纠错能力的提高和误码假设的检验方法上做了优化,使纠错能力更强,纠错效率更高。下面就该算法进行具体阐述。

1. 错误模式假设

在对基于误码多线搜索的 MMR 码纠错译码算法的设计和实现过程进行叙述之前,同样先给出算法中假设的错误模式,整个算法的设计和实现都建立在这些假设基础之上。

(1)假设信道噪声和干扰的影响只是使得编码数据的数值发生改变,即由"0"错成"1",或者由"1"错成"0",而编码数据中比特数目没有发生变化,没有出现增加或者缺失。

(2)将宽度小于 H_1 的多比特错误称为一处错误,在一份传真报数据中可包含多处错误,只要每处错误之间的距离大于 H_2,H_1 和 H_2 将在后面的算法描述中进行介绍。

对于同时满足上述两个假设条件的传输错误,采用基于误码多线搜索的 MMR 码纠错译码算法对其进行处理,可以获得较好的纠错效果。此算法假设的错误模式与基于单比特反转的 MMR 码纠错译码算法假设的错误模式相比,第(1)条相同,第(2)条放宽了要求,并不限于一份传真报数据中只有一个比特的错误。

2. 基于误码多线搜索的 MMR 码纠错译码算法设计与实现

1)误码区域定位

在通过误码发现技术发现误码后,首先需要进行误码区域定位。算法中采用的是将误码定位到一条扫描线内的策略。假设检测到误码时正在译的扫描线为第 M 行,追溯到当前行开始时的码流位置并不难,记为 P_M。由于 MMR 码没有线同步码,所以当前译码行对应的码流终点位置并不能确定,在算法设计中假设终点位置在 P_M 后 b bit 处,b 是该算法中的第一个可调参数。则初步将误码位置定位在 P_M 后 b bit 的区域内,在该区域内进行错误搜索。

大量的试验表明,误码有近 1/2 的可能在当前扫描线译完前不会被发现。因为译码时当 d_4 增加到标准长度时,只要码流中的下一个比特为"1"(垂直模 V(0)),当前扫描线就会译完。即使此时译出的扫描线游程序列是错误的,用误码发现技术并无法发现,译码程序会以此扫描线作为参考行继续译码,误码继续扩散下去。所以当纠错程序在 $[P_M, P_M + b]$ 的区域内未能纠错时,可初步认为实际误码在译上一行时就已出现,只是未能及时发现而已。此时误码需重新定位。追溯到上一扫描线开始时的码流位置,记为 P_{M-1}。将误码位置重新定位在 P_{M-1} 后 b bit 的区域内,在该区域内进行错误搜索。值得一提的是,由于没有线同步码,既然假设了误码在译第 $M-1$ 行时就已出现,那么在上一次译码中,该行的结束位置 P_{M-1} 就不是正确的,也就是说第 $M-1$ 行对应的码流终点位置也是不能确定的,仍将其假设在 P_{M-1} 后 b bit 处,错误搜索区域为 $[P_{M-1}, P_{M-1} + b]$,而不是 $[P_{M-1}, P_M - 1]$。此方法可以往上类推,直到第 $M-s$ 行,s 是该算法中的第二个可调参数。

2)误码搜索纠正

在将误码定位到某条扫描线后,就可以在该区域内进行误码搜索纠正。

先定义一个长度为 w bit 的滑动窗口,w 是该算法中的第三个可调参数。纠错时,算法假设每一处误码宽度小于 w,错误的比特数小于 n,n 是该算法中的第四个可调参数。误码搜索的具体步骤如下:

(1)从 $P_{M-i}(0 \leqslant i < s)$ 位置开始,先假设扫描线前 w 个比特中含有错误,错误的形式是其中任意不超过 n 个比特的所有组合方式中的一种。对假设的错误比特进行反转。

(2)从该扫描线开始,对反转处理后的新数据继续进行译码。

(3)判断比特反转后从该行开始是否能继续译出若干行(记为 d 行,d 是该算法中的第五个可调参数),若能,且没有再次检测到误码,则认为对该处错误纠错成功,保存反转方案,退出纠错程序。

(4)若在继续译出 d 行前再次检测到了误码,则认为此次反转方案不是纠错方案,还原反转过的比特。

(5)判断是否已经对整个扫描行中数据全部做过处理,如果是,令 $i = i + 1$,若 $i \leqslant s$,返回步骤(1);若 $i > s$,纠错失败,寻求其他纠错算法进行纠错或者采用重同步技术跳过该处错误。

(6)如果还没有对整个扫描行中数据全部做过处理,则接着对数据做另一种形式的反转,返回步骤(2)继续译码。

基于误码多线搜索的 MMR 码纠错译码算法流程图如图 6.4 所示。

3)算法分析

下面通过例子对算法进行详细分析。

以需要纠 8bit 范围内的 2bit 错为例。初始化:令 $s = 4$,$b = 256$,$d = 8$,将窗口长设为 8bit,即 $w = 8$,然后根据拟纠错的比特数设定 n 值,即 $n = 2$。

假设实际误码发生在当前译码行的第 5 比特("1"错为"0")和第 10 比特("1"错为"0"),并且错误在当前行译码结束前被发现。则开始纠错译码时,先追溯到当前行译码开始时的码流位置,记为 P_M,此位置也是滑动窗口的起始位置。初始化窗口:根据此例中的参数配置 $w = 8$ 和 $n = 2$,第一个窗口为"10000000",即先假设 8bit 窗长范围内有且只有 1bit 错误。

使用第一个窗口"10000000"从起始位置 P_M 开始进行对应位置的比特反转,如图 6.5 所示。

图 6.4　基于误码多线搜索的 MMR 码纠错译码算法

接着就从当前行开始位置 P_M 开始进行继续译码。显然此时不但没有纠正原有的 2bit 错误,还将原来正确的第 1 次比特反转错误。此时就存在一个纠错验证的问题,即如何确定反转的比特是否正确纠错了。

图 6.5　窗口为"10000000"时第 1 次比特反转

　　纠错验证需借助误码发现技术,即在从当前行继续译码过程中,在译出 d 行之前无论以误码发现技术中的哪种形式再次检测到误码,都可认定最近一次的比特反转没有正确纠错。此例中将错误反转的第 1 次比特重新反转回去,再将窗口后移 1bit,将窗口新位置对应的比特反转,如图 6.6 所示,再进入译码操作进行验证。需要重点指出的是,由前面的分析,比特被错误反转后有近 1/2 的可能在当前行译完前不会被发现,使得误码发现技术判错不判对,即当前行译完前再次发现误码可判断最

97

近一次比特反转错误,而当前行译完前没有发现误码并不能就此判断最近一次比特反转正确。目前算法采用的且有明显效果的验证方法:判断某一次比特反转后是否能顺利的继续译出 d 行,是则认为此次比特反转正确,否则认为未能正确纠错,恢复反转后再将窗口后移 1bit 继续纠错。

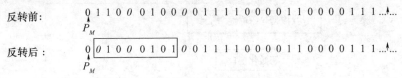

图 6.6　窗口为"10000000"时第 2 次比特反转

不停的滑动窗口如此便可实现 $b=256$bit 范围内 1bit 反转的穷举。此例中该 256 种反转方案都未能实现纠错。由于 $n=2>1$,下面将更新窗口,做 8bit 范围内 2bit 错的纠正。此例中窗口将更新为"10000001",再从当前行译码开始时的码流位置 P_M 开始进行滑动窗口纠错。第 1 次比特反转如图 6.7 所示,显然此时又加入了第 1 比特和第 8 比特两个错误。在纠错验证时将无法通过,则将第 1 次和第 8 次比特反转回来,向后滑动窗口继续纠错。此例中当窗口"10000001"滑动完 $b=256$bit 时,也无法形成纠错方案,则再次将窗口更新为"10000010",从 P_M 开始进行滑动窗口纠错。如此重复,当窗口更新为"10000100"时,在窗口滑动 5bit 后将能够正确纠错,如图 6.8 所示。

图 6.7　窗口为"10000001"时第 1 次比特反转

图 6.8　窗口为"10000100"时第 5 次比特反转

我们在实现基于误码多线搜索的纠错译码算法时同样需要解决如何完全列举出长度 $w$bit 范围内 n 个比特的所有错误情况,即如何穷举出所有的窗口的问题,另外更重要的是如何配置五个可调参数。下面对如何选择它们的大小进行说明。

(1) 滑动窗口长 w 和拟纠窗长范围内的比特数 n。这两个参数越大,算法的纠错能力就越强,但其运算量却成指数级增长,不宜太大,在纠错程序设计时默认值为 $w=13$,$n=8$。

(2) 退线纠错搜索的行数 s 和一条扫描线对应的码流比特数 b。对于单处误码,这两个参数越大,算法的误码搜索范围越广,从而误码的纠正率越高。而对于多处误码,s 不能大到包含上一处误码,d 不能大到包含下一处误码。纠错运算量分别与 s 和 b 成正比。通过深入的分析以及大量的试验表明,这两个参数不需要配置的太高。对于参数 s,由前面的分析,误码出现后有近 1/2 的可能性(设为 p,$p<0.5$)在当前行译完前不被发现,所以误码出现后到检测到误码前能够译出 x 行的概率为 p^x。也就是说,误码在第 M 行时检测到,则其真正的位置在第 $M-i$ 的概率为 p^i,随着 i 的增大,p^i 迅速减小。s 的上限定为 d,否则有可能将上一处误码也包含到搜索区域内。对于参数 b,显然每条扫描线对应的码流的长度是有一定的上限的,扫描线的标准长度 1728 像素,每个像素用 1bit 表示需

98

要 1728bit，即 b 的上限为 1728。而 MMR 码的有较高的压缩比，一般一行的编码数据不会超过 300bit。在纠错程序设计时默认值为 $s=4,b=256$。

（3）错误验证行数 d。此参数如果太小，显然将错误的比特反转判为正确的概率会增加。由参数 s 的配置依据可知，对于每个错误的反转方案，能够继续译出 x 行的概率 p^x 随 x 的增大越来越小，但是由于错误方案是采用的一种穷举的方案得到的，方案数很大，那么其中就很可能存在错误方案，使得继续译码时译出十行甚至几十行，所以 d 在配置时需要大一点，明显大于 s 的取值。但通过试验和研究发现，d 并不是越大越好，如果太大，则可能将正确反转的比特判为错误：如 $d=30$，在正确纠错的情况下，从当前行已经正确的译出 25 行，在第 26 行的码流段又有第二处错误，此时在第 26 行又检测到误码，因为未能正确的译出 30 行，则会误认为此次的比特反转错误，导致将本已正确反转的比特又恢复为错误的。也就是说，d 的配置与两处误码的距离有关，如何配置最合适的 d 值还需要进一步的研究。在纠错程序设计时默认值为 $d=20$。

实际应用时，由于 MMR 码误码造成的影响在视觉上是很明显的，当使用默认配置进行纠错后，通过视觉观察恢复的报文如果没有纠正误码时，可调整参数，在运算时间可以接受的条件下尽量增大 w、n、b、s，而 d 则需要尝试性的调大或调小，总的目标是最大可能性的纠正错误，恢复出报文。对于某些重要的传真报文，牺牲处理时间换取重要信息也是非常值得的。

一般情况下，在一页传真文件编码数据中，如果每处误码宽度不超过纠错窗口长 w，即错误模式假设中的 H_1，且每两处误码之间的距离超过 $H_2=d \times b$，则不管其形式如何，都可以使用本课题所设计的纠错算法，通过在有限范围内穷举反转并且重新译码对错误进行纠正。

4）算法比较

基于误码多线搜索的 MMR 码纠错译码算法是对基于单比特反转的 MMR 码纠错译码算法的一种优化，主要体现在如下三个方面。

（1）误码区域定位。由于 MMR 码无线同步码，检测到误码后无法将其准确定位到某一条扫描线内，基于单比特反转的纠错译码算法在检测到误码后，将错误较笼统的定位到检测点之前的 815bit 的区域内。而本算法先假设误码在当前扫描线，若不能纠错，则假设在其上一条线，是一种逐线搜索的方法，每条线的比特数一般为 200～300bit，而且误码真正的位置在当前行的概率最大，越往上概率越小。这样明显提高了搜索效率，从而提高了纠错速度。

（2）误码纠正。基于单比特反转的纠错译码算法中，针对的是随机错误，每次假设的纠错方案为 1bit 错误。而本算法针对的是随机错误和突发错误，每次假设的纠错方案为多比特错误，显然纠错能力增强。

（3）纠错验证。基于单比特反转的纠错译码算法中，在每次反转 1bit 后，采用全部重新译码的方法进行纠错验证，这样一是效率低，更重要的这使得在该处 1bit 误码的后续码流中不允许再有任何误码，否则会因为后续的误码无法使报文正确恢复，而误认为本已正确纠正的当前比特是错误的纠错方案，即单比特纠错算法只能纠正一整份传真报编码数据中的 1bit 错误。而本算法采用的纠错验证方法是每次比特反转后，只需从当前行开始译码，判断是否能继续译出若干行。这样一是提高了运算效率，更重要的是能排除若干行后的误码对本处错误的影响，使得算法能够纠正一份传真报编码数据中多处误码，而且每处都可以是多比特错误，纠错能力大大加强。

6.2.5 性能测试与结果分析

我们用 C++ 语言实现了课题中设计的基于误码多线搜索的的 MMR 码纠错译码算法，为了将该算法与基于单比特反转的 MMR 码纠错译码算法以及重同步技术进行比较,作了如下试验。

为了更好的说明基于误码多线搜索的 MMR 码纠错译码算法的纠错性能以及可调参数的配置问题,选用一份无误码的大小为 30KB 的传真 MMR 码文件,用 UltraEdit 软件人为加入 6 处符合错误模式的误码,通过调整可调参数进行多次纠错译码,根据查看纠错后的编码数据以及视觉观察测试纠错译码效果,结果如表 6.1 所列。需要说明的是,由前面的分析,MMR 码对错误的敏感度很高,往往 1bit 的错误就能造成后续报文的无法恢复,所以通过视觉观察很容易判断误码是否被纠正。

表 6.1　基于误码多线搜索的 MMR 码纠错译码算法不同参数配置时的纠错情况

参数配置 (w,n,b,s,d)	误码一 3280h: 1	误码二 8100h: 1	误码三 11380h: 1101101	误码四 1a000h: 110011	误码五 30000h: 11011001100111	误码六 32000h: 11001
$4,2,200,2,10$	纠正	纠正	未纠正	未纠正	未纠正	未纠正
$14,9,200,2,20$	纠正	纠正	未纠正	未纠正	未纠正	未纠正
$14,9,300,2,20$	纠正	纠正	纠正	未纠正	未纠正	未纠正
$14,9,300,5,20$	纠正	纠正	纠正	纠正	未纠正	未纠正
$14,9,300,5,30$	纠正	未纠正	未纠正	未纠正	未纠正	未纠正
$14,9,300,5,15$	纠正	纠正	纠正	纠正	纠正	纠正

表 6.1 第一行显示的是将参数配置为 $w=4$、$n=2$、$b=200$、$s=2$、$d=10$ 时的纠错结果,可见此时纠正了比特位置为 3280h 和 8100h 处的两个单比特误码,而后面的四处多比特误码未纠正,原因很明显,至少 w 和 n 的配置太低。接着多次调整各参数,验证各参数对纠错效果的影响。

通过试验,可见 w、n、$b(b<1728)$、$s(s<d)$ 的值越大纠错能力越强,而 d 的配置则不同。在第五次配置参数时,d 配置太高,当纠误码二时,在正确的将 e800h 处的 1bit 反转后,由于误码三距离误码二较近,程序在到达误码三时译出的行数不足 30,误认为此次的反转错误而使得此处误码未得到纠正,进而导致后面的所有误码未能正确纠正。其实在第四次配置后,误码五未能纠正也正是由于与误码六距离较近而 d 配置偏高,导致无法纠正,从而导致了误码六也未纠正。在降低了 d 值后,不但误码二纠正了,误码五和误码六同样得到了正确纠正。经过多次参数调整后最终纠正了所有的误码,完整的恢复了报文。

试验最后与单比特算法进行了比较,单比特算法只有在加入第一处的单比特误码时才能正确纠错,一旦加入第二处误码、第三处误码…,就无法正确纠错,纠错能力非常有限。本课题设计的基于误码多线搜索的 MMR 码纠错译码算法纠错能力得到了显著的提高。

直接译码结果如图 6.9 所示;纠错译码结果如图 6.10 所示。

便携式数字信号采集器

TTL信号同步输入，0°/180°相位可选（缺省 q 即时钟上沿对齐数据变化沿）；
·路 TTL电平输入速率：10kbps~80Mbps
·路 ·电平输入速率 ·

图 6.9　直接译码结果

便携式数字信号采集器

TTL信号同步输入，0°/180°相位可选（缺省 q 即时钟上沿对齐数据变化沿）；
·路 TTL电平输入速率：10kbps~80Mbps
·路 TTL电平输入速率：10kbps~40Mbps

该设备为地面测试与固定装备，可在今固在室内空调环境中使用。

该设备的特征为

使用条件

使用环境温度

1.作环境温度：5℃内有中风散热；

扩存环境温度：—℃·47℃；

使用环境相对湿度

1.作环境相对湿度：5℃内有中风散热；

扩存环境相对湿度：20%~85%；

尺寸、重量及功耗

设备的长、宽、厚为 101.5×96×21，净重 0.2kg，功耗为 1.5W

001/001

图 6.10　纠错译码结果

第7章 二进制算术码分析与编译码技术

在本章讨论信源序列编码,包括信源序列概率和累积概率、序列编码原理、ITU - T 建议 T.82 和建议 T.85 等。

7.1 JBIG 码编码原理

7.1.1 研究背景

目前,传真通信业务从文件传真,发展扩充了灰度图像传真、彩色图像传真。由于输出设备的限制,即仅能输出两种颜色,为了保持灰度图像和彩色图像的灰度层次,采用了伪灰度处理技术(有序抖动数字半色调和误差扩散数字半色调),即软判决一比特量化技术。这样的处理使得二值序列中短游程的比例上升,使 MH 码、MR 码、MMR 码的压缩效率显著降低,为了在伪灰度处理条件下仍然保持较高的压缩比,ISO/IECJTCI/SC29/WG9 和 ITU - T SG8 的二值图像专家组(Joint Bi - level Image experts Group,JBIG)制定了二值图像压缩的国际标准。它是 JBIG 专家组于 1988 年研制成功的二值图像累进编码方案。作为二值图像(如黑白图像,即只有两种颜色)无失真数据压缩方法,可用于灰度图像和彩色图像编码。对字符扫描图像而言,其压缩比是 MMR 码的 1.1 ~ 1.5 倍。对计算机生成的字符图像压缩比是 MMR 码的 5 倍。而对半色调或抖动矩阵生成的图像,其压缩为 MMR 码的 2 ~ 30 倍。

JBIG 码是研究从全序列出发采用递推形式的连续编码,其基本思想是把信源序列累积概率映射到[0,1)区间,使每一序列对应区间内的一个点,即是一个二进制小数。这些点把[0,1)区间分割成了许许多多的小区间段,每区间段的长度与某一序列的概率相匹配,编码时的输出就是所选取的区间段内的一个二进制小数,这样就使得某一序列与相应的一个二进制小数建立起一一对应关系,并且该码是唯一可译的。同时可使平均码长接近于信源熵。

为了便于理解,我们首先讨论二进制算术编码的一般原理,再深入讨论比较实用的 JBIG 算法,最后阐述 ITU - T 建议 T.85 和建议 T.82 的有关内容。

7.1.2 JBIG 码理论基础

为了分析方便,设信源符号集 $A = \{a_1, a_2, \cdots, a_M\}$,对于离散无记忆信源符号序列 $S = (s_1, s_2, \cdots, s_n)$,$s_i \in A$,其自信息为

$$- (1/n)\log_2(p_s) = - (1/n) \sum_i \log_2(p_i)$$

式中:p_s 为信源符号序列的概率。

当 n 充分大时,有

$$\lim_{n \to \infty}[- (1/n)\log_2(p_s)] \to H(A) \tag{7.1}$$

该式就是渐近均分(Asymptotic Equipartition Property,AEP)原理的数学描述,这样的符号序列称为典型序列。当 n 充分大时,序列的概率的倒数取对数为

$$\log_2(1/p_s) \approx n\, H(A)$$

当采用等长码对典型序列编码时,每个码字分配 $n\,H(A)$ 个比特,将达到很高的压缩效率。

应该指出的是,对于每个长为 n 的序列,其概率显然是不同的,因此,与之对应的码字也是各异的。

为了在实时通信中采用这种编码,需要解决信源连续输出比特流,逐比特进行编码且连续输出编码比特流技术。采用逐比特编码、且对长度为 n 的信源符号序列进行编码,就要解决比特编码和长度为 n 信源符号序列编码的理论依据。为此,首先讨论信源符号序列的累积概率。

设信源符号集 $A = \{a_1, a_2, \cdots, a_M\}$,并假设这 M 个信源符号的取值满足

$$a_1 < a_2 < a_3 < \cdots < a_M \tag{7.2}$$

为了确定信源序列的累积概率,首先对同长度的信源序列进行排序。在此,采用字典排序法进行排序。所谓字典排序,就是指两个序列按照式(7.2)的关系转换成两个多位数,对应数值小的序列排在前面。

例7.1 设信源符号集 $A = \{a_0, a_1\}$,长度为 3 的信源序列集按升序排序为

$$a_0a_0a_0, a_0a_0a_1, a_0a_1a_0, a_0a_1a_1, a_1a_0a_0, a_1a_0a_1, a_1a_1a_0, a_1a_1a_1$$

信源符号序列的累积概率,定义为对所有同长度的排序号小于该序列排序号的序列概率之和,即

$$P(X_J^N) = \sum_j p(X_j^N) \tag{7.3}$$

式中:$j \in \{1, J-1\}$,为长度为 N 的信源序列的排序号。

信源序列长度加一个符号,其累积概率为

$$P(X_J^N a_0) = \sum_j p(X_j^N a_0) + \sum_j p(X_j^N a_1) = P(X_J^N) \tag{7.4}$$

$$P(X_J^N a_1) = \sum_j p(X_j^N a_0) + \sum_j p(X_j^N a_1) + p(X_J^N a_0)$$

$$= P(X_J^N) + p(X_J^N)p_0 \tag{7.5}$$

例7.2 设信源符号集 $A = \{0, 1\}$,序列 $s = 011$,其累积概率为

$$P(s) = p(000) + p(001) + p(010)$$

如果后面紧接一个"0",即 $s' = 0110$,那么

$$P(s' = 0110) = p(0000) + p(0001) + p(0010) + p(0011) + p(0100) + p(0101)$$
$$= p(000) + p(001) + p(010)$$
$$= P(s) + p(s)P_0 \quad (P_0 = 0)$$

$$P(s'' = 0111) = p(0000) + p(0001) + p(0010) + p(0011) + p(0100) + p(0101) + p(0110)$$
$$= p(000) + p(001) + p(010) + p(0110)$$
$$= P(s) + p(011)p_0$$
$$= P(s) + p(011)P_1 \quad (P_1 = p_0)$$

我们可得出累积概率的递推公式:

$$P(sa_i) = P(s) + p(s)P_i \quad (i = 0、1;\quad P_0 = 0, P_1 = p_0) \tag{7.6}$$

应该指出,序列 s 的累积概率也是 $[0,1)$ 之间的一个数,即一个小数。任意一个序列对应一个累积概率,两个序列的累积概率形成的小区间长度等于一个序列的概率。由于所形成小区间式互不相交的,因此,一个序列的概率与这个小区间内的任意一个点都可建立对应关系,即用小区间内的任

意一个点都可以表示该序列,同时,这样的编码也是唯一可译的。小区间内的点用二进制小数表示,所能采用的最低精度的位数就是对序列 s 进行编码的码字的长度,具体可由下式规定:

$$c_l = \lceil -\log p(s) \rceil$$

式中:$\lceil x \rceil$ 表示大于等于 x 的最小整数。

显然,这种编码也是变长码,通过长序列累积概率的递推公式。就可随着序列的延伸,逐个符号计算累积概率,而得出逐个小区间,实现逐符号编码,同时可随时输出编码结果。

当序列 s 足够长时,大部分序列为典型序列,它们基本上都是等概率的,所以每序列所对应的码字长度也应该是很接近的,当然,非典型序列虽然所占比例很小,仍然有对应的码字,且码字长度相对较长,但平均码长将很接近信源熵。

综上所述,算术编码可与 $[0,1]$ 区间的分割联系在一起,若序列 s 的概率等于以 $P(s)$ 为起始点的一个小区间的长度,则对序列 sa_i 进行算术编码的过程,实际上就是对以 $P(s)$ 为起始点,以 $p(s)$ 为长度的区间的分割过程。例如,序列 sa_1 累积概率为 $P(s) + p(s)p_0$,则 $P(sa_1)$ 这一点把 $p(s)$ 分成了两个更小的区间,即一段为 $[P(s), P(s) + p(s)p_0]$,且表示的是序列 sa_0 的概率,后续的序列概率只能在这个小区间内取值。序列的码字也只能是这个区间内的一个点。

7.1.3 编码算法

算术编码初始化阶段可予设置一个大概率 P_e 和小概率 Q_e,然后对被编码比特流符号("0"或"1")进行判断。以 MPS(Most Probable Symbol)表示大概率的符号,以 LPS(Least Probable Symbol)表示小概率符号。每个符号对应一个概率,即 MPS 对应 P_e;LPS 对应 Q_e。当"0"对应 MPS(P_e)时,则"1"对应 LPS(Q_e);反之"1"对应 MPS(P_e)时,则"0"对应 LPS(Q_e)。随着被编码符号串中"0""1"出现的概率,上述对关系可自适应地改变。

设编码初始化子区间为 $[0,1]$,MPS 的概率与 LPS 的概率分配如图 7.1 所示。

图 7.1　MPS 与 LPS 的概率分配

由图 7.1 可见 Q_e 从 0 算起,则

$$P_e = 1 - Q_e$$

编码时设置两个专用寄存器(C,A),存储符号到来之前子区间的状态参数。

令 C 寄存器内的值为子区间的起始位置;A 寄存器内的值为子区间的宽度,该宽度恰好是已输入符号的概率。

初始化时,C = 0,A = 1,随着被编码数据流的符号(0/1)输入,C 寄存器和 A 寄存器的内容按以下规律修正:

当低概率符号 LPS 到来时,有

$$C = C$$
$$A = A \cdot Q_e$$

当高概率符号 MPS 到来时,有

$$C = C + A \cdot Q_e$$
$$A = A \cdot P_e = A(1 - Q_e)$$

式中:C + A 等于子区间的终点,算术编码的结果落在子区间之内。输入符号串中大概率的符号出现

104

概率越大,对应的子区间越宽,可用长度较短的码字表示;相反输入符号串中小概率符号出现的概率增大,对应的子区间变窄,需要较长的码字来表示。

按以上规则,对一个"1101111"符号串进行算术编码。"0"为 LPS,其概率 $Q_e(0.001)_b = 1/8$;"1"为 MPS,其概率 $P_e(0.111)_b = 7/8$。初始状态 $C = 0, A = 1$。

当第一个"1"输入时,因为"1"为 MPS,所以

$$\begin{cases} C = C + A \cdot Q_e = 0 + 1 \times (1/8) = (1/8) = (0.001)_b \\ A = A \cdot P_e = 1 \times (7/8) = (7/8) = (0.111)_b \end{cases}$$

当第二个"1"输入时,有

$$\begin{cases} C = C + A \cdot Q_e = (1/8) + (7/8)(1/8) = (1/8) + (7/64) = (15/64) = (0.001)_b + (0.000111)_b \\ \qquad = (0.001111)_b \\ A = (7/8) \cdot P_e = (7/8) \times (7/8) = (0.110001)_b \end{cases}$$

当第三个"0"输入时,有

$$\begin{cases} C = C = (0.001111)_b \\ A = A \cdot Q_e = (0.000110001)_b \\ \vdots \end{cases}$$

整个计算过程如表7.1所列。

表7.1　编码举例

序号	输入序列符号	码存储器数值变化	区间寄存器数值变化
0	Φ	C = 0	A = 1
1	1	0.001	0.111
2	1	0.001111	0.110001
3	0	0.001111	0.000110001
4	1	0.001111110001	0.000101010111
5	1	0.010000011011111	0.000100101100001
6	1	0.010001000001011001	0.0001000000110100111
7	1	0.010001100010001101111	0.00000111001011110001001

由表7.1可见,当1101111序列的最后一个"1"输入时,有

$$\begin{cases} C = C + A \cdot Q_e = (0.010001100010001101111)_b \\ A = A \cdot P_e = (0.00000111001011110001001)_b \end{cases}$$

序列"11011111"落入的数值范围应为 $C \to C + A$,即

起始点　　　0.010001100010001101111

$+$　　　0.00000111001011110001001

终结点　　　0.010101000111111111000

因此,与"1101111"序列对应的码字可由起始坐标与终结点坐标之间的最大二进制小数来组成,即

起始点 $< 0.0101 <$ 终结点

所以编码为"0101"。

7.2 JBIG 码译码原理

7.2.1 算术码译码算法

译码是编码的逆过程,译码初始化如图 7.2 所示。我们首先将区间$(1,0]$按 Q_e(与 LPS 相对应)靠近"0"侧,P_e(与 MPS 相对应)靠近"1"侧分割成两个子区间。判断被解码的码字值落入哪个区间,赋以对应的符号。

图 7.2 译码起始示意图

例如,设 $C' = (0.0101)_b$ 是被译码的值。MPS 与"1"对应,LPS 与"0"对应,则当 C' 落在 $0 \rightarrow Q_e \cdot A$ 之间时,译码符号 $D = 0$,则

$$\begin{cases} C' = C' \\ A = A \cdot Q_e \end{cases}$$

当 C' 落在 $A \cdot Q_e \rightarrow A$ 之间时,译码符号 $D = 1$,则

$$\begin{cases} C' = C' - A \cdot Q_e \\ A = A \cdot P_e = A(1 - Q_e) \end{cases}$$

如$(0.0101)_b = 0.3125 > 0.125$,即落入 $A \cdot Q_e \rightarrow A$ 之间,故第一个译码符号为"1",且

$$\begin{cases} C' = C' - A \cdot Q_e = 0.0101 - 1 \times (1/8) = (0.0011)_b \\ A = A \cdot P_e = (1.000)_b \times (0.111)_b = (0.111)_b, \end{cases}$$

由此可见,$C' = (0.0011)_b$ 处于 $A \cdot Q_e = (0.111)_b \times (1/8) = (0.000111)_b$ 与 $A = (0.111)_b$ 之间,因此,第二个译码结果应为"1"。

一直到译码结束,如表 7.2 所列,就可译出"1101111"。译码计算环节中的具体过程见表 7.3。

表 7.2 译码举例

序号	判 C′所在区间	译码结果	码存储器数值变化	区间寄存器数值变化
0	$C' = 0.0101$	Φ	$A = 1$	
1	$C' > Q_e \cdot A = 0.001$	1	$C' = C' - Q_e \cdot A = 0.0011$	$A = A - Q_e \cdot A = 0.111$
2	$Q_e \cdot A = 0.000111$		$C' = 0.000101$	$A = 0.110001$
	$C' > Q_e \cdot A$	1		
3	$Q_e \cdot A = 0.000110001$		$C' = C' = 0.000101$	$A = 0.000110001$
	$C' = 0.000101$			
	$C' < Q_e \cdot A$	0		
4	$Q_e \cdot A = 0.000000110001$		$C' = C' - Q_e \cdot A$	$A = A - Q_e \cdot A$
	$C' > Q_e \cdot A$	1	$= 0.000101 - 0.000000110001$	$= 0.000101010111$
			$= 0.000100001111$	
5	$Q_e \cdot A = 0.000001101010111$		$C' = C' - Q_e \cdot A$	$A = A - Q_e \cdot A$
	$C' > Q_e \cdot A$	1	$= 0.000011100100001$	$= 0.000100101100001$
6	$Q_e \cdot A = 0.0000001100101100001$		$C' = C' - Q_e \cdot A$	$A = A - Q_e \cdot A$

序号	判 C' 所在区间	译码结果	码存储器数值变化	区间寄存器数值变化
	$C' > Q_e \cdot A$	1	= 0.000010111110100111	= 0.000100000111100111
7	$Q_e \cdot A = 0.000000100000111100111$	$C' = C' - Q_e \cdot A$		$A = A - Q_e \cdot A$
	$C' > Q_e \cdot A$	1	= 0.000010011101101010001	= 0.000011100110101010001

表 7.3　译码计算环节中的具体过程

序号	解码	判 C' 落在	C 值计算	A 值计算	解码子区间
1	1	$Q_e \cdot A$-A 之间	$C' = C' - Q_e \cdot A$	$A = A(1-Q_e)$	$Q_e \cdot A = 0.001$　$C' = 0.0101$　$A = 1$
2	1	$Q_e \cdot A$-A 之间	$C' = C' - Q_e \cdot A$	$A = A(1-Q_e)$	$Q_e \cdot A = 0.000111$　$C' = 0.0011$　$A = 0.111$
3	0	$Q_e \cdot A$-A 之间	$C' = C'$	$A = Q_e$	$Q_e \cdot A = 0.000110001$　$C' = 0.000101$　$A = 0.110001$
4	1	$Q_e \cdot A$-A 之间	$C' = C' - Q_e \cdot A$	$A = A(1-Q_e)$	$Q_e \cdot A = 0.000000110001$　$A = 0.000110001$　$C' = 0.000101$
5	1	$Q_e \cdot A$-A 之间	$C' = C' - Q_e \cdot A$	$A = A(1-Q_e)$	$Q_e \cdot A$　$A = 0.000101010111$　$C' = 0.000100001111$
6	1	$Q_e \cdot A$-A 之间	$C' = C' - Q_e \cdot A$	$A = A(1-Q_e)$	$Q_e \cdot A$　$A = 0.000100001100001$　$C' = 0.000011100100001$
7	1	$Q_e \cdot A$-A 之间	$C' = C' - Q_e \cdot A$	$A = A(1-Q_e)$	$Q_e \cdot A$　$A = 0.0000111010101100111$　$C' = 0.0000110000100111$
8	1	$Q_e \cdot A$-A 之间	$C' = C' - Q_e \cdot A$	$A = A(1-Q_e)$	$Q_e \cdot A$　$A = 0.0000110011010100010001$　$C' = 0.000010100101010010001$

7.2.2　二进制算术编码的改进

1. JPEG、JBIG 码中采用的算术编码

JPEG、JBIG 码中采用的算术编码，即 QM 编码。它是为了简单和快速而设计的，用近似代替乘法、采用定点精度的整数算术，需要不断地标定概率区间，以使得近似计算接近于乘法运算。应该指出的另外一点是，它把仅仅一位的各个输入符号，或是分为 MPS、LPS 符号。QM 编码器先利用一个统计模型来预测下一位更可能是 0 还是 1，然后再输入该位并按实际数字分类。例如，如果预测更可能为 0，而实际上为 1，此时编码器就把它归类为一个 LPS 符号。统计模型可以计算 LPS 的概率 Q_e，于是 MPS 的概率就为 $1 - Q_e$。Q_e 的范围应在 $[0, 0.5]$。编码器跟据 Q_e 把概率区间 A 分成两个子区间，具体划分方法如图 7.3 所示。

每当 LPS 被编码时，MPS 子区间的值将被加到编码寄存器上，编码区间减为 LPS 子区间的 LSZ。而每当 MPS 被编码时，编码寄存器保持不变，而区间减为 A − LSZ，则有如下步骤：

（1）初始化，$C(S) = 0, A(S) = 1$；

（2）若区间分割时，高概率字符在左且"0"为高概率字符，低概率字符在右且"1"为低概率字

符,如图 7.3 所示。

图 7.3　初始区间划分

对 LPS 字符编码时，有

$$A(S1) = A(S) \cdot Q_e$$
$$C(S1) = C(S) + A(S0)$$

对 MPS 字符编码时，有

$$A(S0) = A(S) - A(S1)$$
$$C(S0) = C(S)$$

我们分析一下，这样做与前面介绍的算法有哪些不同。①在每一步只需把所选择的子区间的下限添加到此前的输出中，用 C 表示输出符号串。若当前输入符号是 MPS，就把 MPS 的下限（数字 0）添加到 C 中；若当前输入符号是 LPS，就把 MPS 的下限 [数字 $A \times (1 - Q_e)$] 添加到 C 中。②当前的概率区间 A 就缩小到所选区间的大小，即概率区间始终都在 [0, A] 中，且每一步 A 都会缩小。也就是说，跟据对当前输入位的分类，C 指向 MPS 或 LPS 子区间的下限，而 A 与子区间相对应也随之而不断变化其大小。

2. 编码过程中的 A 值、C 值

译码过程中的 C 值和 A 值，小数点后的位数越来越长，实际中难以实现，采用"再归一化"处理方法加以解决。

寄存器 A 存储的是当前编码区间的尺寸。且总是归一化为 [0x8000, 0x10000]，"0x" 表示 16 进制整数。而作为一个编码符号 A，若在 0x8000 以下时，就使用加倍法使其加倍，使它大于或等于 0x8000。这样的加倍处理称为"再归一化"或"重定标（Renormalization）"。加倍法"再归一化"，实现时不用做乘法，只是一次逻辑左移即可。

寄存器存储的是编码比特流。寄存器 C 在每次 A 再归一化时也要再归一化。为防止溢出，将定期地从 C 寄存器的高位输出一个字节数据，存放在外部编码缓存器中。

3. 码区间分割的实质

码区间分割的实质就是子区间宽度 A 与当前正在被编码字符 y 所出现概率 $p(y/s)$ 或 Q_e（s 代表已编码的字符串）相乘的过程。对一个区间 A，对 LPS 子区间或概率的精确计算需要做乘法 p × A。然而，对当前 LPS 概率的近似估计 LSZ，可由下式计算：

$$LSZ = P \times A \approx P(Q_e)$$

LSZ 为 LPS 区间大小的近似值。因为通过重定标使 A ≈ 1，即保持在 [0x8000, 0x10000] 之内，误差不会太大。这样就避免了做乘法运算。

如何通过重定标使 A ≈ 1，即保持在 [0x8000, 0x10000] 之内？通过分析可知 0.75 是用于重定标的良好的的最小值。因为若 A < 0.5，即是翻番还是小于 1；若是让 A 略小于 1，如 0.9 就将其翻番，结果为 1.8，更接近于 2。因此，选择 0.75，翻番的结果为 1.5，如果 A 更小一些，例如，0.6 或 0.55，则翻番后更接近于 1。因此，重定位区间选择了 [0.75, 1.5]。

为了把重定位技术包括在编码之中，且适应计算机的运算条件，需要把 A 用整数表示，使区间 [0, 1.5] 中的实数用整数来表示。因此，在目前计算机技术条件下，采用如下表示法是合理的，由于

$$2^{16} = 65536_{10} = 10000_{16} = \underbrace{100\cdots0_2}_{16 \text{ 个 } 0}$$

因此，即可用 16 个 0 的码字表示 0，而用最短 17 位数的码字表示 1.5。就这样把区间 [0, 1.5] 中的

108

65536 个实数用 65536 个整数来表示,其中最大的 6 位整数为 65535 表示的是一个略小于 1.5 的实数。其中的几个重要的数字如下:

$$0.75 = 1.5/2 = 2^{15} = 32768_{10} = 8000_{16}, \quad 1 = 0.75 \times (4/3) = 43690_{10} = AAAA_{16}$$

$$0.5 = 1/2 = 21845_{10} = 5555_{16}, \quad 0.25 = 0.5/2 = 10923_{10} = 2AAB_{16}$$

应该指出的是,采用这种表示的目的是达到对区间的精确划分,即实现 $A \leftarrow A - Q_e$ 或 $A \leftarrow Qe$。因此划分的精度取决于 A 和 Q_e 的相对值。经过试验已找到 A 的平均值为 $B55A_{16}$,因此 JPEG 中的 QM 编码器就采用了该值与 1 相对应。

综上所述,采用重定标、避免乘除法运算的 QM 编码器规则如下:

对 LPS 字符编码时,有

$$A \leftarrow Q_e$$

$$C \leftarrow C + A - Q_e$$

再归一化 A 和 C;

对 MPS 字符编码时,有

$$A \leftarrow A - Q_e$$

$$C \leftarrow C$$

若 $A < 8000_{16}$,再归一化 A 和 C。

1) 区间转换(interval inversion)

每当分配给 MPS 的子区间变得比 LPS 的区间还小时,就需要区间转换。当 Q_e 接近 0.5 时可能出现此情况,这实际上是对乘法进行近似计算的的结果。例如,$Q_e = 0.45$,对四个 MPS 符号进行编码。具体过程如表 7.4 所列。

表 7.4 区间转换示例

符号	C	A	对 A 重定标	C 重定标
初始值	0	1		
S1(MPS)	0	$1 - 0.45 = 0.55$	$2 \times 0.55 = 1.1$	0
S2(MPS)	0	$1.1 - 0.45 = 0.65$	$2 \times 0.65 = 1.3$	0
S3(MPS)	0	$1.3 - 0.45 = 0.85$		
S4(MPS)	0	$0.85 - 0.45 = 0.40$	$2 \times 0.40 = 0.8$	0

从表 7.4 中可见,第 4 行中 $A = 0.85$,它大于 0.75,虽然不用重定标,但分给 MPS 的子区间却为 $A - Q_e = 0.40$,它小于 $0.45(Q_e = 0.45)$ 的 LPS 子区间,此时,就需要进行区间交换。

应该指出:不论何时,只要出现 LPS 子区间大于 MPS 子区间就要交换这两个子区间,被称为条件交换(Conditional Exchange)。区间转换的条件是 $Q_e > A - Q_e$,由于 $Q_e \leqslant 0.5$,$A - Q_e \leqslant 0.5$。可见,LPS 子区间和 MPS 子区间都小于 0.75,故必须重定标。这也就是要在编码器决定重定标之后才测试条件交换的理由。QM 编码器的规则可修改如下:

对 LPS 字符编码时,有

$A \leftarrow A - Q_e$;　　　　% MPS 子区间

if $A \geqslant Q_e$, then　　　% 如果区间大小未转换

$C \leftarrow C + A$;　　　　% 指向 LPS 底部

$A \leftarrow Q_e$　　　　　　% 令 A 为 LPS 子区间

Endif;

再归一化 A 和 C；

对 MPS 字符编码时,有

C←C

A← A − Q_e；   % MPS 子区间

If A < 8000_{16} then   % 如果需要重定标

If A < Q_e then   % 如果需要转换

C←C + A；   % 指向 LPS 底部

A← Q_e % 令 A 为 LPS 子区间

Endif；

再归一化 A 和 C；

Endif；

2）概率估计表

在编码过程中,对于每个待编码字符都做一次概率估值,其运算量是很大的。在 JPEG QM 编码器过程中,对每一可能的上下文 CX 的值都存储 16bit 的 LPS[CX]和 7bit 值 ST[CX],即完全地收集了与特定的上下文相关联的自适应概率估计。ST[CX]为 Q_e 的索引,将各种情况下编码区间的变化列成了表,以 ST[CX]为脚标的四阵列概率估计如表 7.5 所列。算术编码器初始化时,总是把 MPS 取值设为 0。并把 Q_e 索引也设为 0。这样在编码过程中,概率估计就变成了查表过程。

颜色 MPS 是对 PIX 的最大似然估计的颜色。LSZ 是 LPS 区间的大小,也可解释为 LPS 概率 Q_e 的大小。

NLPS 和 NMPS 列分别给出了 LPS 和 MPS 观测时下一个概率估计所使用的索引值。如果观测 MPS 时发生 NMPS 位移量,同时也需要重定标(或再归一化)。当发生 NLPS 位移量时,若 SWTCH [CX]为 1 时,将出现 MPS[CX]的颠倒。

表 7.5 概率估计表

ST	LSZ(Q_e)	NLPS	NMPS	SWTCH	ST	LSZ(Q_e)	NLPS	NMPS	SWTCH
0	0x5a1d	1	1	1	13	0x0001	12	13	0
1	0x2586	14	2	0	14	0x5a7f	15	15	1
2	0x1114	16	3	0	15	0x3f25	36	16	0
3	0x080b	18	4	0	16	0x2cf2	38	17	0
4	0x03d8	20	5	0	17	0x207c	39	18	0
5	0x01da	23	6	0	18	0x17b9	40	19	0
6	0x00e5	25	7	0	19	0x1182	42	20	0
7	0x006f	28	8	0	20	0x0cef	43	21	0
8	0x0036	30	9	0	21	0x09a1	45	22	0
9	0x001a	33	10	0	22	0x072f	46	23	0
10	0x000d	35	11	0	23	0x055c	48	24	0
11	0x0006	9	12	0	24	0x0406	49	25	0
12	0x0003	10	13	0	25	0x0303	51	26	0

ST	LSZ(Q_e)	NLPS	NMPS	SWTCH	ST	LSZ(Q_e)	NLPS	NMPS	SWTCH
26	0x0240	52	27	0	63	0x0008f	61	32	0
27	0x01b1	54	28	0	64	0x5b12	65	65	1
28	0x0144	56	29	0	65	0x4d04	80	66	0
29	0x00f5	57	30	0	66	0x412c	81	67	0
30	0x00b7	59	31	0	67	0x37d8	82	68	0
31	0x008a	60	32	0	68	0x2fe8	83	69	0
32	0x0068	62	33	0	69	0x293c	84	70	0
33	0x004e	63	34	0	70	0x2379	86	71	0
34	0x003b	32	35	0	71	0x1edf	87	72	0
35	0x002c	33	9	0	72	0x1aa9	87	73	0
36	0x5ae1	37	37	1	73	0x174e	72	74	0
37	0x484c	64	38	0	74	0x1424	72	75	0
38	0x3a0d	65	39	0	75	0x119c	74	76	0
39	0x2ef1	67	40	0	76	0x0f6b	74	77	0
40	0x261f	68	41	0	77	0x0d51	75	78	0
41	0x1f33	69	42	0	78	0x0bb6	77	79	0
42	0x19a8	70	43	0	79	0x0a40	77	48	0
43	0x1518	72	44	0	80	0x5832	80	81	1
44	0x1177	73	45	0	81	0x4d1c	88	82	0
45	0x0e74	74	46	0	82	0x438e	89	83	0
46	0x0bfb	75	47	0	83	0x3bdd	90	84	0
47	0x09f8	77	48	0	84	0x34ee	91	85	0
48	0x0861	78	49	0	85	0x2eae	92	86	0
49	0x0706	79	50	0	86	0x299a	93	87	0
50	0x05cd	48	51	0	87	0x2516	86	71	0
51	0x04de	50	52	0	88	0x5570	88	89	1
52	0x040f	50	53	0	89	0x4ca9	95	90	0
53	0x0363	51	54	0	90	0x44d9	96	91	0
54	0x02d4	52	55	0	91	0x3e22	97	92	0
55	0x025c	53	56	0	92	0x3824	99	93	0
56	0x01f8	54	57	0	93	0x32b4	99	94	0
57	0x01a4	55	58	0	94	0x2e17	93	86	0
58	0x0160	56	59	0	95	0x56a8	95	96	1
59	0x0125	57	60	0	96	0x4f46	101	97	0
60	0x00f6	58	61	0	97	0x47e5	102	98	0
61	0x00cb	59	62	0	98	0x41cf	103	99	0
62	0x00ab	61	63	0	99	0x3c3d	104	100	0

ST	LSZ(Q_e)	NLPS	NMPS	SWTCH	ST	LSZ(Q_e)	NLPS	NMPS	SWTCH
100	0x375e	99	93	0	107	0x4b85	109	103	0
101	0x5231	105	102	0	108	0x5597	110	109	0
102	0x4c0f	106	103	0	109	0x504f	111	107	0
103	0x4639	107	104	0	110	0x5a10	110	111	1
104	0x415e	103	99	0	111	0x5522	112	109	0
105	0x5627	105	106	1	112	0x59eb	112	111	1
106	0x50e7	108	107	0					

应该指出,关于上下文 CX 的模式,有如下两种模式:

(1)　0 0 0

　　　1 0 0 1 1

　　　0 1 x

模式(1)中显示了 10 位模板 0001001101,成为指针 77;

(2)　0 0 0 0 1 0

　　　0 1 0 1 y

模式(2)中显示了 10 位模板 0000100101,成为指针 37。

7.3　JBIG 码的数据流格式分析

7.3.1　JBIG 参数与数据格式

ITU – T 建议 T.85 给出了建议 T.82 累进二值图像压缩(JBIG 编码方案)在传真设备中的应用轮廓。主要规则如下:

(1)定义了"单数列时序编码"的应用范围。

(2)构成头部信息和编码信息的数据格式。规定了在头部中的参数范围。

把下列建议作为本建议的基础。

对 G3 传真机:ITU – T 建议 T.4、建议 T.30。

对 G4 传真机:ITU – T 建议 T.503,建议 T.521,建议 T.563。

具体一点来说,建议 T.82 定义的单数列时序编码在传真中的应用范围如下:

① 传真应用功能。图像数据将以单比特判决和单分辩率层以建议 T.82 中传真应用的单数列时序编码进行编码。即对整个图像将以单分辩率层,一线一线的,从左到右,从顶部到底部,没有任何更低分辩率图像作为参考的图像编码方法。

② 页边界。页边界信号规定如下:

对 G3 传真机的建议 T.30;

对 G4 传真机的建议 T.521。

③ BIH 中的参数。在二值图像头部(BIH)中的参数在建议 T.82 中被精确地规定。在传真应用中,二值图像体(BIE)中,一个传真文件将分配一个 BIH 表。表 7.6 给出了传真应用的参数设置。在建议 T.82 中,每像素平面中的每一比特或为"0"或为"1",对二值图像而言,"1"比特表示前景颜色,"0"比特表示背景颜色。

（3）有关边沿处理规则。编码时都将按扫描顺序进行，即从左到右，从上到下。对当前像素的处理将参考与该像素有关的某些像素的颜色。在图像的边界处，这些邻域参考并没有位于实际图像中。具体规定如下：

背景颜色(0)边界，假设位于实际图像的顶部、左部和右部；

图像的底将扩展到实际图像的最后一条扫描线下一条扫描线（下一条扫描线与图像的最后一线相同）。

表 7.6　传真应用的参数设置

符号	参　　数	值	注　　释
D_L	被传输的初始层	固定为 0	
D	分层数	固定为 0	
P	比特平面数	固定为 1	
X_D	在 D 层水平图像尺寸		①
Y_D	在 D 层垂直图像尺寸	建议 T.82 的全部	
L_0	在最低分辨率层每色条线数	基本的 128 选择的 1～Y_D	②
M_X	AT 像素水平方向允许的最大位移量	0～127	
M_Y	AT 像素垂直方向允许的最大位移量	固定为 0	
HITOLO	差分层的传输顺序	固定为 0	③
SEQ	累进一致性时序编码指示	固定为 0	③
ILEAVE	多比特平面的交织传输顺序	固定为 0	③
SMID	色条传输顺序	固定为 0	③
LRLTWO	参考线数	0/1	0：3 线 1：2 线
VLENGTH	NEWLEN 标记字段可用指示	0/1	0：NEWLEN 不被应用 1：NEWLEN 可应用 ④
TPDON	对差分层典型预测 TP 的应用	固定为 0	③
TPBON	基本层 TP 的应用	0/1	0：OFF 1：ON
DPON	确定性预测的应用	固定为 0	③
DPPRIV	专用 DP 表的应用	固定为 0	③
DPLAST	最新 DP 表的应用	固定为 0	③

① 参数 X_D，水平图像尺寸，将依照 G3 传真机建议 T.4 的第 2 节中定义的数值和 G4 传真机 T.563 第 3 节；

② 当应用这个建议时，BASIC 为 128，可选择的将由合适的传真协议进行协商而定；

③ 这些参数在单数列时序编码中是不被应用的。发送端将把这些无用的参数置为"0"，在接收端不需要识别这些参数；

④ 见 6.2.6.2/T.82

（4）色条边界处的参考像素的规则如下：

① 在色条上方，当前行像素的参考像素为实际像素值；

② 而在图像的上方，应用图像顶部的背景颜色—边界规律；

③ 在色条的下方，当前行的像素参考为当前色条的最后一条线的复制像素。

1. 图像分解

在这一规程中描述的最高级数据流，称为二值图像实体（Bi - level Image Entity, BIE）。一个 BIE 可包括一个或多个分辨率层和比特平面的数据，描述一个图像所有分辨率和比特平面的数据可以包含在多个 BIE 中，但不是必须的。

1）BIE 和二值图像头部（BIH）分解。

如表7.7所列，一个 BIE 由 BIH 和二值图像数据（BID）构成。由表7.8和表7.9给出的子域组成和排序字节分解，选择字节分解见表7.10。

表 7.7　BIE 分解

BIE	
BIH	BID
可变	可变

表 7.8　BIH 分解

BIH											
D_L	D	P	—	X_D	Y_D	L0	M_X	M_Y	排序	选择	DPTABLE
1	1	1	1	4	4	4	1	1	1	1	0 或 1728

表 7.9　排序字节分解

排序							
MSB							LSB
–	–	–	–	HITOLO	SEQ	ILEAVE	SMID
1/8	1/8	1/8	1/8	1/8	1/8	1/8	1/8

表 7.10　选择字节分解

选择							
MSB			...				LSB
–	LRLTWO	VLENGTH	TPDON	TPBON	DPON	DPPRIV	DPLAST
1/8	1/8	1/8	1/8	1/8	1/8	1/8	1/8

BIH 的第 1 字节规定了 D_L，在 BIE 中的起始分辩率层。当对传输的图像没有任何先验知识时，$D_L = 0$。若前面的 BIE 已定义为某一中间层，当 $D_L \neq 0$ 时，它表示增加信息。

第 2 字节规定了 D，它表示 BIE 中的最终分辩率层。请注意对多个 BIE 而言，当 $D_L = 0$ 时，D 等于分层数，但不是分层的总数。

第 3 字节规定了 P，即比特平面数。对二值图像而言，P = 1。

第 4 字节为填充，总为 0。

X_D 占 4 个字节,表示水平方向最高分辩率。

Y_D 占 4 个字节,表示垂直方向最高分辩率。

L_0 占 4 个字节,表示最低分辩率时,每色条扫描线数。

X_D、Y_D、L_0 这三个整数值:第 1 字节乘以 256^3,第 2 字节乘以 256^2,第 3 字节乘以 256,第 4 字节乘以 1 之后的加权和。例如:

$$X_D = (BIH \ 中的第 5 字节) \times 256^3 + (BIH \ 中的第 6 字节) \times 256^2 +$$
$$(BIH \ 中的第 7 字节) \times 256 + (BIH \ 中的第 8 字节) \times 1$$

第 17 字节规定了 M_X,即 AT 像素的水平方向最大偏移值。第 18 字节规定了 M_Y,即 AT 像素的垂直方向的最大偏移值。第 19 字节携带的二进制参数 HITOLO、SEQ、ILEAVE 和 SMID,这四个比特规定了由色条数据形成 BID 的链接顺序。该字的高 4 位为填充位,总置为 0,BIH 的第 20 字节规定选择项。最高有效位为填充位。总置为 0。最低分辩率层,当 LRLTWO 为"0"时,编码模型为 3 线;当 LRLTWO 为"1"时,编码模型为 2 线。若 VLENGTH 比特为"0"时,表示没有 NEWLEN 标号段;反之若为"1"时,可有 NEWLEN 标号段,也可没有这一标号段。当 TPDON、TPBON 和 DPON 比特分别需要使能时,相应位应置为 1,TPDON 为差分层 TP,TPBON 为最低分辩率层 TP,DPON 为 DP。DPPRIV 和 DPLAST 比特,只有 DPON 为"1"时才有意义。若 DPON 和 DPPRIV 为"1"时,表示应用未公开的 DP 表。若 DPLAST 为 0,未公开的 DP 表(1728 节)是被加载的。

在表 7.11 中给出了上述参数在 BIH 中所允许的数值范围。

表 7.11　自由参数的无条件限度

参数	最小值	最大值	参数	最小值	最大值
D_L	0	D	SEQ	0	1
D	D_L	255	ILEAVE	0	1
P	1	255	SMID	0	1
X_D	1	4294967295	LRLTWO	0	1
Y_D	1	4294967295	TPDON	0	1
L0	1	4294967295	TPBON	0	1
M_X	0	127	DPON	0	1
M_Y	0	255	DPPRIV	0	1
HITOLO	0	1	DPLAST	0	1

2) 二值图像数据(BID)分解

定义在一个在分辩率 d 和比特平面 P 上的色条编码数据 $C_{s,d,p}$,包含在一个色条数据体(SDE)中。BID 由连续的 SDE 的级联和浮点标记字段所组成,如表 7.12 所列。

表 7.12　BID 的分解

BID						
浮点标记段	$SDE_{s,d,p}$	浮点标记段	$SDE_{s,d,p}$	…	浮点标记段	$SDE_{s,d,p}$
变化的	变化的	变化的	变化的	…	变化的	变化的

SDE 的排序取决于 HITOLO、SEQ、ILEAVE 和 SMID。脚标的规定如表 7.13 所列。在表中变量 SEQ,ILEAVE 和 SMID 仅 6 种组合是允许的。LOOPS 下面的模型变量 S 和 P 分别为,S 从 0 到 S−1(顶到底),P 从 P−1 到 0(MSB~LSB)。若 HITOLO = 0,d 的范围是从 D_L 到 D。其他情况下从 D 到 D_L。

表 7.13 在 BID 中色条编码的排序

SEQ	ILEAVE	SMID	loops		
			外侧的	中间的	内侧的
0	0	0	p	d	s
1	1	1	d	p	s
0	1	1	d	s	p
0	0	1	s	p	d
0	0	1	p	s	d
0	1	0	s	d	p

2. 色条数据体(SDE)分解

如表 7.14 所列,每一 SDE 将由 ESC 字节和 SDNORM 字节或 SDRST 字节终止。

一般情况下,终止字节为 SDNORM,这是被存储的"状态"信息。若终止字节为 SDRST,该"状态"信息表示将重置这一平面和分辨率层的下一色条的编码和译码。以 SDRST 重置状态要求在图像的顶部初始化自适应概率估计,重置(如果需要)使用 AT 像素自身默认观察值,当为最低分辨率层时,初始化从 $LNTP_{y-1}$ 到 1。当处在图像顶部时,它也需要全部功能,包括分辨率降低,确定性预测,典型预测等。

受保护的色条编码数据(PSCD)定义为 SDE 的字节、在此不包括两个终止字符。译码器将通过用单个 ESC 字节替换在 PSCD 中所有的一个 ESC 跟随一个 STUFF 字节而得到色条编码数据。对编码器而言,在 SCD 中将把所有的 ESC 字节替换成一个 ESC 字节跟随一个 STUFF 字符。SCD 将在后面进一步描述。在规定 SDE 时,应用 PSCD 而不是 SCD。因此对一个色条的数据而言可给出在 BID 中位置。

一个 ESC 字节和一个 ABORT 字节可用来表示 BID 的提前终止,如表 7.15 所列。

表 7.14　SDE 的结构

SDE		
PSCD	ESC	SDNORM 或 SDRST
变化的	1	1

表 7.15　提前终止一个 BID 的标记码

ESC	ABORT
1	1

7.3.2　浮点标记字段

浮点标记字段提供了控制信息。它们不在 SDE 中,可处于 SDE 序列之间或第一个 SDE 之前。有三个标记字段:ATMOVE、NEWLEN 和 COMMENT。

1. 自适应模板范围(ATMOVE)

AT 像像素的位置可在表 7.16 中给出的 ATMOVE 标记字段的范围内变化。

表 7.16　ATMOVE 浮点标记字段的结构

ESC	ATMOVE	Y_{AT}	τ_X	τ_Y
1	1	4	1	1

第 3、4、5 字节和第 6 字节规定了 Y_{AT}。第 7 字节规定 τ_X,第 8 字节规定了 τ_Y,τ_X 表示对新的 AT 像素在水平方向上的偏移量,τ_Y 表示对新的 AT 像素在垂直方向上的偏移量。Y_{AT} 的计算公式如下:

$$Y_{AT} = (\text{第 3 字节}) \times 256^3 + (\text{第 4 字节}) \times 256^2 + (\text{第 5 字节}) \times 256 + (\text{第 6 字节})$$

概率估计器不能重新初始化后面的 ATMOVE。对于分辨率层和比特平面,可给出一个 ATMOVE 标记字段,该字段为第一个 SDE 的标记字段。对每一色条而言,线数 Y_{AT} 重新从 0 开始,如一个色条的初始线数 $Y_{AT} = 0$。

2. 重新规定图像长度

若 VLENGTH $= 1$,可允许以表 7.17 给出的新长度标记字段来改变图像的长度 Y_D 在大多数情况下,在一个 BIE 中只有一个新长度标记字段。然而,一个标记字段直接跟随 ESC + SDNORM/SDRST,由一个新长度标记字段给出的 Y_D 可以少于当前色条末端的线数。编码器对每一层比新的 Y_D 更大的扫描线不进行编码。在新的长度标记字段中,Y_D 将被打包在 BIH 中的 4 字节区域中。新的 Y_D 将不会大于原来的数值。

3. 注释标记字段(COMMENT)

一个 ESC 字节跟一个 COMMENT 字节和 4 字节整数 L_0,如表 7.18 所列。

表 7.17　表示新垂直方向的标记字段

ESC	NEWLEN	Y_D
1	1	4

表 7.18　注释标记字段

ESC	COMMENT	L_0
1	1	4

L_0 的计算公式如下:

$$L_0 = (\text{第 3 字节}) \times 256^3 + (\text{第 4 字节}) \times 256^2 + (\text{第 5 字节}) \times 256 + (\text{第 6 字节})$$

L_0 给出了注释字段中专用于注释部分的长度。换言之,注释标记字段的总长度为 $L_0 + 6$ 字节。

7.3.3　最低分辨层典型预测

关于非典型线(Line Not Typical,LNTP)的具体说明:图 7.4 中定义了一个 8 邻域。图中未标记 "?" 的且与 "?" 直接邻接的 8 个像素,称为 8 邻域。

图 7.4　8 邻域

对一个低分辨率像素而言,其他和它的 8 邻域中所有像素都是同一颜色,而与它相关联的四个高分辨率像素中一个或多个像素又与这些公共颜色不同时,称该像素为 "非典型的"(not typical)。对一个低分辨率扫描线而言,包含非典型像素的扫描线称为 "非典型线"。

最低分辨层的 TP 由 BIH 的可选择域中 TPBON 比特决定是否被采用。若有

TPBON $= 0$ 则被禁止

TPBON $= 1$ 则被允许

当 TPBON $= 0$ 时,在编码器方框图中,对所有像素均有 TPVALUE $= 2$,表示编译码时没有采用预测模式。此时假想(伪)像素 SLNTP 在编译码时均未采用算术码。下面讨论 TPBON $= 1$ 时的编译码算法。

7.4　实用 JBIG 码编译码技术

7.4.1　编码处理

1. 编码处理技术

令 y 表示当前行,如果当前行的任意像素与上面的对应像素不同,则有 LNTPy $= 1$,且扫描线 y

可称为"非典型的"。其他情况下，$LNTP_y = 0$。显见，一个图像的第一条线是非典型的，图像上方的线是直接假设的，且通常就是背景颜色。

定义

$$SLNTP_y = !\ (LNTP_y \oplus LNTP_{y-1})$$

式中：符号$\oplus$表示异或运算；$!$表示逻辑"非"。即$SLNTP_y = 1$，当且仅当$LNTP_y = LNTP_{y-1}$。对一图像的（顶部）第一条扫描线，$LNTP_{y-1} = 1$。

当最低分辨率层 TP 被置为使能时，一假想的像素值为 SLNTP 被编码，且处在扫描线 y 的任一像素被编码之前的位置上，如图 7.5 所示。

| SLNTP | | | | | ... | |

图 7.5　伪像素与原像素的相对位置

当 SLNTP 被编码，如果 LRLTWO = 0，编码时的上下文如图 7.6 所示；当 LRLTWO = 1 时，如图 7.7 所示。

```
    B   B   F                          B F F B B F
F   F   B   B   F                      B F B F ?
B   F   ?
```

图 7.6　对最低分辨率层 TP 假想像素编码重复使用的上下文（三线模板）　　图 7.7　对最低分辨率层 TP 伪像素编码重复使用的上下文（二线模板）

图 7.7 中的"F"表示前景，"B"表示背景。当对 SLNTP 编码时，TPVALUE 总等于 2。换言之，SLNTP 决不能以 TP 进行预测，总是必须进行算术编码。如果 $LNTP_y = 0$，TPB 方框图将输出当前像素值，并将像素上方的像素值作为 TPVALUE。其他情况下，TPB 输出 2，指示未采用预测模式。

2. 译码处理技术（Decoder processing）

如果 TPBON = 1，同样指示 $SLNTP_y$ 将被译码，如图 7.5 所示。当 SLNTP 译码时，TPVALUE 将等于 2，CX 将为图 7.6 或图 7.7 中合适的数值。译码器将恢复出 $LNTP_y$，即

$$LNTP_y = !\ (SLNTP_y \oplus LNTP_{y-1})$$

如同编码时，这个恢复将以 $LNTP_y = 1$ 初始化，并直接位于实际图像顶部扫描线之上。若 $LNTP_y = 0$，方框图 TPB 将直接输出当前一个像素值作为 TPVALUE。其他情况下，TPB 输出 2，以表示未采用预测模式。

7.4.2　编译码流程图

1. 编码流程图

这个流程图对每一分辨率层的每一色条都是适用的。初始化程序 INITENC 称为进入，终止程序 FLUSH 称为退出。

编码器编码寄存器规则，即寄存器结构如表 7.19 所列。"a"比特为当前区间值的小数比特；"x"为编码寄存器中的小数比特。"s"为间隔比特，以防止转入下一字节至少一个"s"比特；"b"比特表示从 C 寄存器输出的完整的数据字节的比特位置；"c"比特是一个进位比特。寄存器 A 的第 17 比特如表 7.19 中所列，若用 16bit 来实现时是容易被取消的。在这种情况下，进行初始化时将以 0x0000 代替 0x10000，从 0x0000 减去低次的 16bit，这种情况是通常的。

表 7.19　编码器寄存器结构

寄存器	msb	lsb
C 寄存器	ooooocbbb , bbbbbsss	xxxxxxxx , xxxxxxxx
A 寄存器	00000000 , 0000000a	aaaaaaaa , aaaaaaaa

ENCODE 流程图如图7.8 所示,CODELPS 程序两个主要功能模块:一是将 MPS 子区间 A－LSZ[ST[CX]]加入编码流中;二是子区间 LSZ[ST[CX]]的定标。它总是伴随一个重正化。若 SWTCH[ST[CX]]＝1,则 MPS[CX]取反。

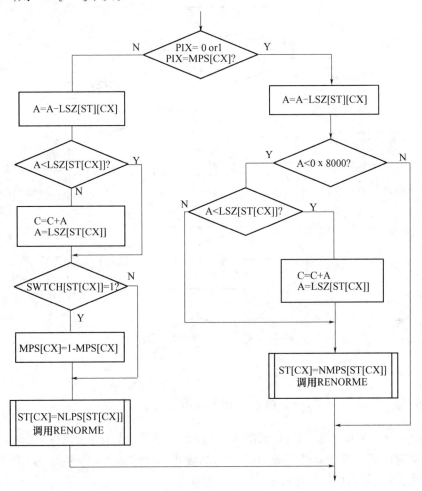

图 7.8　ENCODE 流程图

然而,当 LPS 子区间大于 MPS 子区间时,MPS/LPS 条件文换将发生,MPS 子区间被编码。

CODEMPS 程序减去 MPS 子区间的尺寸,然而,若 LPS 子区间大于 MPS 子区间时,条件交换将发生,LPS 子区间被编码。注意:除非符号被编码之后需要再归一化,否则区间尺寸颠倒是不能出现的。

RENORME 流程图如图7.9 所示。区间寄存器 A 和编码寄存器 C 都将被一次 1bit 的进行移位。移位的次数以 CT 进行计数,当 CT 降至 0 时,从寄存器 C 中取走一个字节的压缩数据。继续进行再归一化直至 A≥0x8000 为止。

图 7.9　RENORME 流程图

变量 TEMP 是一个临时性变量,它保存的是寄存器 C 顶部的字节加上进位指示可以被输出。变量 BUFFER 保存的是不等于 0xff 的临时性最新的输出。计数器 SC 保存的 0xff 字节数,由于在 BUFFER 中的字节是可暂时性地输出。

编码寄存器移位 19bit,与存入 TEMP 的低位次比特对齐。首先进行测试以确定是否发生了进位,如果发生了,在最后输出之前必须将进位加入到 BUFFER 的临时性输出字节中。任意堆栈字节(由进位变为 0)方可输出。最后,新的暂时性输出字节不带进位比特的设置为 TEMP。如果进位没有发生,输出字节经校验看它是否为 0xff。若是,堆栈字节计算器将增加,作为输出必须被延迟直至进位比特被辩认。若不是这样,进位被分离出来,任意八线的 0xff 可输出。

2. 译码流程图

对每一分辨率层的每一色条译码,图 7.10 所给出的译码流程图都是适用的。对非典型可预测的和非确定性可预测的像素可由 DECODE 程序进行译码。

译码寄存器的具体结构如表 7.20 所列。

120

图 7.10　译码流程图

表 7.20　译码寄存器结构

寄存器	Msb	Lsb
CHIGH 寄存器	xxxxxxxx	xxxxxxxx
CLOW 寄存器	bbbbbbbb	oooooooo
A 寄存器	a,aaaaaaaa	aaaaaaaa

CHIGH 和 CLOW 构成一个 32 位的寄存器 C,从 CLOW 的第 15 比特(最左面的)移入 CHIGH 的第 0 比特(最右面的)而实现寄存器 C 的再归一化。然而,译码仅用 CHIGH。每次插入到 CLOW1 字节的"b"比特。与编码时类似,寄存器 A 的第 17 比特可容易地使之无效。

译码时使用的概率估计表与编码时的相同。

若色条为图像的顶部,对所有的 CX 值均将概率估计状态设为 0。其他情况下在本分辩率的最后色条末端重新设置为它们的具体值。3 个字节读入寄存器 C。

BYTEIN 流程图如图 7.11 所示。

图 7.11　BYTEIN 流程图

从 SCD 中读取字节数据直至空为止,即 0x00 为止。读出的字节数据被插入到 CLOW 的高 8 位。CT 计数器复位到 0。

DECODE 流程图如图 7.12 所示。

图 7.12　DECODE 流程图

CT 计数器,保存寄存器 C 的 CLOW 段中压缩数据比特数。当 CT = 0 时,一个新的字节被插入 CLOW。

7.5　基于自动综合判决准则的纠错译码技术

实际上,在传输过程中错误图样的码重有可能大于 1。针对这种单个数据帧内错误比特数大于 1 的情况,我们提出了基于自动综合判决准则的纠错译码算法,提高系统的纠错能力。

122

7.5.1 算法描述

1. 错误模式

根据前面分析,说明当前错误模式如下:

(1) 假设传输过程和接收过程中的噪声与系统干扰只是使得编码数据的数值发生改变,即由 0 错成 1,或者由 1 错成 0,而编码数据中比特数目没有发生变化,没有出现增加或者缺失。

(2) 假设 JBIG 编码的 HDLC 数据帧内错误图样码重等于 2,即数据帧只有两个比特错误。

(3) 第(2)条说明的数据帧只有一个,即有两个误码的数据帧只有一个。

基于自动综合判决准则的 JBIG 码纠错译码流程图,如图 7.13 所示。

图 7.13 基于自动综合判决准则的纠错译码流程图

2. 测试译码

执行图 7.13 的纠错译码程序,发现有错误但是 CRC 校验和不在错误图样查询表中,确定错误图样码重大于 1。首先采用比特翻转法,设置比特滑动窗口从帧开始的字节,每次翻转 1bit。如果该帧内只有两个错误比特,此时有两种情况。

(1) 情况 1 是翻转的就是其中一个错误比特,那么帧内还有一个错误比特,对该帧做 CRC 校验,所得的校验字段就在错误图样查询表内,从而确定了另一个错误位置,再通过综合判决准则判断恢复图像正确,纠错完成。

(2) 情况 2 是翻转的不是错误的比特,那么此时帧内有三个错误。由于 CRC 码的最小距离为

4,又有两种可能:一是误认为错误只有一个,在图样查询表内找到了 CRC 校验和,那么用综合判决法来判断是否正确纠错;二是在错误图样查询表中没有找到相应的校验和,确定纠错失败。如果确定当前纠错失败,那么就移动比特滑动窗口,对下一比特进行翻转,依此类推完成对该帧的纠错。

7.5.2　综合判决准则

算术编码从全序列出发编码,一个比特的错误会导致严重的误码扩散。JBIG 编码过程中以色带来分割图像,在色带内进行自适应算术编码。如果色带以参数 SDRST 作为结束,下一色带编码时需要重置概率估算表,编码器把下一色带的第一行像素作为图像的第一行像素编码,则色带之间不会有误码扩散,如果当前色带以 SDNORM 结束,则下一色带不会重置概率估算表,同时顺序编码下一色带的第一行,此时当前色带的错误会导致下一色带的误码扩散。经过对有误码的 JBIG 码数据测试译码后得到的位图数据即错误译码传真样张具有三种明显特性:①文本行与空白行交替出现特性丢失;②图像两侧边缘密度一致性被破坏;③马赛克图样大面积出现特性。本节提出了自动综合判决准则,通过对测试译码后的图像数据分析,提取相应的图像特征综合判决是否正确译码。首先必须对图像进行分割,提取出译码错误的条带图像区域,由于 JBIG 码以色带编码分割整个图片,通过 HDLC 帧的 CRC 检测可以确定错误帧中的数据属于那个色带。

对于文本行和空白行交替的图像特性,本节采用空白行检测的办法,首先对图像去噪点,然后检测空白行是否交替周期出现。对于图像两侧边缘密度一致性的判定,本章根据传真图像边缘黑像素分布来判定图像两侧是否出现了错误图像,当边缘黑像素分布小于5%,判定比特翻转正确。对于出现的大量马赛克形状的错误图像,可以通过提取相应的图像纹理特征来判决。纹理特征的提取通常基于统计分析与结构分析两种思想,这里主要采用统计分析进行判断。在空间域上,根据图像像素间灰度的统计性质得到纹理特征做为判决准则。在本课题中主要选取了图像的二阶矩,图像的信息熵,对比判别错误图像中色带的灰度变化。

图像的第 n 阶矩为

$$\mu_n(z) = \sum_{i=0}^{L-1} (z_i - m)^n p(z_i)$$

式中:m 为图像的平均灰度级;z 为所求灰度级;L 为灰度级的数目,当前情况取值为 2。

图像的信息熵为

$$e = -\sum_{i=0}^{L-1} p(z_i) \log_2 p(z_i)$$

为了设计判决门限,本节选取 15 份的 JBIG 编码数据,分别提取相应的的图像特征,确定了 $\mu_2 = 0.2$,$e = 0.75$ 作为门限值。当有误码的色带译码后的图像特征 $\mu_2 < 0.2$,$e < 0.75$ 时判定比特翻转正确。

综合三种判决如果同时成立则比特翻转正确。如果只有其中两种成立,也可以判定纠错正确。如果只有其中一种成立或者三种判决都不成立,则判定比特翻转错误,移动滑动比特窗口,对下一比特进行判断。这里所选取的用于综合判决的图像特征参数比较明显且易于实现,但下一步仍然需要研究是否有更好的特征进行综合判决。

7.5.3　纠错算法性能测试

1. 测试一

选用 5 份无误码的传真 JBIG 码文件,用 UltraEdit 软件人工加入若干误码,对比纠错后的 JBIG 码数据并视觉观察纠错译码效果,验证基于快速 CRC 的 JBIG 码纠错译码算法的纠错性能。测试结果见表 7.21。

表 7.21　纠错能力测试 1

测试数据	误码总数	有误码的数据帧	是否纠错	备　注
1	1	第 6 帧	是	帧内 1bit 纠错
2	3	第 4,5,8 帧	是	帧内 1bit 纠错
3	6	第 11,12,13,14,75,76 帧	是	帧内 1bit 纠错
4	4	第 10,13,17,21 帧	是	帧内 1bit 纠错
5	3	第 35 帧一个,第 42 帧两个	否	不能纠帧内两个误码的情况

2. 测试二

选用 5 份无误码的传真 JBIG 码文件,用 UltraEdit 软件人工加入若干误码,对比纠错后的 JBIG 码数据并视觉观察纠错译码效果,验证基于自动综合判决准则的纠错译码算法的纠错性能。测试结果如表 7.22 所列。

表 7.22　纠错能力测试 2

测试数据	误码总数	有误码的数据帧	是否纠错	备　注
1	3	第 35 帧一个,第 42 帧两个	是	帧内 1bit 纠错 帧内 2bit 纠错
2	2	第 43 帧两个	是	帧内 2bit 纠错
3	6	第 11,12,13,14,75,76 帧	是	帧内 1bit 纠错
4	2	第 50 帧两个	是	帧内 2bit 纠错
5	4	第 3 帧两个,第 5 帧两个	否	两个错误帧都含有两个错误

结论:基于快速 CRC 的 JBIG 码纠错译码算法能够纠正所有数据帧内单个比特错误,达到了设计要求,基于自动综合判决准则的纠错译码算法在纠正一个比特错误的基础上,能够纠正数据帧内两个比特错误,但是不能纠正有多个数据帧都含有 2bit 错误的情况,因为当多个数据帧都含有两个错误时用综合判决的技术无法准确判断测试译码的图像是否正确。

第8章　文本压缩码分析与译码技术

8.1　LZ 77 算法的改进算法

在第 3 章已经讨论了 LZ 77 编译码算法,其演进过程表述了滑动窗口编码的基本思想,它的突出问题是效率不高。因此,在 LZ 77 算法基础上又推出了改进算法,下面论述 LZSS 算法。

8.1.1　LZSS 算法

LZSS 算法是 LZ 77 算法诸多种变形中最重要的一种,是由 J. Storer 和 T. Szymanski 于 1982 年提出的。它对 LZ 77 算法作了两点主要改进。

（1）对文本窗口中的数据进行重新组织,改变了在 LZ 77 算法中,把最近处理过的 N 个字符作为字典保存在缓冲区中,按照顺序数据结构组织文本窗口中的数据。查找时,采用逐字符比较的方法查找匹配字符串工作方式。而是以二叉搜索树（Binary Search Tree）的结构保存由前视缓冲区进入字典文本窗口的字符。显然,对二叉搜索树的查找要比对顺序文件的查找快得多。

（2）在输出代码方面。由 LZ 77 算法可知,若能在字典中找到与输入字符串相匹配的内容时,这种算法可取得较好的效果;但是若在字典中找不到与输入字符串相匹配的字符串时,这种处理方法仍然要给每个字符输出 $<0,0,C(d)>$。尤其在编码之初,压缩器很难为文件的前十几或几十个字符找到匹配的短语,却又不得不用较长的代码来表示这些单个字符,这样编码所需的比特数远大于字符本身的比特数,从而抵消了压缩效果。为了克服这一缺陷,LZSS 算法对 LZ 77 算法作了如下改进:只有找到长度达到规定值的匹配字符串时才使用压缩编码,否则字符不经编码原形输出;编码输出由匹配串长度和位置两部分构成。另外,为了区分字符原形输出还是编码输出,为每个输出加一个标识位,一般原形字符输出前加"1",编码输出前加"0"。

8.1.2　LZSS 算法实用化

在 LZSS 算法中,窗口长度通常设置为 4096B,其中搜索缓存区为 4078B,前视缓存区为 18B。将以欲编码字符为串首、长度为 18 的串与搜索缓存区内字符为串首同样长度的字符串相比较,寻找最大匹配字符串。

当所找到的匹配字符串的长度 $L<3$,则将当前待编码的字符原形输出,窗口向后滑动 1 个字节;当 $3 \leqslant L<18$,则输出匹配字符串的长度 $L-3(4\text{bit})$ 和 $D(12\text{bit})$,D 为该串首字符在搜索缓存区中的位置,即

$$D = (n+4078) \bmod 4096$$

式中:n 为最大匹配字符串首字符在源文件中的位置,窗口向后滑动 L 个字节。

位置和长度共占用 2B,其中地址占用 12bit,长度占用 4bit。当 $D=805(001100100101)$,$L=17$,$L-3=14(1110)$,地址长度子单元如图 8.1 所示。

压缩编码序列并不直接写进输出文件,而先存放在一个缓冲区,对其重新组织。如图 8.2 所示,压缩文件被分割成若干数据单元,每个数据单元由 9 个子单元构成,其中第一子单元为标识（记为

第一字节		第二字节	
8bit		4bit	4bit
d_7 d_6 d_5 d_4 d_3 d_2 d_1 d_0		d_{11} d_{10} d_9 d_8	$L-3$
0 0 1 0 0 1 0 1		0 0 1 1	1 1 1 0

图 8.1 地址长度子单元的比特放置

F),余下 8 个子单元存放地址长度码(记为 E)或字符原形(记为 U)。标识子单元的 8bit 指示随后 8 个子单元为子单元 E 还是子单元 U。如前所述,当标识比特为 0 时相应子单元为 E;当标识比特为 1bit 相应子单元为 U。由于子单元 U 占一个字节而子单元 E 占两个字节,故数据单元长度不等,为 9 ~ 17B。

图 8.2 压缩文件格式

8.2 LZW 算法

在前面已经分析了 LZ 78 算法,其长处是能够捕捉到各种字符串图样并且将之永久保存,也存在缺陷,即字典会无限制地膨胀变大。实际中必须在某一阶段停止字典的扩展,或者对字典进行修整,或者按固定字典方式编码。下面介绍一种改进算法——LZW 算法。

8.2.1 LZW 算法分析

最初提出的 LZ 78 算法比较抽象,1984 年,Terry Welch 提出了的一种实现技术,称为 LZW 算法。如同 LZSS 对 LZ 77 的改进,LZW 算法不对单个字符编码,即不必对码字 $<i,c>$ 中第二个分量单独编码,编码器只发送条目的标号 i。为此,在编码开始时,字典不是空的,信源字母表的所有字符(如 128 个字符或 256 个字符)已作为条目存放在字典中。编码时,输入到编码器的字符串与字典中短语条目逐一比较,确定它们是否匹配。如果所找到的最长匹配短语记为 p,p 之后的字符为 a,也就是说字典不包含字符串 p * a(符号 * 表示级连的意思),则将条目 p 的标号发出,并且把字符串 p * a 加入字典之中,并以 a 打头开始另一个字符串的编码。下面用两个实例来说明 LZW 算法的编码和译码过程。

例 8.1 输入序列:

wabba□wabba□wabba□wabba□woo□woo□woo

设信源字母表为{□,a,b,o,w},编码开始时 LZW 字典如表 8.1 所列。

编码器首先处理字符 w,它已被包含在字典中,所以将下一个字符与 w 相级连构成新的字符串 wa,wa 不在字典中;所以用字典标号 5 对 w 编码,并且将 wa 作为第 6 个条目加入字典,并以 a 打头

127

开始一个新的字符串。由于 a 在字典中,将下一个字符 b 与之相级连构成新的字符串 ab,但 ab 不在字典中;所以用字典标号 2 对 a 编码,并且将 ab 作为第 7 个条目加入字典,并以 b 打头开始一个新的字符串。按此方式进行下去,在处理第二组 wabba 的 w 之前,一直是在构作双字符的条目。此时,编码器的输出全部是初始字典的标号,即 5,2,3,3,2,1,字典的形态如表 8.2 所列,字典的第 12 个条目正在构造之中。下个字符是 a,将 a 与 w 级连得到字符串 wa,wa 在字典中(第 6 个条目),则读入下个字符 b,将 b 与 wa 级连得到字符串 wab,字典中没有 wab,所以 wab 便成为字典的第 12 个条目,而 wa 的标号值为 6。我们可以看到,在一串双字符的条目之后,便开始 3 字符的条目。随着编码的进行,条目不断加长。条目不断加长,说明字典捕捉到字符序列中可利用的结构越来越多。在编码结束时字典的形态如表 8.3 所列。编码器的输出为

5 2 3 3 2 1 6 8 10 12 9 11 7 16 5 4 4 11 21 23 4

表 8.1　编码开始时的 LZW 字典

条目的标号	条目代表的字符串
1	□
2	a
3	b
4	o
5	w

表 8.2　在处理第二组 wabba 的 w 之前字典的形态

条目的标号	条目代表的字符串	条目的标号	条目代表的字符串
1	□	7	ab
2	a	8	bb
3	b	9	ba
4	o	10	a□
5	w	11	□w
6	wa	12	w⋯

表 8.3　编码结束时字典的形态

条目的标号	条目代表的字符串	条目的标号	条目代表的字符串
1	□	14	a□w
2	a	15	wabb
3	b	16	ba□
4	o	17	□wa
5	w	18	abb
6	wa	19	ba□w
7	ab	20	wo
8	bb	21	oo
9	ba	22	o□
10	a□	23	□wo
11	□w	24	oo□
12	wab	25	□woo
13	bba		

例 8.2　设译码器的输入就是例 8.1 的编码器输出,即

5 2 3 3 2 1 6 8 10 12 9 11 7 16 5 4 4 11 21 23 4

译码器开始工作时字典的初始状态同编码器开始工作时完全一样,如表8.4所列。标号5对应于字母w,所以输入序列的第一个码元5被译为w。与此同时,译码器仿照编码器的构作程序开始建立字典的下一个条目。从字符w开始,字符w已在字典中,所以不再将它加进字典而继续译码。译码器的下一个输入是2,标号2对应于字符a,故译码结果为a,并将它与当前的字符w相级连构成一个字符串wa,字典中没有wa,需将它加进字典成为其第6个条目,并以a打头开始新一个字符串。接下去四个输入是3321,分别对应于字符b b a □,并生成字典条目ab、bb、ba和a□,此时字典的形态如表8.4所列,第11条目正在构作之中。

表8.4 译码器在构作第11条目时字典的形态

条目的标号	条目代表的字符串	条目的标号	条目代表的字符串
1	□	7	ab
2	a	8	bb
3	b	9	ba
4	o	10	a□
5	w	11	□…
6	wa		

下一个输入是6,表示wa,故译码输出为w和a。接着首先将w与□级连构成字符串□w,由于字典没有□w,所以它成为字典的第11个条目,并以w打头开始新一个字符串,前面已译出字符a,a与w级连构成字符串wa。由于字典已包含wa,则对下个输入8译码。标号8对应于字典的条目bb。首先译出第一个b并与wa级连构成字符串wab,字典没有wab,故将它加进字典成为第12个条目,并以b打头开始新一个字符串。在译出第二个b之后并与第一个b级连则生成bb;由于bb已在字典中,故继续往下译码。按此下去便完成整个序列的译码。可以看出,译码器构作的字典与编码器构作的完全一样。

8.2.2 特例分析

上述LZW的译码算法在一种特殊条件下会出毛病。假设有一个信源A = {a,b}待编码的序列为ababab…,编码过程与前述一样;编码时字典的初始形态如表8.5所列,结束时字典的最终形态如表8.6所列。

表8.5 输入 ababab 编码时字典的初态

条目的标号	条目代表的字符串
1	a
2	b

表8.6 编码结束时字典的最终形态

条目的标号	条目代表的字符串	条目的标号	条目代表的字符串
1	a	5	aba
2	b	6	abab
3	ab	7	b…
4	ba		

8.3 PKZIP 压缩编码原理分析

8.3.1 PKZIP 压缩编码原理

DEFLATE 算法是 PKZIP 2.0 软件中采用的一种算法,使用匹配距离长度编码与霍夫曼编码相结合的方法,字符为最小编码单位。具体算法如下。

(1) 当匹配长度 $L<3$,按单字符编码,即待编码的 ASCII 字符的高 4 位按表8.7进行编码,所得到的 4 位或 5 位与原字符的低 4 位构成一个新比特组,然后反序发送。例如, ASCII 字符 T 的二进制组合为 01010100,按表 8.7 进行编码,其高 4 位 0101 变换成 1000,再加上原来的低 4 位得 10000100,反序后得 00100001。

(2) 当 $3 \leqslant L \leqslant 258$,匹配距离 $d = n_2 - n_1 - 1$,其中 n_2 为待编码的字符串的首字符地址, n_1 为所找到的匹配字符串的首字符地址,则匹配长度 L 采用表8.8的固定霍夫曼码表编码;匹配距离 d 采用表8.9的固定霍夫曼码表编码。输出时, 长度和距离的霍夫曼码字即 $\mathrm{THL}(L)$ 和 $\mathrm{THD}(d)$ 要反序,先发 $\mathrm{THL}(L)$,再发 $\mathrm{THD}(d)$ 。

由于码表8.8和码表8.9都采用固定霍夫曼码,而且又统一编码,所以在此编码方式中,没有标识位。

表8.7 Deflate 算法的 THC 码表

字符的高 4 位 CH	码字 THC[CH]	字符的高 4 位 CH	码字 THC[CH]
0000	0011	0001	0100
0010	0101	0011	0110
0100	0111	0101	1000
0110	1001	0111	1010
1000	1011	1001	11001
1010	11010	1011	11011
1100	11100	1101	11101
1110	11110	1111	11111

表8.8 Deflate 算法的 THL 码表

匹配长度 L	码字 THL[L]	匹配长度 L	码字 THL[L]
		3	0000001
4	0000010	5	0000011
6	0000100	7	0000101
8	0000110	9	0000111

表 8.9　Deflate 算法的 THD 码表

匹配距离 d	码字　THD[d]	匹配距离 d	码字　THD[d]
0	00000	1	00001
2	00010	3	00011
4	001000	5	001001
6	001010	7	001011
8	0011000	9	0011010
⋮	⋮	⋮	⋮

8.3.2　PKZIP 压缩编码举例

例 8.3　待编码的字符串为

abcdefdgcdekxbbbb……bcde……

前 8 个字符 a,b,c,d,e,f,d,g 都按单字符编码;而为字符串 cde 找到了匹配串,其匹配距离 d＝5;k、x、b 又按单字符编码;为字符串 bbb 找到了匹配串,其匹配距离 d＝0;为字符串 bcde 找到了匹配串,其匹配距离 d＝176。编码过程如表 8.10 所列。

表 8.10　编码过程

待编码的字符串	编码中间结果	编码最后结果	传输序列
a(01100001)	10010001	10001001	10001001
b(01100010)	10010010	01001001	01001001
c(01100011)	10010011	11001001	11001001
d(01100100)	10010100	00101001	00101001
e(01100101)	10010101	10101001	10101001
f(01100110)	10010110	01101001	01101001
d(01100100)	10010100	00101001	00101001
g(01100111)	10010111	11101001	11101001
c(01100011) d(01100100) e(01100101)	THL(3):0000001 THD(5):001001	*1000000* *100100*	*01*000000
k(01101011)	10011011	*11011*001	001*10010*
x(01111000)	10101000	*00010*101	101*11011*
b(01100010)	10010010	*01001*001	001*00010*
b(01100010) b(01100010) b(01100010)	THL(3):0000001 THD(0):00000	*1000000* 00000	0000*1001* 0000*1000* ×××××××0

需要说明的是编码中间结果为查相应码表所得的码字;编码最后结果为反序后的中间结果;最后一列为编码最后结果按 8 位字节进行重新装配后得到的信道上实际传输序列。

8.4　PKZIP 文件格式分析

8.4.1　ZIP 压缩文件的结构分析

ZIP 是一个流行的桌面压缩/文档程序,是以 ASCII 码"50 4B"开头的压缩软件中的一种,文件后缀名为 ZIP。ZIP 压缩软件使用了多种压缩方法,尽管采用的方法可能不同,但文件的总体格式却是固定的。

1. ZIP 文件的总体格式

ZIP 文件的总体格式为

[局部文件头 + 文件数据 + 数据描述符]…[中心目录]…[中心目录记录结束]

(1)局部文件头(Local File Header)的结构。局部文件头如表 8.11 所列。

表 8.11　局部文件头

局部文件头标志	压缩数据长度
解压所需软件版本	源文件长度
通用比特标志	源文件名长度
压缩方式	附加字段长度
源文件建立时间	文件名
源文件建立日期	附加字段
CRC – 32 校验码	

(2)文件数据。文件数据是我们重点讨论的对象之一,文件数据格式如表 8.12 所列。

表 8.12　文件数据格式

参数区	压缩数据区

值得注意的是,有的算法采用固定的码表,没有参数区,它的参数区数据已经确定,比如下面要介绍的 Deflate1 算法。

(3)数据描述符(Data Descriptor)。仅当通用比特标志的第 3 比特置为 1,才有此字段,此时,数据描述符格式如表 8.13 所列。

表 8.13　数据描述符格式

CRC – 32 校验码
压缩数据长度
源文件长度

(4)中心目录(Central Directory)。中心目录格式如表 8.14 所列。

表 8.14　中心目录格式

①中心文件头标志	⑥源文件建立时间	⑪文件名长度	⑯外部文件属性
②所用软件版本	⑦源文件建立日期	⑫附加字段长度	⑰局部头相对偏移
③解压所需软件版本	⑧CRC – 32 校验码	⑬文件注释长度	⑱源文件名
④通用比特标志	⑨压缩文件长度	⑭开始盘号	⑲附加字段
⑤压缩方式	⑩源文件长度	⑮内部文件属性	⑳文件注释

2. 通用比特标志具体分析

比特 0：如果置 1，表示文件加密。

比特 1，2：根据使用的不同压缩算法，其表示的意义不同，对于 Deflate 压缩算法，比特 1，2 的意义如表 8.15 所列。

表 8.15　比特 1，2 的意义

比特 1	比特 2	意　义
0	0	使用正常(normal)压缩方法
1	0	使用最大(maximum 压缩方法
0	1	使用快速(fast)压缩方法
1	1	使用超快速(super fast)压缩方法

8.4.2　压缩方式分析

压缩编码方法如表 8.16 所列。

表 8.16　压缩编码方法

编码	表示的压缩算法	编码	表示的压缩算法
0	存储(无压缩)	1	Shrink 算法
2	Reduce 算法(系数为 1)	3	Reduce 算法(系数为 2)
4	Reduce 算法(系数为 3)	5	Reduce 算法(系数为 4)
6	Implode 算法	7	保留供 Tokenizing 算法
8	Deflate 算法	9	保留供增强型 Deflate 算法用
10	PKWARE 数据压缩算法集		

8.5　基于遍历检验准则的 PKZIP 码的纠错译码技术

8.5.1　ZIP 压缩中所采用的压缩算法分析

对 ZIP 压缩中所采用的压缩算法进行了深入细致的分析，得出如下主要结果。

1. ZIP 采用的是 LZ 77 算法的改进型算法

经过详细分析，已确认 ZIP 采用的是 LZSS 算法，前面已进行阐述，在此不再重述。应该指出，字典长度一般取 32768，前视缓冲区长度一般取 256，而匹配字符串长度小于 3 的均采用原形输出。

2. Huffman – Shannon – Fano 码(HSF 码)

在以 LZ 77 为基础的许多后续算法中，都使用了 HSF 编码。这种码字与霍夫曼码一样，具有最优性,但采用 Shannon - Fano 码的构造方法。霍夫曼码性能是最优的,而 SF 码具有数值序列的特点,即从概率大的到概率小的码子来看,码子的二进制数值由小到大是递增的。这一点,正是用来减少译码表的尺度、缩短编码时间的基本条件。所以 HSF 码既具有霍夫曼码的最优性,又具有 Shannon - Fano 码的数值序列性等优点。由于霍夫曼码没有数值序列的特性,而 HSF 码的码字的十进制数则是从 $0 - (2^k - 1)$ 的(k 为最后一个码字的码元字符的个数),根据 HSF 码的这个性质,便可构造出较小的译码表和获得较短的编译码时间。

例 8.4 有一信源,其概率空间为

$$U = \left\{ \begin{matrix} 2 & 9 & 4 & 0 & A & 8 & 3 & 7 & 1 & 5 & B & 6 \\ 0.226, & 0.165, & 0.135, & 0.120, & 0.079, & 0.063, & 0.054, & 0.041, & 0.038, & 0.034, & 0.030, & 0.015 \end{matrix} \right\}$$

若对这个信源进行霍夫曼编码,则有

$$C_H = \{10, 000, 010, 011, 0010, 1100, 1101, 1111, 00110, 00111, 11100, 11101\}$$

可见,码字长度为 2 ~ 5,定义一个"等长码字个数"所构成的集合为

$$I = \{W_1, W_2, W_3, W_4, W_5\}$$

式中:W_i 表示字长为 $i(i \geqslant 1)$ 的码字的个数;集合 I 是这个数(十进制)的集合。

显然,C_H 的 $I = \{0, 1, 3, 4, 4\}$。然后根据 I 来构造 HSF 码,图 8.3 以树的形式表达了 HSF 的构造方法。

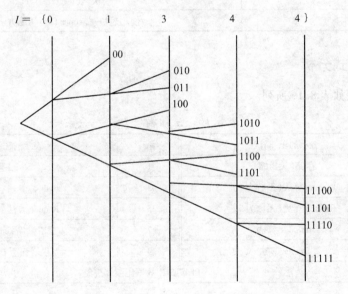

图 8.3 HSF 编码树图

霍夫曼码与 HSF 码的对比,如表 8.17 所列。

表 8.17 霍夫曼码与 HSF 码的比较表

消息字符	概率	霍夫曼码	HSF 码	HSF 码值
2	0.226	10	00	0
9	0.165	000	010	2
4	0.135	010	011	3
0	0.120	011	100	4

消息字符	概率	霍夫曼码	HSF 码	HSF 码值
A	0.079	0010	1010	10
8	0.063	1100	1011	11
3	0.054	1101	1100	12
7	0.041	1111	1101	13
1	0.038	00110	11100	28
5	0.034	00111	11101	29
B	0.030	11100	11110	30
6	0.015	11101	11111	31

根据 HSF 码的数值序列性特点,在知道码长的情况下,构造 HSF 码有一个简单快速的办法。

（1）从最小码长开始编码,从 0 开始编码,依次加 1,码长为多少,则其二进制比特就为多长。在表 8.17 中,码长最短为 2,且只有一个,则其码字定为"00"。

（2）若码长发生变化,则其 HSF 码的编码构造如下:

变化后的码值 = (变化前的码值 + 1) × 2^m （m = 变化后的码长 – 变化前的码长）

在表 8.17 中,码长为 2 的最后一个码字的码值为 0,当码长变为 3 时,按照上式,这时候码值应该等于 2,所以码长为 3 的第一个码字的编码应为"010"。

事实上,在 ZIP 文件的参数区中,在文件被压缩之时存入此处的数据只是反映相关树所代表的码字的码长,而最后译码时正是通过这些码长数据以及 HSF 码的数值序列性,还原出有关的树来的。

（3）ZIP 压缩文件的具体压缩算法。ZIP 压缩软件在不同的版本中采用了不同的压缩算法,如 SHRINK 算法、REDUCE 算法(压缩系数为 1～4)、Implode 算法、Deflate 算法等。在目前的版本中,主要采用的是 Deflate 压缩算法。实际上,Deflate 压缩算法分为两类:一是采用基于滑动窗口的字典压缩编码与固定编码表的霍夫曼编码相结合的压缩算法;二是采用预统计滑动窗口的字典压缩编码与自适应码表的霍夫曼编码相结合的压缩算法。这两种压缩算法都是采用滑动窗口进行压缩编码,是 LZ77 算法的变形。为了便于描述,分别称为 Deflate1 和 Deflate2。

8.5.2 Deflate1 压缩算法

Deflate1 压缩算法使用匹配距离、匹配长度编码与霍夫曼编码相结合的方法,以字符为最小编码单位,属于固定码表编码方法。在这种固定字典式编码方法中,字典是在压缩之前建立的,而且长时间保持不变。它的主要缺点是适应性差,效率低,主要应用于小文件的压缩编码。

Deflate1 压缩算法包含三个码表:THC 码表、THL 码表和 THD 码表,压缩编码和解压译码的过程都是基于这三个码表进行的。在编码过程当中,字符与长度码及距离码都采用固定的码字,具体算法如下:

（1）当匹配长度 L < 3,按单字符编码,待编码的 ASCII 字符的高 4 位按 THC 码表进行编码,所得到的 4 位或 5 位与原字符的低 4 位构成一个新比特组,然后反序发送。

（2）当 $3 \leqslant L \leqslant 258$,匹配距离为 $d = n_2 - n_1 - 1$,其中 n_2 为待编码的字符串的首字符地址,n_1 为所找到的匹配字符串的首字符地址。匹配长度 L 采用 THL 码表的固定霍夫曼码表编码,匹配距离 d

采用 THD 码表的固定霍夫曼码表编码。输出时，长度和距离的霍夫曼码字即 THL(L) 和 THD(D) 要反序，先发 THL(L)，再发 THD(D)。由于 THL 码表和 THD 码表都采用固定霍夫曼码，而且又统一编码，所以在此编码方式中没有参数区。

8.5.3　Deflate2 压缩算法

Deflate2 压缩算法与 Deflate1 压缩算法在原理上基本是一致的，所不同的是 Deflate1 压缩算法所采用的码表是固定码表，而 Deflate2 压缩算法采用自适应方式字典编码，压缩之前是没有字典的。

Deflate2 算法对要压缩的文件进行统计后，根据统计的结果生成两棵霍夫曼树（严格来说，这两棵树是 Huffman – Shannon – Fano 树，HSF 树），分别称为字符树（字符树中包含字符码与匹配长度码）与距离树（匹配距离码）。在获得字符树与距离树后，还要将这两棵树变形（这种变形实际也是一种压缩）后再存入参数区。

1. 滑动窗口结构

滑动窗口结构如图 8.4 所示

已被编码的文本窗口	待编码文本窗口
32768B	258B

图 8.4　滑动窗口结构图

2. 霍夫曼编码

霍夫曼编码器根据滑动窗口压缩器输出的中间结果进行统计形成两棵霍夫曼树，其中单字符与匹配长度在一棵霍夫曼树上称为字符树，匹配距离在另一棵霍夫曼树上称为距离树。

单字符依照 ASCII 码编号为 0～255，压缩文件结束码 EOB 编号为 256,257～285 对应的匹配长度及尾码位数如表 8.18 所列。

表 8.18　长度码及其尾码表

匹配长度	基码编号	尾码位数	匹配长度	基码编号	尾码位数
3	257	0	4	258	0
5	259	0	6	260	0
7	261	0	8	262	0
9	263	0	10	264	0
11	265	1	13	266	1
15	267	1	17	268	1
19	269	2	23	270	2
27	271	2	31	272	2
35	273	3	43	274	3
51	275	3	59	276	3
67	277	4	83	278	4
99	279	4	115	280	4
131	281	5	163	282	5
195	283	5	227	284	5
258	285	0			

匹配距离码的基码编号为 0 ~ 29,对应匹配距离及尾码位数如表 8.19 所列。

表 8.19 距离码及尾码表

匹配距离	基码编号	尾码位数	匹配距离	基码编号	尾码位数
1	0	0	2	1	0
3	2	0	4	3	0
5	4	1	7	5	1
9	6	2	13	7	2
17	8	3	25	9	3
33	10	4	49	11	4
65	12	5	97	13	5
129	14	6	193	15	6
257	16	7	385	17	7
513	18	8	769	19	8
1025	20	9	1537	21	9
2049	22	10	3073	23	10
4097	24	11	6145	25	11
8193	26	12	12289	27	12
16385	28	13	24577	29	13

3. 参数区结构

在一个 ZIP 压缩文件中,紧接着局部文件头的,就是参数区了,参数区之后才是压缩数据区,在压缩数据区中存放着源文件压缩后的码字。

由于 Deflate2 是预统计霍夫曼编码的压缩算法。所以为了正确还原源文件,必须在压缩文件中存储压缩时产生的码树或码表等编码信息,这些信息就是压缩数据的参数区。

参数区的结构如表 8.20 所列。

表 8.20 参数区的结构

TY	NL	ND	NB	C - DATA	P - DATA

4. 码树构造

在参数区中码树信息是由码长来表达的。由码长和一些相应的规则可以唯一确定码树,参数区部分一共可建立三棵码树。第一棵码树由 C-DATA 区构造,它是构造后两棵码树所需码长的码长编码树;后两棵是字符树与距离树,由 P-DATA 区构造。

5. ZIP 文件中压缩区数据格式

紧接着参数区之后即是压缩数据区,在压缩数据区中,存储的数据就是 P-DATA 区数据所建立的字符树与距离树所代表的码字,原文件中的数据必定能由该区的数据还原。另外,需要注意的是,有一个长度码其后便会有一个相应的距离码紧随其后。

6. ZIP 压缩文件译码程序流程图

ZIP 压缩文件译码程序流程图如图 8.5 所示。

图 8.5 ZIP 压缩文件译码流程图

8.5.4 遍历树匹配参数区纠错算法设计

在 ZIP 文件中,采用 Deflate1 算法的文件并无参数区,它的字符树与距离树都已经固定。对于 Deflate2 算法,将参数区中的 C-DATA 与 P-DATA 区分开进行处理。

先介绍一下克拉夫特不等式以及与之有关的一个定理。

定理 8.1 克拉夫特(Kraft)不等式:长度为 $L_1, L_2, \cdots, L_n$ 的 M 进制唯一可译码存在的充分必要条件为

$$\sum_{i=1}^{n} M^{-L_i} \leq 1$$

定义 若 W 中任意码字都不是另一个码字的字头,换句话说,任何一个码字都不是由另一个码字加上若干码元构成,则 W 就称为非续长码或异字头码。

定理 8.2 用尽的非续长码的充分必要条件是克拉夫特不等式取等号。

1. C-DATA 区的纠错算法——遍历树匹配纠错算法设计原理

在 C-DATA 区存放的数据是用来构造码长编码树的,先看下面的例子。

C-DATA 区数据如下:

> 011,001,111,001,110,110,110,110,110,001,110,101,000,111

(对应码长:P_1, P_2, P_3, 0, 8, 7, 9, 6, 10, 5, 11, 4, 12, 3)

由它所构造的霍夫曼树如图 8.6 所示。相关码字如下:

> 6:000　7:001　8:010　9:011　10:100　11:101
>
> 0:1100　5:1101　P_2:1110
>
> 4:11110
>
> P_1:111110
>
> 3:1111110　P_3:1111111

图 8.6　正确的码长编码树

在随意改动其中一个比特后,设第 3 个比特由 '1' 变成了 '0',则

> 010,001,111,001,110,110,110,110,110,001,110,101,000,111

(对应码长:P_1, P_2, P_3, 0, 8, 7, 9, 6, 10, 5, 11, 4, 12 3)

按照与原例中相同处理办法进行处理后,得到如下结果:

码长为 0:{12:000}

码长为 2:{P_1:010}

码长为 3:{6:011　7:011　8:011　9:011　10:011　11:011}

码长为 4：$\{0:100 \quad 5:100 \quad P_2:100\}$

码长为 5：$\{4:101\}$

码长为 7：$\{3:111 \quad P_3:111\}$

这样的数据，实际已经不是霍夫曼树，如果按照 HSF 编码的构造方法强制构造，就会出现崩溃性的结果：

$$P_1:00$$

$$6:010,7:011,8:100,9:101,10:110,11:111$$

按照编码规则，由于下一个码字的码长已经发生变化，由 3 变到了 4，所以下一个码字'0'的编码码值应该是：$(7+1) \times 2^{(4-3)} = 16$，但 4 位二进制数是无法表示 16 的。也就是说，下一码字'0'的编码是"10000"，码长为 5，而'0'的编码码长已经确定了为 4，此时已经出现了问题。将本例中已经编码的码字与正确的码字比较也大相径庭可以得出结论：C–DATA 区的一个比特的错误，就会使解压无法进行。

综上所述，利用定理 8.2 和编码树可解决错误的发现难题。通过遍历循环，结合比特反转方法进行假设检验，可实现错误的定位与纠正。

2. P–DATA 区的纠错

P–DATA 的构造方法与 C–DATA 区基本一致，不同的只是 C–DATA 区的长度可以预先知道，而 P–DATA 区不能。说明以下几点结论：

（1）P–DATA 区分两部分，第一部分 P–DATA1 区存放的是构建字符树的数据，P–DATA2 区存放的是构建距离树的数据，字符树与距离树都是 HSF 树。

（2）在 C–DATA 区数据正确或 C–DATA 区数据能正确纠正的情况下，P–DATA1 有可能纠正一个错误，与 C–DATA 区类似。当发现 P–DATA1 区的数据所构造的码字不符合定理 2 时，可以采用比特依次反码的做法。

（3）在 P–DATA1 区已正确恢复出字符树的情况下，P–DATA2 区也有可能纠正一个比特的错误，其情形与 P–DATA1 区一致。

3. 参数区遍历树匹配纠错译码算法

纠错译码算法的描述如下：

定义两个初始变量 f、p 令其等于 0，则计算步骤如下：

（1）计算参数区码字所代表的码长大小。

（2）根据数据大小计算 Kraft 不等式的左边值。

（3）判断该值是否等于 1。若等于 1，则将 f 加 1，并记下此时 p 的大小，继续下一步；若不等于 1，直接继续下一步。

（4）将数据中 $p,p-1$ 位置的比特反码后，p 加 1。

（5）如果 p 的大小没有超过数据的长度，则回到第（1）步。

（6）f 是否大于 1，如不是，则将第（3）步记下的 p 的位置的比特反码，构造码长编码树；否则，将满足条件的第一个位置上的彼特翻转，构造码长编码树。若 $f=0$，则退出。

经过试验，该算法可以纠正 C–DATA（P–DATA1 或 P–DATA2）区一个比特的错误。

4. 参数区纠错算法流程图

参数区纠错算法流程图如图 8.7 所示。流程图中省略了 ZIP 文件头的处理部分。

图 8.7　参数区纠错算法流程图

8.6　基于复相关的 PKZIP 码的纠错译码技术

8.6.1　基于复相关性的数据区纠错译码算法设计

一般情况下,压缩数据区的数据,即使是一个比特的错误,也会造成后续正确码字的定位错误,从而使整个文件的译码无法进行。

纠错译码算法研究的核心问题:如何发现错误;如何定位错误;如何纠正错误。

为了解决如何发现错误这一关键课题,我们研究设计了"基于词库查询"误码发现技术。这对错误如何定位难题,设计了比特翻转,假设检验算法。

1. 如何发现数据区错误

1)利用单词来发现错误

由于霍夫曼树的独特性质,在压缩数据区任意一个比特的变化,会使数据在字符树按不同的方向走下去,导致不同码字的生成。如果这个码字在树中的长度与正确码字的一样,那么这个比特的错误不会影响到后面的码字,如果长度不一样则后面的码字也会发生变化。但不管错误后的码字在树中长度是否变化,它必将影响整个单词的组成。所以,通过对译码单词的检查,在大部分情况下是可以发现比特错误的。

针对英文文件数据的纠错,共搜集英文单词 13643 个,包括了初中、高中、四级、六级、托福、GRE、MBA 及硕士研究生入学考试词汇等单词,所有英语单词放在 Access 数据库中。

为了程序在纠错译码时,搜索英语单词不至于影响执行的速度,数据库按照英语字典通行的法则,以 26 个字母为字段名,以每一个英语单词的第一个字母为标准,将英语单词归纳到相应到字段中,在匹配时只需到相应的字段中搜索即可,大大加快程序的搜索速度。

2)利用长度码与距离码来发现错误

当压缩数据中一个比特发生变化后构造一个新的码字,所需的比特数往往与构成正确码字所需比特数不一样。一般情况下,一个比特发生错误后,接下来的所有数据都会因为这个错误而不能正确构成码字,并有可能构成新的长度码与距离码,显然新出现的码字并不正确。这时如果滑动窗口的长度还没有距离码所代表的长度大,就可以发现错误。

2. 纠错的原理及方法

目前,采取的是字典匹配进行含错解压缩。这里的字典,既包括前面所说的 Access 数据库,也包括正确的字符树、距离树的编码。每当一个单词被译出来时,先去词根再进行字典中的单词匹配;在无法匹配的情况下,从单词中的第一个字母开始,自动用字符树中同样编码长度的字符替换后再去匹配单词;若仍旧无法匹配,则将译出该单词的原始压缩数据部分依次比特翻转后译码并进行单词匹配,但这样可能会引起匹配长度和匹配距离超过现有搜索窗口长度。如果上述三种方法仍得不到正确结果则放弃继续译码。

对长度码与距离码所代表的英文文字,除了开始部分与最后部分保留下来,参与到单词确认中去以外,其他的均可认为正确。例如,有一个长度码与距离码,经译码后为"ou are a studen"。这时候,第一步保留"ou",然后与前面留下来的码字组合在一起,经确认后如果是一个单词,则写入解压文件中;第二步再将" studen"保留下来,与下面的码字组合在一起,如果下面的码字是一个"t",则可认为码字正确。

8.6.2 压缩数据区纠错译码算法流程图

压缩数据区纠错译码算法,如图 8.8 所示。图中的 w_str:为滑动窗口;w_word:在放入滑动窗口前存放码字的变量;pos:已经确认正确的比特位置;sp:代表空格、回车与 TAB 等。

图 8.8 压缩数据区纠错译码算法流程图

第9章　JBIG2 码分析与译码技术

9.1　JBIG2 编码分析

JBIG2 码是联合二值图像专家组提出的用于二值图像压缩新的标准。它描述了压缩原理和压缩文件的格式。

9.1.1　JBIG2 编码目标

(1) 更高的压缩比(是 MMR 的 3~5 倍,JBIG 的 2~3 倍)。

(2) 提供用于压缩文件、半色调和其他二值图像分的特殊压缩方法。

(3) 提供有损和无损压缩。

(4) 渐进式压缩模式:一是质量渐进压缩,其解码图像质量从低到高逐渐提高;二是内容渐进压缩。例如,像文本一类的重要图像部分先解码,而后再对不太重要的部分进行解码,如半色调图案等。

(5) 多页文件压缩。

(6) 灵活的格式,容易嵌入到其他文件格式中,如 TIFF。

(7) 快速解压缩,能适应图像的软件解压缩。

9.1.2　JBIG2 码编码原理

JBIG2 的特点则是可以辨识出文本、半色调图像和页面上的任何其他内容。JBIG2 编码器在进行编码之前,应以某种方式扫描页面,并辨认出这三种区域。

1. 文本区域

包含文本,一般按行组织。文本可以是未知的符号、标志、音符或象形文字。编码器把每个符号当成一个矩形位图,放进一个字典中。并用算术编码或 MMR 码对字典进行编码,且作为一个段写入压缩文件。类似地,把文本区域本身再进行编码且作为另一个段写入压缩文件中。为了对一个文本区域进行编码,编码器把每个符号的相对坐标(坐标与前面的符号有关)和指向字典中符号位图的指针(也可能让指针指向几个位图,并规定符号为这些位图的一个集合,如逻辑与、或和异或)准备好,该数据也是先编码再写入压缩文件中。若相同符号出现了几次,就实现了压缩。

应该指出,符号可以在几个不同的文本区域出现,甚至在不同的页出现。编码器应确信包含该符号位图的字典,只要需要就将被解码器尽可能长时间地保留。如果把相同的位图用于略有差别的符号,这就意味着是有损压缩。

文本区域中的字符称作符号,文本区域是由重复性的字符组成的区域,采用"符号匹配"的编码方法,即符号编码。编码器把每个符号当成一个矩行位图,收集在一个或多个符号字典里,并把每个符号的相对坐标和指向字典中的符号位图的指针准备好。字典里的位图可以直接编码,也可以编码成已存在于字典符号的改进,还可以编码成已存在字典里的两个或多个符号的综合,并且允许原始符号位图和符号字典里索引过的位图间有细微差别。用霍夫曼码、MMR 码或算术编码压缩字典,并作为一个段写入压缩文件。类似地,把文本区域本身编码,并写入压缩文件中作为另一段。编码器定义在符号字典中的符号以高度组(height class)排序。一个高度组包含许多符号,并且同一个高度组里的符号位图的高度相同。符号字典的结构如图9.1所示。

2. 半色调区域

对一幅二值图像,可能包含由半色调处理生成的灰度图像。编码器逐单元扫描这样的区域(半色调单元或复合点),把所有不同的单元转为一个不同的整数(典型的为16位,与4×4复合点相对应),就生成一个半色调字典,压缩后写入压缩文件。然后,把半色调区域中的每个单元(复合点)用一个指向字典的指针代替。相同的字典可用于解码几个半色调区域,可能定位在文档的不同页。编码器应标注各字典,以便解码器知道把它保持多久。

3. 普通区域

任何未被编码器辨识为文本和半色调区域的区域,就被定义为普通区域。这样的区域可能包含一个大的字符、艺术线条、数学公式,甚至是噪声,即斑点或污垢。普通区域用算术编码或MMR进行压缩。若使用算术编码,每个像素的概率由其上下文确定。

具体到一页,可包含任意多的区域,区域页可重叠,由编码器决定。具体如何实施,JBIG2标准并未规定。因此,一个简单的JBIG2编码器,可把任何页当作一个大的普通区域进行编码。一个精心设计的JBIG2编码器,可把一个页进行分析辨识出几个不同的区域,如图9.2所示,该页内有四个文字区域、一个半色调区域和两个普通区域(一个剪裁的脸、一个时指纹),分别进行编码,可以获取更高的压缩比。

第一个高度组
第二个高度组
⋮
最后一个高度组
输出符号的列表

图9.1 符号字典的结构

1. Text regions. These contain text, normally arranged in rows. The text does not have to be in any specific language, and may consist of unknown symbols, dingbats, music notes, or hieroglyphs. The encoder treats each symbol as a rectangular bitmap which it places in a dictionary. The dictionary is compressed by either arithmetic coding or MMR and written, as a segment, on the compressed file. Similarly, the text region itself is encoded and written on the compressed file as another segment. To encode a text region the encoder prepares the relative coordinates of each symbol (the coordinates relative to the preceding symbol), and a pointer to the symbol's bitmap in the dictionary. (It is also possible to have pointers to several bitmaps and specify the symbol as an aggregation of those bitmaps, such as logical AND, OR, or XOR.) This data also is encoded before being written on the compressed file. Compression is achieved if the same symbol occurs several times. Notice that the symbol may occur in different text regions

Example of shearing

2. Halftone regions. A bi-level image may contain a grayscale image done in halftone. The encoder scans such a region cell by cell (halftone cells, also called patterns, are typically. A halftone dictionary is created by collecting all the different cells, and converting each to an integer (typically 9 bits or 16 bits).

Lena in halftone (2 by 2 inches)

图9.2 典型的JBIG2区域示意图

JBIG2码引入区域细化(refinement)的概念,压缩文件中包含指令或标示码,使得解码器能从压缩文件中把区域a解码并存入辅助缓存器中,该缓存器随后可用来细化另一个区域b的解码缓存。

应该指出,当在压缩文件中发现 b 并进行解码,且进行页缓存的时候,写入页缓存的像素应包括从压缩文件中解压缩的像素和辅助缓存其中的像素。

例 9.1 区域细化的具体例子之一,则是文档中某些文字区域的中心由大的灰体单词"Top Secret"作为背景。一个简单的 JBIG2 编码器,也许会把组成"Top Secret"的像素当作某些符号的一部分,即把整个图像当作一个大的普通区域进行编码;一个复杂的 JBIG2 编码器,可辨识出通常的背景作为普通区域,按区域细化来压缩它,并被解码器用于某些文字区域。

例 9.2 某些半色调区域具有暗背景的文件。复杂 JBIG2 编码器,将识别出这些区域中的暗背景作为普通区域,并将指令放在压缩文件中告诉解码器如何利用该区域去细化某些半色调区域。

9.2　JBIG2 码解码原理

9.2.1　解码概述

根据从压缩文件中读取的一个码字,解码器开始把页缓存初始化为特定值 0 或 1,然后它逐段输入文件的剩余部分,每段执行不同的过程,主要有如下 7 个过程。

1. 解码段头的过程

每段都从一个头开始,除了其他内容,头中包含段的类型,段解码后的输出目的地,及其他段在解码该段时必须要用的信息。

2. 解码普通区域的过程

当解码器找到一个描述这类区域的段时调用。该段使用算术编码或 MMR 码压缩,本过程用于对其解压缩。如果是算术编码,前面的解码像素用来形成一个预测上下文,当解出一个像素时,本过程不是简单地将其存在页缓存中,而是将它与页缓存中已有的像素,根据段中规定的逻辑操作(与、或、异或等)进行复合。

3. 解码普通细化区域的过程

与上述思想类似,但它是修改一个辅助缓存而非页缓存。

4. 解码符号字典的过程

当解码器找到一个包含这样的字典的段时调用它。字典被解压缩后存储为一列符号。每个符号都是一个位图,要么在字典明确说明,要么规定为一个已知符号(该字典的前一个符号,或来自另一个已有字典的符号)的细化(改进),或者规定为几个已知符号的集合(逻辑组合)。

5. 解码符号区域的过程

当解码器找到一个描述这样的区域的段时调用。把段解压缩得到三元组,符号的三元组包含着相对于前一符号的坐标和一个指向符号字典中一个符号的指针(索引)。因为解码器在任何时候可保持几个符号字典,因此,段应指出要用哪个字典。从字典中查出符号的位图,并根据段所规定的逻辑运算把符号位图像素与页缓存中的像素复合。

6. 解码半色调字典的过程

当解码器找到一个包含这样的字典的段时调用。把该字典解压缩,并作为一系列半色调图案(固定大小的位图)进行存储。

7. 解码半色调区域的过程

当解码器找到一个描述这样的区域的段时调用。把该段解压缩为一系列指向半色调字典中的图案的指针(索引)。

9.2.2　过程的详细描述

1. 普通区域解码

该过程从压缩文件中读取几个参数,如表9.1所列。

表9.1　用于解码普通区域的参数

名　称	类型	大小	符号	说　明
MMR	I	1	N	采用了 MMR 或算术编码
GBW	I	32	N	区域宽度
GBH	I	32	N	区域高度
GBTEMPLATE	I	2	N	模板数
TPON	I	1	N	用典型预测
USESKIP	I	1	N	跳过某些像素
SKIP	B			跳过的位图
GBATX$_1$	I	8	Y	A1 相对 X 坐标
GBATY$_1$	I	8	Y	A1 相对 Y 坐标
GBATX$_2$	I	8	Y	A2 相对 X 坐标
GBATY$_2$	I	8	Y	A2 相对 Y 坐标
GBATX$_3$	I	8	Y	A3 相对 X 坐标
GBATY$_3$	I	8	Y	A3 相对 Y 坐标
GBATX$_4$	I	8	Y	A4 相对 X 坐标
GBATY$_4$	I	8	Y	A4 相对 Y 坐标

表9.1中第一行,MMR 规定了待解码段所用的压缩方法,可以是算术编码,也可以是 MMR 编码。采用算术编码时,与 JBIG 类似,逐像素进行解码后逐行放在正解码的普通区域(页缓存的一部分),其宽度和高度分别由 GBW 和 GBH 给定。在此,不是把它们简单地存在那儿,而是和已有的背景像素逻辑复合。算术编码的解码过程需要被解压缩项的概率知识,在此可以对每个正解码像素生成一个模板,用该模板得到一个整数(像素的上下文),并用这个整数作为指向概率表的指针,从而得到概率。

参数 GBTEMPLATE 规定应使用四个模板中的哪一个。与 GBTEMPLATE 值 0～3 对应的四个模板如图9.3所示。标记"O"的像素是正在解码的,"X"和"A$_i$"是已知的像素。如果"O"靠近一个区域的边缘,则其所缺的邻近像素都假设为 0。

图9.3　用于普通区域解码的模板

像素"X"和"A$_i$"的值(每像素 1 位)复合成一个 10～16 位的上下文(一个整数)。期望它的位

147

是自上而下、从左到右采集的,但是标准对此并未明确未定。例如,图9.4(a)、(b)两个模板将分别产生上下文1100011100010111和1000011011001。一旦算出了上下文,就可用它作为一个指向概率表的指针,并把找到的概率送给算术解码器去解码像素"o"。

图9.4 模板产生上下文举例

TPON参数控制所谓的典型预测特征。一个典型行定义为与其前面行相等的行。若编码器注意到正在编码的普通区域中某些行是典型的,就将TPON置1,然后再压缩文件每行之前写一个码字,指示其是否为典型的。若解码器发现TPON置1,就解码和检查每行像素前的特殊码字。如果找到典型行的码字,则解码器只需简单地复制其前一行即可生成该典型行。

参数USESKIP和SKIP控制skip特征,如果编码器发现正编码的普通区域是稀疏的(大多数像素为0),就将USESKIP置1,并把SKIP设为一个GBW×GBH的位图,其中每个1位都指示普通区域中的一个0位。然后编码器只压缩普通区域中的1位。

2. 符号区域解码

当解码器开始从压缩文件中读入一个新段,并辨认出是符号区域时调用该过程。这个过程的起始,是从段中读取多个参数,然后为每个符号输入编码信息并使用算术编码或MMR码进行解压缩。该编码信息包括与其行有关的符号及其前面符号的坐标,一个指向符号字典中的符号指针,可能还有细化信息。符号坐标用S和T表示,通常S是符号的X坐标,T是符号的Y坐标。但是如果参数TRANSPOSED的值为1,则S和T的含义则翻转。通常把T看成是文本行的高度,S是行中文本符号的坐标。

符号以条带的形式编码和写入压缩文件。条带通常为一行符号,但也可以是一列,具体由编码器决定,并相应的将TRANSPOSED的值设为0或1。因此,解码器从条带个数开始解码,然后十条带本身。对每个条带来说,压缩文件中含有与前面条带有关的条带的T坐标,然后是构成该条带的符号的编码信息。对每个符号,该信息包括符号的S坐标(它与前面符号之间的距离)、T坐标(与条带的T坐标有关),它的ID(指向符号字典的指针),以及细化信息(可选)。在所有符号都是在条带上垂直排列的特殊情况下,其T坐标将为0。

一旦从相关坐标中算出了符号区域中符号的绝对坐标(X, Y),就从符号字典中检索出符号位图与页缓存复合。

如果编码器要采用MMR编码一个区域,就选择由JBIG2标准定义的15个霍夫曼码表中的一个,并设参数告诉解码器用的是哪一个,表本身内置在编码器和译码器中。其中的两个霍夫曼码表如表9.2所列。

表9.2 用于JBIG2解码的两个霍夫曼码表

值	霍夫曼码
0～15	0 + Value编码为4位
16～271	10 + (Value－16)编码为8位
272～65807	110 + (Value－272)编码为16位
65808～∞	111 + (Value－65808)编码为32位

值	霍夫曼码
0	0
1	10
2	110
3～10	1110 +（Value－3）编码为 3 位
11～74	11110 +（Value－11）编码为 6 位
75～∞	111110 +（Value－75）编码为 32 位
OOB	11111

3. 半色调区域译码

当解码器开始从压缩文件中读入一个新段,并辨别出是半色调区域时调用该过程。此过程的起始是从段中读几个参数,把半色调区域中的所有像素设置为背景参数 HDEFPIXEL 的值。然后输入用于各个半色调图案的编码信息,用算术编码或 MMR 码解码。该信息包括指向半色调字典中一个半色调图案的指针,把该图案检索出来与已在半色调区域中的背景像素逻辑复合。由参数 HCOMB-OP 规定逻辑复合,可以取 OR、AND、XOR 和 XNOR 中的一个值。

4. 总的解码过程

解码器从压缩文件中读入用于文档第一页的普通信息开始启动,该信息告诉解码器初始时把页缓存设置成什么背景值(0 或 1),以及当把像素与页缓存复合时,应该用四个组合算子 OR、AND、XOR 和 XNOR 中的哪一个值。此后解码器从压缩文件中读入段,直到遇到第二页的页信息或文件的结尾。段可以指定自己的组合算子,替换用于整页的算子。段可以是一个字典或一个图像段。图像段有如下四种类型。

（1）一个直接命令图像段。解码器使用这种类型把一个区域直接解码到一个页缓存中。

（2）一个中间命令图像段。解码器使用这种类型把一个区域解码到一个辅助缓存中。

（3）一个直接细化图像段。解码器使用这种类型把一幅图像解码,并将其与已有的区域复合以细化该区域。待细化的区域再页缓存中,而细化过程可使用一个辅助缓存(然后删除)。

（4）一个中间细化图像段。解码器使用这种类型把一幅图像解码,并将其与已有的区域复合以细化该区域。该待细化的区域位于辅助缓存中。

9.3 JBIG2 的文件格式

9.3.1 比特流组织方式

JBIG2 标准规定了输出的比特流(压缩文件)格式。JBIG2 文件由段组成,一个典型页使用几段编码。在简单情况下,一页有页信息段、符号字典段、符号区域段、半色调字典段、半色调区域段和页结束段组成。

JBIG2 编码比特流有两种独立的文件组织方式和一种非独立的文件组织方式,分别是顺序组织方式(Sequential Organization)、随机组织方式(Random – access Organization)和嵌入式组织方式(Embedded Organization)。

1. 顺序组织方式

顺序模式用于传真一类的流式应用,此时解码器可依次解释所有的页。文件结构如图 9.5 所示。文件头后面跟随着一系列的段。每个段的两个部分被存储在一起:首先是段头;然后是段数据。各段一定要按照段号增大的顺序存放。

2. 随机组织方式

随机模式用于文件存档一类的应用,应能按任意次序只访问和解释所需的页。文件结构如图9.6所示。文件头后跟随着一序列段头;最后一个段头后是第一个段的数据,然后第二段的数据,等。最后的段必须是文件的结束段,否则,译码器不可能判断何时读入最后一个段头,以确定段数据的开始。各段也必须按照段号增大的顺序存放。

段N数据	文件头
文件头	段1: 段头
段1: 段头	段2: 段头
段1数据	⋮
段2: 段头	段N: 段头
段2数据	段1数据
⋮	段2数据
段N: 段头	⋮
段N数据	段N数据

图9.5　顺序组织方式　　　　　　　　　图9.6　随机组织方式

3. 嵌入式组织方式

嵌入式的目的:许多当前系统能从合并改良的二值图像压缩中收益。在这种方式下,不同的文件格式携带 JBIG2 段。每段的段头,数据头,数据放在一起。但是嵌入式文件格式允许以任意顺序存放各段,还允许用任意数据将各段隔开。因此,JBIG2 是灵活的,允许内在的系统以任何最方便的方式存放 JBIG2 数据。而应用程序可在 JBIG2 数据的前后各用两个字节加以标记,以便从其他数据流中检测到 JBIG2 数据。建议使用 0xFF,0xAA 作为开始标记,0xFF,0xAB 作为结束标记,这些标记不被当作 JBIG2 文件的一部分。

9.3.2　JBIG2 编码比特流分析

分析清楚 JBIG2 编码比特流能更好地理解编码过程,同时也为译码工作奠定了坚实的基础。在编码比特流中,文件头语法非常重要,因为它是译码工作的第一步,是基础。只有在解码段头后,根据段头提供的信息才能解码各个区域段。所以下面着重介绍文件头语法。

1. 文件头语法

文件头包含 ID 行(string)、文件头标志和页的数量。

ID 行(string),包含 8 个字节:0x97 0x4A 0x42 0x32 0x0D 0x0A 0x1A 0x0A。它标志着一个 JBIG2 编码比特流的开始,长度是固定不变的。

文件头标志,包含 1 个字节,它的比特定义如下:

(1) 比特0:文件方式类型。如果这个比特是0,文件使用随机组织方式。如果这个比特是1,文件使用顺序组织方式。但是,没有任何方法指明嵌入方式,因为这种方式不包含在 JBIG2 文件头中。

(2) 比特1:不知道页的数量(Unknown number of pages)。如果这个比特是0,那么包含在文件中页的数量是知道的。如果这个比特是1,那么当文件头被编码的时候,包含在文件中页的数量是不知道的。

(3) 比特2~7:保留,必须是0。

页的数量(Number of pages),包含 4 个字节。如果"不知道页的数量"比特是1,不出现这一区段。如果出现,那么它一定与包含在文件中的页的数量相等。

150

例如,一文件头包含的一序列字节为 0x97 0x4A 0x42 0x32 0x0D 0x0A 0x1A 0x0A 0x00 0x00 0x00 0x00 0x0A,分析如下:

前 8 个字节是 ID 行,第 8 个字节 0x00 表示文件使用了随机组织方式,且页的数量是知道的。最后 4 个字节 0x00 0x00 0x00 0x0A 表示文件有 10 页。

2. 段头语法

段头包含段号,段头标识,被参考的段数和保留标识(Referred – to segment count and retention flags),被参考的段号(Referred – to segment numbers),段页相关(Segment page association)和段数据长度。段头的字节数不是固定不变的。

(1)段号:4 个字节,包含段的段号。有效范围:0 ~ 4294967295(0xFFFFFFFF)。段号可能不连续。

(2)段头标识:1 个字节。段头标识里定义了段类型。每个段都有特定的类型。段类型是 0 ~ 63 之间的一个数,包括 63,但允许使用的段类型总共有 21 种。段类型详细说明了与段相关的数据类型,也严格限制了段类型所能引用的段以及引用该段的段类型。如 0 表示符号字典段,16 表示匹配字典,48 表示页信息等。所有的其他段类型被保留并且不能被使用。

(3)被参考的段数和保留标识:这个区域包含 1 个或更多个字节,表明了有多少段被这个段参考,和哪一个段包含这个段后需要的数据。这个区域的字节依靠被这个段参考的段号。如果这个段参考 4 个或更少的段,那么这个区域是 1 个字节长。如果这个段参考的段多于 4 个,那么这个区域是 $4 + \lceil R + 1 \rceil / 8$ 字节长,其中 R 是这个段参考的段号。

例如,如果这个段参考 5 ~ 7 个其他段,那么区域有 5 个字节长。如果这个段参考 8 ~ 15 个其他段,那么区域有 6 个字节长。

(4)被参考的段号:这个区域包含这个段参考的段的段号。这个区域中值的数目由被参考的段数和保留标识区域确定。每个值是这个段参考的一个段号。如果一个段参考其他段,它必须参考仅有较低段号的段。当当前的段号是 256 或更少时,每个被参考的段号是 1 个字节长。另外,若当前段的号是 65536 或更少时,每个被参考的段号是 2 个字节长;否则,每个被参考的段号是 4 个字节长。

(5)段页关联:这个区域编码这个段属于的页的数量。第一页必须以"1"编号,这个区域可能包含一个 0 值,这个值表明了这个段与任何页不关联。有非 0 段页关联的段可能仅仅被与它有相同段页关联的值参考。如果这个段的页关联区域尺寸标识比特是 0,那么这个区域是 1 个字节长。如果这个段的页关联区域尺寸标识比特是 1,那么这个区域是 4 个字节长。另外,大多数文档少于 256 页,因此这个区域有一个短形式,在一个单独的字节里能容纳从 0 ~ 255 的值。对于无关联段的页关联区域也仅仅是 1 个字节长。

(6)段数据长度:该 4 个字节区域包含在字节中段的段数据部分的长度中。如果段的类型是"立即|紧接普通区域"("Immediate generic region"),那么长度区域可能包含值 0xFFFFFFFF。这个值意味着:当段头被写的时候(如在一个流应用程序中,如传真),段数据部分的长度是未知的。在这种情况下,段数据部分的实长将通过数据检查被决定。

如果段使用基于模板的算术编码,那么段数据部分以跟随在 4 个字节行数的 0xFF 0xAC 结束。如果段使用 MMR 编码,那么段数据部分以跟随在 4 个字节行数的 0x00 0x00 结束。段使用的编码形式可能通过检查它的段数据部分的 18 个字节来决定,结束的顺序可以发生在 18 个字节后的任何地方。

3. 段语法

段语法包含区域段信息字段,符号字典段,文本区域段,模式字典段,半色调区域段,普通区域段,普通更新区域段,页信息段,页结束段,条纹(stripe)结束段,文件结束段,轮廓段,编码表格段和扩展段。每个区域段数据部分以一个区域段信息领域开始。它包含了区域段的位图宽度,区域段位图的高,区域段位图 X 的位置(段中被编码的位图像素相对页位图的水平偏移量),区域段位图 Y 的位置(段中被编码的位图像素相对页位图的垂直偏移量)和区域段标志。符号字典段,文本区域段,模式字典段,半色调区域段,普通区域段和普通更新区域段它们都以各自区域段的数据头开始。页信息段提供关于本页的普通信息,如页尺寸和分辨率。字典段存储区域段中要引用的位图。区域段通过从字典中引用位图和指明它们应出现在页的什么地方来描述文本和半色调区域的外观。页结束段表示一页的结束。

9.4　JBIG2 纠错译码技术

9.4.1　纠错译码算法背景

高压缩率的 JBIG2 编码中的冗余已经是非常少了,误码影响译码的正常进程,甚至造成报文无法恢复。

我们提出并设计了"基于逻辑校正的纠错译码算法"。按照误码发现、误码定位、误码纠正的基本思路进行了研究,其基本条件如下:

(1) 只有随机错误,而没有突发错误发生;

(2) 数据流的编码方式是标准的。

9.4.2　纠错译码算法简介

纠错译码、误码发现技术是关键技术之一,主要是根据编码数据流提供的信息,在译码过程中实时进行监查,当出现悖论时,就可断定出现了误码。例如,可根据"段数据长度 < 文件长度 − 已读取部分长度",算术编码的数据都以 0xFF 0xAC 结束等规则,就可发现错误。

当出现错误时,可采用"比特翻转 + 检验"的方法,实现误码的定位与纠正,这是纠错译码的核心技术。比特翻转法,实质是错误比特位置的假设,实施比特反转后,必须对这一假设进行检验,才能够达到定位错误比特之目的。

关于检验准则,如根据数据流格式以及解码过程的特点,分析得到的某种规律。例如,对所有的段,"段数据的长度 < 文件长度 − 已读取部分长度",如图 9.7 所示。

全部编码数据流

本段数据　　　　　　　剩余数据

图 9.7　段数据结构示意图

段头的最后一个字段表明了本段数据的长度,根据这个值,解码器才能够得到完整的本段的数据,并准确定位下一段的开头,所以这个数值非常重要,一旦出现错误就会导致后续数据流的解码全部错误。

因为解码器可知已经解码的数据的长度(len_decoded),于是剩余的数据长度(len_left) = 全部数据的长度(len_all) − len_decoded,所以本段数据的长度(len_cur) < len_all − len_decoded。因此一旦发现解码得到 len_cur 不复合该不等式,则可以调用比特翻转假设检验法进行纠错。

第10章 信道与信息传输分析

10.1 条件熵与 Fano 不等式

10.1.1 条件熵

作为信道的输入 X、输出 Y,那么,我们如果要观测信源 X,我们通过示波器或其他测试设备进行观测,实际上我们看到的并不是真实的 X,而是 X 输入到检测设备以后,经过设备内部电子系统处理的结果。通过对结果的分析,理想情况下完全可以确定 X,但是也可能不能作出确切的判断,对 X 仍留有不肯定性,此时的不肯定性如何衡量呢? 我们引入条件熵 $H(X \mid Y)$:

$$H(X \mid Y) = E\left[\log \frac{1}{p(x \mid y)}\right] = \sum_{x,y} p(x,y) \log \frac{1}{p(x \mid y)} \tag{10.1}$$

在此仍有 $0\log 0^{-1} = 0$,,而当和式发散时,$H(X \mid Y) = +\infty$。

例 10.1 二进制删除信道(The binary erasure channel),这里的 $r = 2, s = 3$,输入信号为"0"、"1",输出为"0"、"1"、和"?",如图 10.1 所示。

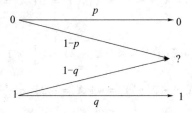

图 10.1 二进制删除信道线图

这样的信道在实际中是可能发生的,例如,若输入到物理信道中的是两个方波,如图 10.2 所示。

图 10.2 物理信道输入的方波

在输出端,检测者检测到的将是这两个方波的被干扰后的变型 $r(t)$,如图 10.3 所示。

图 10.3 输出端两个方波的变型

尽管传递的是"0"和"1",可基于积分 $\int r(t) \mathrm{d}t = I$ 的数值来判决。若 $I > 0$,则判为"0"被发送和传输;若 $I < 0$,则判为"1"。然而,$|I|$ 很小时,最好不使用"硬判决"的方法,而宁可输出一个特殊的

可抹符号"?"。

应该指出,当信道是相当平静的,即噪声是相当微弱的,在传输中:0→1 和 1→0 出现的可能性与 0→? 和 1→? 相比较是相当小的,因此,假设 $p\{Y=1|x=0\}=p\{Y=0|x=1\}=0$ 也是合理的。

由上述讨论,我们可作出这样的结论。对一个 DMC 而言,都可找到一个随机变量对 (X,Y),且 X 为信道输入,Y 为输出。反之,给出一个离散随机变量对 (X,Y),都有一个 DMC 与之相对应,且使 X 为输入,Y 为输出,而信道的转移概率为 $p(y|x)=p\{Y=y|X=x\}$。换言之,给出任一随机变量对 (X,Y),可以把 Y 看作为 X 的"干扰"变型,即 Y 是通过 DMC 传输的结果。

例 10.2 令 X 的值为 ±1,±2,X 的概率分布为一等概率分布,又令 $Y=X^2$,这可以看作是一种编码"信道",如图 10.24 所示。

$$p_X(\pm2)=\frac{1}{4}\qquad\qquad p_Y(4)=\frac{1}{2}$$

$$p_X(\pm1)=\frac{1}{4}\qquad\qquad p_Y(1)=\frac{1}{2}$$

图 10.4 例 10.2 的信道

分析计算,当检测到 $Y=4$ 或 $Y=1$ 时,是否能确定出 X 的具体数值呢? 为此可通过计算 $p(X|Y)$ 来回答这一问题。

（1）计算 $p(y|x)$：

$p(Y=4|X=2)=1,p(Y=4|X=-2)=1,p(Y=1|X=1)=1,p(Y=1|X=-1)=1$

（2）计算 $p(x,y)$：

$$p\{X=2,Y=4\}=p\{X=2\}p\{Y=4|X=2\}=\frac{1}{4}\times1=\frac{1}{4}$$

$$p\{X=-2,Y=4\}=p\{X=-2\}p\{Y=4|X=-2\}=\frac{1}{4}\times1=\frac{1}{4}$$

$$p\{X=2,Y=1\}=p\{X=-2,Y=1\}=p\{X=1,Y=4\}=p\{X=-1,Y=4\}=0$$

（3）计算 $p(X|Y)$：

$$p\{X=2|Y=4\}=\frac{p\{X=2,Y=4\}}{p\{Y=4\}}=\frac{1}{4}\bigg/\frac{1}{2}=\frac{1}{2}$$

类似也可计算出

$$p\{X=-2|Y=4\}=\frac{1}{2},p\{X=1|Y=4\}=p\{X=-1|Y=4\}=0$$

$$p\{X=1|Y=1\}=p\{X=-1|Y=1\}=\frac{1}{2}$$

$$p\{X=2|Y=1\}=p\{X=-2|Y=1\}=0$$

由上述计算可见,对 Y 的观测得到 y 之后,并非能使我们完全肯定是哪一个信源符号 x,这时不肯定度可由下式表示:

$$H(X|Y=y)=\sum_x p(x|y)\log\frac{1}{p(x|y)}$$

例如,当 $Y=4$ 时,有

$$H(X|Y=4)=\frac{1}{2}\log\frac{1}{1/2}+\frac{1}{2}\log\frac{1}{1/2}=1(\text{bit})$$

那么平均说来当收到一个 y 时,对 X 而言仍有多大的不肯定度呢? 由下式确定:

$$H(X \mid Y) = \sum_y p(y)H(X \mid Y = y) = \sum_{x,y} p(y)p(x \mid y)\log\frac{1}{p(x \mid y)} \qquad (10.2)$$

10.1.2 Fano 不等式

定理 10.1 令 X、Y、Z 是离散随机变量,而对每一个 z 而言,定义 $A(z) = \sum_{x,y} p(y)p(z \mid x,y)$,那么

$$H(X \mid Y) \leqslant H(Z) + E(\log A(z)) \qquad (10.3)$$

证明:

$$H(X \mid Y) \leqslant E\Big[\log\frac{1}{p(x \mid y)}\Big] = \sum_{x,y,z} p(x,y,z)\log\frac{1}{p(x \mid y)}$$

$$= \sum_z p(z) \sum_{x,y} \frac{p(x,y,z)}{p(z)}\log\frac{1}{p(x \mid y)}$$

对于某一个固定的 z,$p(x,y,z)/p(z) = p(x,y/z)$ 是一个概率分布,因此,可以对内和应用 Jensen 不等式,其结果为

$$H(X \mid Y) \leqslant \sum_z p(z)\log\Big[\frac{1}{p(z)}\sum_{x,y}\log\frac{p(x,y,z)}{p(x \mid y)}\Big]$$

$$= \sum_z p(z)\log\frac{1}{p(z)} + \sum_z p(z)\log\sum_{x,y}\frac{p(x,y,z)}{p(x \mid y)}$$

而

$$p(x,y,z)/p(x \mid y) = p(x,y,z)p(y)/p(x,y) = p(y)p(z/x,y)$$

推论(Fano 不等式) 令 X 和 Y 是离散随机变量,它的值域均为 $\{x_1, x_2, \cdots, x_r\}$。令 $p_e = \{x \neq y\}$,那么

$$H(X \mid Y) \leqslant H(P_e) + p_e\log(r-1)$$

证明:在定理 10.1 中,我们定义:若 $X = Y, Z = 0$;如果 $X \neq Y$,则 $Z = 1$,那么

$$A(0) = \sum_{x=y} p(y)p(Z = 0 \mid x,y)$$

$$= p(x_1)[p(Z = 0 \mid x_1,x_1)] + p(x_2)[p(Z = 0 \mid x_2,x_2)] + \cdots +$$

$$p(x_r)[p(Z = 0 \mid x_r,x_r)]$$

$$= p(x_1) \cdot 1 + p(x_2) \cdot 1 + \cdots + p(x_r) \cdot 1 = 1$$

$$A(1) = \sum_{x \neq y} p(y)p(Z = 1 \mid x,y)$$

$$= p(x_1)[p(Z = 1 \mid x_2,x_1) + p(Z = 1 \mid x_3,x_1) + \cdots + p(Z = 1 \mid x_r,x_1)] +$$

$$p(x_2)[p(Z = 1 \mid x_1,x_2) + p(Z = 1 \mid x_3,x_2) + \cdots + p(Z = 1 \mid x_r,x_2)] + \cdots +$$

$$p(x_r)[p(Z = 1 \mid x_1,x_r) + p(Z = 1 \mid x_2,x_r) + \cdots + p(Z = 1 \mid x_{r-1},x_r)]$$

$$= p(x_1)[1_1 + \cdots + 1_{r-1}] + p(x_2)[1_1 + \cdots + 1_{r-1}] + \cdots + p(x_r)[1_1 + \cdots + 1_{r-1}]$$

$$= [p(x_1) + p(x_2) + \cdots + p(x_r)](r-1) = r-1$$

于是由定理 10.1,有

$$H(X \mid Y) \leqslant \sum_z p(z)\log\frac{1}{p(z)} + \sum_z p(z)\log\sum_{x,y}\frac{p(x,y,z)}{p(x \mid y)}$$

$$= H(p_e) + \sum_z \log A(z)$$

$$= H(p_e) + p_e \log A(z = 1)$$

$$= H(p_e) + p_e \log(r - 1)$$

关于 Fano 不等式有一个有趣的启发性的解释,我们可以想到,$H(X|Y)$ 为当 Y 已被观测之后要确定 X 所需的信息量。要确定 X,一种方法是首先确定 X 是否等于 Y,若 $X = Y$,因而也就确定了 X。然而,若 $X \neq Y$,对 X 来说仍留有 $r - 1$ 种可能性。确定是否 $X = Y$,就等效于确定在证明中定义的随机变量 Z,从而 $H(Z) = H(p_e)$,即要确定只需要 $H(p_e)$ 比特的信息量。若 $X \neq Y$(这种情况发生的概率为 p_e),$X \neq Y$ 的情形有 $r - 1$ 种,要确定它需要多少信息量呢?由极值性定理可知最大也不过就是 $(r - 1)$。

例 10.3 如例 10.2 中的信道,其中 $r = 3$,$p\{X = Y\} = 2/3$,$p_e = 1/3$。Fano 界为

$$H(X \mid Y) \leqslant H\left(\frac{1}{3}\right) + \frac{1}{3}\log(3 - 1)$$

$$= \frac{1}{3}\log(3) + \frac{2}{3}\log\left(\frac{3}{2}\right) + \frac{1}{3}\log(2)$$

$$= \log 3 - \frac{1}{3}\log 2 = 1.2520\,(\text{bit})$$

10.2　互信息函数

10.2.1　互信息函数定义

我们已经知道,$H(X)$ 表示了我们对 X 的不肯定度,而 $H(X|Y)$ 则表征了我们在观测 Y 之后对 X 的不定度,不难理解的是,$H(X) - H(X|Y)$ 自然表示了我们由观测 Y 而获取的关于 X 的信息量。这个重要的物理量就称为 X 与 Y 之间的互信息。记为 $I(X;Y)$,其表达式为

$$I(X;Y) = H(X) - H(X \mid Y)$$

$$= \sum_{x,y} p(x,y) \log \frac{p(x \mid y)}{p(x)}$$

$$= \sum_{x,y} p(x,y) \log \frac{p(x,y)}{p(x)p(y)} = \sum_{x,y} p(x,y) \log \frac{p(y \mid x)}{p(y)} \tag{10.4}$$

由此可见,$I(X;Y)$ 是 X,Y 联合抽样空间上的一个数学期望,即 $I(x;y)$ 的期望值,其表达式为

$$I(x,y) = \log \frac{p(x \mid y)}{p(x)} = \log \frac{p(x,y)}{p(x)p(y)} = \log \frac{p(y \mid x)}{p(y)}$$

应该指出的是,$I(x;y)$ 是 x 与 y 事件之间的互信息,而且是可正可负的。

例 10.4 若有一个纺织厂,工人总体有如下特点:① 有 1/2 的人在纺纱车间,且均为女工;② 有 1/4 是男工;③ 各车间女工中有 2/3 是三八红旗手。设 x 是该厂一个工人,试问:

(1)"x"不是纺纱车间的工人,给了多少关于"x"是三八红旗手的信息量?

(2)"x"是纺纱车间的工人。

解:(1)设 A 不是纺纱车间的工人,B 是三八红旗手,那么

$$P(B/A) = p\{\text{不是纺纱车间的女工}\} \cdot p\{\text{是三八红旗手}\} = \left(1 - \frac{1/4}{1/2}\right) \times \frac{2}{3} = \frac{1}{3}$$

$$P(B) = p(\text{是纺纱车间的女工}) \cdot p\{\text{是三八红旗手}\}$$

$$= \frac{3}{4} \times \frac{2}{3} = \frac{1}{2}$$

所以

$$I(B;A) = \log \frac{P(B/A)}{P(B)} = \log \frac{1/3}{1/2} = \log \frac{2}{3} = -0.585 (\text{bit})$$

解:(2) $P(B|\overline{A}) = p\{$是纺纱车间的女工$\} \cdot p\{$是三八红旗手$\} = 1 \times \frac{2}{3} = \frac{2}{3}$

$$I(B;\overline{A}) = \log \frac{P(B|\overline{A})}{P(B)} = \log \frac{2/3}{1/2} = \log \frac{4}{3} = 0.415 (\text{bit})$$

由(1)、(2)可见,条件不同,得到的信息量是不同的。(1)中给出的信息量为负值,表示当给出"x"不是纺纱车间工人时,确定是否为三八红旗手的不肯定度反而增加了。因为,当没告诉"x"不是纺纱车间工人时,根据所给条件,任何一个工人即"x"是三八红旗手的概率为$(3/4) \times (2/3) = 1/2$。而当得知"x"不是纺纱车间的工人时,x 是三八旗手的概率为$(1/2) \times (2/3) = 1/3$,于是,不肯定度增加了。

10.2.2 互信息函数特性分析

为了对 $I(X;Y)$ 的性质有一个比较全面的理解,下面将进一步讨论它的各种特性。

1. 非负性

对任意离散随机变量 $X,Y,I(X;Y) \geq 0$,当且仅当 X 与 Y 独立时,$I(X;Y) = 0$。

证明:由式(10.4),有

$$-I(X;Y) = \sum_{x,y} p(x,y) \log \frac{p(x)p(y)}{p(x,y)}$$

由 Jensen 不等式,可得

$$-I(X;Y) \leq \log \sum_{x,y} p(x,y) \frac{p(x)p(y)}{p(x,y)} = \log \sum_{x,y} p(x)p(y) = \log 1 = 0$$

鉴于 $\log x$ 是严格上凸的,因而,当仅当对所有的 $x,y,p(x,y) = p(x) \cdot p(y)$ 时,即 X,Y 相互独立时,$I(X;Y) = 0$。

这一性质告诉我们,通过一个信道所接收到的信息量,在平均意义来说是不为负值的。当然当输入、输出统计独立时,即信道中的干扰极强时,接收者收不到一点信息量。说明信道中的干扰已强到使它完全丧失了传输信息的能力。

2. $I(X;Y)$ 的极值性

极值性表示为

$$I(X;Y) \leq H(X)$$

证明:由于 $I(X;Y) = H(X) - H(X|Y)$,$H(X|Y)$ 为信道的疑义度,必有 $H(X|Y) \geq 0$,所以

$$I(X;Y) = H(X) - H(X|Y) \leq H(X)$$

当且仅当 $H(X|Y) = 0$ 时,$I(X;Y) = H(X)$。

关于 $H(X|Y) = 0$ 的物理意义可作如下解释,$H(X|Y) = 0$ 意味着输出符号 Y 与输入 X 之间存在着一一对应关系,这种对应关系的含义是信道为无噪声信道,这时收到 Y 之后所获取的信息量就等于消息集 X 的不肯定度。

无噪声信道的转移概率为

$$p(y \mid x) = \begin{cases} 0 & (x \neq y) \\ 1 & (x = y) \end{cases}$$

则得

$$p(x \mid y) = \begin{cases} 0 & (x \neq y) \\ 1 & (x = y) \end{cases}$$

因而

$$H(X \mid Y) = 0, I(X;Y) = H(X)$$

3. 对称性

对称性可表示为

$$I(X;Y) = \sum_{x,y} p(x,y) \log \frac{p(x,y)}{p(x)p(y)} = \sum_{x,y} p(x,y) \log \frac{p(y,x)}{p(y)p(x)} = I(Y;X)$$

互信息的对称性可作这样的解释，$I(X;Y)$ 表示从 Y 中获取的关于 X 的信息量；而 $I(Y;X)$ 表示的是从 X 中提取到 Y 的信息量，且这两个量相等。

4. $I(X;Y)$ 的凸性

我们知道

$$I(X;Y) = \sum_{x,y} p(x,y) \log \frac{p(y \mid x)}{p(y)}$$

式中：$p(y) = \sum_{x} p(x) \log p(y \mid x)$，可见 $I(X;Y)$ 既是 X 的概率分布 $p(x)$ 的函数，也是信道特性 $p(y|x)$ 的函数。正是基于这一特点，有如下两个定理。

定理 10.2 $I(X;Y)$ 是 X 的概率分布 $p(x)$ 的上凸函数。

证明：首先假设信道是不变的，即转移概率 $p(y|x)$ 是固定的，于是 $I(X;Y)$ 只是 $p(x)$ 的函数。

选择输入符号 X_1 和 X_2，其概率分布为 $p_1(x)$ 和 $p_2(x)$，如果 $X_1 \backslash X_2$ 的概率分布是组合上凸的，即 $p(x) = \alpha p_1(x) + \beta p_2(x)$，与 X_1 和 X_2 分别对应的信道输出为随机变量 Y_1 和 Y_2，且 $I(X_1;Y_1) \backslash I(X_2;Y_2)$ 存在。若又选择 X, Y, X 的概率分布为 $p(x) = \alpha p_1(x) + \beta p_2(x)$，其互信息为 $I(X;Y)$。需要证明

$$I(X;Y) \geqslant \alpha I(X_1;Y_1) + \beta I(X_2;Y_2)$$

因此

$$\alpha I(X_1;Y_1) + \beta I(X_2;Y_2) - I(X;Y)$$

$$= \sum_{x,y} \alpha p_1(x,y) \log \frac{p(y \mid x)}{p_1(y)} + \sum_{x,y} \beta p_2(x,y) \log \frac{p(y \mid x)}{p_2(y)} -$$

$$\sum_{x,y} [\alpha p_1(x,y) + \beta p_2(x,y)] \log \frac{p(y \mid x)}{p(y)}$$

$$= \alpha \sum_{x,y} p_1(x,y) \log \frac{p(y)}{p_1(y)} + \beta \sum_{x,y} p_2(x,y) \log \frac{p(y)}{p_2(y)}$$

对式中的每一个和式应用 Jensen 不等式，例如：

$$\sum_{x,y} p_1(x,y) \log \frac{p(y)}{p_1(y)} \leqslant \log \sum_{x,y} p_1(x,y) \frac{p(y)}{p_1(y)} = 0$$

而

$$\sum_{x,y} p_1(x,y)\frac{p(y)}{p_1(y)} = \sum_y \frac{p(y)}{p_1(y)}\sum_x p_1(x,y) = \sum_y \frac{p(y)}{p_1(y)}p_1(y) = 1$$

类似地有

$$\sum_{x,y} p_2(x,y)\log\frac{p(y)}{p_2(y)} \leqslant 0$$

推论 熵函数 $H(P_1, P_2, \cdots, P_r)$ 是上凸的。

证明:令 X 的概率分布为 $p\{x=i\} = p_i$。那么 $I(X;X) = H(X) = H(P_1, P_2, \cdots, P_r)$,由定理 10.2 可得到其结论。

定理 10.3 $I(X;Y)$ 是转移概率 $p(y|x)$ 的下凸函数。

证明留给读者作为练习,下面通过例子说明凸性在实际中应用。

例 10.5 一个二进制对称信道如图 10.5 所示。

由于 $P_Y(0) = \varepsilon \cdot (1-p) + (1-\varepsilon) \cdot p, P_Y(1) = (1-\varepsilon)(1-p) + \varepsilon \cdot p$,所以

$$I(X;Y) = -[\varepsilon(1-p) + (1-\varepsilon) \cdot p]\log[\varepsilon(1-p) + (1-\varepsilon)p] -$$
$$[(1-\varepsilon)(1-p) + \varepsilon p]\log[(1-\varepsilon)(1-p) + \varepsilon p] - H(p)$$

求偏导数为

$$\frac{\partial I(X;Y)}{\partial \varepsilon} = (2p-1)\log\frac{\varepsilon(1-p) + (1-\varepsilon)p}{(1-\varepsilon)(1-p) + \varepsilon p}$$

要使 $\frac{\partial I}{\partial \varepsilon} = 0$,由于 p 为一个常数且 $p \neq 1/2$,所以应有

$$\varepsilon(1-p) + (1-\varepsilon)p = (1-\varepsilon)(1-p) + \varepsilon p$$

可求出

$$\varepsilon = 1/2$$

所以,由定理 10.2 可知,当 $\varepsilon = 1/2$ 时,$I(X;Y)$ 有最大值,这说明了某一个二进制对称信道,当输入信号的概率分布不同时,在接收端平均说来,从每个符号所获取的信息量是不同的,只有当输入为等概率分布时,收端才能获得最大信息量。

综上所述,可以看出互信息的凸性说明,对某一个给定的信道而言,一定存在一种信源(一种概率分布)使输出端可收到的平均信息量为最大;而对一个给定的信源来说,选择不同的信道来传送该信源的输出信号时,收端所获取的信息量也是不同的,而且对每一种信源都存在一种最差的信道,使输出端只能收到最小的信息量。

二进制对称信道的传输信息的基本特性如图 10.6 所示。

图 10.5 二进制对称信道

图 10.6 二进制对称信道信息传输特性

159

下面介绍互信息函数与各种熵之间的关系,有

$$I(X;Y) = -\sum_{x,y} p(x,y) \log \frac{p(x)p(y)}{p(x,y)} = H(X) + H(Y) - H(Y,X)$$

$$= \sum_{x,y} p(x,y) \log \frac{p(y \mid x)}{p(y)} = H(Y) - H(Y \mid X)$$

而

$$H(Y,X) = \sum_{x,y} p(x,y) \log \frac{1}{P(x,y)}$$

$$= \sum_{x,y} p(x,y) \log \frac{1}{P(y \mid x)p(x)} = H(X) + H(Y \mid X)$$

$$= \sum_{x,y} p(x,y) \log \frac{1}{P(x \mid y)p(y)} = H(Y) + H(X \mid Y) \tag{10.5}$$

应该指出的是,$H(Y \mid X)$反映了信道噪声干扰的总体特性,因而也称为噪声熵。对$H(X,Y)$可作这样的解释:对X和Y的不肯定度,就是关于X的不定度与已观测到X之后关于Y的不定度之和。

关于$I(X;Y)$与$H(X)$、$H(Y)$、$H(Y \mid X)$、$H(X \mid Y)$以及$H(X,Y)$之间的关系,如图10.7所示的助记忆的文氏图。

图 10.7　助记忆的文氏图

10.3　数据处理定理

10.3.1　数据处理定理定义

在通信、存储等实际问题中,将消息或数据进行多次处理是不足为奇的。例如,在卫星通信中,卫星上测得的各种科学数据要编成"0","1"二进制码的脉冲发回到地面,地面接收站收到的是一列幅度不同的脉冲,将这些脉冲送入判决器,按着一定的判决准则,例如,当幅度大于门限值时判为1,反之则判为0;将"0","1"序列再进行译码(信源译码或信道译码),显见,这种译码过程就是一种处理。前面的判决过程也是一种处理,从卫星到判决输出可看作一个信道,把判决器到译码输出看作是另一个信道,实际上这就是两个信道的串联。信息在串联信道中的传输或存储特性如何? 或者说数据处理中信息的保持特性怎样? 下面就来作一般性的讨论。

一个串联信道如图10.8所示。

图 10.8　串联信道

这个信道的 X、Y、Z 可看作为三个随机变量。然而,当 X、Y、Z 为任意随机变量时,我们定义互信息 $I(X,Y;Z)$,它的含义为 X 和 Y 中包含的关于 Z 的信息量,即

$$I(X,Y;Z) = E\left[\log\frac{P(z\mid x,y)}{p(z)}\right] = \sum_{x,y} p(x,y,z)\log\frac{P(z\mid x,y)}{p(z)} \tag{10.6}$$

关于 $I(X,Y;Z)$ 与 $I(Y;Z)$ 之间的关系,由下述定理确定。

定理 10.4 对所有的 (x,y,z) 都有 $p(x,y,z)>0$ 成立,那么 $I(X,Y;Z)\geq I(Y;Z)$,当且仅当 $p(z\mid x,y)=p(z\mid y)$ 时,有等式成立。

证明:

$$
\begin{aligned}
I(Y;Z) - I(X,Y;Z) &= E\left[\log\frac{p(z\mid y)}{p(z)} - \log\frac{p(z\mid x,y)}{p(z)}\right] \\
&= E\left[\log\frac{p(z\mid y)}{p(z\mid x,y)}\right] \\
&= \sum_{x,y,z} p(x,y,z)\log\frac{p(z\mid y)}{p(z\mid x,y)}
\end{aligned}
$$

由 Jensen 不等式,得

$$
\begin{aligned}
p &\leq \log\sum_{x,y,z} p(x,y,z)\frac{p(z\mid y)}{p(z\mid x,y)} \\
&= \log\sum_{x,y,z} p(x,y)p(z\mid y) \\
&= \log\sum_{x,y} p(x,y)\sum_{z} p(z\mid y) = 0 \tag{10.7}
\end{aligned}
$$

所以,$I(X,Y;Z)\geq I(Y;Z)$,而当 $p(z\mid x,y)=p(z\mid y)$ 时,式(10.7)等于 0,因而有 $I(Y;Z)=I(X,Y;Z)$。

应该指出,在定理 10.4 中等式成立的条件,即 $p(z\mid x,y)=p(z\mid y)$ 是很有趣的。如 (X,Y,Z) 是一个马尔柯夫链,我们就把 X,Y,Z 看作如图 10.8 所示的情形,随机变量 Z 只依懒于 Y,与更前面的 X 无关。即 DMC1 的转移概率为 $p(y\mid x)$,DMC2 的为 $p(z\mid y)=p(z\mid x,y)$。反之,一般在实际中,进行数据处理时也可以使 Z 仅与 Y 有关联,而与 X 没有直接的关系,即 Z 只是通过 Y 而与 X 发生关系。这样得到的两个信道的串联,使得 (X,Y,Z) 形成一个马尔柯夫链,其充要条件显然是 $p(z\mid y)=p(z\mid x,y)$。且有如下定理。

定理 10.5 如果 (X,Y,Z) 是一个马尔柯夫链,那么

$$I(X;Z) \leq I(X;Y) \leq I(Y;Z) \tag{10.8}$$

证明:先证 $I(X;Z)\leq I(Y;Z)$。因为 X、Y、Z 是一个马尔柯夫链,所以 $p(z\mid x,y)=p(z\mid y)$,对所有的 x,y,z。于是由定理 10.4 可知

$$I(X,Y;Z) = I(Y;Z)$$

且又知 $I(X;Z)\leq I(X,Y;Z)$,因而有

$$I(Y;Z) \geq I(X;Z)$$

而当 $p(z\mid x,y)=p(z\mid x)$ 时,等式成立。

我们再证 $I(X;Z)\leq I(X;Y)$。因已知 (X,Y,Z) 是一个马尔柯夫链,那么 (Z,Y,X) 也是一个马尔柯夫链,所以就有

$$p(x\mid y,z)=p(x\mid y)(对所有的 x,y,z)$$

由定理 10.4 可得 $I(Z,Y;X)\geq I(Y;X)$,当且仅当 $p(x\mid y,z)=p(x\mid y)$,等式成立。同时也可证得

$$I(Z,Y;X) \geqslant I(Z;X)$$

当且仅当 $p(x|y,z) = p(x|z)$ 时,等式成立。现在因已知 (Z,Y,X) 是一个马尔柯夫链,所以

$$p(x \mid y,z) = p(x \mid y)$$

所以可得 $I(Z,Y;X) = I(Y;X)$,综上分析可得

$$I(Y;X) \geqslant I(Z;X)$$

即 $I(X;Y) \geqslant I(X;Z)$,当且仅当 $p(x|y,z) = p(x|y) = p(x|z)$ 时,上式为等式。

10.3.2 数据处理定理的应用

由 $I(X;Z) \leqslant I(X;Y)$ 可推得 $H(X|Z) \geqslant H(X|Y)$。由此可见,通过数据处理,系统存在丢失信息的危险,最好的情况也不过是能保持原来的信息,决不会增加信息。或者说收到数据 Y 以后,再对 Y 进行处理,不管怎样处理绝不会减少我们关于 X 的不确定性,即经过对 Y 的处理不会增加关于 X 的互信息量。若要使互信量保持不变,那么必有

$$p(x \mid y,z) = p(x \mid y) \text{ 和 } p(x \mid y,z) = p(x \mid z)$$

即要求

$$p(x \mid y) = p(x \mid z)$$

这就清楚地表明,DMC2 若是无噪声信道时,这个条件是可以满足的。这时数据处理后信息不会损失,否则,一般是有信息损失的。这就是信息不增性原理。正因为如此,定理 10.5 又称为数据处理定理。

下面我们将讨论一下串联信道的等效信道,由如下定理给出。

定理 10.6 一般满足 X,Y,Z 为一个马尔柯夫链的串联信道,它们的等效信道的转移概率矩阵等于两个串联信道的转移概率矩阵之乘积,即

$$[p(z \mid x)] = [p(y \mid x)] \cdot [p(z \mid y)] \tag{10.9}$$

且有

$$p(z_k \mid x_i) = \sum_j p(y_j \mid x_i) p(z_k \mid y_j)$$

证明:根据马尔柯夫链的性质,可得

$$\sum_j p(y_j \mid x_i) p(z_k \mid y_j) = \sum_j p(y_j \mid x_i) p(z_k \mid y_j, x_i)$$

$$= \sum_j \frac{p(y_j, x_i)}{p(x_i)} \frac{p(y_j, x_i, z_k)}{p(y_j, x_i)}$$

$$= \sum_j \frac{p(y_j, x_i, z_k)}{p(x_i)} = \frac{p(x_i, z_k)}{p(x_i)} = p(z_k \mid x_i)$$

下面举两个例子来进一步说明上述原理。

例 10.6 有两个串联信道,其信道的转移概率距阵分别为

$$\begin{bmatrix} \frac{1}{3} & \frac{1}{3} & \frac{1}{3} \\ 0 & \frac{1}{2} & \frac{1}{2} \end{bmatrix}, \quad \begin{bmatrix} 1 & 0 & 0 \\ 0 & \frac{2}{3} & \frac{1}{3} \\ 0 & \frac{1}{2} & \frac{1}{2} \end{bmatrix}$$

试求:当 $p(x_1) = p(x_2) = 1/2$ 时的 $I(X;Z), I(X;Y), I(Y;Z)$。

解:由定理 10.6 可得

$$[p(z\mid x)] = \begin{bmatrix} \frac{1}{3} & \frac{1}{3} & \frac{1}{3} \\ 0 & \frac{1}{2} & \frac{1}{2} \end{bmatrix} \cdot \begin{bmatrix} 1 & 0 & 0 \\ 0 & \frac{2}{3} & \frac{1}{3} \\ 0 & \frac{1}{2} & \frac{1}{2} \end{bmatrix} = \begin{bmatrix} \frac{1}{3} & \frac{7}{18} & \frac{5}{18} \\ 0 & \frac{7}{12} & \frac{5}{12} \end{bmatrix}$$

而

$$\begin{cases} p(y_1) = \dfrac{1}{6}, \ p(z_1) = \dfrac{1}{6} \\ p(y_2) = \dfrac{2}{15}, \ p(z_2) = \dfrac{35}{72} \\ p(y_3) = \dfrac{5}{12}, \ p(z_3) = \dfrac{25}{72} \end{cases}$$

于是可求出

$$\begin{cases} I(X;Z) = H(Z) - H(Z\mid X) = 0.1879 \ \text{bit} \\ I(X;Y) = H(Y) - H(Y\mid X) = 0.1904 \ \text{bit} \\ I(Y;Z) = H(Z) - H(Z\mid Y) = 0.7049 \ \text{bit} \end{cases}$$

可见

$$I(X;Z) < I(X;Y) < I(Y;Z)$$

例 10.7 若两个串联信道的转移概率距阵为

$$\begin{bmatrix} \frac{1}{3} & \frac{1}{3} & \frac{1}{3} \\ 0 & \frac{1}{2} & \frac{1}{2} \end{bmatrix}, \begin{bmatrix} 1 & 0 & 0 \\ 0 & 1 & 0 \\ 0 & 0 & 1 \end{bmatrix}$$

再求,$I(X;Z)$,$I(X;Y)$,$I(Y;Z)$。

解:由定理 10.6 可求出

$$[p(z\mid x)] = \begin{bmatrix} \frac{1}{3} & \frac{1}{3} & \frac{1}{3} \\ 0 & \frac{1}{2} & \frac{1}{2} \end{bmatrix} \cdot \begin{bmatrix} 1 & 0 & 0 \\ 0 & 1 & 0 \\ 0 & 0 & 1 \end{bmatrix} = \begin{bmatrix} \frac{1}{3} & \frac{1}{3} & \frac{1}{3} \\ 0 & \frac{1}{2} & \frac{1}{2} \end{bmatrix} = p(y\mid x)$$

由概率关系又可得到

$$p(x\mid z) = \frac{p(x)p(z\mid x)}{\sum_x p(x)p(z\mid x)} = \frac{p(x)p(y\mid x)}{\sum_x p(x)p(y\mid x)} = \frac{p(x,y)}{p(y)} = p(x\mid y)$$

所以

$$I(X;Z) = I(X;Y)$$

则

$$H(X\mid Z) = H(X\mid Y)$$

这说明了不论输入符号的分布怎样,通过第二个信道处理之后,不损失信息。就是说,某些特殊的串接信道只要满足 $p(x\mid y)=p(x\mid z)$,也就不损失信息。换言之,即使信道是有干扰的,但只要各转移概率分配得适当,就能保证无信息损失。

10.4 随机矢量之间的互信息

10.4.1 信道扩展

所谓无记忆信道的扩展,就是以扩展矢量 X^n,Y^n 作为输入与输出的信道。这里的 $X^n = \{X_1, X_2, \cdots, X_n\}$,$X_i = \{x_1, x_2, \cdots, x_r\}$,$Y^n = \{Y_1, Y_2, \cdots, Y_n\}$ 而 $Y_j = \{y_1, y_2, \cdots, y_s\}$,它的转移概率为

$$p(y^n \mid x^n) = p(y_1 \mid x_1)p(y_2 \mid x_2)\cdots p(y_n \mid x_n)$$

当

$$Q = \begin{bmatrix} p_{11} & p_{12} & \cdots & p_{1s} \\ p_{21} & p_{22} & \cdots & p_{2s} \\ \vdots & \vdots & & \vdots \\ p_{r1} & p_{r2} & \cdots & p_{rs} \end{bmatrix}$$

时,可求得转移概率矩阵为

$$Q^n = \begin{bmatrix} \pi_{11} & \pi_{12} & \cdots & \pi_{1s^n} \\ \pi_{21} & \pi_{22} & \cdots & \pi_{2s^n} \\ \vdots & \vdots & & \vdots \\ \pi_{r^n1} & \pi_{r^n2} & \cdots & \pi_{r^ns} \end{bmatrix} \tag{10.10}$$

式中

$$\pi_{ij} = p(y_j^n \mid x_i^n) = \prod_{k=1}^{n} p(y_{jk} \mid x_{ik})$$

$$x_i^n = (x_{i1}, x_{i2}, \cdots, x_{in}), y_j^n = (y_{j1}, y_{j2}, \cdots, y_{jn})$$

这就是说,π_{ij} 等于矢量所对应的原来符号的转移概率之乘积。

例 10.8 对一个 BSC 的二次扩展信道,当 $X = Y = \{0,1\}$ 时,求 Q^2。

解: 因 $X = Y = \{0,1\}$,所以 $X^2 = \{00,01,10,11\} = Y^2$,信道的转移概率矩阵可求得

$$\begin{cases} p(y_1 \mid x_1) = p(00 \mid 00) = p(0 \mid 0)p(0 \mid 0) = (1-p)^2 \\ p(y_2 \mid x_1) = p(01 \mid 00) = p(0 \mid 0)p(1 \mid 0) = (1-p)p \\ p(y_3 \mid x_1) = p(10 \mid 00) = p(1 \mid 0)p(0 \mid 0) = p(1-p) \\ p(y_4 \mid x_1) = p(11 \mid 00) = p(1 \mid 0)p(1 \mid 0) = p^2 \end{cases}$$

同理可求出其他的 $p(y_j \mid x_i)$($i = 2,3,4; j = 1,2,3,4$),于是有

$$Q^2 = \begin{bmatrix} (1-p)^2 & (1-p)p & p(1-p) & p^2 \\ (1-p)p & (1-p)^2 & p^2 & p(1-p) \\ p(1-p) & p^2 & (1-p)^2 & (1-p)p \\ p^2 & p(1-p) & (1-p)p & (1-p)^2 \end{bmatrix}$$

10.4.2 随机矢量之间的互信息

对于随机矢量 $X = (X_1, X_2, \cdots, X_n)$,其概率分布为

$$p(x) = p(x_1)p(x_2)\cdots p(x_n)$$

它的熵定义为

$$H(\boldsymbol{X}) = - \sum_x p(\boldsymbol{x}) \log p(\boldsymbol{x}) \tag{10.11}$$

又如，$\boldsymbol{Y} = (Y_1, Y_2, \cdots, Y_n)$，那么 $\boldsymbol{X}, \boldsymbol{Y}$ 之间的互信息定义为

$$I(\boldsymbol{X}; \boldsymbol{Y}) = \sum_{x,y} p(\boldsymbol{x}, \boldsymbol{y}) \log \frac{p(\boldsymbol{x} \mid \boldsymbol{y})}{p(\boldsymbol{x})} \tag{10.12}$$

在此指出，我们前面讨论过的熵和互信息函数的基本性质，对离散随机矢量而言仍是成立的，这一点是不难理解的。

把定理 10.5 推广到任意随机矢量之后，有一个特别重要的应用，下面就来进行具体讨论。现在来考虑图 10.9 所示的通信系统模型。

图 10.9　一个一般的通信系统

我们认为 U 是信源输出的 K 个符号的数学模型，为了适合在信道上传输，编码器将 U 变换为 n 维矢量 $\boldsymbol{X}$，$\boldsymbol{Y}$ 是 $\boldsymbol{X}$ 经信道传输的结果，而译码器则是将 $\boldsymbol{Y}$ 变换为 k 维矢量 $\boldsymbol{V}$ 的设备，而且认为 $\boldsymbol{V}$ 是收端对 U 的最佳估计。

对一个任意的可实现的通信系统来说，随机矢量序列 (U, X, Y, V) 形成一个马尔柯夫链。不严密地说，图中的每一方框的输出仅取决于它的输入，与更前面的任一矢量无关。若要进行严格的证明，要满足

$$P(\boldsymbol{Y} \mid \boldsymbol{X}, \boldsymbol{U}) = P(\boldsymbol{Y} \mid \boldsymbol{X}), P(\boldsymbol{V} \mid \boldsymbol{Y}, \boldsymbol{X}) = P(\boldsymbol{V} \mid \boldsymbol{Y})$$

对于一个子马尔柯夫链来说，由定理 10.5 可知

$$I(\boldsymbol{U}; \boldsymbol{V}) \leqslant I(\boldsymbol{X}; \boldsymbol{V}) \leqslant I(\boldsymbol{X}; \boldsymbol{Y})$$

即

$$I(\boldsymbol{U}; \boldsymbol{V}) \leqslant I(\boldsymbol{X}; \boldsymbol{Y}) \tag{10.13}$$

这个结论也被称为数据处理定理。用一句话来说，就是说信息处理（编、译码器）有损失信息的可能性！然而，为了提取信息，编、译码处理还是需要的和可用的。

设 $\boldsymbol{X} = (X_1, X_2, \cdots, X_n)$，$\boldsymbol{Y} = (Y_1, Y_2, \cdots, Y_n)$ 是一个 n 维随机矢量对，下面来证明两个不等式。

定理 10.7　若 $\boldsymbol{X} = (X_1, X_2, \cdots, X_n)$ 的各分量 X_i、X_j 是相互独立的，那么

$$I(\boldsymbol{X}; \boldsymbol{Y}) \geqslant \sum_{i=1}^{n} I(X_i; Y_i) \tag{10.14}$$

证明：令 E 表示 $\boldsymbol{X}, \boldsymbol{Y}$ 的联合抽样空间上的数学期望，则有

$$I(\boldsymbol{X}; \boldsymbol{Y}) = E\left[\log \frac{p(\boldsymbol{x} \mid \boldsymbol{y})}{p(\boldsymbol{x})} \right]$$

$$= E\left[\log \frac{p(\boldsymbol{x} \mid \boldsymbol{y})}{p(x_1) p(x_2) \cdots p(x_n)} \right] \quad (X_i, X_j \text{ 相互独立})$$

而

$$\sum_{i=1}^{n} I(X_i; Y_i) = \sum_{i=1}^{n} E\left[\log \frac{p(x_i \mid y_i)}{p(x_i)} \right]$$

165

$$= E\Big[\log\frac{p(x_1\mid y_1)p(x_2\mid y_2)\cdots p(x_n\mid y_n)}{p(x_1)p(x_2)\cdots p(x_n)}\Big]$$

由 Jensen 不等式,可得

$$\sum_{i=1}^{n} I(X_i;Y_i) - I(X;Y) = E\Big[\log\frac{p(x_1\mid y_1)p(x_2\mid y_2)\cdots p(x_n\mid y_n)}{p(x\mid y)}\Big]$$

$$\le \log E\Big[\frac{p(x_1\mid y_1)p(x_2\mid y_2)\cdots p(x_n\mid y_n)}{p(x\mid y)}\Big]$$

$$= \log\Big[\sum_{x,y} p(x,y)\frac{p(x_1\mid y_1)p(x_2\mid y_2)\cdots p(x_n\mid y_n)}{p(x\mid y)}\Big] = 0$$

例 10.9 令 $X_1,X_2,\cdots,X_n$ 是独立的、同概率分布的且熵均为 H 的随机变量。同时还令 Π 是集合 $\{1,2,\cdots,n\}$ 的一个排列,又令 $Y_i = X_{\pi(i)}$,那么

$$I(X;Y) = nH(X)$$

这是因为

$$I(X;Y) = H(X) - H(X\mid Y)$$

而

$$p(x\mid y) = \begin{cases} 0 \\ 1 \end{cases}$$

所以,$H(X\mid Y) = 0$,又因,由前面扩展信源的熵的性质,可得

$$H(X) = H[p(x_1,x_2,\cdots,x_n)] = H[p(x_1)^n] = nH$$

但

$$\sum_{i=1}^{n} I(X_i;Y_i) = kH$$

式中:k 为 π 的不变点的个数,即 $\pi(i) = i$ 的个数,而只有当 $\pi(i) = i$ 时,有

$$I(X_i;Y_i) = H(X_i) - H(X_i\mid Y_i)$$

$$= H(X_i) - H(X_i\mid X_i)$$

$$= H(X_i)$$

而当 $\pi(i) \ne i$ 时,有

$$H(X_i\mid Y_i) = H(X_i\mid X_{\pi(i)}) = H(X_i\mid X_j) = H(X_i)$$

所以有

$$I(X_i;Y_i) = H(X_i) - H(X_i\mid Y_i) = 0$$

虽然,若 π 没有不变点时,如 $\pi(i) = i + 1 (\mathrm{mod}\, n)$,那么

$$\sum_{i=1}^{n} I(X_i;Y_i) = 0$$

若把 $Y = (Y_1,Y_2,\cdots,Y_n)$ 看作是输入为 $X_1,X_2,\cdots,X_n$ 时的有噪声信道的 n 个输出。定理 10.7 的物理意义是,若输入是独立的,Y 包含着关于 X 的信息量,比由相应的 Y_i 包含的 X_i 的信息量之和还要多。然而,若将 X_i 独立改为信道 (X,Y) 是无记忆的,即

$$p(y_1,y_2,\cdots,y_n\mid x_1,x_2,\cdots,x_n) = \prod_{i=1}^{n} p(y_i\mid x_i) \tag{10.15}$$

可得出与定理 10.7 完全相反的结论。

定理 10.8 若 $X = (X_1, X_2, \cdots, X_n)$，$Y = (Y_1, Y_2, \cdots, Y_n)$ 为随机矢量，信道是无记忆的，即式 (10.15) 成立,那么

$$I(X;Y) \leqslant \sum_{i=1}^{n} I(X_i;Y_i) \tag{10.16}$$

证明:令 E 表示 X 和 Y 的联合抽样空间上的数学期望,则有

$$I(X;Y) = E\left[\log \frac{p(y \mid x)}{p(y)}\right] = E\left[\log \frac{p(y_1 \mid x_1)p(y_2 \mid x_2)\cdots p(y_n \mid x_n)}{p(y)}\right]$$

而

$$\sum_{i=1}^{n} I(X_i;Y_i) = \sum_{i=1}^{n} E\left[\log \frac{p(y_i \mid x_i)}{p(y_i)}\right]$$

所以可得

$$I(X;Y) - \sum_{i=1}^{n} I(X_i;Y_i) = E\left[\log \frac{p(y_1)p(y_2)\cdots p(y_n)}{p(y)}\right]$$

$$\leqslant \log E\left[\frac{p(y_1)p(y_2)\cdots p(y_n)}{p(y)}\right] = 0$$

由于

$$\sum_y p(y)\left[\frac{p(y_1)p(y_2)\cdots p(y_n)}{p(y)}\right]$$

$$= \sum_{y_1,y_2,\cdots,y_n} p(y_1)p(y_2)\cdots p(y_n) = 1$$

例 10.10 令 X 是具有熵 H 的随机变量,$X_1 = X_2 = \cdots = X_n = Y_1 = Y_2 \cdots = Y_n = X$,那么,当式 (10.15) 成立时(信道是无记忆的),$I(X;Y) = H$, 而 $\sum_{i=1}^{n} I(X_i;Y_i) = nH$。这是因为

$$p(x_1,x_2,\cdots,x_n) = p(x,x,\cdots,x) = p(x)$$
$$p(y \mid x) = p(x,x,\cdots,x \mid x,x,\cdots,x)$$
$$= p(x \mid x)p(x \mid x)\cdots p(x \mid x) = 1$$

所以也有 $p(x \mid y) = 1$,因而可得

$$I(X;Y) = H(X) - H(X \mid Y) = H(p(x)) = H$$

而 $I(X_i;Y_i) = H(X) - H(X \mid Y) = H(X) = H$,因此有

$$\sum_{i=1}^{n} I(X_i;Y_i) = nH$$

推论 若 $X = (X_1, X_2, \cdots, X_n)$,那么就有

$$H(X) \leqslant \sum_{i=1}^{n} H(X_i)$$

证明:令 $Y_i = X_i$,由定理 10.8 可得到该结果。

应该推出,当且仅当 $I(X;Y) = \sum_{i=1}^{n} I(X_i;Y_i)$ 时, 定理 10.7 和定理 10.8 的结论同时都是成立的。由此可见:在定理 10.7 中等式成立的充分条件就是在定理 10.8 中的假设条件,即

$$p(x \mid y) = \prod_{i=1}^{n} p(x_i \mid y_i)$$

在定理 10.8 中等式成立的充分条件就是定理 10.7 中的假设条件,即

$$p(y) = p(y_1)p(y_2)\cdots p(y_n)$$

有趣的是这些条件也是必有条件。

10.4.3 连续随机变量之间的互信息

设 X 和 Y 有一连续的联合密度函数,即对任一实数对 (x,y),定义一个连续的非负函数 $p(x,y)$,若 A 和 B 都是实数集的一个子集(实数轴上的一个区间),那么

$$p(X \subset A, Y \subset B) = \iint\limits_{B\,A} p(x,y)\,\mathrm{d}x\mathrm{d}y$$

$$p(x) = \int_{-\infty}^{\infty} p(x,y)\,\mathrm{d}y, \quad p(y) = \int_{-\infty}^{\infty} p(x,y)\,\mathrm{d}x$$

$$p(x \mid y) = \frac{p(x,y)}{p(y)}, \quad p(y \mid x) = \frac{p(x,y)}{p(x)}$$

连续随机变量 X 与 Y 之间的互信息定义为

$$I(X;Y) \triangleq h(X) - h(X \mid Y)$$

式中

$$h(X) = \int_{-\infty}^{\infty} p(x) \log \frac{1}{p(x)} \mathrm{d}x$$

$$h(X \mid Y) = \int_{-\infty}^{\infty} p(x) \log \frac{1}{p(x \mid y)} \mathrm{d}x$$

例 10.11 连续随机变量 X、Y 的联合分布密度函数为

$$p(x,y) = \begin{cases} \dfrac{1}{(a_2 - a_1)(b_2 - b_1)} & (a_1 \leqslant x \leqslant a_2;\ b_1 \leqslant y \leqslant b_2) \\ 0 & (\text{其他}) \end{cases}$$

试求:$h(X),h(X|Y),I(X;Y)$。

解:

$$p(x) = \int_y p(x,y)\,\mathrm{d}y = \frac{1}{(a_2 - a_1)(b_2 - b_1)} y \bigg|_{b_1}^{b_2} = \frac{1}{(a_2 - a_1)}$$

$$p(y) = \frac{1}{(b_2 - b_1)}$$

$$p(x \mid y) = p(x,y)/p(y) = \frac{1}{(a_2 - a_1)}$$

故有

$$h(X) = \int_{-\infty}^{\infty} p(x) \log \frac{1}{p(x)} \mathrm{d}x = -\int_{-\infty}^{\infty} p(x) \log p(x)\,\mathrm{d}x$$

$$= -\int_{a_1}^{a_2} \frac{1}{(a_2 - a_1)} \log \frac{1}{(a_2 - a_1)} \mathrm{d}x$$

$$= -\left[\frac{1}{(a_2 - a_1)} \log \frac{1}{(a_2 - a_1)} \right] x \bigg|_{a_1}^{a_2} = \log(a_2 - a_1)$$

$$h(X \mid Y) = h(X) = \log(a_2 - a_1)$$

所以有

$$I(X;Y) = h(X) - h(X \mid Y) = 0$$

第11章 信道的信息传输能力分析

在这一章将阐述信道的信息传输特性,主要讨论其特性,进一步讨论信道的理想传输能力和受限时的信息传输能力,即信道的容量和容量—代价函数。

11.1 信 道 容 量

11.1.1 信道容量定义

对于一个信道来说,它的作用之一就是传输信息,因此,最关心的问题之一就是它的信息传输能力,为了讨论这个问题,首先要引入一个物理量——信道传信率 R。

定义 11.1 信道传信率 R 为收到一个 y 之后,平均收到的信息量,即

$$R = H(X) - H(X \mid Y) \tag{11.1}$$

例 11.1 设有一信道,输入为 $X = \{x_1, x_2\}$,输出为 $Y = \{y_1, y_2\}$,信道的转移概率矩阵为

$$Q = \begin{bmatrix} 0.6 & 0.4 \\ 0.2 & 0.8 \end{bmatrix}$$

对于这个信道而言,收到一个 y 后,对 X 仍保留的不肯定度为

$$H(X \mid y_1) = -p(x_1 \mid y_1)\log p(x_1 \mid y_1) - p(x_2 \mid y_1)\log p(x_2 \mid y_1)$$

当 $p(x_1) = p(x_2) = 1/2$ 时,有

$$H(X \mid y_1) = \frac{6}{8}\log\frac{8}{6} + \frac{2}{8}\log\frac{8}{2} = 0.8113(\text{bit})$$

$$H(X \mid y_2) = \frac{4}{12}\log\frac{12}{4} + \frac{8}{12}\log\frac{12}{8} = 0.9182(\text{bit})$$

因此,收到一个 y 后,平均来说对 X 仍保留的不肯定度为

$$\begin{aligned} H(X \mid Y) &= p(y_1)H(X \mid y_1) + p(y_2)H(X \mid y_2) \\ &= 0.4 \times 0.8113 + 0.6 \times 0.9182 \\ &= 0.8755(\text{bit}) \end{aligned}$$

于是 $R = 1 - 0.8755 = 0.1245\text{bit}$。这就是说,收到一个 y 后,平均收到的信息量为 0.1245bit。当然,也就是信道传递一个 x 平均传输了 0.1245bit。

例 11.2 其信道与例 11.1 中相同,其输入的概率分布有 $p(x_1) = 0.48$,$p(x_2) = 0.52$,这时 $p(y_1) = 0.392$,$p(y_2) = 0.608$,此时的信道传信率为

$$R = H(X) - H(X \mid Y) = H(0.392) - H(Y \mid X) = 0.125\text{bit}$$

从以上两个例子中可以看出,同一个信道,当输入概率分布不同时,即不同的信源输入时,有不同的传信率。这是因为,该信道传输 x_2 的错误比较小,所以适当地多传一些 x_2,少传一些 x_1(例 11.2 就是这种情况)会使传输速率增大,但是,x_2 传输得太多了,又会使传信率降低。我们自然要问,什么样的信源输入时,才能使一个给定信道的传信率达到最大值呢? 当信道的输入受到一定约束时,信

道的传信率又会怎么样呢? 回答第一个问题,就是要讨论信道容量;回答第二个问题,就是我们下一步要研究的容量代价函数。

关于讨论容量代价函数的意义,我们可作一简要说明。信道的容量代价函数,是信道容量的一般化推广,是信道输入功率受限这一概念的一般化推广,是近年来信息理论发展的新成就,是通信技术发展的必然要求。

从便于教学,易于接受的角度考虑,容量代价函数与第 12 章将要讨论的速率失真函数形成很强的对偶性。

目前,随着社会的进步,对通信业务的需求量与日俱增,同时也是为了实现通信与计算机资源、信息资源共享,各种各样的通信网,计算机网日益增多,要设计和建立高效的,可靠的、经济的信息网络,看来是势在必行。然而,网络优化设计的原则之一,是在总代价(费用)不变的情况下,求出最小平均时延网络。或者说,是在总费用一定的前提条件之下,求最小平均时延的网络分配,那么,容量与费用之间的关系如何呢? 例如,美国的州与州的线路租金就是不同的,州内的租金也有差别,因此,找出容量和费用之间的关系,是网络优化设计的一个基本问题。由此可见,我们要讨论的容量代价(费用)函数必将为优化网络设计做出贡献。

根据信道传信率 R,在输入无任何限制时,R_{max} 就是信道容量,一般地,最大信道容量用 C 表示,即

$$C = \max I(X;Y) \tag{11.2}$$

当输入分布改变时,由定理 10.2 可知,使每个符号所能含有的平均互信息量达到了极值,即最大值。这时的概率分布就称为最佳分布。

为我们讨论 n 长序列的信息传输问题时,根据定理 10.8 可知,对离散无记忆信道(DMC)而言,有

$$p(y_1,y_2,\cdots,y_n \mid x_1,x_2,\cdots,x_n) = \prod_{i=1}^{n} p(y_i \mid x_i)$$

$$I(X^n;Y^n) \leqslant \sum_{i=1}^{n} I(X_i;Y_i)$$

这样一来,n 长序列信息传输就可归结为单个符号的信息传输问题。

11.1.2　对称信道的容量

对称信道的转移概率矩阵 Q,其每一行都是另一行的重排,每一列又都是另一列的重排,那么 Q 是对称的,相应的信道就是对称信道,例如:

$$Q_1 = \begin{bmatrix} \dfrac{1}{3} & \dfrac{1}{3} & \dfrac{1}{6} & \dfrac{1}{6} \\ \dfrac{1}{6} & \dfrac{1}{6} & \dfrac{1}{3} & \dfrac{1}{3} \end{bmatrix}$$

$$Q_2 = \begin{bmatrix} \dfrac{1}{3} & \dfrac{1}{3} & \dfrac{1}{6} & \dfrac{1}{6} \\ \dfrac{1}{6} & \dfrac{1}{3} & \dfrac{1}{6} & \dfrac{1}{3} \end{bmatrix}$$

则不是对称的。

定理 11.1　若一个对称的 DMC 有 r 个输入符号,S 个输出,当 $p(x) = 1/r, x \in \{0,1,\cdots,r-1\}$ 时,信道的传信率可达到最大值,即信道容量 C,其表达式为

$$C = \log S - H(g_0, g_1, \cdots, g_{s-1})$$

式中：$(g_0, g_1, \cdots, g_{s-1})$ 是矩阵 $\boldsymbol{Q}$ 中的任意一行。

证明：因传信率 $R = I(X;Y) = H(Y) - H(Y|X)$，而

$$H(Y \mid X) = \sum p(x) H(Y \mid x)$$

但由于矩阵 $\boldsymbol{Q}$ 的每一行都是另一行的重排，则

$$H(Y \mid x) = \sum_y p(y \mid x) \log \frac{1}{p(y \mid x)} = H(g_0, g_1, \cdots, g_{s-1})$$

所以

$$H(Y \mid X) = \sum_x p(x) H(Y \mid x) = H(Y \mid x) \sum_x p(x)$$
$$= H(Y \mid x)$$

由 $H(X)$ 的极值性可知 $\log S \geqslant H(Y)$，当且仅当 $y \in \{0, 1, \cdots, S-1\}$，$p(y) = 1/S$ 时，$H(Y) = \log S$。又因矩阵 $\boldsymbol{Q}$ 是对称的，所以当 $P(x_i) = 1/r$ 时 $(x \in \{0, 1, \cdots, r-1\})$，也有 $p(y) = 1/s$。所以，$H(Y) = \log S$ 因此，$I(X;Y) = H(Y) - H(Y|X)$，可得

$$C = \log S - H(g_0, g_1, \cdots, g_{s-1})$$

11.2 DMC 的容量代价函数

11.2.1 容量代价函数定义

在这一节我们要讨论 DMC（离散无记忆信道）的 $C(\beta)$ 函数，主要有它的基本概念，它要性质以及计算方法等问题。

一个 DMC，由有限集 A_X、A_Y 和转移概率矩阵 $(p(y|x))$ 所描述。A_X 为输入字母表，A_Y 为输出字母表，对所有的 $x \in A_X$，$y \in A_Y$，若 $p(y|x) \geqslant 0$，则 $\sum_y p(y \mid x) = 1$。当 A_X 有 r 个元素、A_Y 有 s 个元素时，其转移概率矩阵 $\boldsymbol{Q} = (p(y|x))$，$\boldsymbol{Q}$ 是一个 $r \times s$ 矩阵。此外，对每一输入 x，存在一个非负数 $b(x)$，表示 x 的"费用"或"代价"。

例 11.3 $A_X = A_Y = \{0, 1\}$，$\boldsymbol{Q} = \begin{bmatrix} g & p \\ p & g \end{bmatrix}$。式中：$0 \leqslant p \leqslant 1/2$，$g = 1 - p$（这是二进制对称信道），代价函数 $b(x)$ 为 $b(0) = 0$，$b(1) = 1$ 或 10^{-5} 元。

例 11.4 $A_X = \{0, 1/2, 1\}$，$A_Y = \{0, 1\}$，转移概率矩阵为

$$\boldsymbol{Q} = \begin{bmatrix} 1 & 0 \\ \dfrac{1}{2} & \dfrac{1}{2} \\ 0 & 1 \end{bmatrix}$$

而代价函数 $b(\boldsymbol{x})$ 为 $b(0) = b(1) = 1$，$b(1/2) = 0$。

例 11.5 $A_X = A_Y = \{0, 1, 2\}$，转移概率矩阵为

$$\boldsymbol{Q} = \begin{bmatrix} 1 & 0 & 0 \\ 0 & 1 & 0 \\ 0 & 0 & 1 \end{bmatrix}$$

以及 $b(0) = b(1) = 1, b(2) = 4$。

对上述给出的信道,其使用者并非是任意的,代价函数 $b(x)$ 表示了输入 x 的"代价"。

更一般地来说,假设信道的 n 次连续的输入为 $x_1, x_2, \cdots, x_n$,相应的输出为 $y_1, y_2, \cdots, y_n$。发送 $x_1, x_2, \cdots, x_n$ 的代价定义为

$$b(\boldsymbol{x}) = \sum_{i=1}^{n} b(x_i) \tag{11.3}$$

若 n 个输入为 $\boldsymbol{X} = (X_1, X_2, \cdots, X_n)$,其联合概率分布为 $p(\boldsymbol{x}) = p(x_1, x_2, \cdots, x_n)$,其平均代价定义为

$$E[b(\boldsymbol{X})] = \sum_{i=1}^{n} E[b(X_i)] = \sum_{x} p(\boldsymbol{x}) b(\boldsymbol{x}) \tag{11.4}$$

当 $n = 1, 2, \cdots$,定义 n 次(或 n 阶)信道容量代价函数为

$$C_n(\beta) = \max\{I(\boldsymbol{X}; \boldsymbol{Y}) : E[b(\boldsymbol{X}) \leq n\beta]\} \tag{11.5}$$

式中的最大值取决于所有 n 维随机矢量对 $(\boldsymbol{X}, \boldsymbol{Y}) = ((X_1, X_2, \cdots, X_n), (Y_1, Y_2, \cdots, Y_n))$。

应该注意如下事项:

(1) $(\boldsymbol{X}, \boldsymbol{Y})$ 的条件概率 $p(\boldsymbol{y}|\boldsymbol{x})$ 就是已给信道的转移概率,即

$$p(Y_1 = y_1, Y_2 = y_2, \cdots, Y_n = y_n \mid X_1 = x_1, X_2 = x_2, \cdots, X_n = x_n) = \prod_{i=1}^{n} p(y_i \mid x_i)$$

(2) 我们称输入 $\boldsymbol{X}$ 为一试验信源,若 $E[b(\boldsymbol{X})] \leq n\beta$,则称为 β 可容的。因而,式(11.5)中的最大值,严格地说,是只取决于所有 n 维 β 可容的试验信源。

(3) $C_n(\beta)$ 的定义域为 $\beta \geq \beta_{\min}$,$\beta_{\min}$ 的表达式为

$$\beta_{\min} = \min_{x \in A_x} b(x) \tag{11.6}$$

显然有 $\beta_{\min} \leq \beta$。

11.2.2 容量代价函数特性分析

下面我们将讨论容量代价函数 $C_n(\beta)$ 的性质。

1. 递增性

当 $\beta_1 > \beta_2$ 时,对试验信源而言,$B_1 = \{\boldsymbol{X} : E[b(\boldsymbol{X})] \leq n\beta_1\}$,$B_2 = \{\boldsymbol{X} : E[b(\boldsymbol{X})] \leq n\beta_2\}$。那么,$B_2 \subseteq B_1$ 即 B_2 是 B_1 的一个子集,因此 $C_n(\beta_1) \geq C_n(\beta_2)$。

例 11.6 一信源 $X = \{0, 1\}$,$b(0) = 0, b(1) = 2$,若 $p(\boldsymbol{x}) = \{1/2, 1/2\}$,则有

$$E[b(X)] = \frac{1}{2} \times 0 + \frac{1}{2} \times 2 = 1$$

若取 $\beta_2 = 0.8, \beta_1 = 1$,那么 $B_2 = \{X : E[b(X)] \leq 0.8\}$ 不包含信源 $p(x) = \{1/2, 1/2\}$。而对于 $B_1 = \{X : E[b(X)] \leq 1\}$ 是包含着信源 $p(x) = \{1/2, 1/2\}$ 的,可见 $B_2 \subseteq B_1$。

由此可见,平均代价 β 的物理意义是,使用的代价(或费用)越大,能达到要求的试验信源也就越多,即可选择的范围也就越大。

2. 上凸性

$C_n(\beta)$ 是一个上凸函数,$\beta \geq \beta_{\min}$。

证明:令 α_1、$\alpha_2 \geq 0$,$\alpha_1 + \alpha_2 = 1$,我们要证明的是,对 $\alpha_1, \alpha_2 \geq \beta_{\min}$,则

$$C_n(\alpha_1\beta_1 + \alpha_2\beta_2) \geq \alpha_1 C_n(\beta_1) + \alpha_2 C_n(\beta_2)$$

为此,$\boldsymbol{X}_1, \boldsymbol{X}_2$ 分别为可得到 $C_n(\beta_1), C_n(\beta_2)$ 的 n 维试验信源,其概率分布分别为 $p_1(\boldsymbol{x}), p_2(\boldsymbol{x})$,若 $\boldsymbol{Y}_1$,

Y_2表示与X_1,X_2相对应的输出,那么

$$E[b(X_i)] \leq n\beta_i \tag{11.7}$$

$$I(X_i;Y_i) = C_n(\beta_i) \tag{11.8}$$

再定义$p(\boldsymbol{x}) = \alpha_1 p_1(\boldsymbol{x}) + \alpha_2 p_2(\boldsymbol{x})$的试验信源$\boldsymbol{X}$,其相应的输出为$\boldsymbol{Y}$,那么

$$E[b(\boldsymbol{X})] = \sum_{\boldsymbol{x}} p(\boldsymbol{x})b(\boldsymbol{x}) = \alpha_1 \sum_{\boldsymbol{x}} p_1(\boldsymbol{x})b(\boldsymbol{x}) + \alpha_2 \sum_{\boldsymbol{x}} p_2(\boldsymbol{x})b(\boldsymbol{x})$$

$$= \alpha_1 E[b(X_1) + \alpha_2 E[b(X_2)] \quad (见式(11.7))$$

故$\boldsymbol{X}$是$(\alpha_1\beta_1 + \alpha_2\beta_2)$可容的,那么

$$I(\boldsymbol{X};\boldsymbol{Y}) \leq C_n(\alpha_1\beta_1 + \alpha_2\beta_2)$$

但是,由于$I(\boldsymbol{X};\boldsymbol{Y})$是输入概率分布$p(\boldsymbol{x})$的上凸函数,所以有

$$I(\boldsymbol{X};\boldsymbol{Y}) \geq \alpha_1 I(X_1;Y_1) + \alpha_2 I(X_2;Y_2) \quad (见式(11.8))$$

故有

$$C_n(\alpha_1\beta_1 + \alpha_2\beta_2) \geq \alpha_1 C_n(\beta_1) + \alpha_2 C_n(\beta_2)$$

3. 倍乘性

对任意 DMC,对$n = 1,2,\cdots$,当$\beta \geq \beta_{\min}$时,有

$$C_n(\beta) = nC_1(\beta)$$

证明:令$\boldsymbol{X} = (X_1, X_2, \cdots X_n)$是一个$\beta$可容的且可达到$C_n(\beta)$的试验信源,即

$$E[b(\boldsymbol{X})] \leq n\beta \tag{11.9}$$

$$I(\boldsymbol{X};\boldsymbol{Y}) = C_n(\beta) \tag{11.10}$$

式中:$\boldsymbol{Y} = (Y_1, Y_2, \cdots, Y_n)$为相应的信道输出。

由于已知$p(\boldsymbol{y}|\boldsymbol{x}) = \prod_{i=1}^{n} p(y_i \mid x_i)$,由定理 10.8 可知

$$I(\boldsymbol{X};\boldsymbol{Y})] \leq \sum_{i=1}^{n} I(X_i;Y_i) \tag{11.11}$$

若定义$\beta_i = E[b(X_i)]$,可得

$$\sum_{i=1}^{n} \beta_i = \sum_{i=1}^{n} E[b(X_i)] = E[b(\boldsymbol{X})] \leq n\beta$$

此外,由$C_1(\beta_i)$的定义式(11.5),可知

$$I(X_i;Y_i) \leq C_1(\beta_i) \tag{11.12}$$

由$C_n(\beta)$的上凸性可知,$C_1(\beta_i)$为β的上凸函数,由 Jensen 不等式,可得

$$\frac{1}{n}\sum_{i=1}^{n} C_1(\beta_i) \leq C_1\left(\frac{1}{n}\sum_{i=1}^{n} \beta_i\right) = C_1\left\{\frac{1}{n}E[b(\boldsymbol{X})]\right\}$$

但是,由于$\frac{1}{n}E[b(\boldsymbol{X})] \leq \beta$,$C_1(\beta)$是$\beta$的上凸函数,所以

$$\sum_{i=1}^{n} C_1(\beta_i) \leq nC_1(\beta) \tag{11.13}$$

由式(11.10)~式(11.13),可得

$$C_n(\beta) \leq \sum_{i=1}^{n} I(X_i;Y_i) \leq \sum_{i=1}^{n} C_1(\beta_i) \leq nC_1(\beta)$$

下面证明$nC_1(\beta) \leq C_n(\beta)$。

令(X,Y)是得到$C_1(\beta)$的随机变量对,那么

$$E[b(X)] \leqslant \beta \tag{11.14}$$

$$I(X;Y) = C_1(\beta) \tag{11.15}$$

令$X_1,X_2,\cdots,X_n$是独立的,其分布均与X相同的随机变量,$Y_1,Y_2,\cdots,Y_n$是相应的信道输出。由式(11.14),可得

$$E[b(X)] \leqslant \sum_{i=1}^{n} E[b(X_i)] \leqslant n\beta$$

于是,有

$$C_n(\beta) \geqslant I(X;Y) = \sum_{i=1}^{n} I(X_i;Y_i) = nC_1(\beta)$$

综上所述,可得

$$C(\beta) = \sup_n C_n(\beta)$$

现在,把信道的容量代价函数定义为

$$C(\beta) = \sup_n C_n(\beta) \tag{11.16a}$$

其物理意义是,若应用信道的平均代价或平均费用不大于β,那么在信道上能可靠传输信息的最大信息容量为$C(\beta)$。

由$C_n(\beta)$倍乘性可知,对一个DMC,它的$C(\beta)$的表达式为

$$C(\beta) = \sup_n \frac{1}{n}C_n(\beta) = \sup_n \frac{1}{n}nC_1(\beta) = \sup_n C_1(\beta)$$

$$= C_1(\beta) = \max\{I(X;Y):E[b(X)] \leqslant \beta\} \tag{11.16b}$$

即是说,对于一切允许的、可能的输入概率分布,信道传信率$I(X;Y)$的最大值,就称为容量代价函数。

关于$C(\beta)$的一般特点,将作如下说明。

我们已知$C(\beta)$是增的,上凸函数,当$\beta \geqslant \beta_{\min}$时的凸性意味着$C(\beta)$是一个连续函数,而当$\beta$充分大时,$C(\beta)$是常数。于是定义

$$C_{\max} = \max\{C(\beta):\beta \geqslant \beta_{\min}\}$$

即

$$C_{\max} = \max\{I(X;Y)\} \tag{11.17}$$

式中的最大值取决于所有的(一维)试验信源X,$C_{\max}$称为最大信道容量。

若定义

$$\beta_{\max} = \min\{E[b(X)]:I(X,Y) = C_{\max}\} \tag{11.18}$$

那么,对任意$\beta \geqslant \beta_{\max}$,显然有$C(\beta) = C_{\max}$,而当$\beta < \beta_{\max}$时,$C(\beta) < C_{\max}$。由此可见,实际上一个$C(\beta)$函数,当$\beta \geqslant \beta_{\min}$时,为增的、上凸的;当$\beta \geqslant \beta_{\max}$时,为常数;当$\beta_{\min} \leqslant \beta \leqslant \beta_{\max}$时,$C(\beta)$是严格递增的。

因此,我们又有如下定义:

$$C(\beta) = \max\{I(X;Y):E[b(X)] = \beta\} \quad (\beta_{\min} \leqslant \beta \leqslant \beta_{\max}) \tag{11.19}$$

由于$C(\beta)$是在β给定时,$I(X;Y)$的最大值,因为在$E[b(X)] \leqslant \beta$时的取值与在$E[b(X)] = \beta$的范围内的取值是一样的,所以式(11.16)可改为式(11.19)。

下面来讨论$C(\beta_{\min}) = C_{\min}$的确定方法。一个试验信源$X$,当且仅当$b(X) > \beta_{\min}$时,有$p(x) = 0$,即是说,它是$\beta_{\min}$可容的(它仅用代价最小的输入)。因此,$C_{\min}$是一个简化信道的容量,这个信道是

如何得来的呢？就是把原来的信源中$b(X) > \beta_{min}$的输入都删除而得到的。

综上所述,一个典型的$C(\beta)$函数曲线如图11.1所示。

下面,将通过几个例子说明$C(\beta)$函数的确定方法。

例11.7 $A_X = \{0,1\}, A_Y = \{0,1\}, 0 \leqslant p \leqslant 1/2, g = 1 - p,$转移概率矩阵为

$$Q = \begin{bmatrix} g & p \\ p & g \end{bmatrix}$$

图11.1 一个典型的$C(\beta)$曲线

$b(0) = 0, b(1) = 1$。

解:显然,$\beta_{min} = \min\limits_{x \in A_x} b(\pmb{x}) = 0$,其简化信道仅有一个输入"0"。因此$C_{min} = C(\beta_{min}) = C(0) = 0$,这是因为其退化信道

$$Q' = \begin{bmatrix} g & p \\ 0 & 0 \end{bmatrix} \quad (p\{X = 0\} = 1, p\{X = 1\} = 0)$$

这时$I(X;Y) = H(X) - H(X|Y) = 0 - H(X|Y)$,由$I(X;Y)$的非负性,即$0 - H(X|Y) \geqslant 0$,又因$H(X|Y) \geqslant 0$,所以,$H(X|Y) = 0$。因而有

$$C_{min} = \max\{I(X;Y) : E[b(X)] = 0\} = 0$$

令X为一试验信源,当$0 \leqslant \beta \leqslant \beta_{max}$时可达到$C(\beta)$,那么

$$E[b(X)] = p(0)b(0) + p(1)b(1) = p(1) = \beta$$

于是$p(0) = 1 - p(1) = 1 - \beta$,故试验信源$X$的概率空间为

$$X : \begin{Bmatrix} 0 & 1 \\ 1 - \beta & \beta \end{Bmatrix}$$

而相应地

$$Y : \begin{Bmatrix} 0 & 1 \\ (1 - \beta)(1 - p) + p\beta & p(1 - \beta) + \beta(1 - p) \end{Bmatrix}$$

所以

$$C(\beta) = H(Y) - H(Y|X) = H(\alpha \cdot g + \beta \cdot p) - H(p) \quad (\alpha = 1 - \beta)$$

由于$H(p)$是一个定值,$C(\beta)$的最大值就是$H(\alpha \cdot g + \beta \cdot p)$为最大时所得到的值。因此,当$\alpha \cdot g + \beta \cdot p = 1/2$时,即可得到$\beta = 1/2$,也就是$\beta_{max} = 1/2$。所以$C(\beta)$的解析式为

$$C(\beta) = \begin{cases} H[(1 - \beta) \cdot (1 - p) + \beta \cdot p] - H(p) & (0 \leqslant \beta \leqslant 1/2) \\ \log2 - H(P) & (\beta \geqslant 1/2) \end{cases}$$

$C(\beta)$函数的曲线如图11.2所示。

例11.8 $A_X = \{0, 1/2, 1\}, A_Y = \{0,1\}$,转移概率矩阵为

$$Q = \begin{bmatrix} 1 & 0 \\ \dfrac{1}{2} & \dfrac{1}{2} \\ 0 & 1 \end{bmatrix}$$

$b(0) = b(1) = 1, b(1/2) = 0$。求该信道的 $C(\beta)$ 函数。

解：由于 $\beta_{\min} = \min\limits_{x \in A_x} b(x) = 0$，如例 11.7 中所述，显然 $C_{\min} =$

图 11.2　例 11.7 的 $C(\beta)$ 函数曲线

$C(0) = 0$。这是因为，其简化信道为无损信道，则

$$Q' = \begin{bmatrix} 0 & 0 \\ \dfrac{1}{2} & \dfrac{1}{2} \\ 0 & 0 \end{bmatrix}$$

显见 $P(X = 1/2 \mid Y = 0) = P(X = 1/2 \mid Y = 1) = 1$，所以 $H(X \mid Y) = 0$，又因 $H(X) = 0$，于是

$$I(X;Y) = H(X) - H(X \mid Y) = 0。$$

令 X 为一个试验信源，当 $0 \le \beta \le \beta_{\max}$ 时可得到 $C(\beta)$，$p(x) = p\{X = x\}$，$x = \{0, 1/2, 1\}$，我们知道 $I(X;Y)$ 对于 $p(x)$ 而言是上凸的，而

$$E[b(X)] = p(0) \times 1 + p(1) \times 1 = p(0) + p(1) = \beta$$

因此必有 $p(0) = p(1) = \beta/2$。这是因为，当 β 为某一数值时，$E[b(X)] = \beta$ 的试验信源是一个集合，在这集合中要使 $I(X;Y)$ 最大化，而 $I(X;Y) = H(Y) - H(Y \mid X)$，这就要求 $H(Y)$ 最大化（因 $H(Y \mid X)$ 是一常数）即 $p\{Y = 0\} = p\{Y = 1\} = 1/2$。根据矩阵 Q 的准对称性特点，必须有 $p\{X = 0\} = p\{X = 1\} = \beta/2$，于是 $p\{X = 1/2\} = 1 - \beta$，则

$$I(X;Y) = H(1/2) - H(Y \mid X) = \beta \log 2$$

故有 $C(\beta) = \beta \log 2$。又因

$$\beta_{\max} = \min\{E[b(X)] : I(X;Y) = C_{\max}\}$$
$$= \min\{p\{X = 0\} \times 1 + p\{X = 1\} \times 1 : C_{\max} = 1\} = 1$$

所以 $C(\beta)$ 函数的解析式为

$$C(\beta) = \begin{cases} \beta \log 2 & (0 \le \beta \le 1) \\ \log 2 & (\beta \ge 1) \end{cases}$$

$C(\beta)$ 函数的曲线如图 11.3 所示。

例 11.9　$A_X = \{0, 1, 2\} = A_Y$，转移概率矩阵为

$$Q = \begin{bmatrix} 1 & 0 & 0 \\ 0 & 1 & 0 \\ 0 & 0 & 1 \end{bmatrix}$$

$b(0) = b(1) = 1, b(2) = 4$。

解：令 X 是可得到 $C(\beta)$ 的一个试验信源，$\alpha_i = p\{X = i\}$（$i = $

图 11.3　例 11.8 的 $C(\beta)$ 函数曲线

$0, 1, 2$）。那么

$$C(\beta) = H(Y) - H(Y \mid X) = H(X) = H(\alpha_0 、\alpha_1 、\alpha_2)$$

显然有 $\beta_{\min} = \min\limits_{x \in A_x} b(x) = 1$，这时的简化信道为

$$Q' = \begin{bmatrix} 1 & 0 \\ 0 & 1 \end{bmatrix}$$

它的输入为 $0, 1$，其概率分布应该为 $p(0) = p(1) = 1/2$，所以，$C_{\min} = \log 2$；而 $C(\beta)$ 的最大值为

$$C_{\max} = \max\{I(X;Y)\} = \max\{H(\alpha_0 、\alpha_1 、\alpha_2)\} = \log 3$$

这时，$\alpha_0 = \alpha_1 = \alpha_2 = 1/3$，而 $\beta_{\max} = 1/3 + 1/3 + 4/3 = 2$。

当 $\beta_{\min} \leqslant \beta \leqslant \beta_{\max}$ 时,$E[b(X)] = \alpha_0 + \alpha_1 + 4\alpha_2 = \beta$。要确定这时的 $C(\beta)$,就必须以此为条件,使 $H(\alpha_0 \text{、} \alpha_1 \text{、} \alpha_2)$ 达到其最大值。

由于 $b(0) = b(1)$,所以应取 $\alpha_0 = \alpha_1 = \alpha$,$\alpha_2 = 1 - 2\alpha$,因此,有

$$\alpha + \alpha + 4(1 - 2\alpha) = \beta$$

可得 $\alpha = (4 - \beta)/6$,而 $\alpha_2 = 1 - 2\alpha = (1/3)\beta - 1/3$,故有

$$C(\beta) = \begin{cases} H((4 - \beta)/6, (4 - \beta)/6, (2\beta - 2)/6) & (1 \leqslant \beta \leqslant 2) \\ \log 3 & (\beta \geqslant 2) \end{cases}$$

$C(\beta)$ 的函数曲线如图 11.4 所示。

图 11.4　例 11.9 的 $C(\beta)$ 函数曲线

11.3　高斯信道的容量代价函数

11.3.1　高斯信道的描述

该信道的全称是"平均功率受限的、离散时间无记忆加性高斯信道",它的输入字母表为 A_X,输出为 A_Y 且均为实数集。若 $X_1, X_2, \cdots$ 是在时刻 $1, 2, \cdots$ 时信道的输入,那么相应的输出为 $Y_1, Y_2, \cdots$,而且 $Y_i = X_i + Z_i(Z_1, Z_2, \cdots)$,是独立的同分布的均值为 0,方差为 σ^2 的正态随机变量。每一个输入 x 的代价为 $b(x) = x^2$。信道模型如图 11.5 所示。

图 11.5　高斯信道模型

下面我们先来讨论一下该信道发生的实际背景。

若我们试图在 T 秒内,由一地传递 n 个实数 $x_1, x_2, \cdots, x_n$ 到另一地,于是将 x_i 序列变为时间的连续函数 $x(t)$,设 $x(t)$ 表示电阻负载上的电压,为了实现这一变换,我们设有 n 个函数 $\Phi_i(i = 1, 2, \cdots, n)$,这 n 个函数在区间 $[0, T]$ 上是规一化正交的,即

$$\int_0^T \Phi_i(t) \Phi_j(t) \mathrm{d}t = \begin{cases} 1 & (i = j) \\ 0 & (i \neq j) \end{cases}$$

那么,$x(t) = \sum_{i=1}^n x_i \Phi_i(t)$,而从 $x(t)$ 再恢复出 x_i 时,则 $x_i = \int_0^T \Phi_i(t) \Phi_j(t) \mathrm{d}t$。

首先要指出的是,发射机的功率是受限的,如发射功率为 P 瓦,那么,在 T 秒内总能量消耗不超过 PT 焦耳。该能量的数值可表示为 $\int_0^T x^2(t) \mathrm{d}t$,由规一化正交性,有

$$\int_0^T x^2(t) \mathrm{d}t = \int_0^T \left(\sum_{i=1}^n x_i \Phi_i(t) \right)^2 \mathrm{d}t$$

$$= \int_0^T [x_1 \Phi_1(t) + x_2 \Phi_2(t) + \cdots + x_n \Phi_n(t)][x_1 \Phi_1(t) + x_2 \Phi_2(t) + \cdots + x_n \Phi_n(t)] \mathrm{d}t$$

$$= \sum_{i=1}^n x_i^2$$

因此有

$$\frac{1}{n}\sum_{i=1}^{n}x_i^2 \leqslant \frac{PT}{n} \tag{11.20}$$

即是说,输入矢量 $\boldsymbol{x} = (x_1, x_2, \cdots, x_n)$ 并非是任意的,它必须位于以 $\sqrt{PT}$ 为半径的欧几里得球体以内。

其次,当 $x(t)$ 被传输时,接收信号通常为 $\hat{x}(t) = x(t) + z(t)$, $z(t)$ 为噪声过程,一般为热噪声(由机内电子热骚动所引起)。$z(t)$ 被假设为是一个白的高斯噪声过程是合理的,对我们来说,这意味着有一个噪声功率为 N_0 的谱密度,使得其积分 $z_i = \int_0^T z(t)\Phi_i(t)\,\mathrm{d}t$ 为独立的,均值为 0,方差为 $N_0/2$ 的高斯随机变量。

对接收者而言,只能以 $\hat{x}(t)$ 来估计 x_i,即

$$\int_0^T \hat{x}(t)\,\mathrm{d}t = \hat{x}_i = x_i + z_i$$

如此来说,我们传输的 $\boldsymbol{x} = (x_1, x_2, \cdots, x_n)$ 一定要满足式(11.20),接收矢量为 $\hat{\boldsymbol{x}}(t) = (x_1 + z_1, x_2 + z_2, \cdots, x_n + z_n)$,而 $z_1, z_2, \cdots, z_n$ 是独立的、0 均值、方差为 $N_0/2$ 的高斯随机变量。由此可见,这里的信道模型,如图 11.5 所示,即为高斯信道,它的输入限制 $\beta = PT/n$,信道噪声方差为 $\sigma^2 = N_0/2$。

11.3.2 高斯信道的容量代价函数

下面定义 n 次高斯信道容量代价函数为

$$C_n(\beta) = \max\left\{ I(\boldsymbol{X};\boldsymbol{Y}) : \sum_{i=1}^{n}E[b(X_i^2)] \right\} \leqslant n\beta \tag{11.21}$$

式中的最大值由所有的 n 维随机矢量对 $\boldsymbol{X} = (X_1, X_2, \cdots, X_n)$, $\boldsymbol{Y} = (Y_1, Y_2, \cdots, Y_n)$ 所决定,在此

$$\boldsymbol{X} \text{ 有连续密度函数 } p(\boldsymbol{x}) \tag{11.22a}$$

$$\sum_{i=1}^{n}E[b(X_i^2)] \leqslant n\beta \tag{11.22b}$$

$$Y_i = X_i + Z_i \quad (i = 1, 2, \cdots, n) \tag{11.22c}$$

式中:$Z_1, Z_2, \cdots, Z_n$ 是独立的(且与 X_i 序列也是独立的)、0 均值、方差为 σ^2 的随机变量。

高斯信道的容量代价函数一般定义为

$$C(\beta) = \sup_n C_n(\beta) \tag{11.23}$$

$C(\beta)$ 的意义:若输入的平均代价限制为 $\leqslant\beta$,在信道中无误差传输信息的最大信道容量为 $C(\beta)$。

下面我们进一步推导出 $C(\beta)$ 的表达式。

定理 11.2 $C_n(\beta) = \dfrac{n}{2}\log(1 + \beta/\sigma^2)$,因此就有 $C(\beta) = \dfrac{1}{2}\log(1 + \beta/\sigma^2)$。

证明:令 $\boldsymbol{X} = (X_1, X_2, \cdots, X_n)$ 是满足式(11.22a)和式(11.22b)的任一试验信源。那么由式(11.22c),$\boldsymbol{X}$ 与 $\boldsymbol{Y}$ 的联合密度函数为

$$p(\boldsymbol{x}, \boldsymbol{y}) = p(\boldsymbol{x}) \cdot g(\boldsymbol{z})$$

式中:$\boldsymbol{z} = (y_1 - x_1, y_2 - x_2, \cdots, y_n - x_n)$;$g(\boldsymbol{z})$ 是 $z_1, z_2, \cdots, z_n$ 是联合密度函数,即

$$g(z_1, z_2, \cdots, z_n) = \frac{1}{(2\pi)^{n/2}\sigma^n}\exp\left[-\frac{\sum z_i^2}{2\sigma^2}\right]$$

$$\left[g(\boldsymbol{x}) = \prod_{i=1}^{n}(2\pi\sigma^2)^{1/2}\exp\left(-\frac{(x_i - \mu_i)^2}{2\sigma^2}\right) \right]$$

令 $A_i = E(X_i^2)$。由于 X_i 和 Z_i 是相互独立的，$E(Y^2) = E(X_i^2) + E(Z_i^2) = A_i + \sigma^2$，因而，由定理 10.2 可知

$$h(Y) \leqslant \frac{n}{2}\log 2\pi e\Big[\prod_{i=1}^{n}(A_i + \sigma^2)\Big]^{\frac{1}{n}} \tag{11.24}$$

根据式(11.22b)，有

$$\prod_{i=1}^{n}(A_i + \sigma^2) \leqslant (\beta + \sigma^2)^n$$

因而

$$h(Y) \leqslant \frac{n}{2}\log 2\pi e(\beta + \sigma^2) \tag{11.25}$$

由定理 10.1 可知

$$I(X;Y) = h(Y) - h(Y \mid X) = h(Y) - h(Z)$$
$$\leqslant \frac{n}{2}\log\Big(1 + \frac{\beta}{\sigma^2}\Big) \tag{11.26}$$

因此有

$$C_n(\beta) = I(X;Y) \leqslant \frac{n}{2}\log\Big(1 + \frac{\beta}{\sigma^2}\Big)$$

为了证反问不等式，令 $X_1, X_2, \cdots, X_n$ 是独立的、0 均值、方差为 β 的高斯随机变量。那么式(11.22 a)和式(11.22 b)是满足的。又令 $Y_1, Y_2, \cdots, Y_n$ 是独立的、均值为 0、方差为 $\beta + \sigma^2$ 的高斯随机变量。那么

$$I(X;Y) = h(Y) - h(Z) = \frac{n}{2}\log\Big(1 + \frac{\beta}{\sigma^2}\Big)$$

于是

$$C_n(\beta) = \max\{I(X;Y):E(b(X) \leqslant n\beta\} \geqslant I(X;Y) = \frac{n}{2}\log\Big(1 + \frac{\beta}{\sigma^2}\Big)$$

所以就有

$$C_n(\beta) = \frac{n}{2}\log\Big(1 + \frac{\beta}{\sigma^2}\Big)$$

故得

$$C(\beta) = \sup_n \frac{1}{n}C_n(\beta) = \frac{1}{2}\log\Big(1 + \frac{\beta}{\sigma^2}\Big)$$

例如，$\sigma^2 = N_0/2$，$\beta = PT/n$ 时，高斯信道的容量代价函数为

$$C(\beta) = \frac{1}{2}\log_2\Big(1 + \frac{2PT}{nN_0}\Big) \quad (\text{bit}/\text{符号})$$

当信道带宽为 $W = n/2T$，每秒传输 $n/T = 2W$ 个符号，其信道容量为

$$C = W\frac{1}{2}\log_2\Big(1 + \frac{P}{WN_0}\Big) \ (\text{bit/s}) \tag{11.27}$$

这就是香农的著名的限带、限功率高斯信道的容量表达式。还应指出，当 $W \gg P/N_0$ 时，即为"宽带"高斯信道，其信道容量为

$$C = \frac{1}{\ln 2}\frac{P}{N_0} = 1.4427 \times \frac{P}{N_0} \ (\text{bit/s}) \tag{11.28}$$

应该指出:式(11.27)给我们揭示出信道传输信息量取决于信道的带宽和信噪比,而且带宽和信噪比可以互相转换,正是由于带宽和信噪比互换原理,人们研究设计出了各种各样的扩频通信系统,通过扩频使信号的能量扩散于很宽的通频带以内,使信噪比非常低,从而实现了很好地隐蔽通信。

11.4　信道编码定理

11.4.1　通信系统模型

根据前面的讨论,若 $X = (X_1, X_2, \cdots, X_n)$ 表示一个已给出 DMC 的 n 个连续输入,$Y = (Y_1, Y_2, \cdots, Y_n)$ 为相应的输出,那么 $(1/n)I(X;Y) \leqslant C_{\max}$。这就意味着,这个信道传递一个符号至多可传输 $C_{\max}$ 比特的信息;反之,若 X 是使 $C(\beta_{\max}) = C_{\max}$ 的一试验信源,那么 $I(X;Y) = C_{\max}$,这就是说,适当地使用信道时,每传递一个符号至少能传输 $C_{\max}$ 比特的信息。因此,$C_{\max}$ 应表示在信道上传输信息的最大速率,更一般地说,对任意 $\beta \geqslant \beta_{\min}$,$C(\beta)$ 表示在信道上传输一个符号的最大信息速率。下面将对这个结论进行解释。

对于如下试验,设信源输出的是一个独立序列 $U = (U_1, U_2, \cdots, U_K)$,$U_i(i = 1, 2, \cdots, K)$ 的分布为 $p\{U = 0\} = p\{U = 1\} = 1/2$。我们将应用信道 n 次,来传送这 K 个二进制符号,且平均代价不大于 β。令 $X = (X_1, X_2, \cdots, X_n)$ 为信道的输入,$Y = (Y_1, Y_2, \cdots, Y_n)$ 为输出,而 $\hat{U} = (\hat{U}_1, \hat{U}_2, \cdots, \hat{U}_k)$ 是接收端对 U 的估计,且仅仅取决于 Y。如图 11.6 所示。

$$U \longrightarrow X \longrightarrow \boxed{信道} \longrightarrow Y \longrightarrow \hat{U}$$

图 11.6　一个设想的通信系统

假设这是一个相当好的系统,例如,$p(\hat{U}_i \neq U_i) < \varepsilon (i = 1, 2, \cdots, K)$,$\varepsilon$ 为某一很小的数值。那么,由定理 10.7 和 Fano 不等式,可知

$$I(U; \hat{U}) \geqslant \sum_{i=1}^{k} I(U_i; \hat{U}_i),$$

$$I(U_i; \hat{U}_i) = H(U_i) - H(U_i \mid \hat{U}_i) = \log 2 - H(U_i \mid \hat{U}_i)$$
$$\geqslant \log 2 - H(\varepsilon)$$

因此,可得

$$I(U; \hat{U}) \geqslant K[1 - H(\varepsilon)]$$

根据数据处理定理(式(10.13))$I(U; \hat{U}) \leqslant I(X;Y)$,再根据 $C_n(\beta)$ 的定义式(11.5),可知

$$I(X;Y) \leqslant C_n(\beta) = nC(\beta)$$

由上述三个不等式,可得

$$\frac{K}{n} \leqslant \frac{C(\beta)}{1 - H_2(\varepsilon)} \tag{11.29}$$

式中:K/n 为系统的传输速率,表示我们设想的通信系统中每应用一次信道所传输的比特数。

式(11.29)给出的这个界限是比特错误率 ε 的增函数;这是自然的,若希望更可靠地进行通信,就一定要降低系统的传输速率。换言之,若应用信道的平均代价不大于 β,试图设计一个信道速率

180

$R > C(\beta)$ 的系统,那么所产生的错误率 $\varepsilon \geq H^{-1}[1 - (C(\beta)/R)] > 0$。而当信道无约束时,若 $R > C_{\max}$,于是 $\varepsilon \geq H^{-1}[1 - (C_{\max}/R)] > 0$。即是说,我们不能以高于信道容量的速率来进行可靠的通信。

当速率低于 $C(\beta)$ 时又将如何?对这个问题式(11.29)是不能回答的,因为,若 $K/n < C(\beta)$,只要 $\varepsilon > 0$,式(11.29)都是成立的。当然,这不是式(11.29)本身的缺点,下面将进一步说明之。若 $R < C(\beta)$ 和 $\varepsilon > 0$,设计一个平均代价不大于 β,$K/n \geq R$;$p(U_i \neq \hat{U}_i) < \varepsilon$ 的系统是完全可能的!香农对这一结果已给了推演,并称为信道编码定理。这个结果的关键是编码的概念,下面将要说明这一点。

对某一正整数 n,一个在 A_X 上的长为 n 的(信道)码是 A_X^n 的一个子集 $C = \{x_1, x_2, \cdots, x_m\}$。若对数的底为 2,码的速率定义为 $R = (1/n)\log_2 M$,其单位是每符号(信道输入)的比特数。若对所有的 i,$b(x_i) = \sum_{i=1}^n b(x_{ij}) \leq n\beta$,这个码就是 β 可容的,$x_i = (x_{i1}, x_{i2}, \cdots, x_{in})$。

对码 C 的一个译码规则是一个映射 $f: A_Y^n \rightarrow C \cup \{?\}$。"?"这个特殊符号表示译码失效;它的意义将在下面说明。

对于图 11.6 所示的系统,可用于设计一个通信系统的码:令 $K \leq \log_2 M$,且是一个正整数。那么,它就有可能把各异的码字 x_i 与 2^K 个可能的信源序列建立起一一对应关系。我们就把从信源序列集到码 C 的一对一的映射称为一个编码规则。若待传送的信源序列 $u = (u_1, u_2, \cdots, u_k)$,将根据编码规则把 u 变换为 x_i,在信道上传输 x_i,在输出端收到的是 y。而接收者则是根据译码规则,把 y 译为一个码字 x_j(或"?");u 的估计 $\hat{u}$ 是相应于 x_j 的信源序列的估计(若存在的话)。当已知 x_i 被传输时,系统的错误率为

$$p_E^{(i)} = p\{f(y) \neq x_i\} = \sum \{p(y \mid x_i) : f(y) \neq x_i\} \tag{11.30}$$

式中

$$p(y \mid x_i) = \prod_{j=1}^n p(y_i \mid x_{ij})$$

11.4.2 编码描述

在叙述和证明编码定理之前,我们将以两个例子来说明编码的概念。

例 11.10 $A_X = A_Y = \{0, 1\}$,信道的转移概率矩阵为

$$Q = \begin{bmatrix} g & p \\ p & g \end{bmatrix}$$

其中,$b(0) = b(1) = 0$。在此,无输入限制。

编码:$n = 3$,$M = 2$,$C = \{(000), (111)\}$,速率 $= 1/3$ bit/符号。译码规则:$f(y_1 y_2 y_3) = (xxx)$,其中 $x = y_1$,y_2 和 y_3 的"择多判决"。$p_E^{(1)} = p_E^{(2)} = 3p^2 - 2p^3$,它小于原错误率 p,这是由于 $p < 1/2$。

例 11.11 $A_X = \{0, 1/2, 1\}$,$A_Y = \{0, 1\}$,转移概率矩阵为

$$Q = \begin{bmatrix} 1 & 0 \\ \dfrac{1}{2} & \dfrac{1}{2} \\ 0 & 1 \end{bmatrix}$$

其中,$b(0) = b(1) = 1$,$b(1/2) = 0$。编码:$C = \{(x_1, x_2, \cdots, x_k, \dfrac{1}{2}, \dfrac{1}{2}, \cdots, \dfrac{1}{2})$;$x_j = 0$ 或 1,$j = 1, 2, \cdots, K\}$。$K \leq n$,且为正整数,$M = 2^K$。

系统传输速率为 K/n bit/符号。当 $\beta \geq K/n$ 时，该码是 β 可容的，这是因为，码字 $(x_1, x_2, \cdots, x_k, \frac{1}{2}, \frac{1}{2}, \cdots, \frac{1}{2})$ 共有 n 个符号，当 $E[b(X)] \leq n\beta$ 时，该码才是 β 可容的，又因 $x_j(j=1,2,\cdots,K)$，这 K 个符号是必要采用的，即是以概率 1 来选择这 K 个符号的，而 $b(x_j)=1$，所以，每个码字的代价必为 K，而当 $K \leq n\beta$ 时，即 $\beta \geq K/n$ 时，该码是 β 可容的。

而对于 $p_E^{(i)} = 0 (i=1,2,\cdots,M)$，可作如下分析。

由码字 $(x_1, x_2, \cdots, x_K, \frac{1}{2}, \frac{1}{2}, \cdots, \frac{1}{2})$，而接收到码字为 $(y_1, y_2, \cdots, y_K, y_{K+1}, \cdots, y_n)$，这时译码结果为

$$\left(y_1, y_2, \cdots, y_k, \frac{1}{2}, \frac{1}{2}, \cdots, \frac{1}{2}\right)$$

由矩阵 Q 可知码 C 的编码规则，如图 11.7 所示。可见

$$p\left(y_1, y_2, \cdots, y_K, \frac{1}{2}, \frac{1}{2}, \cdots, \frac{1}{2} \mid x_1, x_2, \cdots, x_K, \frac{1}{2}, \frac{1}{2}, \cdots, \frac{1}{2}\right) = 1$$

所以

$$p_E^i = p\{f(\boldsymbol{y}) \neq \boldsymbol{x}_i\} = \sum_i \{p(\boldsymbol{y} \mid \boldsymbol{x}_i) : f(\boldsymbol{y}) \neq \boldsymbol{x}_i\}$$
$$= \sum_i \{0 : f(\boldsymbol{y}) \neq \boldsymbol{x}_i\} = 0$$

例 11.12 $A_X = \{0, 1\}, A_Y = \{0, 1, 2, 3\}$，转移概率矩阵为

图 11.7 码 C 的编码规则

$$Q = \begin{bmatrix} \dfrac{1}{3} & \dfrac{1}{3} & \dfrac{1}{6} & \dfrac{1}{6} \\[2mm] \dfrac{1}{6} & \dfrac{1}{6} & \dfrac{1}{3} & \dfrac{1}{3} \end{bmatrix}$$

其中，$b(0) = b(1) = 0$（这是一个对称信道），编码：$n=2, M=2$，码 $C = \{(00), (11)\}$，速率 $R = 1/2$ bit/符号。

译码规则如表 11.1 所列。

表 11.1 译码表

$$y_1 \begin{cases} 0 \\ 1 \\ 2 \\ 3 \end{cases} \overbrace{\begin{bmatrix} 00 & 00 & 00 & ? \\ 00 & 00 & ? & 11 \\ 00 & ? & 11 & 11 \\ ? & 11 & 11 & 11 \end{bmatrix}}^{\begin{matrix} \quad y_2 \\ 0 \quad 1 \quad 2 \quad 3 \end{matrix}}$$

$f(y_1, y_2) = $ 在译码表中第 (y_1, y_2) 点表列值，可以证明 $p_E^{(i)} = \dfrac{4}{9}(i=1,2)$。

证明：由 $p_E^{(i)} = p\{f(\boldsymbol{y}) \neq \boldsymbol{x}_i\}$，那么 $f(\boldsymbol{y}) \neq \boldsymbol{x}_i$ 的情形如下：

$$f(03) \neq \begin{cases} (00) & p(03 \mid 00) = \dfrac{1}{3} \times \dfrac{1}{6} = \dfrac{1}{18} \\[3mm] (11) & p(03 \mid 11) = \dfrac{1}{3} \times \dfrac{1}{6} = \dfrac{1}{18} \end{cases}$$

$$f(12) \neq \begin{cases} (00) & p(12 \mid 00) = \dfrac{1}{18} \\[3mm] (11) & p(12 \mid 11) = \dfrac{1}{18} \end{cases}$$

182

$$f(21) \neq \begin{cases} (00) & p(21 \mid 00) = \dfrac{1}{18} \\[2mm] (11) & p(21 \mid 11) = \dfrac{1}{18} \end{cases}$$

$$f(30) \neq \begin{cases} (00) & p(30 \mid 00) = \dfrac{1}{18} \\[2mm] (11) & p(30 \mid 11) = \dfrac{1}{18} \end{cases}$$

所以

$$p_E^{(i)} = \sum_i \{ p(f(\boldsymbol{y}) \mid \boldsymbol{x}_i) : f(\boldsymbol{y}) \neq \boldsymbol{x}_i \}$$

$$= \frac{1}{18} + \frac{1}{18} + \frac{1}{18} + \frac{1}{18} + \frac{1}{18} + \frac{1}{18} + \frac{1}{18} + \frac{1}{18} = \frac{8}{18} = \frac{4}{9}$$

由上述各例可知,在一个有噪声信道中传输信号是会发生错误的,然而发生错误的可能性是可以控制的,控制的程度如何,将取决于编译码方法的优劣。到底能控制到什么程度,香农的信道编码定理将给予一般性解答。

回想我们对于系统设计的描述,对已给出的 β 值,$R < C(\beta)$,$\varepsilon > 0$,系统传输速率 $K/n \geqslant R$,$p\{\hat{U}_i \neq U_i < \varepsilon (i = 1, 2, \cdots, K)$。若能找到一个长为 n 的码和一个相应的译码规则,使 $M \geqslant 2^{\lceil R_n \rceil}$($\lceil R_n \rceil$ 表示不小于 R_n 的最小整数),$p_E^{(i)} < \varepsilon (i = 1, 2 \cdots, M)$ 是可能的。

下面的定理证明了这一可能性。

11.4.3 信道编码定理证明

定理 11.3 令一个 DMC 的容量代价函数为 $C(\beta)$。那么,对任意 $\beta_0 \geqslant \beta_{\min}$ 及 $\beta > \beta_0$,$R < C(\beta_0)$,$\varepsilon > 0$,存在一个长为 n 的码 $\boldsymbol{C} = (\boldsymbol{x}_1, \boldsymbol{x}_2 \cdots, \boldsymbol{x}_m)$ 和一个译码规则,使得存在如下结论。

（1）每一码字 $\boldsymbol{x}_i$ 是 β 可容的;（2）$M \geqslant 2^{\lceil R_n \rceil}$;（3）$p_E^{(i)} \leqslant \varepsilon (i = 1, 2, \cdots, M)$。

证明:设 n 是一个比较大的整数。考虑信道的输入 $\boldsymbol{x} = (x_1, x_2, \cdots, x_n)$,输出 $\boldsymbol{y} = (y_1, y_2, \cdots, y_n)$,令集合 $\Omega = \{\boldsymbol{x}, \boldsymbol{y}\}$,$\Omega = A_X^n \times A_Y^n$。我们定义

$$p(\boldsymbol{x}, \boldsymbol{y}) = p(\boldsymbol{x}) p(\boldsymbol{y} \mid \boldsymbol{x}) \tag{11.31}$$

式中:$p(\boldsymbol{x}) = p(x_1) p(x_2) \cdots p(x_n)$,$p(\boldsymbol{x})$ 是 A_X 上的分布,由此得到 $C(\beta_0)$;$p(\boldsymbol{y} \mid \boldsymbol{x}) = p(y_1 \mid x_1) p(y_2 \mid x_2) \cdots p(y_n \mid x_n)$,$p(\boldsymbol{y} \mid \boldsymbol{x})$ 是信道的转移概率。这就使得 Ω 为一个样本空间。

现在,我们选择 R',且 $R < R' < C(\beta_0)$,定义一个子集 $T \subseteq \Omega$,则

$$T = \{ (\boldsymbol{x}, \boldsymbol{y}) : I(\boldsymbol{x}; \boldsymbol{y}) \geqslant nR' \} \tag{11.32}$$

式中:$I(\boldsymbol{x}; \boldsymbol{y}) = \log[p(\boldsymbol{y} \mid \boldsymbol{x}) / p(\boldsymbol{y})]$。

下面,定义一个子集 $B \subseteq A_X^n$:

$$B = \{ \boldsymbol{x} : b(\boldsymbol{x}) \leqslant n\beta \} \tag{11.33}$$

这里的 B 是 β 可容码字的集合。

再定义集合 $T^* \subseteq T$:

$$T^* = \{ (\boldsymbol{x}, \boldsymbol{y}) : I(\boldsymbol{x}; \boldsymbol{y}) \in T \text{ 和 } \boldsymbol{x} \in B \} \tag{11.34}$$

令 $\boldsymbol{C} = (\boldsymbol{x}_1, \boldsymbol{x}_2, \cdots \boldsymbol{x}_M)$ 为一个长为 n 的码,给出一个译码规则如下,若收到 y,我们来研究集合

$$S(\boldsymbol{y}) = \{ \boldsymbol{x} : (\boldsymbol{x}, \boldsymbol{y}) \in T^* \} \subseteq B$$

$S(\boldsymbol{y})$ 可看作为围绕 $\boldsymbol{y}$ 的一个"球体"。

若 $S(\boldsymbol{y})$ 唯一确定地包含着一个码字 $\boldsymbol{x}_i$,就令 $f(\boldsymbol{y}) = \boldsymbol{x}_i$。另外,当 $S(\boldsymbol{y})$ 不包含码字或含有多于一个码字时,则令 $f(\boldsymbol{y}) = ?$,即认为发生了一个错误。该译码规则如图11.8所示。

图 11.8　定理 11.3 的证明中的译码规则

(a) $f(\boldsymbol{y}) = \boldsymbol{x}_i$；(b) $f(\boldsymbol{y}) = ?$；(c) $f(\boldsymbol{y}) = ?$。

对于码 $\boldsymbol{C}$ 和上述译码的规则而言,当 $\boldsymbol{x}_i$ 被传输时,当且仅当某一 $j \neq i$, $\boldsymbol{x}_i \notin S(\boldsymbol{y})$ 或 $\boldsymbol{x}_j \in S(\boldsymbol{y})$ 时,可能产生一个错误。由式(11.30),得

$$p_E^{(i)} \leqslant p\{\boldsymbol{x}_i \notin S(\boldsymbol{y})\} + \sum_{\substack{j=1 \\ j \neq i}}^{n} p(\boldsymbol{x}_j \in S(\boldsymbol{y})) \tag{11.35}$$

为简化式(11.35),定义 T^* 的示性函数为

$$\Delta(\boldsymbol{x}, \boldsymbol{y}) = \begin{cases} 1 & (\boldsymbol{x}, \boldsymbol{y}) \in T^* \\ 0 & (\boldsymbol{x}, \boldsymbol{y}) \notin T^* \end{cases}$$

$$\overline{\Delta}(\boldsymbol{x}, \boldsymbol{y}) = \begin{cases} 0 & (\boldsymbol{x}, \boldsymbol{y}) \in T^* \\ 1 & (\boldsymbol{x}, \boldsymbol{y}) \notin T^* \end{cases} \tag{11.36}$$

式(11.35)可写成

$$p_E^{(i)} \leqslant \sum_{\boldsymbol{y}} \overline{\Delta}(\boldsymbol{x}, \boldsymbol{y}) p\{\boldsymbol{y} \mid \boldsymbol{x}_i\} + \sum_{j \neq i}^{n} \sum_{\boldsymbol{y}} \Delta(\boldsymbol{x}_j, \boldsymbol{y}) p\{\boldsymbol{y} \mid \boldsymbol{x}_i\}$$

$$= Q_i(\boldsymbol{x}_1, \boldsymbol{x}_2, \cdots, \boldsymbol{x}_M) \tag{11.37}$$

我们的目标是怎样构造一个码 $\{\boldsymbol{x}_1, \boldsymbol{x}_2, \cdots, \boldsymbol{x}_M\}$ 使 Q_i ($i = 1, 2, \cdots, M$) 都是很小的。可惜的是,Q_i 是一个极为复杂的函数,而且也不能求出具体数值,当然,对于最简单的码是除外的。因此,首要的是要给出 $p_E^{(i)} \leqslant Q_i$ 的界限值是什么? 求这样的值,对一个码来说是不可能的。但是,把所有可能的码构成一个集合,这个集合作为 $\{\boldsymbol{x}_1, \boldsymbol{x}_2, \cdots, \boldsymbol{x}_M\}$ 的取值域,而在这个集合上来估计 Q_i 的均值是可能的! 惊奇的是,当 $M = 2^{R_s}$, $n \to \infty$ 时,该均值趋向于 0。

应该指出的是,这里的证明方法称为随机编码,这是因为,是根据某一概率分布"随机"地选择码 $\{\boldsymbol{x}_1, \boldsymbol{x}_2, \cdots, \boldsymbol{x}_M\}$。下面讨论其细节。

(1)描述在所有可能的码集合之上取一合适的概率分布为

$$p(\boldsymbol{x}_1, \boldsymbol{x}_2, \cdots, \boldsymbol{x}_M) = \prod_{i=1}^{M} p(\boldsymbol{x}_i)$$

若 $\boldsymbol{x}_i = (x_{i1}, x_{i2}, \cdots, x_{in})$,则 $p(\boldsymbol{x}_i) = \prod_{k=1}^{n} p(x_{ik})$。这就是说,可独立地选择某一码字的注脚,而"随机地"选择码,根据概率分布 $p(x)$ 来达到 $C(\beta_0)$。

现在,把 $Q_i(\boldsymbol{x}_1, \boldsymbol{x}_2, \cdots, \boldsymbol{x}_M)$ 看作为所有码的样本空间上一个随机变量,它的数学期望为

$$E(Q_i) = E\Big[\sum_{\boldsymbol{y}} \overline{\Delta}(\boldsymbol{x}, \boldsymbol{y}) p\{\boldsymbol{y} \mid \boldsymbol{x}_i\}\Big] + \sum_{j \neq i}^{n} E\Big[\sum_{\boldsymbol{y}} \Delta(\boldsymbol{x}_j, \boldsymbol{y}) p(\boldsymbol{y} \mid \boldsymbol{x}_i)\Big]$$

$$= E_1 + \sum_{j \neq i} E_2^{(j)} \qquad (\text{见式}(11.37)) \qquad\qquad (11.38)$$

而

$$E_1 = \sum_{x_1, \cdots x_M} p(x_1, x_2, \cdots, x_M) \sum_y \overline{\Delta}(x_i, y) p\{y \mid x_i\}$$

$$= \sum_{x_i, y} p(x_i) p(y \mid x_i) \overline{\Delta}(x_i, y)$$

$$= \sum_{x, y} p(x, y) \overline{\Delta}(x, y) \qquad (\text{见式}(11.31))$$

$$= p\{(x, y) \notin T^*\} \qquad (\text{见式}(11.36))$$

$$= p\{(x, y) \notin T \text{ 或 } x \notin B\} \qquad (\text{见式}(11.34))$$

$$= p\{(x, y) \notin T\} + p\{x \notin B\} \qquad\qquad (11.39)$$

故有

$$E_1 \leqslant p\{I(x, y) \leqslant nR'\} + p\{b(x) > n\beta\} (\text{见式}(11.32), \text{式}(11.33) \text{ 和式}(11.39))$$

但是,有下式成立

$$I(x; y) = \log \frac{p(y \mid x)}{p(y)} = \log \prod_{k=1}^n \frac{p(y_k \mid x_k)}{p(y_k)}$$

$$= \sum_{k=1}^n \log \frac{p(y_k \mid x_k)}{p(y_k)} = I(x_k; y_k)$$

由定义可知,$E[I(x_k; y_k)] = I(X; Y) = C(\beta_0)$,因而,每一个 $I(x_k; y_k)$ 有均值 $C(\beta_0)$。又因 $R' < C(\beta_0)$,由弱大数定理可知

$$\lim_{n \to \infty} p\{I(x; y) \leqslant nR'\} = 0 \qquad\qquad (11.40)$$

类似地,$b(x) = \sum_{k=1}^n b(x_k)$ 是 n 个独立同分布且均值不大于 β_0 的随机变量之和。由于 $\beta > \beta_0$,可见

$$\lim_{n \to \infty} p\{b(x) \geqslant n\beta\} = 0 \qquad\qquad (11.41)$$

综合式(11.39)、式(11.40)和式(11.41)的结果。可见,通过选择充分大的 n,可使 E_1 小到满意为止。

(2) 再来考虑式(11.38)中的 $E_2^{(j)}$:

$$E_2^{(j)} = \sum_{x_1, \cdots x_M} p(x_1, x_2, \cdots, x_M) \sum_y \Delta(x_j, y) p\{y \mid x_i\}$$

$$= \sum_{x_j} \sum_y p(x_j) \Delta(x_j, y) \sum_{x_i} p(x_i) p(y \mid x_i)$$

$$= \sum_{x_j, y} p(x_j) \Delta(x_j, y) p(y)$$

由式(11.32),式(11.34)和式(11.36),得

$$E_2^{(j)} \leqslant \sum_{(x, y) \in T} p(x) p(y) \qquad\qquad (11.42)$$

而 $(x, y) \in T$,则 $P(x) \cdot P(y) \leqslant P(x, y) \cdot 2^{-Rn}$(见式(11.31)),因此,式(11.42)可写成

$$E_2^{(j)} \leqslant 2^{-R'} \sum_{(x, y) \in T} p(x) p(y) \leqslant 2^{-R'} \sum_{(x, y) \in T} p(x, y) \leqslant 2^{-R'} \qquad\qquad (11.43)$$

由式(11.38)、式(11.39)和式(11.43),可得

$$E(Q_i) \leqslant p\{I(\boldsymbol{x};\boldsymbol{y}) < nR'\} + p\{b(\boldsymbol{x}) > n\beta\} + M \times 2^{-R'.} \qquad (11.44)$$

若 $M = 2^{\lceil R_i \rceil}$，上式中的 $M \times 2^{-R'.} \leqslant 4 \times 2^{-n(R'-R)}$。由于 $R' > R$，可见当 n 充分大时，这一项可小到满足我们的要求有为止。再根据式(11.40)和式(11.41)，可见，当选择充分大的 $n, M = 2^{\lceil R_i \rceil}$ 时，

$$E(Q_i) < \varepsilon/2 \qquad (11.45)$$

是完全可能的。

（3）定义一个函数 $P_E(\boldsymbol{x}_1, \boldsymbol{x}_2, \cdots, \boldsymbol{x}_M)$：

$$P_E(\boldsymbol{x}_1, \boldsymbol{x}_2, \cdots, \boldsymbol{x}_M) = \frac{1}{M} \sum_{i=1}^{M} P_E^{(i)}(\boldsymbol{x}_1, \boldsymbol{x}_2, \cdots, \boldsymbol{x}_M) \qquad (11.46)$$

函数 $P_E(\boldsymbol{x}_1, \boldsymbol{x}_2, \cdots, \boldsymbol{x}_M)$ 为错误概率，在这里假设 M 个码字是等概率被传输的。若我们考虑 P_E 作为一个定义在所有可能码字的样本空间上的一个随机变量，那么由式(11.37)和式(11.45)则有，当 $P_E^{(i)} > \varepsilon$ 且 n 充分大时，有

$$E(P_E) < \varepsilon/2$$

即 P_E 的均值是小于 $\varepsilon/2$ 的，从而必存在一个特定的码 $(\boldsymbol{x}_1, \boldsymbol{x}_2, \cdots, \boldsymbol{x}_M)$，使 $P_E(\boldsymbol{x}_1, \boldsymbol{x}_2, \cdots, \boldsymbol{x}_M) < \dfrac{\varepsilon}{2}$。这个码是可以不满足定理中的结论的，因为它可能会有 $b(\boldsymbol{x}_i) > n\beta$ 或 $P_E^{(i)} > \varepsilon$ 的码字 $\boldsymbol{x}_i$。但是，若当过半数的码字有 $P_E^{(i)} \geqslant \varepsilon$ 时，由式(11.36)可见，$P_E \geqslant \varepsilon/2$，这就出现了矛盾。因此，可从码中删去 $P_E^{(i)} \geqslant \varepsilon$ 的码字，我们就得到了满足 $P_E^{(i)} < \varepsilon$ 的码，码字的个数不小于 $2^{\lceil R_i \rceil}$。这个码已满足了定理 11.3 中的(2)和(3)。请注意，若 $b(\boldsymbol{x}_i) > n\beta$，其译码球体 $S(\boldsymbol{y}) = \{\boldsymbol{x} : (\boldsymbol{x}, \boldsymbol{y}) \in T$ 和 $b(\boldsymbol{x}) \leqslant n\beta\}$ 不能包含 $\boldsymbol{x}_i$，即 $P_E^{(i)} = 1$。因此这个码的码字一定是 β 可容的，因此，定理 11.3 中的(1)也是成立的。

推论（DMC 的信道编码定理） 对任一 $R < C_{max}$ 和 $\varepsilon > 0$，存在一个长为 n 的码 $C = \{\boldsymbol{x}_1, \boldsymbol{x}_2, \cdots, \boldsymbol{x}_M\}$ 和一个译码规则，存在如下结论：(1) $M \geqslant 2^{\lceil R_i \rceil}$；(2) $P_E^{(i)} \geqslant \varepsilon (i = 1, 2, \cdots, M)$。

这个推论的证明，在定理 11.3 的证明中令 $\beta_0 = \beta_{max}$ 即可。

第12章 信道编码

在本章中,先给出信道编、译码的基本概念,主要论述了线性分组码,给出了卷积码和 Turbo 码的基本概念。

12.1 信道编码的概念

信道编码的目的是提高信息传输的可靠性,由于信道噪声的影响,传输到接收端的码元可能发生判断错误。对于加性噪声干扰,可采用信道编码加以解决。

12.1.1 信道编码基本思想

信道编码的对象是信源输出的数字序列或经编码器输出的数字序列,称为信息序列。通常是由二元符号 0、1 组成的序列,一般地,1 和 0 是独立等概率的或接近独立等概率的。所谓信道编码,就是在需要发送的信息序列中,按一定规律人为的加入长度不等的冗余码元序列。根据信息论已知这些冗余的码元可以纠正经传输所发生的码元错误,以提高传输系统的可靠性。信道编码的根本任务,就是构造以最小冗余度换取最大抗噪声性能的编码,这也正是把信道编码称为纠错编码的理由。

应强调的是在信息序列中加入冗余码元,必须是人为可控的,而不是随意而为之。

12.1.2 信道编码的分类

信道编码,有分组码和卷积码两大类。

对于线性分组码而言,在构造时将输入信息分成 k 位一组,再按一定的规律加入冗余码元分组,构成 $n(n>k)$ 位一组的码字,一般可用符号 (n,k) 表示,其中 n 表示输出的码字长度,k 表示输入信息码元分组,即输出码字中信息码元的位数。$r=(n-k)$ 位码元是在编码过程中人为加入的冗余码元个数。这样一来,这些冗余的码元可供接收端用来发现和纠正在传输中产生码元错误,因此,被称为监督码元,或称为校验码元。

纠错码中最基本的一类就是线性分组码,这类码有明显的数学结构,它虽然简单,但却是以后讨论各类码的基础,并且,多数已知的好码都属于线性分组码。关于线性分组码的研究起始于汉明(Hamming)和戈莱(Golay)的早期论文。汉明首先提出了二进制汉明码,多进制汉明码是由戈莱和科克(Cocke)发展的。1953 年,Kiyasu 已经注意到线性分组码与矢量空间的子空间的关系,Reed–Muller(RM)码是 1954 年由马勒(Muller)提出来的,同年,里德(Reed)发现这类码的译码算法。

12.2 线性分组码

最常用的是二进制的线性分组码,因此,这一节我们讨论二进制线性分组码。

12.2.1 线性分组码的基本概念

1. 线性分组码的生成

为了引入线性分组码的概念,首先看下面的例子。

任给一个由 $k = 3$ 位信息组成的信息组 $m = (m_2, m_1, m_0)$,由它生成 $(6,3)$ 线性分组码的码字 $v = (v_5, \cdots, v_1, v_0)$ 由下式确定:

$$v_{i+3} = m_i \quad (i = 0,1,2) \tag{12.1}$$

$$v_2 = m_2 + m_1, \quad v_1 = m_2 + m_0, \quad v_0 = m_1 + m_0 \tag{12.2}$$

由于每个信息组共有 $k = 3$ 位信息码元,信息组集合共由 $2^3 = 8$ 个不同的信息组构成,因此由以上关系生成的 $(6,3)$ 线性分组码 v 共有 8 个码字。对于任给信息组 $m = (m_2, m_1, m_0)$,生成的码字为

$$v = (m_2, m_1, m_0, m_2 + m_1, m_2 + m_0, m_1 + m_0)$$

如果用矢量与矩阵乘积表示,则可以写成

$$v = (m_2, m_1, m_0) G$$

其中

$$G = \begin{bmatrix} 1 & 0 & 0 & 1 & 1 & 0 \\ 0 & 1 & 0 & 1 & 0 & 1 \\ 0 & 0 & 1 & 0 & 1 & 1 \end{bmatrix}$$

称为该 $(6,3)$ 码的生成矩阵。有了生成矩阵,不难将 $2^3 = 8$ 个信息变换成 $(6,3)$ 码的 8 个码字。在表 12.1 中列出了该码的所有码字。

表 12.1   (6,3)码码表

信息组	码　字	信息组	码　字
000	000000	100	100110
001	001011	101	101101
010	010101	110	110011
011	011110	111	111000

从生成的码字可见,前面是原信息组,而后面 $n = (k-3)$ 位是由式(12.2)确定的监督码元,我们称信息组以不变的形式,在码字的任意 k 位中出现的码为系统码,否则,称为非系统码。一般地,把信息组排在码的前 k 位。对于任意给定的信息组

$$m = (m_{k-1}, m_{k-2}, m_{k-3}, \cdots, m_1, m_0)$$

它生成的 (n,k) 系统码由下式决定:

$$v_{n-i} = m_{k-i} \quad (i = 1,2,\cdots,k) \tag{12.3}$$

$$v_{n-k-i} = h_{1i}m_{k-1} + h_{2i}m_{k-2} + \cdots + h_{ki}m_0 \quad (i = 1,2,\cdots,n-k) \tag{12.4}$$

于是由 m 生成码字为

$$v = mG \tag{12.5}$$

其中

$$G = \begin{bmatrix} 1 & 0 & & \cdots & 0 & h_{11} & h_{12} & \cdots & h_{1\,n-k} \\ 0 & 1 & 0 & \cdots & 0 & h_{21} & h_{22} & \cdots & h_{2\,n-k} \\ \vdots & \vdots & \vdots & & \vdots & \vdots & \vdots & & \vdots \\ 0 & 0 & 0 & \cdots & 1 & h_{k1} & h_{k2} & \cdots & h_{k\,n-k} \end{bmatrix} \tag{12.6}$$

称为该 (n,k) 线性分组码的生成矩阵,有了生成矩阵 G 后,很容易得到该码的所有码字。

分析 (n,k) 系统码的生成矩阵可以看出,它的左边是一个 $k \times k$ 阶单位矩阵,右边是由式(12.4)的系数组成的一个 $k \times (n-k)$ 阶矩阵,因此,矩阵 G 的秩为 k。若分别用 I_k 和 P 表示 G 的两个矩阵块,则生成矩阵 G 可以表示为

$$G = \begin{bmatrix} I_k & P \end{bmatrix} \tag{12.7}$$

通常把 G 称为标准型生成矩阵,G 的 k 行是线性无关的。若码元 $v_{n-1}, v_{n-2} \cdots, v_{n-k}$ 也都是 m_{k-1}, $m_{k-2}, \cdots, m_0$ 的线性组合,就可以得到非系统线性分组码,即

$$v_{n-i} = g_{1i}m_{k-1} + g_{2i}m_{k-2} + \cdots + g_{ki}m_0 \quad (i = 1,2,\cdots,n) \tag{12.8}$$

则有

$$v = (v_{n-1}, v_{n-2}, \cdots, v_0) = (m_{k-1}, m_{k-2}, \cdots, m_0) \begin{bmatrix} g_{11} & g_{12} & \cdots & g_{1n} \\ g_{21} & g_{22} & \cdots & g_{2n} \\ \vdots & \vdots & & \vdots \\ g_{k1} & g_{k2} & \cdots & g_{kn} \end{bmatrix} \tag{12.9}$$

其中

$$G = \begin{bmatrix} g_{11} & g_{12} & \cdots & g_{1n} \\ g_{21} & g_{22} & \cdots & g_{2n} \\ \vdots & \vdots & & \vdots \\ g_{k1} & g_{k2} & \cdots & g_{kn} \end{bmatrix} \tag{12.10}$$

是一个秩为 k 的 $k \times k$ 阶矩阵。

当 G 是式(12.7)表示的标准型生成矩阵时,它才生成系统码。这时,它生成的码字前 k 位是原信息组,而后 $r = n - k$ 位为监督元。

2. (n,k) 线性分组码的一致监督矩阵

如果把式(12.1)代入式(12.2)中,得

$$\begin{cases} v_5 + v_4 + v_2 = 0 \\ v_5 + v_3 + v_1 = 0 \\ v_4 + v_3 + v_0 = 0 \end{cases} \tag{12.11}$$

若 $v = (v_5, v_4, \cdots, v_0)$ 是该(6,3)码的一个码字,则 v 的 6 个码元一定满足式(12.11)的三个方程。而反之,若有一个 $r = (r_5, r_4, \cdots, r_0)$ 不全满足这三个方程,则它一定不是该(6,3)码的码字。因此式(12.11)对码字起着监督作用,将该三个方程称为监督方程。若用矩阵表示式(12.11),则有

$$\begin{bmatrix} 1 & 1 & 0 & 1 & 0 & 0 \\ 1 & 0 & 1 & 0 & 1 & 0 \\ 0 & 1 & 1 & 0 & 0 & 1 \end{bmatrix} \begin{bmatrix} v_5 \\ v_4 \\ \vdots \\ v_0 \end{bmatrix} = 0$$

若令

$$H = \begin{bmatrix} 1 & 1 & 0 & 1 & 0 & 0 \\ 1 & 0 & 1 & 0 & 1 & 0 \\ 0 & 1 & 1 & 0 & 0 & 1 \end{bmatrix}$$

则称 H 为一致监督矩阵,简称监督矩阵。该码的任一码字 v 都应该满足 $Hv^{\mathrm{T}} = 0$。一般情况下,我们

189

将式(12.3)代入式(12.4),得

$$\begin{cases} h_{11}v_{n-1} + h_{21}v_{n-2} + \cdots + h_{k1}v_{n-k} + v_{n-k-1} = 0 \\ h_{12}v_{n-1} + h_{22}v_{n-2} + \cdots + h_{k2}v_{n-k} + v_{n-k-2} = 0 \\ \qquad\qquad\qquad\vdots \\ h_{1r}v_{n-1} + h_{2r}v_{n-2} + \cdots + h_{kr}v_{n-k} + v_0 = 0 \end{cases} \qquad (12.12)$$

我们称以上 $r = n - k$ 个方程为监督方程。若 $\boldsymbol{v} = (v_{n-1}, v_{n-2}, \cdots, v_0)$ 是该码的一个码字,则它一定满足式(12.12)中的所有 r 个方程。若不满足这 r 个方程中的任意一个,则一定不是该 (n, k) 码的码字。用矩阵的形式表示为

$$\begin{bmatrix} h_{11} & h_{21} & \cdots & h_{k1} & 1 & 0 & \cdots & 0 \\ h_{12} & h_{22} & \cdots & h_{k2} & 0 & 1 & \cdots & 0 \\ \vdots & \vdots & & \vdots & \vdots & \vdots & & \vdots \\ h_{1r} & h_{2r} & \cdots & h_{kr} & 0 & 0 & \cdots & 1 \end{bmatrix} \begin{bmatrix} v_{n-1} \\ v_{n-2} \\ \vdots \\ v_0 \end{bmatrix} = 0 \qquad (12.13)$$

同样,令

$$\boldsymbol{H} = \begin{bmatrix} h_{11} & h_{21} & \cdots & h_{k1} & 1 & 0 & \cdots & 0 \\ h_{12} & h_{22} & \cdots & h_{k2} & 0 & 1 & \cdots & 0 \\ \vdots & \vdots & & \vdots & \vdots & \vdots & & \vdots \\ h_{1r} & h_{2r} & \cdots & h_{kr} & 0 & 0 & \cdots & 1 \end{bmatrix} \qquad (12.14)$$

则称 $\boldsymbol{H}$ 为码的一致监督矩阵,简称监督矩阵。式(12.13)可以表示成 $\boldsymbol{H}\boldsymbol{v}^{\mathrm{T}} = 0$。

考察 (n, k) 系统码的监督矩阵(12.14)可以发现,它的后 r 列是一个 $r \times r$ 阶单位矩阵,若用 $\boldsymbol{I}_r$ 表示 $r \times r$ 阶单位矩阵,$\boldsymbol{H}$ 矩阵的前 r 列用 $\boldsymbol{Q}$ 表示,则矩阵 $\boldsymbol{H}$ 可表示为

$$\boldsymbol{H} = \begin{bmatrix} \boldsymbol{Q} & \boldsymbol{I}_r \end{bmatrix}$$

如果把式(12.14)与式(12.6)相比较,可以发现 $\boldsymbol{Q}$ 与 $\boldsymbol{P}$ 互为转置,即

$$\boldsymbol{Q} = \boldsymbol{P}^{\mathrm{T}}, \quad \boldsymbol{P} = \boldsymbol{Q}^{\mathrm{T}} \qquad (12.15)$$

如果系统码生成矩阵为 $\boldsymbol{G} = \begin{bmatrix} \boldsymbol{I}_r & \boldsymbol{P} \end{bmatrix}$ 则其对应的的监督矩阵为 $\boldsymbol{H} = \begin{bmatrix} \boldsymbol{P}^{\mathrm{T}} & \boldsymbol{I}_r \end{bmatrix}$。系统码的生成矩阵 $\boldsymbol{G}$ 和监督矩阵 $\boldsymbol{H}$,只要知道了其中一个,就可以求出另一个。

从监督矩阵的推导过程知道,它的每一行表示求一个监督元的监督方程。因为每个码字共有 $r = n - k$ 个监督元,因此任何一个 (n, k) 线性分组码的监督矩阵 $\boldsymbol{H}$ 至少有 $r = n - k$ 行,且有 r 行是线性无关的。

事实上,监督方程也可以用更一般的形式,即监督方程可以写成如下形式:

$$\begin{cases} h_{11}v_{n-1} + h_{21}v_{n-2} + \cdots + h_{n1}v_0 = 0 \\ h_{12}v_{n-1} + h_{22}v_{n-2} + \cdots + h_{n2}v_0 = 0 \\ \qquad\qquad\qquad\vdots \\ h_{1r}v_{n-1} + h_{2r}v_{n-2} + \cdots + h_{nr}v_0 = 0 \end{cases}$$

若用矩阵表示,即得

$$\begin{bmatrix} h_{11} & h_{21} & \cdots & h_{n1} \\ h_{12} & h_{22} & \cdots & h_{n2} \\ \vdots & \vdots & & \vdots \\ h_{1r} & h_{2r} & \cdots & h_{nr} \end{bmatrix} \begin{bmatrix} v_{n-1} \\ v_{n-2} \\ \vdots \\ v_0 \end{bmatrix}$$

或者 $Hv^{\mathrm{T}} = 0$，其中

$$H = \begin{bmatrix} h_{11} & h_{21} & \cdots & h_{n1} \\ h_{12} & h_{22} & \cdots & h_{n2} \\ \vdots & \vdots & & \vdots \\ h_{1r} & h_{2r} & \cdots & h_{nr} \end{bmatrix}$$

仍旧称 H 为该码的监督矩阵，它的 r 行是线性无关的。

12.2.2 线性分组码的特性分析

1. 等价码特性

若给出一个最小距离为 d^* 的 (n,k) 线性分组码 V，其生成矩阵为 G，若互换 G 中任意的两列位置，得到一个新的矩阵 G'，于是 G' 也是一个秩为 k 的 $k \times n$ 阶矩阵，它可以生成一个 (n,k) 线性分组码 V'，且 V' 与 V 有相同的参数，例如，它们的 n,k 以及最小距离 d^* 都相同，但 V' 中的码字与 V 中的码字略有差异，因此 V' 与 V 是等价的。

同样，对 G 做初等行变换，得到一个新矩阵 G''，于是 G'' 也是一个秩为 k 的 $k \times n$ 阶矩阵，它可以生成一个 (n,k) 线性分组码 V''，且有 V'' 中的码字与 V 中的码字完全一样，只是 V'' 与 V 中同一码字对应的信息组不同，也称 V'' 与 V 等价。综上可得等价码的概念：若对秩为 k 的 $k \times n$ 阶矩阵 G 作列对换或初等行变换，得到一个新的矩阵 G'，由 G' 生成的 (n,k) 码 V' 与 G 生成的 (n,k) 码 V 称为互为等价码。

2. 码字的重量与码的最小重量

码的最小重量，也是线性分组码的一个重要参数。且与码的最小距离具有一定的关系。所谓码字的重量，是指码长为 n 的码字 v 中，码元不为 0 的个数，并记为 $W(v)$。我们把 (n,k) 码中 $2^k - 1$ 个非零码字中重量的最小值，称为该码的最小码量 W^*。

(n,k) 码的最小码量 = 码的最小距离。由此可知，要构造一个最小距离的线性分组码，只需要构造出最小码重等于最小距离的线性分组码就可以了，即要求 $W^* = d^*$；反之，如果知道了一个线性分组码的最小码重，其最小距离也就可以确定了。

3. 码字的重量的数值特性

任何一个二元域上的 (n,k) 线性分组码，其码字的重量或全部为偶数，或奇数重量的码字的个数与偶数重量码字的个数相等。

12.3 线性分组码的译码方法

12.3.1 标准阵列译码表

下面给出二元域上线性分组码的一种译码方法——标准阵列法译码。它是由 Slepian 于 1956 年提出的，是一种在 BSC 中译码错误概率最小的译码方法。

我们知道，二元域上的 n 维矢量空间 $V_n(2^n)$，对于加法运算是一个交换群，其中 2^k 个码字的集合 V 是 $V_n(2^n)$ 的一个子群。我们以子群 V 为基础把交换群 $V_n(2^n)$ 划分成若干个无公共元素的陪集的并，于是可以得到一个标准阵列译码表。其构造如表 12.2 所列。

表 12.2 是这样构成的：把其中 2^k 个码字放在表中第一行，v_1 是全 0 码字，放在最左边，其余 $2^k - 1$ 个码字 $(v_2, v_3, \cdots, v_{2^k})$ 紧随 v_1 的后面；然后，在 $2^n - 2^k$ 个禁用码字中任选一个 e_1 放在 v_1 下面，

即 e_1 为第 2 行的第一个码字,并相应计算出 $v_2 + e_1, v_3 + e_1, \cdots, v_{2^k} + e_1$ 分别放在 $v_2, v_3, \cdots, v_{2^k}$ 码字的下面构成表的第二行;然后,再选出一个未写入第二行的一个禁用码字 e_2,并相应计算出 $v_2 + e_2, v_3 + e_2, \cdots,$ $v_{2^k} + e_2$ 分别放在 $v_2, v_3, \cdots, v_{2^k}$ 码字的下面构成表的第三行;依此类推。即 $V_n(2^n)$ 按子群 V 分解成 2^{n-k} 个互不相交的陪集的并。我们称 $v_1, e_1, e_2, \cdots, e_m$ 为陪集首,它们就是陪集的代表系。

表 12.2 标准阵列译码表

码字	v_1	v_2	$\cdots$	v_{2k}
禁	e_1	$v_2 + e_1$		$v_{2k} + e_1$
用	e_2	$v_2 + e_2$		$v_{2k} + e_2$
码	$\vdots$	$\vdots$		$\vdots$
字	e_m	$v_2 + e_m$		$v_{2k} + e_m$

如何利用译码表进行译码呢?如果收到一个 r 落到该表某一列中,则把 r 译成该列最上面的码字。若发送端发出一个码字 v_i,接收端收到一个 $r = v_i + e_j$,即 r 就是在码字 v_i 上再叠加一个陪集首,则收端就能正确译码,否则就会错译。于是,就自然提出这样的问题,如何划分陪集才能使译码的错误概率最小,其实质就是陪集首的选择问题。

根据试验已知,错误图样码量越轻(码字中含 1 的个数越小),发生的可能性越大。因而,译码时应首先能纠正那些码量小的错误图样,即在构造译码表时,应选择码量最小的禁用码字作为陪集首,即放在表的第一列(v_1 列)。这样的译码表可使译码的错误概率最小,这实际上就是最小距离译码,在 BSC 信道条件下,它等价于最大似然译码。

例 12.1 (6,3)线性分组码的生成矩阵为

$$G = \begin{bmatrix} 1 & 0 & 0 & 1 & 1 & 0 \\ 0 & 1 & 0 & 1 & 0 & 1 \\ 0 & 0 & 1 & 0 & 1 & 1 \end{bmatrix}$$

它生成的 8 个码字为 000000,001011,010101,011110,100110,101101,110011,111000,我们用出现概率最大的错误图样作为陪集首构成标准阵列译码表,如表 12.3 所列。

表 12.3 (6,3)码标准阵列译码表

码字	000000 (陪集首)	001011	010101	011110	100110	101101	110011	111000
禁用码	100000	101011	110101	111110	000110	001101	010011	011000
	010000	011011	000101	001110	110110	111101	100011	101000
	001000	000011	011101	010110	101110	100101	111011	110000
	000100	001111	010001	011010	100010	101001	110111	111100
	000010	001001	010111	011100	101111	100001	110001	111010
	000001	001010	010100	011111	100111	101100	110010	111001
	100001	101010	110100	111111	000111	001100	010010	011001

12.3.2 伴随式纠错译码

用标准阵列译码表译 (n,k) 线性分组,需要把 2^n 个 n 维矢量存储在译码器中,译码器的存储容量和复杂程度都随 n 的增加而成指数增加,当 n 很大时难以实现。因此我们下面给出用监督矩阵纠错的译码方法,即伴随式纠错译码。

设 V 是 (n,k) 线性分组码，v 是 V 中任一个码字，当发端发送 v 时，收端收到一个 r，错误图样为 $e = r - v = (e_{n-1}, e_{n-2}, \cdots, e_0)$，于是

$$s^{\mathrm{T}} = Hr^{\mathrm{T}} = He^{\mathrm{T}} \tag{12.16}$$

从式 (12.16) 可以看出，s^{T} 仅与错误图样 e 有关，而与发送的码字无关。我们称 s 为 r 或 e 的伴随式。s 完全由 e 确定，它在一定程度上反映了信道的干扰情况。译码器的主要任务就是如何从 s 求得错误图样，从而译出发送的码字 v。

设一个 (n,k) 码的监督矩阵为

$$H = \begin{bmatrix} h_{n-1}^{(r-1)} & h_{n-2}^{(r-1)} & \cdots & h_0^{(r-1)} \\ h_{n-1}^{(r-2)} & h_{n-2}^{(r-2)} & \cdots & h_0^{(r-2)} \\ \vdots & \vdots & & \vdots \\ h_{n-1}^{(0)} & h_{n-2}^{(0)} & \cdots & h_0^{(0)} \end{bmatrix} = \begin{bmatrix} \alpha_{n-1} & \alpha_{n-2} & \cdots & \alpha_0 \end{bmatrix}$$

式中：$\alpha_{n-i}(i = 1, 2, \cdots, n)$ 是矩阵 H 的第 i 列，它是 r 维列矢量。

如果 V 是可以纠一个错的 (n,k) 分组码，当收到的 r 无错时，即 $r = v$ 时，而 $e = 0$。则一定有 $s^{\mathrm{T}} = Hr^{\mathrm{T}} = He^{\mathrm{T}} = 0$。当收到的 r 含错时，即 $e \neq 0$，一般来说，$Hr^{\mathrm{T}} = He^{\mathrm{T}} \neq 0$。因此，当收到一个 r 时，首先要计算伴随式 Hr^{T}，若 $Hr^{\mathrm{T}} = 0$，可以认为接收的 r 无错，否则，则接收的 r 有错。

我们知道 r 的伴随式 s 是 $r = n - k$ 维矢量，令 $s = (s_{r-1}, s_{r-2}, \cdots, s_0)$，若收到的 r 第 i 位发生了错误，即错误图样为 $e = (0, 0, \cdots, 0, e_{n-i}, 0, \cdots, 0)$，计算伴随式

$$s^{\mathrm{T}} = Hr^{\mathrm{T}} = He^{\mathrm{T}} = (h_{n-i}^{(r-1)}, h_{n-i}^{(r-2)}, \cdots, h_{n-i}^{(0)})^{\mathrm{T}}$$

当 r 的第 i 位发生错误时，s^{T} 等于矩阵 H 的第 i 列。反之，如果收到的 r，其相应的伴随式 s^{T} 等于矩阵 H 的第 i 列，就判断 r 的第 i 位有错。

若收到的 r 的第 i 位和第 j 位有错，即 $e = (0, \cdots, 0, e_{n-i}, 0, \cdots, 0, e_{n-j}, 0, \cdots, 0)$，则伴随式

$$s^{\mathrm{T}} = Hr^{\mathrm{T}} = He^{\mathrm{T}} = (h_{n-i}^{(r-1)} + h_{n-j}^{(r-1)}, h_{n-i}^{(r-2)} + h_{n-j}^{(r-2)}, \cdots, h_{n-i}^{(0)} + h_{n-j}^{(0)})^{\mathrm{T}}$$

若码的最小距离 $d^* \geq 3$，则矩阵 H 的任何两列都不完全相同，因此，$s = (s_{r-1}, s_{r-2}, \cdots, s_0) \neq 0$。

若 $s^{\mathrm{T}} \neq 0$，且与矩阵 H 中的任何一列都不相同，此时我们判定 r 出错，但并不知道它是那些位出了错，故只能判定 r 有错，而不能具体确定出错的具体位置。

若码的最小距离 $d^* = 3$，则矩阵 H 中有三列是线性相关的，不妨就设第 i, j, p 列线性相关，如果接收的 r 恰好错了第 i 位和第 j 位，则其伴随式 s^{T} 等于矩阵 H 的第 p 列。若根据 s^{T} 等于矩阵 H 的第 p 列，就判断 r 的第 p 位有错，那就出现了纠错失败。当码的最小距离 $d^* = 3$ 时，如果 r 有 3 位错误，就更有可能发生纠错失败。

综合以上讨论，可以得到如下结论：设一个 (n,k) 码 V 可纠正单个错误，矩阵 H 是它的监督矩阵，计算 r 的伴随式 $s^{\mathrm{T}} = Hr^{\mathrm{T}}$。

（1）如果 $s^{\mathrm{T}} = 0$，则判定 r 无错。此时，$v = r$。

（2）如果 $s^{\mathrm{T}} = Hr^{\mathrm{T}} \neq 0$，且 s^{T} 与矩阵 H 的第 i 列相同，判定 r 的第 i 位出错。

（3）如果 $s^{\mathrm{T}} = Hr^{\mathrm{T}} \neq 0$，且 s^{T} 与矩阵 H 的任何一列都不相同，此时，只能判定 r 有错，但不能确定那些位出了错，即只能发现错误却不能纠正错误。

当我们把最小距离 $d^* = 2t + 1$ 的 (n,k) 码的码字送入信道，若收到的 r 的错误数为 $m \leq t$，即错误图样 e 仅有 m 个码元不为 0。但由于 $d^* = 2t + 1$，因此，它的 H 矩阵中任意不多于 t 列的线性组合，与其他任意的不多于 t 列的线性组合都不相同，故根据 s^{T} 可以确定 r 对应的的错误图样，进而可得到正确的码字 $v = r - e$。

要指出的是,当 $e \neq 0$ 时,一般地有 $Hr^T \neq 0$,但也不是绝对的,例如,若

$$H = \begin{bmatrix} 1 & 0 & 1 & 1 & 0 & 0 & 0 \\ 1 & 1 & 1 & 0 & 1 & 0 & 0 \\ 1 & 1 & 0 & 0 & 0 & 1 & 0 \\ 0 & 1 & 1 & 0 & 0 & 0 & 1 \end{bmatrix}$$

当我们发送码字 $v = (1001110)$ 时,当接收到 $r = (0111010)$,它对应的错误图样为 $e = (1110100)$,可见 r 错了4位,但却是 $Hr^T = 0$。这样,若判断发送的码字为 $v = r = (0111010$,这显见是错误的。实际上,v 是一个 $d^* = 4$ 的(7,3)线性分组码。因此,它可纠一个错误,如果用它来检错,它可检出 $d^* - 1 = 3$ 的所有错误。当收到的码字错了4位时,恰好错成了另外一个码字,此时就发现不了该错误,因此会发生错判。

既然 $Hr^T = 0$ 并不一定导出接收 r 无误的结论,为什么还得出"当 $Hr^T = 0$ 时,可认为接收的 r 无错"呢?为回答这个问题,可作如下分析:因为当信道误码率很小时,传输一个7位码元的码字时,发生四个错误与不发生错误的情况相比较,其可能性非常小。例如,当信道误码率为 10^{-4} 时,传输一个 7bit 码字,不发生错误的概率为

$$p(0) = (1 - 10^{-4})^7 \approx 1 - 7 \times 10^{-4} \approx 0.9993$$

而发生四个错误的概率为

$$p_e(4) = \binom{7}{4}(10^{-4})^4(1 - 10^{-4})^3 \approx 3.5 \times 10^{-15}$$

比较可见,当 $Hr^T = 0$ 时,判 r 无错是合理的,即几乎是正确的。

对于伴随式译码而言,当接收到 r,其伴随式 s^T 等于矩阵 H 的某一列时,究竟是判定 r 的某一位发生错误还是判定 r 的某几位发生错误呢?同样地,从概率的观点来看,当信道的误码率很小时,r 发生一位错误的概率远远大于发生多个错误的概率。显见,当伴随式 s^T 等于矩阵 H 的第 i 列时,就判定 r 的第 i 位发生了错误是合理的。当然,用伴随式译码也存在着错误译码的问题,但错误译码的概率很小。同样,当 r 发生多处的错误时,还会发生漏检的情况。

12.3.3 监督矩阵与最小距离的关系

我们知道,线性分组码的纠错能力与它的最小距离 d^* 有着密切的关系,d^* 越大它的纠错能力越强。因此讨论矩阵 H 与 d^* 的关系就是讨论矩阵 H 与码的纠错能力的关系。

一个 (n,k) 线性分组码的最小距离为 d^* 的充分必要条件是它的监督矩阵 H 的任意 $d^* - 1$ 列线性无关,而有 d^* 列线性相关。

我们将进一步讨论分组码的 n,k 和 d^* 之间的关系,它不仅为我们今后构造分组码奠定了理论基础,而且为我们估计给定的线性分组码的性能提供了理论基础。

12.4 循 环 码

循环码是编译码更容易实现的分组码。1957 年,普兰奇(Prange)首先引入了循环码的概念,并给出了码多项式的表示方法。此后,分组码尤其是循环码的理论得到了迅速的发展。其显著优点是:它的编码和伴随式计算,可用反馈移位寄存器来实现。又因循环码具有良好的代数特性,用"代数"工具对循环码进行研究,可找到简单有效的译码方法。

12.4.1 循环码的基本概念

已知一个(7,3)码 V 的生成矩阵为

$$G = \begin{bmatrix} 1 & 0 & 0 & 1 & 1 & 1 & 0 \\ 0 & 1 & 0 & 0 & 1 & 1 & 1 \\ 0 & 0 & 1 & 1 & 1 & 0 & 1 \end{bmatrix}$$

由 G 生成的(7,3)码的全部码字如表12.4所列。

表12.4 (7,3)码信息组与码字对照表

信息组	码 字	信息组	码 字
000	v_0 0000000	100	v_4 1001110
001	v_1 0011101	101	v_5 1010011
010	v_2 0100111	110	v_6 1101001
011	v_3 0111010	111	v_7 1110100

考察该码可见,它的每个码字经过循环移位所得到的七维矢量依然是该码的一个码字,也就是说该(7,3)码具有循环移位的特性。例如,$v_1 = 0011101$,它循环左移 1 位得到 $v_3 = 0111010$,再循环左移 1 位得到 $v_7 = 1110100$ 等。

循环码的定义:V 是一个(n,k)线性分组码,若 V 中任意一个码字每次循环移位后,得到的 n 维矢量依然还是 V 中的一个码字,那么就称 V 是循环码。也就是说,如果 $v = (v_{n-1}, v_{n-2}, \cdots, v_0)$ 是 V 的一个码字,那么,$(v_{n-2}, \cdots, v_0, v_{n-1}), \cdots, (v_0, v_{n-1}, \cdots, v_1)$ 等也是 V 中码字。

为了用代数理论来研究循环码,用降幂排列多项式表示码字。例如,(7,3)循环码中的每一个码字 $v = (v_6, v_5, \cdots, v_0)$ 用相应的多项式 $v(x) = v_6 x^6 + v_5 x^5 + \cdots + v_0$ 表示。显然,这种关系是一一对应的,如果 $v_1 \neq v_2$,则对应的码的多项式 $v_1(x) \neq v_2(x)$,反之亦然。按这种对应关系,(7,3)循环码的每个码字可用且仅用一个相应的多项式表示,如表12.5所列。

表12.5 (7,3)循环码与码多项式对照表

码 字	码多项式	码 字	码多项式
0000000	0	1001110	$x^6 + x^3 + x^2 + x$
0011101	$x^4 + x^3 + x^2 + 1$	1010011	$x^6 + x^4 + x + 1$
0100111	$x^5 + x^2 + x + 1$	1101001	$x^6 + x^5 + x^3 + 1$
0111010	$x^5 + x^4 + x^3 + x$	1110100	$x^6 + x^5 + x^4 + x^2$

一般地,在(n,k)循环码中,任一个码字 $v_1 = (v_{n-1}, v_{n-2}, \cdots, v_0)$ 的码多项式为 $v_1(x) = v_{n-1} x^{n-1} + v_{n-2} x^{n-2} + \cdots + v_0$,$v_1$ 循环移位一次得到 $v_2 = (v_{n-2}, \cdots, v_0, v_{n-1})$,它所对应的码多项式为 $v_2(x) = v_{n-2} x^{n-2} + \cdots + v_0 x + v_{n-1}$,这相当于用 x 乘以 $v_1(x)$,然后取模 $x^n - 1$ 运算,即

$$xv_1(x) = v_{n-1}(x^n - 1) + v_{n-2} x^{n-1} + \cdots + v_0 x + v_{n-1} / \mathrm{mod}(x^n - 1)$$
$$= v_{n-2} x^{n-1} + \cdots + v_0 x + v_{n-1}$$
$$= v_2(x)$$

若 v_2 再循环移位一次得到 $v_3 = (v_{n-3}, \cdots, v_0, v_{n-1}, v_{n-2})$,它对应的码多项式 $v_3(x) = v_{n-3} x^{n-1} + \cdots + v_0 x^2 + v_{n-1} x + v_{n-2}$,这相当于用 x 乘以 $v_2(x)$,或 x^2 用乘以 $v_1(x)$,然后取模 $x^n - 1$ 运算,即

$$xv_2(x) = v_{n-2}(x^n - 1) + v_{n-3}x^{n-1} + \cdots + v_0x^2 + v_{n-1}x + v_{n-2}/\mathrm{mod}(x^n - 1)$$
$$= v_{n-3}x^{n-1} + \cdots + v_0x^2 + v_{n-1}x + v_{n-2}$$
$$= v_3(x)$$

一般地,对任意一个码字 $v_1 = (v_{n-1}, v_{n-2}, \cdots, v_0)$,循环移位 i 次可得

$$v_{1+i} = (v_{n-i-1}, v_{n-i-2}, \cdots, v_{n-i})$$

它对应的码多项式 $v_{1+i}(x) = v_{n-i-1}x^{n-1} + v_{n-i-2}x^{n-2} + \cdots + v_{n-i}$,这相当于用 x^i 乘以 $v_1(x)$ 之后,再取模 $x^n - 1$ 运算,即

$$x^i v_1(x) = v_{n-i-1}x^{n-1} + v_{n-i-2}x^{n-2} \cdots + v_{n-i+1}x + v_{n-i}/\mathrm{mod}(x^n - 1)$$
$$= v_{1+i}(x)$$

12.4.2 循环码的性质及其应用

循环码是线性分组码的一个重要子类,有广泛的应用。它具有线性分组码的一切性质,同时又具有循环特性,其主要特性如下:

(1) 每一个 (n,k) 循环码 V,都由唯一的一个次数为 $r = n - k$ 的多项式 $g(x)$ 所生成,因此,每个码元(字)多项式都是 $g(x)$ 的倍式。

(2) 每一个 (n,k) 循环码的生成多项式 $g(x)$ 是 $x^n - 1$ 的因式,且 $g(x)$ 的周期为 n。

由循环码的这些特性,当找到了一个循环码的生成多项式 $g(x)$ 后,例如,码的设计,码的纠错能力 t,生成矩阵 G 和监督矩阵 H,都可解出。可见,求解出 $g(x)$ 是求循环码所有参数的关键步骤。

求 $g(x)$ 的方法,可采用辗转相除法,即求一系列码多项式的最大公因式,最终可以求出生成多项式。

例 12.2 已知 $(7,4)$ 循环码的三个码多项式分别是 $v_1(x) = x^5 + x^4 + x^3 \cdots + 1$, $v_2(x) = x^6 + x^3 + x + 1$, $v_3(x) = x^6 + x^5 + x^4 + x^3 + x^2 + x + 1$,试求码的生成多项式。

解:首先用辗转相除法,求 $v_1(x)$, $v_2(x)$ 的最大公因式为

$$d_1(x) = (v_1(x), v_2(x)) = x^5 + x^4 + x^3 + 1$$

因为 $\partial(d_1(x)) = 5 > 7 - 4$,故再求 $d_1(x)$ 与 $v_3(x)$ 得最大公因式为

$$d_2(x) = (d_1(x), v_3(x)) = x^3 + x^2 + 1$$

因为 $\partial(d_2(x)) = 3 = 7 - 4$,因此,$g(x) = d_2(x) = x^3 + x^2 + 1$ 是码的生成多项式。

例 12.3 已知码长 $n < 100$ 的循环码的一个码多项式为

$$v(x) = x^9 + x^7 + x^5 + x^4 + x^2$$

试求码的生成多项式 $g(x)$ 以及码的所有参数。

解:首先,$v(x)$ 可以进行分解因式:

$$v(x) = x^2(x^3 + x + 1)(x^4 + x + 1)$$

由 $\partial(v(x)) = 9$ 可知,$g(x)$ 不可能是 $x^3 + x + 1$,因为 $x^3 + x + 1$ 的周期为 7 而小于 9;另外,$(x^3 + x + 1)(x^4 + x + 1)$ 的周期为 $7 \times 15 = 105$,而 $105 > 100$,所以 $(x^3 + x + 1)(x^4 + x + 1)$ 也不可能是 $g(x)$,因此,只有

$$g(x) = x^4 + x + 1$$

由此可生成码长 $n = 15$,信息位 $k = n - 4 = 11$ 的 $(15,11)$ 循环码,它的纠错能力 $t = 1$。有了这些参数之后,不难求得码的生成矩阵 G 和监督矩阵 H。

196

12.5 卷积码与 Turbo 码

12.5.1 卷积码的概念

卷积码是一种非分组编码,与分组码有根本的区别,它不是把信息序列分组后再进行单独编码,而是由连续输入的信息序列得到连续输出的已编码序列。卷积编码器框图如图 12.1 所示。

图 12.1 卷积编码器框图

图 12.1 中,$D_i(i=1,2)$ 为移位寄存器,编码时,在某一时刻 k 送入编码器一个信息比特 m_k,同时移位寄存器中的数据(D_1 和 D_2 中存储的数据分别为 $k-1$ 和 $k-2$ 时刻的输入比特 m_{k-1} 和 m_{k-2})右移 1 位,编码器根据 m_k、m_{k-1} 和 m_{k-2} 按照编码器所规定的规则进行运算,生成该时刻的两个输出码元 $c_k^{(1)}$ 和 $c_k^{(2)}$。由图 12.1 可见,该卷积码($n_0=2,k_0=1,m=2$)的编码规则为

$$c_k^{(1)} = m_k + m_{k-2} \tag{12.17a}$$
$$c_k^{(2)} = m_k + m_{k-1} + m_{k-2} \tag{12.17b}$$

其输出的码字为

$$c_k = (c_k^{(1)}, c_k^{(2)})$$

可见,任一时刻 k 的编码器输出 c_k,不仅与当前时刻的输入 m_k 有关,同时还与 $k-1$ 和 $k-2$ 时刻的输入 m_{k-1} 和 m_{k-2} 有关。进一步强调的是,k 时刻的输入信息 m_k 也会影响接下来的 $k+1$ 和 $k+2$ 时刻的编码器输出 c_{k+1} 和 c_{k+2},例如:

$$c_{k+1}^{(2)} = m_k + m_{k+1} + m_{k-1} \tag{12.18a}$$
$$c_{k+2}^{(2)} = m_k + m_{k+1} + m_{k+2} \tag{12.18b}$$

一般 (n_0, k_0, N) 卷积码,在每一时刻送入编码器的信息元为 k_0 个,记为 $\boldsymbol{m}_k = (m_k^{(1)}, m_k^{(2)}, \cdots, m_k^{(k_0)})$;相应的编码器输出码元为 n_0 个,这 n_0 个码元组成的子码,称为卷积码的子组或码段,记为 $\boldsymbol{c}_k = (c_k^{(1)}, c_k^{(2)}, \cdots, c_k^{(n_0)})$。应注意到,它不仅与前面 N 个时刻的 N 段输入信息组 $\boldsymbol{m}_{k-1}, \boldsymbol{m}_{k-2}, \cdots, \boldsymbol{m}_{k-N}$ 和 $\boldsymbol{c}_{k-1}, \boldsymbol{c}_{k-2}, \cdots, \boldsymbol{c}_{k-N}$ 有关,还要参与此时可之后 N 个时刻输出码段 $\boldsymbol{c}_{k+1}, \boldsymbol{c}_{k+2}, \cdots, \boldsymbol{c}_{k+N}$ 的计算。

已经证明,在同样的复杂度下,卷积码可以比分组码获得更大的编码增益。

12.5.2 Turbo 码

我们回顾一下信道编码定理的证明,引用了三个基本条件:
(1)采用随机编码方法。
(2)编码长度 $L \rightarrow \infty$,即分组码的码组长度无限长。
(3)译码过程中采用了最佳的最大似然译码(ML)方案。
可实现信息速率达到信道容量且能无误差传输。显然,这些条件是很苛刻的,但为研究和探索

好的纠错码提供了思想武器。

　　Turbo 码在编码器中引入了交织器,使码字具有近似的随机特性;通过分量码并联给出了由短码构造长码的可行方法;在接收端,分量码采用最大后验概率译码算法,这是最优的,总体上采用迭代算法,这样一来,通过迭代使译码接近最大似然译码。总之,Turbo 码充分考虑了香农信道编码定理证明时所假设的条件,获得了接近香农理论极限的性能。这也实证了信道编码定理的正确性。

　　C. Berrou 等人最初提出的 Turbo 码,采用了并联卷积码结构。如图 12.2 所示给出了由两个分量编码器构成的 Turbo 码编码器框图。

图 12.2　Turbo 码编码器框图

　　下面给出一个实例说明 Turbo 码的编码过程,如图 12.3 所示。

图 12.3　Turbo 码编码器实例图

　　若输入的信息序列为

$$\boldsymbol{u} = (1011001)$$

则上面一个分量卷积码编码器,系统输出和校验输出分别为

$$\boldsymbol{c}^s = (1011001)$$
$$\boldsymbol{c}^{1p} = (1100100)$$

假设经过交织器的输入信息序列变为

$$\boldsymbol{u}' = (1101010)$$

则下面一个分量卷积码编码器,校验输出为

$$\boldsymbol{c}^{2p} = (1000000)$$

可得到码率为 1/3 的输出码字为

$$c = (111,010,100,100,010,000,100)$$

若提高码率为 1/2,可采用如下删余矩阵:

$$P = \begin{bmatrix} 1 & 0 \\ 0 & 1 \end{bmatrix}$$

进行删除。该删余矩阵表示分别删除 $\{x_k^{1p}\}$ 中位于偶数位置的校验比特、$\{x_k^{2p}\}$ 中位于奇数位置的校验比特。经过该删余运算后得到的码率为 1/2 的输出码字为

$$c = (11,00,10,10,01,00,10)$$

第 13 章 限失真条件下信源编码

13.1 速率失真函数

13.1.1 速率失真函数研究背景

速率失真理论(Rat – Distortion Theory, RDT)是专门研究信源熵大于信道容量情况下的信息论分支,是处理信息速率与失真这对矛盾的理论。它的基本观点就是以容许的失真为代价来换取较低的信息速率。这个名称来源于 1959 年,香农发表的"具有保真度的离散信源编码定理"一文中,信源的速率失真函数的概念和速率失真函数是速率失真理论的基础。而速率失真理论为量化、模/数 (A/D)转换和数据压缩(带宽压缩或多余度消除)提供了数学基础。

速率失真理论,香农于 1959 年就指出了它能够确定数据压缩的理论界限。但未受到人们的重视,因为当时数字信号处理技术的落后,这个理论在应用方面未能发挥作用。

但是随着通信技术的发展,尤其是传真和图像通信业务量的增加,迫切需要展开对图像信源的研究,而图像信息量巨大,目前已成为采用数字方式传输和存储以及处理信息的障碍。因此,为了解决这个问题,一是开发大容量信道,如光纤信道;二是采用数据压缩技术。应该说,这一领域从 20 世纪 60 年代后期就非常沃跃,目前已成为最爱关注的信息论的分支之一。

数据压缩,实质上是对信源进行某种处理,因此,将促使数据压缩理论的发展。下面我们举例说明这一点。

例 13.1 某信号 $x(t)$,若对它进行采样,变成 $x_k(k = \cdots -1,0,1,\cdots)$,采用 PCM 方法进行 A/D 转换,那么 x_k 就转换成为由二元符号构成的分组。PCM 原理如图 13.1 所示。

图 13.1 PCM 原理图

若设量化电平数为 2^m,二元符号构成的分组(码字)集合为

$$C = \{x_1, x_2, \cdots, x_M\} \quad (M = 2^m, m \text{ 为码字长度})$$

显然,若要做到无误差编码,就需有无限多的量化电平数,即 $m \to \infty$。

若将码率定义为

$$R = m/\Delta T \quad (\Delta T \text{ 为采样周期})$$

显然,当 $m \to \infty$ 时,$R \to \infty$,若采用有限量化电平数。那么码字的个数 M 也是有限的。于是,对任意 x_k 来说,它只能选择与 x_k 最逼近的 y_l 作为相应的码字,即

$$d(x_k, y_l) \leqslant d(x_k, y_j) \quad (j = 1, 2, \cdots, M, y_j \text{ 为量化电平(对应着一个码字)})$$

这里 $d(x_k, y_l) = |x_k - y_l|$,显见,误差与 C 是有关的。若增大 m,d 会减小。但是这就意味着 R 的增大(ΔT 不变),如图 13.2 所示。由上述可见,误差与码率 R 之间必须有确定的内在联系。

不难想到,若 x 的概率密度函数是非均匀的话,在 $p(x)$ 小的地方增大失真 $d(x_k, y_l)$,即增大量

化间距,或者说,在这些地方可选择的码字个数进一步减少,这样就意味着在平均误差不太增加的情况下,可进一步降低 m,如图 13.2 所示。例如,$p(x)$ 为均匀分布时,取 $m=3,M=8$;$p(x)$ 为非均匀分布时,取 $m=2,M=4$。

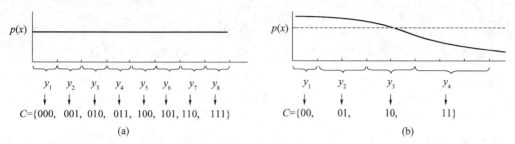

图 13.2　非均匀量化示意图

应该指出,当给定系统的平均误差容限 δ 之后,数据压缩的任务就是尽可能地降低 R,并使得相应的平均误差为

$$\bar{d} \leqslant \delta + \varepsilon \quad (\varepsilon \text{ 为任意小的正数})$$

也就是说,给定一个 δ,必有一个最低的 R。这种对应关系就称为速率失真函数,即 $R(\delta)$ 函数。

$R(\delta)$ 函数主要取决于信源特性。针对不同的信源可求出其 $R(\delta)$。$R(\delta)$ 给出了数据压缩的终极界限。以 $R(\delta)$ 为目标来寻求最优的数据压缩方法,设计数据压缩系统,这就是要研究 $R(\delta)$ 的第一个目的。

另一个目的是,找出现用的压缩方法的 R 和 δ 之间的关系,与 $R(\delta)$ 进行比较,可判断出各种方法的优劣程度,指出改进的方法,估计改进的前途。

13.1.2　离散无记忆信源的速率失真函数

对于一个离散无记忆信源,发出的符号 $u \in A_U$,所产生的符号序列 $U_1,U_2,\cdots$,是独立的,U_i 的概率分布均为 $p\{U=u\}=p(u)$。若经过某一信道传输之后,恢复为信宿符号 $v \in A_V$,信宿符号序列为 $V_1,V_2,\cdots$,我们称 A_U、A_V 为信源、信宿字母表。

对每一元偶 (u,v),用非负数字母 $d(u,v)$ 表示 u 恢复成 v 时,所产生的失真或误差。函数 $d(u,v)$ 称为失真函数或失真量度。$d(u,v)$ 可按以按着某种准则来定义,例如,用 v 表示 u 所带来的损失、质量或性能上的恶化和心理上差异的大小等。对于连续变量,可令 $d(u,v)=|u-v|$ 或 $d(u,v)=(u-v)^2$。为了方便,不管是何种意义下的 $d(u,v)$,都称为失真函数。

失真函数 $d(u_i,v_j)$($i=0,1,\cdots,r-1,j=0,1,\cdots,s-1$),可排成一个 $r \times s$ 矩阵 $\boldsymbol{D}$,$\boldsymbol{D}$ 为失真矩阵,即

$$\boldsymbol{D} = \begin{bmatrix} d(u_0,v_0) & d(u_0,v_1) & \cdots & d(u_0,v_{s-1}) \\ d(u_1,v_0) & d(u_1,v_1) & \cdots & d(u_1,v_{s-1}) \\ \vdots & \vdots & & \vdots \\ d(u_{r-1},v_0) & d(u_{r-1},v_1) & \cdots & d(u_{r-1},v_{s-1}) \end{bmatrix}$$

所谓失真,可理解为是一种"距离"的概念。因此,$d(u,v) \geqslant 0$,当 $u=v$ 时,$d(u,v)=0$,故 $d(u,v)$ 有如下特点:

(1) $\min\limits_{u \in A_U,v \in A_V} d(u,v)=0$;

(2) 一般的有 $0 \leqslant d(u,v) \leqslant d_0 < \infty$。

对于 K 次扩展而言,设 d 的值域为 $A_U^K \times A_V^K$ 空间,元偶 $(\boldsymbol{u},\boldsymbol{v})=(u_1,u_2,\cdots,u_K;v_1,v_2,\cdots,v_K)$,则有

$$d(\boldsymbol{u},\boldsymbol{v}) = \sum_{i=1}^{K} d(u_i,v_i) \tag{13.1}$$

例 13.2 $A_U = A_V = \{0,1\}, P(0) = P, P(1) = 1 - P = g, P \leqslant 1/2$，失真矩阵为

$$\boldsymbol{D} = \begin{bmatrix} 0 & 1 \\ 1 & 0 \end{bmatrix}$$

例 13.3 $A_U = \{-1,0,+1\}, A_V = \{-1/2,+1/2\}, P(u) = 1/3$，失真矩阵为

$$\boldsymbol{D} = \begin{bmatrix} 1 & 2 \\ 1 & 1 \\ 2 & 1 \end{bmatrix}$$

例 13.4 对 $A_U = A_V = \{0,1\}$，作二次扩展，那么 $\boldsymbol{u} = \{00,01,10,11\}, \boldsymbol{v} = \{00,01,10,11\}$，因而失真函数为

$$\begin{cases} d(00,00) = d(0,0) + d(0,0) = 0 \\ d(00,01) = d(0,0) + d(0,1) = 1 \\ \vdots \\ d(11,00) = d(1,0) + d(1,0) = 2 \\ d(11,01) = d(1,0) + d(1,1) = 1 \\ d(11,10) = d(1,1) + d(1,0) = 1 \\ d(11,11) = d(1,1) + d(1,1) = 0 \end{cases}$$

于是失真矩阵为

$$\boldsymbol{D}^2 = \begin{bmatrix} 0 & 1 & 1 & 2 \\ 1 & 0 & 2 & 1 \\ 1 & 2 & 0 & 1 \\ 2 & 1 & 1 & 0 \end{bmatrix}$$

对于 K 次扩展来说，信源的 K 个连续输出看作为独立随机矢量 $U_1, U_2 \cdots, U_K$。令 $V_1, V_2, \cdots, V_K$ 为任意 K 个随机变量，$V_i (i = 1,2,\cdots,K)$ 与 U_i 的值域相同。那么 $(\boldsymbol{U},\boldsymbol{V})$ 之间的平均失真为

$$E(d) = E[d(\boldsymbol{U},\boldsymbol{V})] = \sum_{\boldsymbol{u},\boldsymbol{v}} p(\boldsymbol{u},\boldsymbol{v}) d(\boldsymbol{u},\boldsymbol{v})$$

$$= \sum_{\boldsymbol{u},\boldsymbol{v}} p(\boldsymbol{u}) p(\boldsymbol{v}|\boldsymbol{u}) d(\boldsymbol{u},\boldsymbol{v}) \tag{13.2}$$

式中的求和运算，是对所有的 $r^K \times S^K$ 个矢量对来进行的，$(\boldsymbol{u},\boldsymbol{v}) = (u_1, u_2, \cdots, u_K; v_1, v_2, \cdots, v_K)$。$u_i \in A_U, v_i \in A_V$，而 $P(\boldsymbol{u},\boldsymbol{v}) = P\{\boldsymbol{U} = \boldsymbol{u}, \boldsymbol{V} = \boldsymbol{v}\}, P(\boldsymbol{v}|\boldsymbol{u}) = P\{\boldsymbol{V} = \boldsymbol{v}|\boldsymbol{U} = \boldsymbol{u}\}$。

下面，定义 $R_K(\delta)$ 函数：

$$R_K(\delta) = \min\{I(\boldsymbol{U};\boldsymbol{V})\} : E(d) = K\delta\} \tag{13.3}$$

式中的最小值取决于所有 K 维随机矢量对 $(\boldsymbol{U},\boldsymbol{V}) = ((U_1, U_2, \cdots, U_K), (V_1, V_2, \cdots, V_K))$。

应该注意以下事项：

(1) $U_1, U_2, \cdots, U_K$ 的概率分布 $p(\boldsymbol{u}) = \prod_{i=1}^{K} p(u_i)$，$p(\boldsymbol{u})$ 是已给信源的概率分布，这就是说，这里的信源是无记忆的。

(2) 对一确定的 δ 计算 $R_K(\delta)$ 时，我们必须改变的是 $\boldsymbol{V}$ 的条件概率分布 $p(\boldsymbol{v}|\boldsymbol{u})$。这时 $p(\boldsymbol{v}|\boldsymbol{u})$ 可看作是输入为 $\boldsymbol{U}$、输出为 $\boldsymbol{V}$ 的信道的转移概率，这个信道通常称为 K 维试验信道，因此，式(13.3)

的最小化实际仅取决于其平均失真不大于 $K\delta$ 的所有 K 维试验信道。

（3）$R_K(\delta)$ 的定义域为 $\delta \geqslant \delta_{\min}$，$\delta_{\min}$ 定义为

$$\delta_{\min} = \sum_{\boldsymbol{u} \in A_U} p(\boldsymbol{u}) \min_{\boldsymbol{v}} d(\boldsymbol{u}, \boldsymbol{v}) \tag{13.4}$$

这是因为，由式（13.2）可得

$$E(d) = \sum_{\boldsymbol{u}, \boldsymbol{v}} p(\boldsymbol{u}, \boldsymbol{v}) d(\boldsymbol{u}, \boldsymbol{v}) \geqslant \sum_{\boldsymbol{u}, \boldsymbol{v}} p(\boldsymbol{u}, \boldsymbol{v}) \min_{\boldsymbol{v}} d(\boldsymbol{u}, \boldsymbol{v})$$

$$= \sum_{\boldsymbol{u}} p(\sum_{\boldsymbol{v}} \min_{\boldsymbol{v}} d(\boldsymbol{u}, \boldsymbol{v})) = K\delta_{\min}$$

故有 $R_K(\delta)$ 的定义域为 $\delta \geqslant \delta_{\min}$。

13.1.3　速率失真函数特性分析

下面介绍 $R_K(\delta)$ 函数的性质。

1. 递减性

若考虑 $\delta_1 > \delta_2$，对试验信道来说，则有

$$Q_1 = \{p(\boldsymbol{v} \mid \boldsymbol{u}) : E(d) \leqslant K\delta_1\}$$
$$Q_2 = \{p(\boldsymbol{v} \mid \boldsymbol{u}) : E(d) \leqslant K\delta_2\}$$

那么，$Q_2 \subseteq Q_1$，即 Q_2 是 Q_1 的一个子集，因而 $R_K(\delta_1) \leqslant R_K(\delta_2)$。

2. 下凸性

$R_K(\delta)$ 是一个下凸函数，$\delta \geqslant \delta_{\min}$。

证明：设 $\alpha_1, \alpha_2 \geqslant 0$，$\alpha_1 + \alpha_2 = 1$。必须证明，当 $\delta_1 \smallsetminus \delta_2 \geqslant \delta_{\min}$ 时，有

$$R_K(\alpha_1 \delta_1 + \alpha_2 \delta_2) \leqslant \alpha_1 R_K(\delta_1) + \alpha_2 R_K(\delta_2) \tag{13.5}$$

为此，令 $p_1(\boldsymbol{v} \mid \boldsymbol{u})$，$p_2(\boldsymbol{v} \mid \boldsymbol{u})$ 是达到 $R_K(\delta_1)$，$R_K(\delta_2)$ 的 K 维试验信道，若 $V_1 \smallsetminus V_2$ 表示试验信道的输出，那么则有

$$I(\boldsymbol{U}; V_i) = R_K(\delta_i) \tag{13.6}$$

$$E(d_i) \leqslant K\delta_i (i = 1, 2) \tag{13.7}$$

式中：$d_i = d(\boldsymbol{U}; V_i)$ 表示在第 i 次试验信道中的平均失真。

我们再定义一个新的试验信道，其转移概率 $P(\boldsymbol{v} \mid \boldsymbol{u}) = \alpha_1 P_1(\boldsymbol{v} \mid \boldsymbol{u}) + \alpha_2 P_2(\boldsymbol{v} \mid \boldsymbol{u})$。若 $\boldsymbol{v}$ 表示该信道的输出，那么由式（13.2）和式（13.7），可得

$$E[d(\boldsymbol{U}, \boldsymbol{V})] = \alpha_1 E[d(\boldsymbol{U}, V_1)] + \alpha_2 E[d(\boldsymbol{U}, V_2)]$$

$$\leqslant K\alpha_1 \delta_1 + K\alpha_2 \delta_2$$

因此，$P(\boldsymbol{v}, \boldsymbol{u})$ 信道是 δ 可容的，但是 $I(\boldsymbol{U}; \boldsymbol{V})$ 并非一定就是 $R_K(\delta)$，故有

$$I(\boldsymbol{U}; \boldsymbol{V}) \geqslant R_K(\alpha_1 \delta_1 + \alpha_2 \delta_2)$$

从另一方面来说，由于 $I(\boldsymbol{U}; \boldsymbol{V})$ 是转移概率 $P(\boldsymbol{v} \mid \boldsymbol{u})$ 的下凸函数（见定理2.4），$I(\boldsymbol{U}; \boldsymbol{V}) \leqslant \alpha_1 I(\boldsymbol{U}; V_1) + \alpha_2 I(\boldsymbol{U}; V_2) = \alpha_1 R_K(\delta_1) + \alpha_2 R_K(\delta_2)$。由这两个不等式可见，式（13.5）是成立的。

3. 倍乘性

对一个 DMS 而言，对 $K = 1, 2, \cdots$，当 $\delta \geqslant \delta_{\min}$ 时，有

$$R_K(\delta) = KR_1(\delta)$$

证明：令 $P(\boldsymbol{v} \mid \boldsymbol{u})$ 是一个达到 $R_K(\delta)$ 的 K 维试验信道的转移概率，那么

$$I(\boldsymbol{U};\boldsymbol{V}) = R_K(\delta) \tag{13.8a}$$

$$E[d(\boldsymbol{U},\boldsymbol{V})] \leqslant K\delta \tag{13.8b}$$

由于 $U_1,U_2,\cdots,U_K$ 是独立的,由定理 10.7 可知

$$I(\boldsymbol{U};\boldsymbol{V}) \geqslant \sum_{i=1}^{n} I(U_i;V_i) \tag{13.9}$$

若定义 $\delta_i = E[d(U_i,V_i)]$,则有

$$I(U_i;V_i) \geqslant R_1(\delta_i) \quad (i = 1,2,\cdots,n) \tag{13.10}$$

$$E[d(\boldsymbol{U},\boldsymbol{V})] = \sum_{i=1}^{k} \delta_i \leqslant K\delta \tag{13.11}$$

由式(13.9)和式(13.10)可得 $I(\boldsymbol{U};\boldsymbol{V}) \geqslant \sum_{i=1}^{K} R_1(\delta_i)$。但是,由于 R_1 是下凸的,由式(13.11)以及 R_1 是 δ 的减函数特性,可得

$$\sum_{i=1}^{k} R_1(\delta_i) \geqslant KR_1\left(\frac{\delta_1 + \delta_2 + \cdots + \delta_K}{K}\right) \geqslant KR_1(\delta)$$

因此, $R_K(\delta) = I(\boldsymbol{U};\boldsymbol{V}) \geqslant KR_1(\delta)$。而为了证反向不等式,令 $P(v|u)$ 是得到 $R_1(\delta)$ 的一维试验信道的转移概率,又定义 $P(\boldsymbol{v},\boldsymbol{u}) = \prod P(v_i|u_i)$。即信道是无记忆的,由定理 10.7 和定理 10.8,可得

$$I(\boldsymbol{U};\boldsymbol{V}) = \sum_{i=1}^{k} I(V_i;U_i)$$

又因为 $U_1,U_2\cdots,U_K$ 独立,因分布,所以就有

$$I(U_1;V_1) = I(U_2;V_2) = \cdots = I(U_K;V_K)$$

即可得

$$I(\boldsymbol{U};\boldsymbol{V}) = KI(U;V) = KR_1(\delta)$$

而这时的平均失真为

$$\begin{aligned}
E[d(\boldsymbol{U},\boldsymbol{V})] &= \sum_{u,v} p(\boldsymbol{u},\boldsymbol{v}) d(\boldsymbol{u},\boldsymbol{v}) \\
&= \sum_{u,v} p(\boldsymbol{u},\boldsymbol{v}) \left[\sum_{i=1}^{K} d(u_i,v_i)\right] \\
&= \sum_{u,v} p(\boldsymbol{u},\boldsymbol{v}) d(u_1,v_1) + \sum_{u,v} p(\boldsymbol{u},\boldsymbol{v}) d(u_2,v_2) + \cdots + \sum_{u,v} p(\boldsymbol{u},\boldsymbol{v}) d(u_K,v_K) \\
&= \sum_{u,v} p(u_1,v_1) d(u_1,v_1) + \sum_{u,v} p(u_2,v_2) d(u_2,v_2) + \cdots + \sum_{u,v} p(u_K,v_K) d(u_K,v_K) \\
&\leqslant \delta_1 + \delta_2 + \cdots + \delta_K = K\delta
\end{aligned}$$

由于 $R_K(\delta)$ 是 $E(d) \leqslant K\delta$ 时 $I(\boldsymbol{U};\boldsymbol{V})$ 的最小值,所以 $R_K(\delta) \leqslant I(\boldsymbol{U};\boldsymbol{V}) = KR_1(\delta)$。

综上所述,我们得到 $R_K(\delta) = KR_1(\delta)$。

现在,我们就把信源的速率失真函数定义为

$$R_1(\delta) = \inf_K \frac{1}{K} R_K(\delta) \tag{13.12}$$

$R(\delta)$ 的意义:若以容许的平均失真为 δ,表示一个信源号所必需的最少比特数(对数以 2 为底),即 $R(\delta)$ 是在求当已给平均失真为 δ,信源不变的情况下互信息为最小的信道,也可说是,对一个给定的信源 $P(\boldsymbol{X})$,允许的失真为 δ 时,传送信源的信息实际所需要的最小化信道容量。

由 $R_K(\delta)$ 函数的性质 3 可知,对一个 DMS,它的 $R(\delta)$ 表达式为

$$R(\delta) = \inf_K \frac{1}{K} R_K(\delta) = \inf_K \frac{1}{K} K R_1(\delta) = \inf_k R_1(\delta)$$

$$= R_1(\delta) = \min\{I(U;V): E(d) \leqslant \delta\} \tag{13.13}$$

应该指出,$R(\delta)$ 和 $C(\beta)$ 都是互信息的极值问题,因此把它看作是信道问题的对偶问题。前者反映的是信源特性,而后者反映信道特性。$R(\delta)$ 函数是为了解决,在已给信源 $P(x)$ 和失真限度(δ) 的条件下必须有的最小信息率,因而称为信源编码问题。这个问题在研究信息处理等方面是有重要的指导作用的。

还应该说明,在研究 $R(\delta)$ 时,我们用了条件概率 $P(v|u)$,它似乎是表征信道的一个参数,其实我们只是用它作为一个待求的参数,以使得 $I(U;V)$ 最小,因此并没有实际信道的含义。有时称其为试验信道特性,表示是一个假想的可变的信道特性,这个可变性实际上就是各种信源编方法所呈现的不同性能。

下面,我们来讨论一下 $R(\delta)$ 函数的一些基本特点。

我们知道,$R(\delta)$ 是以 $P(v|u) \in Q_\delta$ 的变化为条件,$I(U;V)$ 的最小值,所以

$$0 \leqslant R(\delta) \leqslant \log r$$

而 $I(U;V)$ 是 $P(v|u)$ 的实值连续函数。因此,在非空的集合 $\boldsymbol{Q}_\delta = \{P(v|u): E(d) \leqslant \delta\}$ 中,由数学理论可知,$R(\delta)$ 对于任意 $\delta \geqslant \delta_{\min}$ 都是存在的。

$R(\delta)$ 在 $\delta = \delta_{\min}$ 时是减函数,且还是下凸的,下凸性意味着 $R(\alpha\delta_1 + (1-\sigma)\delta_2) \leqslant \alpha R(\delta_1) + (1-\sigma)R(\delta_2)$ 而 $\alpha\delta_1 + (1-\sigma)\delta_2$ 可看作为 α 的连续函数,故 $R(\alpha\delta_1 + (1-\sigma)\delta_2)$ 也是连续的,因此 $R(\delta)$ 在 $\delta_{\min} \leqslant \delta \leqslant \delta_{\max}$ 区间上是连续的减函数,所以 $R(\delta)$ 是严格递减的。

下面将进一步讨论 $\delta_{\max}$ 数值的确定问题,$\delta \geqslant \delta_{\max}$ 的 $R(\delta)$ 值和 $\delta = \delta_{\min}$ 的 $R(\delta)$ 值的计算方法。

关于 $\delta_{\max}$ 值的确定,可作如下分析:由于 $I(U;V)$ 是非负函数,因此 $R(\delta)$ 也是非负的且最小值为 0,与此对应的试验信道特性为

$$P(v \mid u) = P(v)$$

这就是说 U 和 V 是相互独立的,对于所有满足上式的 $P(v|u)$ 集合,我们可求得平均失真 $E(d) = \delta$,所有这类 δ 的下限值定义为

$$\delta_{\max} = \min \sum_u \sum_v p(u)p(v)d(u,v)$$

$$= \min \sum_v p(v) \sum_u p(u)d(u,v)$$

$$= \sum_v p(v) \Big[\min_v \sum_u p(u)d(u,v) \Big]$$

$$= \min_v \sum_u p(u)d(u,v) \quad (p(v) \text{ 取 } 0,1 \text{ 分布时}) \tag{13.14}$$

若某一失真值 $\delta_0 > \delta_{\max}$,这时 $p(v)$ 可能不是 0,1 分布。但可认为 $R(\delta_0) = 0$,因为 $R(\delta_0)$ 的条件表明 $P(v|u) \in Q_{\delta_0}$ 是使 $I(U;V)$ 为最小的条件概率集,满足 $P(v|u) \in Q_\delta$。恰恰说明了 $E(d) \leqslant \delta_0$,若 $P(v|u) \in Q_{\delta_{\max}}, E(d) \leqslant \delta_{\max}$,且 $E(d) \leqslant \delta_0$,因而若 $P(v|u) \in Q_{\delta_{\max}}$,必有 $P(v|u) \in Q_{\delta_0}$,因此,用此类 $P(v|u)$ 时必有 $I(U;V) = 0$,而且必是最小值,所以 $R(\delta_0) = 0$,这就是为什么把 $R(\delta) = 0$ 的所有 δ 的下确界值定义为 $\delta_{\max}$ 的原因。

例 13.5 二元信源的概率分布为 $\{1/3, 2/3\}$,失真矩阵为

$$\boldsymbol{Q} = \begin{bmatrix} \dfrac{1}{8} & 1 \\[2mm] 1 & \dfrac{1}{2} \end{bmatrix}$$

$\delta_{\max}$ 的表达式为

$$\delta_{\max} = \min_v \sum_u p(u)d(u,v) = \min_v \left\{ \frac{1}{24} + \frac{16}{24}, \frac{1}{3} + \frac{1}{3} \right\}$$

$$= \min_v \left\{ \frac{17}{24}, \frac{2}{3} \right\} = \frac{2}{3}$$

定理 13.1 $R(\delta) = 0$，当且仅当 $\delta \geqslant \delta_{\max}$。

证明：设 $\delta_{\max} = \sum\limits_u p(u, v_j)$，即有一个试验信道，它的每一输入都对应于 v_j，即

$$p(v_k \mid u_i) = \begin{cases} 1 & (i = 0, 1, \cdots, r-1; k = j) \\ 0 & (k \neq j) \end{cases}$$

则有

$$I(U;V) = H(V) - H(V \mid U) = 0$$

$$E(d) = \sum_{u,v} p(u,v)d(u,v) = \sum_{u,v} p(u)p(v \mid u)d(u,v)$$

$$= \sum_u p(u)d(u,v) = \delta_{\max}$$

图 13.3 试验信道

$$\left(\delta_{\max} = \sum_u p(u)d(u,v) \right)$$

所以，$R(\delta) = \min\{I(U;V) : E(d) = \delta_{\max}\} = 0$，又因为 $R(\delta)$ 是减函数，所以 $\delta = \delta_{\max}$ 时，$R(\delta) = 0$。

试验信道如图 13.3 所示。

再证必要性，设 $R(\delta) = 0$，那么就一定有一试验信道，满足

$$R(\delta) = I(U;V) = 0$$

$$E(d) \leqslant \delta$$

即 $H(U) = H(U \mid V)$，U 与 V 独立，因而就有 $p(u,v) = p(u) \cdot p(v)$。而平均失真为

$$E(d) = \sum_{u,v} p(u,v)d(u,v) = \sum_{u,v} p(u)p(v)d(u,v)$$

$$= \sum_v p(v) \sum_u p(u)d(u,v) \geqslant \sum_v p(v)\delta_{\max} = \delta_{\max}$$

综上所述，若 $R(\delta) = 0$，则一定有 $\delta \geqslant \delta_{\max}$。

定理 13.2 $R(0) = H(U)$，当且仅当失真矩阵 $\boldsymbol{D}$ 的每一行至少有一个 0，而每一列至多有一个 0。

证明：由 $\delta\min$ 的定义，得

$$\delta_{\min} = \sum_u p(u) \min_v d(u,v) = \sum_u p(u) \cdot 0 = 0$$

因此

$$R(\delta_{\min}) = R(0) = \min\{I(U;V) : E(d) = 0\}$$

由于 $E(d) = \sum\limits_{u,v} p(u,v)d(u,v) = \sum\limits_{u,v} p(u)p(v \mid u)d(u,v) = 0$，可知每一 $p(u,v)d(u,v) = 0$（$p(u,v)$ 和 $d(u,v)$ 均为非负数，由 $p(u,v) \neq 0$，那么必有 $d(u,v) = 0$，即 $u = v$。而当 $u \neq v$ 时，必有 $d(u,v) \neq 0$，那么一定是 $p(u,v) = 0$，于是 $p(u)p(v \mid u) = 0$，即有 $p(v \mid u) = 0$，所以

$$p(v \mid u) = \begin{cases} 1 & (u = v) \\ 0 & (u \neq v) \end{cases}$$

这就是说，要使 $E(d) = 0$，（$p(u)$ 全不为 0），必须在失真矩阵 $\boldsymbol{D}$ 的元素不为 0 的位置上使转移概率矩阵的相应位置上的元素为 0，才能保证每一项 $p(u)p(v \mid u)d(u,v) = 0$。因此，使 $E(d) = 0$ 的信道的转移概率矩阵的每一列至多有一个元素不为 0 且数值等于 1，这也就是说每一个 v 唯一地确

定地(以概率1)对应于某一个 u。这是因为,一个 $E(d)=0$ 的试验信道,一定把每一个 u 变换为它的"理想"代表的集合 G_u,即

$$G_u = \{v : d(u,v) = 0\}$$

而 $G_{u_0}, G_{u_1}, \cdots, G_{u_{r-1}}$ 都是互不相交的子集。所以

$$H(U \mid V) = \sum_{u,v} p(v)p(u \mid v) \log \frac{1}{p(u \mid v)} = 0$$

那么,$R(0) = \min\{I(U;V) : E(d) = 0\} = \min\{H(U) : E(d) = 0\} = H(U)$。

下面再证必要性,若 $R(0) = H(U)$,就意味着

$$H(U \mid V) = \sum_{u,v} p(v)p(u \mid v) \log \frac{1}{p(u \mid v)} = 0$$

必有

$$p(u \mid v) = \begin{cases} 1 & (u = v) \\ 0 & (u \neq v) \end{cases}$$

又因 $\delta_{\min} = \sum_u p(u) \min_v d(u,v) = \sum_u p(u) \cdot 0 = 0$,必有 $d(u,v) = 0$,即 $u = v$,因此,对每一个 v_j 而言,至多有一个 u_i,使得

$$p(u_i \mid v_j) = 0$$
$$d(u_i, v_j) = 0$$

即是说矩阵 D 的每一列至多有一个 v_j 使得,$d(u_i, v_j) = 0$,而要保证 $\delta_{\min} = 0$,那么对某一个 u 来说至少有一个 v_k 使得 $d(u,v_k) = 0$,即矩阵 D 的每一行至少有一个 0 元素。

综上所述,当 $\delta \geqslant \delta_{\min}$ 时,$R(\delta)$ 是非增的、下凸函数,而当 $\delta \geqslant \delta_{\max}$ 时,$R(\delta)$ 为常数 0,而在 $\delta_{\min} \leqslant \delta \leqslant \delta_{\max}$ 区间上得一个严格的减函数,因而函数 $R(\delta)$ 又可定义为

$$R(\delta) = \min\{I(U;V) : E(d) = \delta\} \quad (\delta_{\min} \leqslant \delta \leqslant \delta_{\max}) \tag{13.15}$$

一个典型的 $R(\delta)$ 函数曲线如图 13.4 所示。

图 13.4 一个典型的 $R(\delta)$ 函数曲线

下面以两个例了说明 $R(\delta)$ 函数的确定方法。

例 13.6 $A_U = A_V = \{0,1\}$,信源概率分布为 $p(0) = p, p(1) = 1 - p = g, p \leqslant 1/2$,失真矩阵为

$$D = \begin{bmatrix} 0 & 1 \\ 1 & 0 \end{bmatrix}$$

求这个信源的 $R(\delta)$。

解: $$\delta_{\min} = \sum_u p(u)d(u,v) = p(0)d(0,0) + p(1)d(1,1) = 0$$

所以,$R(0) = H(U) = H(p)$。而 $\delta_{\max}$ 的表达式为

$$\delta_{max} = \min_v \sum_u p(u)d(u,v) = \min_v \{p, g\} = p$$

而根据 $R(\delta)$ 的特点 $R(\delta_{max}) = R(p) = 0$；而当 $0 \leq \delta \leq p$ 时，有

$$I(U;V) = H(U) - H(U \mid V) = H(p) - H(U \mid V)$$

$$E(d) = P\{U \neq V\} = \delta = p$$

又因为，$H(U \mid V) \leq H(\delta)$（由 Fano 不等式），所以可得到，$I(U;V) \geq H(U) - H(\delta)$。由 $R(\delta)$ 是当失真为 δ 时 $I(U;V)$ 的最小值，因而可证明

$$R(\delta) = H(U) - H(\delta)$$

如能找出一个 $I(U;V) = H(U) - H(\delta)$，$E(d) = \delta$ 的试验信道，也可以说是构造一个满足该条件的编码方法，于是令

$$p(u \mid v) = \begin{cases} \delta & (u \neq v) \\ (1 - \delta) & (u = v) \end{cases}$$

那么

$$I(U;V) = H(U) - H(U \mid V) = H(U) - H(\delta)$$

而平均失真为

$$E(d) = \sum_{u,v} p(u,v)d(u,v) = \sum_{u,v} p(v)p(u \mid v)d(u,v)$$

$$= \sum_v p(v)\delta = \delta$$

关于反向试验信道的存在性，可作如下验证：设 $p(v) = \{\alpha, 1 - \alpha\}$，要使 $p(u) = \{p, 1 - p\}$，则必须有

$$p = \alpha(1 - \delta) + (1 - \alpha) \cdot \delta = \alpha - 2\delta\alpha + \delta$$

那么

$$\alpha = \frac{1}{2}\frac{p - \delta}{\frac{1}{2} - \delta}$$

因为 $p \leq 1/2$，所以 $\alpha \leq 1/2$，这就说明反向试验信道是存在的，如图 13.5 所示，因而有

$$R(\delta) = \begin{cases} H(U) - H(\delta) & (0 \leq \delta \leq \delta_{max}) \\ 0 & (\delta \geq \delta_{max}) \end{cases}$$

图 13.5　例 13.5 的反向试验信道

例 13.7　某信源 $U, A_U = \{-1, 0, +1\}, p(u) = 1/3, u = -1, 0, +1, A_V = \{-1/2, +1/2\}$，失真矩阵为

$$D = \begin{bmatrix} 1 & 2 \\ 1 & 1 \\ 2 & 1 \end{bmatrix}$$

求 $R(\delta)$ 函数。

解:由式(13.4)可知

$$\delta_{\min} = \sum_u p(u) \min_v d(u,v) = \frac{1}{3} \times 1 + \frac{1}{3} \times 1 + \frac{1}{3} \times 1 = 1 \neq 0$$

因此 $R(\delta_{\min})$ 暂不确定,而

$$\delta_{\max} = \min_v \sum_u p(u) d(u,v) = \min_v \left\{ \frac{4}{3}, \frac{4}{3} \right\} = \frac{4}{3}$$

下面,我们求达到 $R(\delta)$ 的试验信道。由于 $I(U;V)$ 是试验信道的 $p(v|u)$ 的下凸函数,而 $d(0,1/2) = d(0,1/2) = 1$,与之对应的 $p(v|u)$ 应如何选择呢? 因为

$$E(d) = \sum_{u,v} p(u,v) d(u,v) = \sum_{u,v} p(u) p(v|u) d(u,v)$$

$$= p(u_0) \left[p\left(V = -\frac{1}{2} \mid u_0 \right) \times 1 + p\left(V = +\frac{1}{2} \mid u_0 \right) \times 1 \right] +$$

$$p(u_{-1}) \left[p\left(V = -\frac{1}{2} \mid u_{-1} \right) \times 1 + p\left(V = +\frac{1}{2} \mid u_{-1} \right) \times 2 \right] +$$

$$p(u_{+1}) \left[p\left(V = -\frac{1}{2} \mid u_{+1} \right) \times 2 + p\left(V = +\frac{1}{2} \mid u_{+1} \right) \times 1 \right]$$

$$= d_{u_0} + d_{u_{-1}} + d_{u_{+1}}$$

由此可见,当 $p(V = -1/2|u_0)$ 与 $p(V = +1/2|u_0)$ 变化时,d_{u0} 是不变的,而 $H(V|u_0)$ 随 $p(v|u_0)$ 的变化而变化,当等概分布时 $H(V|u_0)$ 最大。

当 $E(d) = d_{u_0} + d_{u_{-1}} + d_{u_{+1}} = \delta$ 不变时,这意味着 $p(v|u_{-1})$、$p(v|u_{+1})$ 这两个概率分布是不变的,而 $p(v|u_0)$ 是可变的。$R(\delta)$ 是当 $E(d) = \delta$ 不变时 $I(U;V)$ 的最小值,于是,可以证明,当失真矩阵 $\boldsymbol{D}$ 具有行的准对称性时,

$$R(\delta) = H(V) - H(V|U)_{\max}$$

因此就有 $H(V|U = u_0)$ 要最大化,即 $p(V = -1/2|u_0) = p(V = +1/2|u_0) = 1/2$。我们要求的矩阵 $\boldsymbol{Q}$ 也应具有准对称性,为此,我们令

$$p\left(V = -\frac{1}{2} \mid u_{-1} \right) = p\left(V = +\frac{1}{2} \mid u_{+1} \right) = 1 - \alpha \quad \left(0 \leqslant \alpha \leqslant \frac{1}{2} \right)$$

$$p\left(V = -\frac{1}{2} \mid u_{+1} \right) = p\left(V = +\frac{1}{2} \mid u_{-1} \right) = \alpha$$

所以

$$\boldsymbol{Q} = \begin{bmatrix} 1 - \alpha & \alpha \\ \dfrac{1}{2} & \dfrac{1}{2} \\ \alpha & 1 - \alpha \end{bmatrix}$$

显然,$p(v) = \{1/2, 1/2\}$,所以 $H(U) = \log 2$,而这时的

$$H(V|U) = \sum_{u,v} p(U) p(v|u) \log \frac{1}{p(v|u)}$$

$$= \frac{2}{3} \left[\alpha \log \frac{1}{\alpha} + (1 - \alpha) \log \frac{1}{1 - \alpha} \right] + \frac{1}{3} \log 2$$

故有

$$I(X;Y) = \log 2 - \frac{2}{3} H(\alpha) - \frac{1}{3} \log 2 = \frac{2}{3} \left[\log 2 - H(\alpha) \right]$$

$$E(d) = \sum_{u,v} p(u,v)d(u,v)$$

$$= \frac{2}{3}[1 - \alpha + 2\alpha] + \frac{1}{3} = 1 + \frac{2}{3}\alpha = \delta$$

因 $0 \leqslant \alpha \leqslant 1/2$，可见 $1 \leqslant \delta \leqslant 4/3$。因而，可得到

$$R(\delta) = \begin{cases} \frac{2}{3}\left[\log 2 - H\left(\frac{3(\delta-1)}{2}\right)\right] & \left(1 \leqslant \delta \leqslant \frac{4}{3}\right) \\ 0 & \left(\delta \geqslant \frac{4}{3}\right) \end{cases}$$

例 13.6 和例 13.7 中的 $R(\delta)$ 曲线如图 13.6 所示。

图 13.6 例 13.5 和例 13.6 中的 $R(\delta)$ 曲线
（a）例 13.6 的 $R(\delta)$；（b）例 13.7 的 $R(\delta)$。

13.1.4 对称信源的速率失真函数

下面讨论一般 r 重对称信源，关于 Hamming 失真量度的率失真函数问题，这种量度也称为错误概率准则。这时的 $A_U = A_V = \{0,1,\cdots,r-1\}$，信源概率分布为 $p(U=u) = 1/r$，其失真函数为

$$d(u,v) = \begin{cases} 0 & (u = v) \\ 1 & (u \neq v) \end{cases}$$

当 $r = 4$ 时，有

$$\boldsymbol{D} = \begin{bmatrix} 0 & 1 & 1 & 1 \\ 1 & 0 & 1 & 1 \\ 1 & 1 & 0 & 1 \\ 1 & 1 & 1 & 0 \end{bmatrix}$$

对 (U,V) 试验信道，$E(d) = \sum\{p(u,v):u \neq v\} = p\{U \neq V\}$，它说明了，为什么称这一失真量度为错误概率准则。由式（13.14）可知

$$\delta_{\max} = \min_v \sum_u p(u)d(u,v) = \min_v\left\{\frac{1}{r}(r-1),\cdots,\frac{1}{r}(r-1)\right\}$$

$$= \frac{1}{r}(r-1) = 1 - \frac{1}{r}$$

当 $0 \leqslant \delta \leqslant 1 - 1/r$ 时，$R(\delta)$ 由下述定理确定。

定理 13.3 关于错误概率失真量度，r 重对称信源的率失真函数为

$$R(\delta) = \begin{cases} \log r - \delta\log(r-1) - H(\delta)] & \left(0 \leqslant \delta \leqslant 1 - \frac{1}{r}\right) \\ 0 & \left(\delta \geqslant 1 - \frac{1}{r}\right) \end{cases}$$

210

证明:设一个(U,V)试验信道,则

$$R(\delta) = I(U;V) = H(U) - H(U \mid V)$$
$$E(d) = P\{U \neq V\} = \delta$$

因$p(u) = 1/r$,所以$H(U) = \log r$,而由 Fano 不等式可知

$$H(U \mid V) \leqslant P\{U \neq V\}\log(r-1) + H[P\{U \neq V\}]$$

所以

$$R(\delta) \geqslant \log r - \delta\log(r-1) - H(\delta)$$

下面证反向不等式,故设一个试验信道

$$p(v \mid u) = \begin{cases} 1-\delta & (v = u) \\ \dfrac{\delta}{r-1} & (v \neq u) \end{cases}$$

其对称信道为

$$p(u \mid v) = \begin{cases} 1-\delta & (u = v) \\ \dfrac{\delta}{r-1} & (u \neq v) \end{cases}$$

所以

$$E(d) = \sum_{u,v} p(u,v)d(u,v) = \sum_{u,v} p(u)p(v \mid u)d(u,v)$$
$$= \sum_{u} p(u)\left[\frac{\delta}{r-1}(r-1)\right] = \delta$$
$$H(U \mid V) = (1-\delta)\log\frac{1}{1-\delta} + \delta\log\frac{r-1}{\delta} = H(\delta) + \delta\log(r-1)$$

因此,$R(\delta) \leqslant I(U;V) = \log r - H(\delta) - \delta\log(r-1)$,由上述分析可知

$$R(\delta) = \log r - H(\delta) - \delta\log(r-1)$$

13.2 高斯信源的 $R(\delta)$ 函数

13.2.1 高斯信源的 $R(\delta)$

这个信源的全称为"离散—时间无记忆高斯信源"。信源字母表A_U为实数集,信源输出是均值为 0、方差为σ^2的独立的同分布正态随机变量序列$U_1, U_2, \cdots$。在这里,将要讨论"均方误差"失真准则下该信源的速度失真函数。设信宿字母表A_V也是实数集,一个信源符号u与一个信宿符号v之间的失真为

$$d(u,v) = (u-v)^2 \tag{13.16}$$

速率失真函数为

$$R(\delta) = \begin{cases} \dfrac{1}{2}\log\dfrac{\sigma^2}{\delta} & (\delta \leqslant \sigma^2) \\ 0 & (\delta \geqslant \sigma^2) \end{cases} \tag{13.17}$$

速率失真函数的曲线如图 13.7 所示。

高斯信源在各类数据搜集试验中是经常出现的,如果要完全无失真地表示一个任意的实数u,

需要无限多的比特,于是就有必要了解为表示试验结果所用的比特数与产生的失真之间的关系。

应该指出,在这里 $R(\delta)$ 函数的意义也是,当容许的最大均方误差为 δ 时,充分表示高斯信源(方差为 σ^2)的每个抽样值的最少比特数。

为了证明式(13.17),在均方误差准则下,首先定义高斯信源的 k 次速率失真函数为

图 13.7 一个高斯信源的速率
失真函数曲线

$$R_k(\delta) = \min\{I(\boldsymbol{X};\boldsymbol{Y}):E[\parallel \boldsymbol{U} - \boldsymbol{V} \parallel^2 \leqslant K\delta\} \quad (13.18)$$

最小值取决于所有满足条件的 K 维随机矢量对 $\boldsymbol{U} = (U_1,U_2,\cdots,U_K)$,$\boldsymbol{V} = (V_1,V_2,\cdots,V_K)$,而且 $U_1,U_2,\cdots,U_K$ 是独立的,零均值,方差为 σ^2 的高斯随机变量,即

$$E[\parallel \boldsymbol{U} - \boldsymbol{V} \parallel^2 = \sum_{i=1}^{k} E[(U_i - V_i)^2] \leqslant K\delta \quad (13.19)$$

$\boldsymbol{U}$ 和 $\boldsymbol{V}$ 的联合分布由连续密度函数 $P(\boldsymbol{u},\boldsymbol{v})$ 给出,那么

$$R(\delta) = \inf_k \frac{1}{k} R_k(\delta) \quad (13.20)$$

下面,证明两个定理,说明式(13.20)的含义。

定理 13.4

$$R_1(\delta) = \begin{cases} \dfrac{1}{2}\log \dfrac{\sigma^2}{\delta} & (\delta \leqslant \sigma^2) \\ 0 & (\delta \geqslant \sigma^2) \end{cases}$$

证明:选择任意 δ、$\varepsilon > 0$,随机变量对 (U,V),使得

$$I(U;V) < R_1(\delta) + \varepsilon \quad (13.21a)$$

式中:U 为零均值、方差为 σ^2 的高斯变量,即

$$E[(U - V)2] \leqslant \delta \quad (13.21b)$$

U、V 有一连续的联合密度函数 $p(u,v)$。由式(13.18)和式(13.19)及式(13.21b),可得

$$\delta \geqslant \iint p(u,v)(u - v)^2 \mathrm{d}u\mathrm{d}v = \int p(v)\int p(u \mid v)(u - v)^2 \mathrm{d}u\mathrm{d}v \quad (13.22)$$

若定义

$$\delta(v) = \int p(u \mid v)(u - v)^2 \mathrm{d}u \quad (13.23)$$

对几乎所有的 v 而言,$\delta(v)$ 都是有限的。因而由定理 2.11 可知,对几乎所有的 v,条件熵 $h(U|V = v)$ 都存在,即

$$h(U \mid V = v) = -\int P(u \mid v)\log P(u \mid v)\mathrm{d}v$$

$$\leqslant [1/2]\log 2\pi e\delta(v) \quad (13.24)$$

那么

$$I(U;V) = h(U) - h(U \mid V) \quad (13.25)$$

而 $h(V) = [1/2]\log 2\pi e\sigma^2$,由式(13.22)、式(13.23)和式(13.24),可得

$$h(U \mid V) = \int p(v)h(U \mid V = v)\mathrm{d}v$$

$$= \frac{1}{2}\log 2\pi e\int p(v)\delta(v)\mathrm{d}v \leqslant \frac{1}{2}\log 2\pi e\delta$$

因而可得

$$R_1(\delta) + \varepsilon > I(U;V) \geqslant [1/2]\log[\sigma^2/\delta]$$

对任意 $\varepsilon > 0$，上式都是成立的，而且在任何事件中，$R_1(\delta) \geqslant 0$，可见

$$R_1(\delta) \geqslant \max\left\{\frac{1}{2}\log\frac{\sigma^2}{\delta}, 0\right\} \tag{13.26}$$

13.2.2　高斯信源 $R(\delta)$ 特性分析

下面将证明这个下限是紧的。

若 $\delta < \sigma^2$ 时，V 是一个均值为 0、方差为 $\sigma^2 - \delta$ 的随机变量，而且 $U = V + G$，这里 G 是一个均值为 0、方差为 δ 的且与 V 独立的高斯随机变量，那么，对 (U, V) 而言，当 $K = 1$ 时式（13.19）是满足的，那么

$$R_1(\delta) \leqslant I(U;V) = h(U) - H(U \mid V) = h(U) - h(G)$$
$$= [1/2]\log 2\pi e\sigma^2 - [1/2]\log 2\pi e\delta = [1/2]\log[\sigma^2/\delta]$$

另外，当 $\delta > \sigma^2$ 时，选 $\varepsilon > 0$，令 V 是方差为 ε 的高斯随机变量，G 是方差为 $\sigma^2 - \varepsilon < \delta$ 且与 V 独立的高斯随机变量。那么式（13.19）仍可认为是满足的，因此

$$R_1(\delta) \leqslant I(U;V) = h(U) - h(G)$$
$$= [1/2]\log 2\pi e\sigma^2 - [1/2]\log 2\pi e(\sigma^2 - \varepsilon) = [1/2]\log[\sigma^2/(\sigma^2 - \varepsilon)]$$

对任意 $\varepsilon > 0$ 这都是成立的。当 $\varepsilon \to 0$ 时，$R_1(\delta) \leqslant 0$，所以式（13.26）给出的下限也是上限，因此

$$R_1(\delta) = \begin{cases} \dfrac{1}{2}\log\dfrac{\sigma^2}{\delta} & (\delta \leqslant \sigma^2) \\ 0 & (\delta \geqslant \sigma^2) \end{cases}$$

在此应该说明，在定理的证明中，在尾部所描述的 U、V 之间这种奇特的关系，通常称为用于计算 $R(\delta)$ 的"反向"试验信道，它可描绘成如图 13.8 所示，尽管实际上 U 是信源、V 是信宿。可以说它是"正向"试验信道的变型。

图 13.8　用于高斯信源的一个反向试验信道

定理 13.5　对任意的 K，$R_K(\delta) = KR_1(\delta)$，因而 $R(\delta) = R_1(\delta) = \max([1/2]\log[\sigma^2/\delta], 0)$。

证明：选择 $\varepsilon > 0$，令 $\boldsymbol{U} = (U_1, U_2, \cdots, U_K)$，$\boldsymbol{V} = (V_1, V_2, \cdots, V_K)$ 满足式（13.19），且

$$I(\boldsymbol{U};\boldsymbol{V}) < R_K(\delta) + \varepsilon \tag{13.27}$$

那么由定理 10.7 可知

$$I(\boldsymbol{U};\boldsymbol{V}) \geqslant \sum_{i=1}^{k} I(U_i;V_i)$$

若定义 $\delta_i = E[(U_i - V_i)^2]$，那么，由 $R_1(\delta)$ 的定义 $I(U_i;V_i) \geqslant R_1(\delta)$，由式（13.19）可知 $\sum \delta_i \leqslant K\delta$，此外

$$\sum_{i=1}^{k} R_1(\delta_i) \geqslant kR_1(\bar{\delta}) \geqslant kR_1(\delta)$$

213

式中：$\bar{\delta} = \dfrac{1}{k}\sum\limits_{i=1}^{K}\delta_i$。

由定理 13.4 可知 $R_1(\delta)$ 是下凸的单调减函数，因此

$$R_K(\delta) + \varepsilon > I(\boldsymbol{U};\boldsymbol{V}) \geqslant \sum_{i=1}^{k}I(U_i;V_i) \geqslant \sum_{i=1}^{k}R_1(\delta_i) \geqslant KR_1(\bar{\delta}) \geqslant KR_1(\delta)$$

由于对任意 $\varepsilon > 0$ 都是成立的，可见 $R_K(\delta) \geqslant KR_1(\delta)$。为了证明反向不等式，令 $(U_1,V_1),\cdots,$ (U_K,V_K) 是得到 $R_1(\delta)$ 的反问试验信道，且是无记忆的，而且 (U_i,V_i) 的取值域相同、概率分布相同。那么，$\delta < \sigma^2$ 时，式（13.19）是满足的，而且 $I(\boldsymbol{U};\boldsymbol{V}) = \dfrac{K}{2}\log\dfrac{\sigma^2}{\delta}$。那么

$$R_k(\delta) \leqslant I(\boldsymbol{U};\boldsymbol{V}) = KR_1(\delta)$$

当 $\delta \geqslant \sigma^2$ 时，选 $\varepsilon > 0$，令 V_i 是方差为 ε 的高斯随机变量，G_i 是方差为 $\sigma^2 - \varepsilon$ 的高斯随变量（G_i 与 V_i 独立），那么设式（13.19）是满足的，因此

$$R_K(\delta) \leqslant I(\boldsymbol{U};\boldsymbol{V}) = h(\boldsymbol{U}) - h(\boldsymbol{U}\mid\boldsymbol{V}) = h(\boldsymbol{U}) - h(\boldsymbol{G})$$

$$= \frac{K}{2}\log 2\pi e(\sigma_K^2\cdots\sigma_K^2)^{1/K} - \frac{k}{2}\log 2\pi e\left[(\sigma_1^1 - \varepsilon)\cdots(\sigma_K^2 - \varepsilon)\right]^{1/K}$$

$$= \frac{k}{2}\log\frac{(\sigma_1^2\cdots\sigma_K^2)^{1/K}}{\left[(\sigma_1^2 - \varepsilon)\cdots(\sigma_K^2 - \varepsilon)\right]^{1/K}}$$

显然当 $\varepsilon \to 0$ 时，上式等于 0，由 $R_K(\delta)$ 的非负性，$R_K(\delta) = 0$。所以得到

$$R_K(\delta) = KR_1(\delta)$$

而

$$R(\delta) = \inf_{K}\frac{1}{K}R_K(\delta) = R_1(\delta) = \max\left(\frac{1}{2}\log\frac{\sigma^2}{\delta},0\right)$$

例 13.8 信源输出为平稳正态程 $x(t)$，其功率为

$$G(f) = \begin{cases} N_0 & (\,|f|\leqslant F_0) \\ 0 & (\,|f| > F_0) \end{cases}$$

其失真量度为 $d(\boldsymbol{u},\boldsymbol{v}) = (\boldsymbol{u},\boldsymbol{v})^2$，样值的可容失真为 δ，求每秒钟的最小信息率。

解：由于样值为

$$R(\delta) = \frac{1}{2}\log\frac{\sigma^2}{\delta}$$

式中

$$\sigma^2 = \int_{-F_0}^{F_0}N_0\mathrm{d}f = N_0 f\Big|_{-F_0}^{F_0} = 2N_0 F_0$$

所以，$R(\delta) = \dfrac{1}{2}\log\dfrac{2N_0 F_0}{\delta}$（bit/样值）。而每秒钟的抽样速率，在保证不丢失信息的前提下，由抽样定理可知，抽样率 $R = 2F_0$，因而每秒钟有 $2F_0$ 个样值，故可得

$$R(\delta) = 2F_0\frac{1}{2}\log\frac{2N_0 F_0}{\delta} = F_0\log\frac{2N_0 F_0}{\delta}$$

13.3　信源编码定理

13.3.1　数据压缩系统描述

关于速率失真函数，$R(\delta)$ 表示的含义是，当可容失真为 δ 时，表示一个信源符号所需要的最少

比特数。$R(\delta)$ 是 δ 的一个减函数，即是说当 δ 增大时，$R(\delta)$ 是减小的，更大的压缩是可行的，由此"速率失真理论"又称为"数据压缩理论"，下面将以概率统计方法从数学上讨论上述意义。

首先介绍码的一般概念，对一个离散无记忆信源（DMS），它的 K 个输出 $U = (U_1, U_2, \cdots, U_K)$，设这 k 个符号被"压缩"为 n 比特 $X = (X_1, X_2, \cdots, X_n)$，再从 X 恢复为 K 个信宿符号 $(V_1, V_2, \cdots, V_K) = V$，且满足 $\sum_{i=1}^{K} [d(U_i, V_i)] \leqslant K\delta$。在这种情况下，我们说由 n 比特 $X_1, X_2, \cdots, X_n$ 表示 K 个信源符号 $U_1, U_2, \cdots, U_K$ 时的平均失真不大于 δ 是完全可能的。U, X, V 之间的关系如图 13.9 所示。

$$(U_1, U_2, \cdots, U_k) \longrightarrow (X_1, X_2, \cdots, X_n) \longrightarrow (V_1, V_2, \cdots, V_K)$$

图 13.9　一个一般的数据压缩方案

现在作如下分析，找出 $R(\delta)$ 与 n、K 之间关系。由式（13.3）和式（13.12），可知

$$I(U;V) \geqslant R_K(\delta) \geqslant KR_1(\delta)$$

再根据数据处理定理 $I(U;V) \leqslant I(X;V)$，从互信息的极值性可见 $I(X;V) \leqslant H(X)$，而由 $H(X)$ 的极值性得到 $H(X) \leqslant n$ 比特。故可得到不等式串 $KR(\delta) \leqslant I(U;V) \leqslant I(X;V) \leqslant H(X) \leqslant n$，即有

$$n/K \geqslant R(\delta) \tag{13.28}$$

比值 n/K 表示在上述压缩系统中，每信源符号的比特数。由此可见，当失真不大于 δ 时，表示一个信源符号至少也要 $R(\delta)$ 比特。

下面进一步说明，由 n 比特的 $X = X_1, X_2, \cdots, X_n$ 表示 K 个信源符号所产生的平均失真不大于 δ 的具体含义。要由 X 表示 U，而失真 $\leqslant \delta$，这实际上就是一个信源编码问题，当 $n \leqslant K$ 时，一个长为 K 的信源码，就是 A_V^K 上的一个子集，即 $C = \{v_1, v_2, \cdots, v_M\}$ $(M \leqslant 2^n)$，因此 M 个信源码字 v_i 的每一个都对应着一个各别的二进制 n 维矢量 $x_1(v_i) = (x_i(v_i), x_2(v_i), \cdots, x_n(v_i))$，这样一来，$u = (u_1, u_2, \cdots, u_K)$ 由 n 比特 $x = x[f(u)] = x(v_j)$ 表示，而信宿序列 (v) 取为码字 $f(u)$（由于 v 与 $x(v_j)$ 是一对一的，那么 $f(u)$ 是可以从 $x(f(u))$ 唯一地恢复出来）。这就不难看出，系统的平均失真就是由编码所产生，即 $d(C) = \delta$，编码压缩比定义为

$$R = n/K = R = \frac{n}{k} = \frac{\lceil \log M \rceil}{k}$$

$f(u)$ 取为一个码字 v_i，应满足

$$d[f(u), u] \leqslant d[u, f(v_j)] \quad (j = 1, 2, \cdots, M) \tag{13.29}$$

而码 C 的平均失真定义为

$$d(C) = \frac{1}{K} \sum_{u \in A_V^K} p(u) d[u, f(u)] \tag{13.30}$$

式中：$P(u) = p(u_1)p(u_2) \cdots p(u_K)$ 是信源发出的 K 个符号 $u_1, u_2, \cdots, u_K$ 的联合概率分布。

例 13.8　$A_U = \{-1, 0, +1\}$，$A_V = \{-1/2, +1/2\}$，$P(u) = 1/3$，$(u = 0, \pm 1)$，而失真矩阵为

$$D = \begin{bmatrix} 1 & 2 \\ 1 & 1 \\ 2 & 1 \end{bmatrix}$$

考虑长度为 2 的信源码，即

$$C = \{(+1/2, -1/2), (-1/2, +1/2)\}$$

这个码的压缩比 $n/K = [1/K] \log_2 M = [1/2] \log_2 2 = 1/2$。而码的平均失真 $d(c)$ 可作如下计算：

$$A_U^2 = \{(-1, -1), (-1, 0), (-1, +1), (0, 0), (0, -1),$$

$$(0 , +1),(+1 , +1),(+1 ,0),(+1 , -1)\}$$

令 $x(v_1)=1,x(v_2)=0$,那么 u 与 $d(u,v_1),d(u,v_2),v_i,x(v_i)$ 的关系见表 13.1。

表 13.1 u 与 $d(u,v_1),d(u,v_2),v_i,x(v_i)$ 的关系

u	$d(u,v_1)$	$d(u,v_2)$	$u \in v_i$	$x(v_i)$
$(-1,-1)$	3	3	v_2	0
$(-1,0)$	3	2	v_2	0
$(-1,+1)$	4	2	v_2	0
$(0,0)$	2	2	v_1	1
$(0,-1)$	2	3	v_1	1
$(0,+1)$	2	2	v_2	0
$(+1,+1)$	3	4	v_2	0
$(+1,0)$	2	3	v_1	1
$(+1,-1)$	2	4	v_1	1

于是

$$d(C) = \frac{1}{2}\sum_u p(u)d[u,f(u)] = \frac{1}{2}\times\frac{1}{9}(3+2+2+2+2+2+3+2+2) = \frac{10}{9}$$

而这时的率失真函数为

$$R(10/9) = \frac{2}{3}\left[1 - H(3(\delta-1)/2)\right] = \frac{2}{3}\left[1 - H\left(\frac{1}{6}\right)\right] = 0.23(\text{bit})$$

可见式(13.28)是满足的。

13.3.2 限失真条件下信源编码定理

定理 13.6(香农信源编码定理) 选择 $\delta \geqslant \delta_{\min}$,对于任意 $\delta' > \delta, R' > R(\delta)$,当 K 充分大时,存在一个有 M 个码字的,长为 K 的信源码,且有如下结论:

(1) $M \leqslant 2^{\lceil KR' \rceil}$,$\lceil KR' \rceil$ 表示小于等于 kR' 的最大整数;(2) $d(C) < \delta'$。

结论(1)保证了 $n = \lceil KR' \rceil$ 时,实际压缩比 $(n/K) \leqslant R'$;而结论(2)保证了所产生的失真小于 δ',即是说当 $R = n/K$ 趋近于 $R(\delta)$ 时,$d(c)$ 却可趋向于 δ。

证明:我们首先选择 R'',δ'',使得

$$R(\delta) < R'' < R'(\delta < \delta'' < \delta')$$

若 $C = \{v_1,v_2,\cdots,v_M\}$ 为一个长度 K 的信源码,而 $f(u)$ 是一个如在前面定义的编码函数,A_U^k 的子集 S、T 分别为

$$S = \{u:d(u,f(u)) \leqslant K\delta''\}$$
$$T = \{u:d(u,f(u)) \geqslant K\delta''\}$$

可见,集合 S 是由 C 能够很好地表示的信源序列集,而 T 则反之。那么由 $d(C)$ 的定义可知

$$d(C) = \frac{1}{k}\sum_u p(u)d[u,f(u)]$$

$$= \frac{1}{k}\sum_{u \in S} p(u)d[u,f(u)] + \frac{1}{k}\sum_{u \in T} p(u)d[u,f(u)] \tag{13.31}$$

若定义 B 为失真矩阵 D 中最大元素,即 $B = \max\{d(u,v):u \in A_U,v \in A_V\}$,得到

$$d(C) \leqslant \delta'' + B \sum_{u \in T} p(u) \tag{13.32}$$

显然，$\sum\limits_{u \in T} p(u)$ 恰恰就是由 C 不能很好表示的信源序列的概率，即 $P\{d(u,f(u)) > K\delta''\}$。

现在进一步分析：当且仅当 $d(u,v_i) > K\delta''(i = 1,2,\cdots,M)$ 时，才有 $d(u,f(u)) \geqslant K\delta''$，因而定义一个阈值函数：

$$\Delta(u,v) = \begin{cases} 1 & (d(u,v) \leqslant k\delta'') \\ 0 & (d(u,v) > k\delta'') \end{cases} \tag{13.33}$$

令

$$\sum_{u \in T} p(u) = \sum_{u \in T} p(u)[1 - \Delta(u,v_1)]\cdots[1 - \Delta(u,v_M)]$$

$$= \sum_{u \in T} p(u) \prod_{i=1}^{M} [1 - \Delta(u,v_i)] \tag{13.34}$$

于是式(13.32)可写成

$$d(C) \leqslant \delta'' + B \cdot K(C) \tag{13.35}$$

由此可见，若可找到一个长度为 K，至多有 $2^{\lceil KR' \rceil}$ 个码字、$K(C) < (\delta' - \delta'')/B$ 的信源码的话，就完成了定理的证明。为此，可采用随机编码方法非直接地推演出这种码的确是存在的。也就是说，可在长为 K 且有 $2^{\lceil KR' \rceil}$ 个码字的所有可能的信源码集上，根据某一概率分布来求 $K(C)$ 的均值，而且可证明当 $K \to \infty$ 时 $K(C) \to 0$。因此，对于充分大的 K 来说，$E[K(C)] < (\delta' - \delta'')/B$，可见，至少有一个信源码可达到

$K(C) < (\delta' - \delta'')/B$，即该码满足定理 13.6 中的(1)、(2)。

下面，讨论 $K(C)$ 的求平均问题。令 $p(u,v)$ 是在 $A_U \times A_V$ 可得到 $R(\delta)$ 的一个概率分布，即

$$I(U;V) = R(\delta) \tag{13.36a}$$

$$E[d(U,V)] \leqslant \delta \tag{13.36b}$$

而 $p(u) = \sum\limits_{v} p(u,v)$，$p(v) = \sum\limits_{u} p(u,v)$，又设信源和信道都是无记忆的，因此

$$p(u) = \prod_{i=1}^{k} p(u_i), \quad p(v \mid u) = \prod_{i=1}^{k} p(v_i \mid u_i) \tag{13.37a}$$

$$p(u,v) = \prod_{i=1}^{k} p(u_i,v_i), \quad p(v) = \prod_{i=1}^{k} p(v_i) \tag{13.37b}$$

我们所要求的是，在长为 K 且有 M 个码字的所有信源码的集合上以某一概率分布来确定码，即

$$C = \{v_1,v_2,\cdots,v_M\}$$

则

$$p(C) = \prod_{i=1}^{M} p(v_i)$$

这就是"随机"编码概念的始源。因而，有

$$E[k(C)] = \sum_{v_1,\cdots,v_M} p(v_1)p(v_2)\cdots p(v_M) \sum_{u} p(u) \prod_{i=1}^{M} [1 - \Delta(u,v_i)]$$

$$= \sum_{u} p(u) \sum_{v_1,\cdots,v_M} \prod_{i=1}^{M} p(v_i)[1 - \Delta(u,v_i)]$$

$$= \sum_{u} p(u) \left\{ \sum_{v_i \in A_V^k} p(v_i)[1 - \Delta(u,v_i)] \right\}^M \tag{13.38}$$

这里的最后一步引用了 $\left[\sum_{x \in A} f(x)\right]^M = \sum_{x_1 \in A} \cdots \sum_{x_M} f(x_1) \cdots f(x_M)$，$f(x)$ 是有限集 A 上的函数。

在式(13.38)中的内和为

$$\sum_v p(v)[1 - \Delta(\boldsymbol{u}, \boldsymbol{v})] = 1 - \sum_v p(v)\Delta(\boldsymbol{u}, \boldsymbol{v})$$

因而

$$E[k(C)] = \sum_{\boldsymbol{u}} p(\boldsymbol{u})\left[\sum_v p(v)[1 - \Delta(\boldsymbol{u}, \boldsymbol{v})]\right]^M \tag{13.39}$$

由此可见,式(13.39)表示了由一"随机"选择的信源码 $v_1, v_2 \cdots, v_M$"不能很好表示"的信源序列的概率。

下面讨论 $\sum_v p(v)\Delta(\boldsymbol{u}, \boldsymbol{v})$ 的估计值问题。为此,定义

$$\Delta_0(\boldsymbol{u}, \boldsymbol{v}) = \begin{cases} 1 & (d(\boldsymbol{u}, \boldsymbol{v}) \leqslant K\delta'', I(\boldsymbol{X}; \boldsymbol{Y}) \leqslant KR') \\ 0 & (\text{其他}) \end{cases}$$

$I(\boldsymbol{u}; \boldsymbol{v}) = \log_2[p(\boldsymbol{v}|\boldsymbol{u})/p(\boldsymbol{v})]$,由式(13.33),可见

$$\Delta_0(\boldsymbol{u}, \boldsymbol{v}) \leqslant \Delta(\boldsymbol{u}, \boldsymbol{v})$$

因而

$$\sum_v p(v)\Delta_0(\boldsymbol{u}, \boldsymbol{v}) \leqslant \sum_v p(v)\Delta(\boldsymbol{u}, \boldsymbol{v}) \tag{13.40}$$

若 $\Delta_0(\boldsymbol{u}, \boldsymbol{v}) = 1$,那么 $I(\boldsymbol{u}; \boldsymbol{v}) = \log_2[P(\boldsymbol{v}|\boldsymbol{u})/P(\boldsymbol{v})] \leqslant KR''$,这样 $P(\boldsymbol{v}) \geqslant 2^{-KR''}P(\boldsymbol{v}|\boldsymbol{u})$,于是

$$\sum_v p(v)\Delta_0(\boldsymbol{u}, \boldsymbol{v}) \geqslant 2^{-KR''} \sum_v p(\boldsymbol{v}|\boldsymbol{u})\Delta_0(\boldsymbol{u}, \boldsymbol{v}) \tag{13.41}$$

由式(13.40)和式(13.41),可得

$$\left[1 - \sum_v p(v)\Delta(\boldsymbol{u}, \boldsymbol{v})\right]^M \leqslant \left[1 - 2^{-KR''} \sum_v p(\boldsymbol{v}|\boldsymbol{u})\Delta_0(\boldsymbol{u}, \boldsymbol{v})\right]^M \tag{13.42}$$

引用不等式

$$(1 - xy)^M \leqslant 1 - x + e^{-yM} \quad (x \geqslant 0, y \leqslant 1, M > 0)$$

令

$$x = \sum_v p(\boldsymbol{v}|\boldsymbol{u})\Delta_0(\boldsymbol{u}, \boldsymbol{v}) \quad (y = 2^{-KR''})$$

有

$$\left[1 - \sum_v p(v)\Delta(\boldsymbol{u}, \boldsymbol{v})\right]^M \leqslant 1 - \sum_v p(\boldsymbol{v}|\boldsymbol{u})\Delta_0(\boldsymbol{u}, \boldsymbol{v}) + \exp[-2^{-KR''}M] \tag{13.43}$$

由式(13.39)和式(13.43),可得

$$E[k(C)] \leqslant 1 - \sum_{\boldsymbol{u}, v} p(\boldsymbol{u}, \boldsymbol{v})\Delta_0(\boldsymbol{u}, \boldsymbol{v}) + \exp[-2^{-KR''}M]$$

$$= \sum_{\boldsymbol{u}, v} p(\boldsymbol{u}, \boldsymbol{v})[1 - \Delta_0(\boldsymbol{u}, \boldsymbol{v})] + \exp[-2^{-KR''}M] \tag{13.44}$$

接下来再证明当 $K \to \infty$ 时,式(13.44)的极限是 0。应该注意到 $M = 2^{\lceil KR' \rceil}$ 和 $R' > R''$,那么

$$\exp(-2^{-KR''}M) < \exp(-2^{K(R'-R'')-1})$$

随着 K 的增大很快趋于 0。再者,当且仅当 $d(\boldsymbol{u}, \boldsymbol{v}) > K\delta''$ 或 $I(\boldsymbol{u}; \boldsymbol{v}) > KR''$ 时,$1 - \Delta_0(\boldsymbol{u}, \boldsymbol{v}) = 1$,这就使得

$$\sum_{\boldsymbol{u}, v} p(\boldsymbol{u}, \boldsymbol{v})[1 - \Delta_0(\boldsymbol{u}, \boldsymbol{v})] \leqslant p\{d(\boldsymbol{u}, \boldsymbol{v}) > K\delta''\} + p\{I(\boldsymbol{U}; \boldsymbol{V}) > KR''\} \tag{13.45}$$

$p(\boldsymbol{u},\boldsymbol{v})$ 如式(13.37)中所描述的是$(\boldsymbol{U},\boldsymbol{V})$ 空间上的概率分布,而

$$d(\boldsymbol{U};\boldsymbol{V}) = \prod_{i=1}^{K} d(U_i;V_i)$$

是独立的、同分布的随机变量之和,由式(13.36)可知,$E[d(\boldsymbol{U},\boldsymbol{V})] \leqslant \delta < \delta''$,因此,根据弱大数定理可知,式(13.45)中的第一个概率随 K 的增大而趋于0,类似地

$$I(\boldsymbol{U};\boldsymbol{V}) = \sum_{i=1}^{K} I(U_i;V_i)$$

也就是独立的,同分布随机变量,而且每一个 $I(\boldsymbol{U};\boldsymbol{V}) = R(\delta) < R''$ 的 K 项之和,由弱大数定理可知式(13.45)中的第二个概率随 K 的增大而趋于0。

综上所述,$E(K(\boldsymbol{C})) \to 0$,而当 K 充分大时,它小于$(\delta' - \delta'')/B$。于是定理得证。

第 14 章 限失真信源编码技术

14.1 矢量量化与 $R(\delta)$

14.1.1 矢量量化原理

矢量量化的主要概念是把 K 维实数空间 $\mathbf{R}^K$ 划分成 M 个子空间 $R_1,R_2,\cdots,R_M$,这 M 个子空间应符合下列两个条件:

(1) $\bigcup_{i=1}^{M} R_i = \mathbf{R}^K$(式中 $\cup$ 为并运算符)   (14.1a)

(2) $R_i \cap R_j = \varnothing$($i \neq j$,式中 $\cap$ 为交运算符,$\varnothing$ 为空集)   (14.1b)

将 $\mathbf{R}^K$ 无遗漏地划分成互不相交的 M 个子空间。在每个子空间 R_i 中找一个代表矢量 $\boldsymbol{y}_i$,令

$$\boldsymbol{Y} = \{\boldsymbol{y}\} = \{\boldsymbol{y}_1,\boldsymbol{y}_2,\cdots,\boldsymbol{y}_M\}$$

式中:$\boldsymbol{Y}$ 称为码书;$\boldsymbol{y}_i$ 称为码字。

在编码时,当矢量量化器输入一个任意的矢量 $\boldsymbol{x} \in \mathbf{R}^K$。一般情况下,根据最小失真原理,分别计算 $\boldsymbol{x}$ 与 $\boldsymbol{y}_i$ 之间的失真,最小失真所对应的 $\boldsymbol{y}_j$ 就是 $\boldsymbol{x}$ 的量化矢量。由此可见,矢量量化过程就是用 $\boldsymbol{y}$ 代表 $\boldsymbol{x}$。因此,可把矢量量化过程看成一个映射 Q,

$$Q:\mathbf{R}^K \rightarrow \boldsymbol{Y} = \{\boldsymbol{y}_1,\boldsymbol{y}_2,\cdots,\boldsymbol{y}_M\}$$

为了进一步描述和分解矢量量化器,我们定义示性函数如下:

$$S_i(\boldsymbol{x}) = \begin{cases} 1 & (\boldsymbol{x} \in R_i, i = 1,2,\cdots,M) \\ 0 & \text{(其他)} \end{cases}$$

于是 $\mathbf{R}^K$ 中任意矢量 $\boldsymbol{x}$,总会使 $S_1(\boldsymbol{x}),S_2(\boldsymbol{x}),\cdots,S_M(\boldsymbol{x})$ 中有一个而且仅有一个为 1,其他全为 0。这样一来,任意具体矢量 $\boldsymbol{x}$ 被量化的结果可写成

$$Q(\boldsymbol{x}) = \sum_{i=1}^{M} \boldsymbol{y}_i S_i(\boldsymbol{x})$$

因而,可得到如图 14.1 所示的矢量量化器结构。然而在通信过程中,矢量量化是由发端和收端共同完成的,因此,我们把它分解为两部分:发端完成的部分称为编码,收端完成的部分叫做译码。编码和译码的全过程称为矢量量化。编码是 $\mathbf{R}^K$ 到 $I = \{1,2,\cdots,M\}$ 的一个映射 C,即

$$C: \mathbf{R}^K \rightarrow I \tag{14.2}$$

图 14.1 矢量量化器结构

译码是 I 到 Y 的映射 D,即

$$D:I \to Y \tag{14.3}$$

因此,量化 Q 是 C 和 D 的结合,即

$$Q = C \cdot D$$

式中:"·"是映射的结合符号。

可见,对 $\mathbf{R}^K$ 中的任一矢量 $\boldsymbol{x}$ 来说,编码的结果为

$$C(\boldsymbol{x}) = \sum_{i=1}^{M} i \cdot S_i(\boldsymbol{x}) \tag{14.4}$$

译码器的结构:定义另一种指示函数为

$$T_j(i) = \begin{cases} 1 & (j = i) \\ 0 & (j \neq i) \end{cases}$$

对任意具体的 i,解码输出为

$$D(i) = \sum_{j=1}^{M} \boldsymbol{y}_j \cdot T_j(i) \tag{14.5}$$

根据式(14.2)和式(14.4)、式(14.3)和式(14.5)可画出矢量量化的编译器的结构如图 14.2 所示。

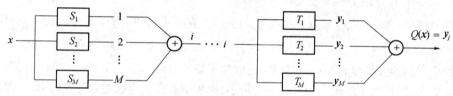

图 14.2　矢量量化编译器结构图示

综上所述,不难看出矢量量化要解决的问题如下:

(1) M 等于多少?

(2) 如何划分 $R_1, R_2, \cdots, R_M$?

(3) 如何决定 $\boldsymbol{y}_1, \boldsymbol{y}_2, \cdots, \boldsymbol{y}_M$?

矢量量化器的设计中,1980 年,Linder Buzo 和 Gray 提出一种算法,即 LBG 算法。解决划分问题和码书设计问题。随机收集 N 个信源输出矢量: $\boldsymbol{x}_1, \boldsymbol{x}_2, \cdots, \boldsymbol{x}_N$,称为训练序列($N \gg M$)。从而使序列的概率分布具有一定的统计代表性。这 N 个矢量中,有些是靠得很近的,甚至是相等的,可以根据它们的密集程度,划分成 M 个集合:

$$A_1, A_2, \cdots, A_M$$

根据标量量化的理论分析,为了减小失真,越是密集的部分划分得越细。当然 $A_1, A_2, \cdots, A_M$ 应该将 N 个训练矢量 $\boldsymbol{x}_1, \boldsymbol{x}_2, \cdots, \boldsymbol{x}_N$ 无遗漏地划分成 M 个互不相交的集合,即划分应满足式(14.1a)和式(14.1b)。这就意味着任一训练矢量必定属于 $A_1, A_2, \cdots, A_M$ 中的一个且仅仅一个。

若量化满足下面两个条件,就称为最优的。

条件 1:对任何码字 $\boldsymbol{y}$,有

$$\boldsymbol{y}_i = \frac{\sum_{m=1}^{N} \boldsymbol{x}_m \cdot S_i(\boldsymbol{x}_m)}{\sum_{m=1}^{N} S_i(\boldsymbol{x}_m)} \quad (m = 1, 2, \cdots, M)$$

$$S_i(\boldsymbol{x}_m) = \begin{cases} 1 & (\boldsymbol{x}_m \in A_i) \\ 0 & (\boldsymbol{x}_m \notin A_i) \end{cases} \tag{14.6}$$

式中:分母表示是属于 A_i 的训练矢量的个数,分子表示属于 A_i 的全部矢量相加之和。

实质上 $\boldsymbol{y}_i$ 是属于 A_i 的矢量的平均值。若 N 足够大,这个平均值相当接近于数学期望。

条件 2:对于所有的 i 和 m,有

$$|Q(\boldsymbol{x}_m) - \boldsymbol{x}_m| \leqslant |\boldsymbol{y}_i - \boldsymbol{x}_m| \quad (i = 1,2,\cdots,M; j \neq i)$$

这个条件要求任意训练矢量 $\boldsymbol{x}_m$ 应该与 $Q(\boldsymbol{x}_m)$ 距离最近,即 $\boldsymbol{x}_m$ 应该被量化为与它距离最近的码字 $Q(\boldsymbol{x}_m)$。

从上述分析可见,矢量量化器的设计主要是码书设计 $Y = \{\boldsymbol{y}_1, \boldsymbol{y}_2, \cdots, \boldsymbol{y}_M\}$。下面介绍最佳量化器的设计方法。

定义 矢量量化器的速率为

$$r = \frac{1}{K} \log_2 M \ (\text{bit}/\text{样点})$$

由此出发,在给定矢量量化器的码书大小为 M 的情况下,求最小失真,即

$$\delta(\boldsymbol{x}) = \min_{Q \in Q_M} E[d(\boldsymbol{x}, Q(\boldsymbol{x}))] \tag{14.7}$$

Q_x 为所有码书大小为 M 的 K 维矢量量化器集合。

设训练量序列 $\boldsymbol{x}_1, \boldsymbol{x}_2, \cdots, \boldsymbol{x}_N = \{\boldsymbol{x}\}$,如果 $\boldsymbol{x}_m$ 与 $\boldsymbol{y}_j$ 的失真小于其他的 $\boldsymbol{y}_i \in Y$ 与 $\boldsymbol{x}_m$ 的失真,即

$$S_j = \{\boldsymbol{x}_m | \boldsymbol{x}_m \in \{\boldsymbol{x}\} \ \text{且} \ d(\boldsymbol{x}_m, \boldsymbol{y}_j) \leqslant d(\boldsymbol{x}_m, \boldsymbol{y}_i)\} \ (j \neq i; i = 1,2,\cdots,M) \tag{14.8}$$

由最邻近律所得到的分划称为 Voronoi 分划,对应的子集 $S_j(j = 1,2,\cdots,M)$ 称为 Voronoi 胞腔。

在给定划分 S_i 时,为了使码书的平均失真最小,码矢量必须选为这些划分 S_i 的形心,即

$$\boldsymbol{y}_i = \frac{\sum\limits_{m=1}^{N} \boldsymbol{x}_m \times S_i(\boldsymbol{x}_m)}{\sum\limits_{m=1}^{N} S_i(\boldsymbol{x}_m)}$$

由上述两个必要条件可得到矢量量化器的设计算法。已知训练序列的情况下,算法如下:

(1) 输入初始码书 $Y(0)$,置 $D = \infty$,$n = 0$,给定停止门限 $\varepsilon \geqslant 0$。

(2) 用聚类方法,把训练序列 $\{\boldsymbol{x}\} = \{\boldsymbol{x}_1, \boldsymbol{x}_2, \cdots, \boldsymbol{x}_N\}$,用码书 $Y(n)$ 划分为 M 个类,即 M 个 Voronoi 胞腔,则

$$S_j(n) = \{\boldsymbol{x}_m : d(\boldsymbol{x}_m, \boldsymbol{y}_j) \leqslant d(\boldsymbol{x}_m, \boldsymbol{y}_i), \boldsymbol{y}_j \boldsymbol{y}_i \in Y(n), \boldsymbol{x}_m \in \{\boldsymbol{x}\}\}$$
$$(j = 1,2,\cdots,M) \tag{14.9}$$

(3) 计算平均失真

$$D^{(n)} = \frac{1}{N} \sum_{m=1}^{N} \min_{\boldsymbol{y}_k \in Y(n)} d(\boldsymbol{x}_m, \boldsymbol{y}_k) \tag{14.10}$$

及相对失真

$$\widetilde{D}^{(n)} = \left| \frac{D^{(n-1)} - D^{(n)}}{D^{(n)}} \right|$$

若 $\widetilde{D}^{(n)} \leqslant \varepsilon$,停机,设计好的码书为 $Y(n)$,否则则继续到第(4)步。

(4) 利用式(14.10),计算 Voronoi 胞腔的形心,M 个形心组成新的码书 $Y(n+1)$,置 $n = n+1$,返回第(2)步。

14.1.2 设计举例

图像波形矢量量化系统的设计。要求:已给一个 256×256 像素的图像,每样点像素 256 灰度级(bit/像素),要求用矢量量化技术压缩到 0.5bit/像素。

方案讨论:首先要确定用什么样的 VQ 系统来实现。从 8bit/样点,压缩到 0.5bit/样点,压缩比为 16。若我们用 4×4 的子块形成 16 维矢量,256 正好是 4 的整数倍,并且若用 8bit,即 256 个码字的码书,则每像素正好为 0.5bit。

16 维矢量的个数应为 $256 \times 256/4 \times 4 = 64 \times 64$ 个,码书的大小为 $M = 256$,所以压缩比为

$$\frac{64 \times 64}{256} = \frac{64}{4} = 16$$

故我们用一个最简单的全搜索矢量量化系统来实现。

应该指出,码书设计需要首先确定用什么失真量度。图像编码中失真量度的研究是一个非常困难的问题。它与人的视觉系统和心理系统等因素有关。目前国内外在图像研究中用得比较多的仍然是均方误差准则,但小的失真并不定对应于好的主观质量。因此只能作为参考,还要通过主观测定。

设计时首先将 256×256 的图像变成 16 维的矢量序列。将该矢量序列做成一个数据文件存在计算机中,然后运行码书设计程序,即可得到比较好的码书。码书设计好之后,就可以构成一个系统如图 14.3 所示。

图 14.3　矢量量化系统

系统工作过程:输入一个矢量 x,计算

$$d(x, y_i) \quad (i = 1, 2, \cdots, M)$$

求出最小的 $d(x, y_i)$,将相应的 i(码矢量的标号)作为编码后的信道符号,经信道传输到收端,接收端根据 i 从码书中找出 y_i 作为重构矢量(译码结果)输出。再将 16 维矢量恢复成 4×4 的图像子块,放到原来的相同位置,就得到了被量化后 0.5bit/像素的恢复图像。

应该指出,矢量量化在相同条件下,总是优于标量量化,原因在于他便于在速率与失真之间作全面衡量与折衷。理论上就是香农的 $R(\delta)$ 理论,当 $K \rightarrow \infty$ 时,可以达到 $R(\delta)$ 即速率失率函数值。可见,矢量量化只不过是香农速率失真理论的一种具体实现技术。

矢量量化还有许多研究领域,如快速搜索算法,初始码书设计算法,各种算法的综合应用等领域需要进行研究。

14.2　JPEG 码分析与译码技术

14.2.1　JPEG 码编码规则分析

1. JPEG 标准

1986 年,国际标准化组织成立了联合影像专家组(Joint Photographic Expert Group,JPEG),致力

于制定静态图像的帧内编码标准,可用于连续色调的灰度和彩色静态图像,可适用于大部分通用计算机平台。包括 JPEG 以及最近的 JPEG – 2000 等。这种编码采用了综合压缩技术,如离散余弦变换(DCT)、DCT 系数的分级量化、霍夫曼编码或算术码(JBIG)。用扫描仪扫描得到的图像或传真文件是 BMP 图像文件,它所占的存储空间非常大。对 BMP 文件数据进行 JPEG 压缩处理,有利于系统的存储和数据的网络传输实时化。

JPEG 采用的是有损的编码格式(也可以是无损模式,此时采用预测 + 熵编码),也就是说编码后得到的图像、像素和编码前的原始图像中的图像、像素不一样。这与 GIF 等无损编码图像格式不一样。JPEG 格式文件可适用大部分图像类型,对于处理摄影或扫描之类的图像,JPEG 编码是最佳的选择。在传真通信中,随着彩色传真和网络传真通信的发展,JPEG 编码已成为 ITU – T 推荐的一种压缩编码。

2. JPEG 编码

JPEG 编码一般是基于 DCT 的,它的流程图如图 14.4 所示,图中只说明了单分量图像的特殊情形,以便于理解。

图 14.4　基于 DCT 的编码器结构

基于 DCT 的 JPEG 的编码过程可分四步:颜色转换、DCT、量化、熵编码(霍夫曼编码或算术编码)。

1)颜色编码

JPEG 压缩只支持 YCbCr 颜色模式的数据结构,而不支持 RGB 颜色模式的图像数据结构。为此,必须进行颜色空间的转换,这通过一个颜色编码公式来实现,具体的公式如下:

$$Y = 0.299R + 0.587G + 0.114B$$
$$U = -0.169R - 0.3313G + 0.5B$$
$$V = 0.5R - 0.4187G - 0.0813B$$

式中:Y 代表亮度基色;U 和 V 代表颜色基色,分别代表像素的蓝色度和红色度。

通过上述公式进行颜色转换后,产生的亮度信号和色度信号分别存入不同的基色文件中。进行颜色编码后,数据将会得到了很好的压缩。例如,一个 4×4 的像素块,它的基色是 48,在进行转换后,其基色数变为 18,这样节省了 60% 的空间。如果是一个 2×2 的像素块,转换前的基色数是 12,转换后将为 6,也压缩了 $1/2$。

对于转换后得到的三个基色值而言,每个基色都可当作一个独立的图像平面,独立地进行 DCT 和压缩。但对于灰度图像,颜色编码公式不适用,它的像素值可以直接进行 DCT。

2)DCT

DCT 是 JPEG 基本内容之一。DCT 的变换矩阵的基矢量与托伯利兹矩阵的特征矢量很相似,而托伯利兹矩阵又体现了图像信号的相关特性。因此,DCT 被认为是对图像信号的准最佳变换。

JPEG 中进行 DCT 之前,必须先将过滤后的图像作 8×8 矩阵划分;由于离散变换公式所能接受的值的范围为 $-128 \sim 127$,所以还需要将图像数据值减去 128,然后可以将图像数据代入 DCT 公式中进行变换处理。具体的变换公式为

224

$$F(u,v) = \frac{1}{4}C(u)C(v)\sum_{x=0}^{7}\sum_{y=0}^{7}f(x,y)\cos\frac{(2x+1)u\pi}{16}\cos\frac{(2y+1)v\pi}{16}$$

式中：x,y 为在图像数据矩阵中某个数据值的坐标位置；$f(x,y)$ 为图像数据矩阵中在该坐标点的数据值；$F(u,v)$ 为变换后该坐标点的数据值；u,v 为经过变换后矩阵中的某个数值点的坐标位置，其中

$$u=0, v=0, C(u)C(v) = 1/\sqrt{2}$$
$$u>0, v>0, C(u)C(v) = 1$$

经过变换后的数据值 $F(u,v)$ 称为频率系数。从上面公式可以看出当 $u=0,v=0$ 时，$F(u,v)$ 的值最大，该值称为 DC；其他频率系数的数据值称为 AC。得到的频率系数 8×8 的矩阵有一个 DC 和 63 个 AC 所组成。

3）量化

由于编码表是针对整数而言的，而频率系数是一些浮点数，所以需要对数据进行处理。数据编码前，将矩阵中的浮点数转变成整数的处理过程，称为数据的量化。数据量化的过程需要用到两个 8×8 的量化矩阵，一个是用来处理亮度频率系数，一个处理色度频率系数，它们与 8×8 的频率系数是一一对应的。数据的量化是将频率系数值除以对应量化矩阵中对应的值，然后结果取接近的整数值。这样，和原始图像的数据值之间就有了差异，这是造成图像在压缩后失真的主要原因。

亮度和色度两类矩阵可自行定义。若降低图像的失真度，则在矩阵中定义的数据值变小，此时数据压缩比小；反之，可定义的数据值变大，此时失真度也增大，但数据的压缩比高。

量化表 14.1 和表 14.2 是经验数据，是根据大量试验和分析得到的。在 JPEG 标准中将它们作为例子列出。

表 14.1　亮度量化表

16	11	10	16	24	40	51	61
12	12	14	19	26	58	60	55
14	13	16	24	40	57	69	56
14	17	22	29	51	87	80	62
18	22	37	56	68	109	80	77
24	35	55	64	81	104	113	92
49	64	78	87	103	121	120	101
72	92	95	98	112	100	103	99

表 14.2　色度量化表

17	18	24	47	99	99	99	99
18	21	26	66	99	99	99	99
24	26	56	99	99	99	99	99
47	66	99	99	99	99	99	99
99	99	99	99	99	99	99	99
99	99	99	99	99	99	99	99
99	99	99	99	99	99	99	99
99	99	99	99	99	99	99	99

4）熵编码

JPEG 基本压缩算法中,有两种熵编码方式:一种是算术编码;另一种是可变长度编码。在实际应用中,由于专利保护以及它的复杂性,算术编码使用很少,大部分采用霍夫曼码。

由前面可知,在 JPEG 中的 DCT 后,得到的频率系数是由一个 DC 值和 63 个 AC 值组成的。这样对亮度和色度的 DC 以及 AC 分量进行编码就需要四个不同的霍夫曼编码表,可查阅介绍 JPEG 的有关资料。

DC 编码并不是直接对频率系数进行压缩编码,而是将当前频率系数矩阵的 DC 值减去上一矩阵中对应的 DC 值,然后再对这一差值进行霍夫曼压缩编码。

AC 值的编码和 DC 值的编码方法不一样,进行 AC 编码之前,首先必须先将所有的 AC 值按指定的顺序——"Z"形序列串起来;然后对串接好的数据首先进行行程长度编码(RLE);最后再对照霍夫曼编码表进行霍夫曼编码。

关于 JPEG 压缩质量因子选择项,质量因子的值越小,则压缩倍数越大,但质量越差;一般的选择范围为 30 ~ 100,默认值 75。

14.2.2　JPEG 编码流分析

JPEG 编码器输出一个包括参数、标记和压缩数据单元的压缩文件。即 JPEG 格式由参数、标记和编码数据段的有序集合。它比 GIF、BMP 等图像格式复杂的多。参数可以为 4 位(总是成对出现)、1 字节或 2 字节长。标记用于定义文件的不同部分,每个长 2 字节,其中第一个字节是 0xFF;第二个字节不是 0 或 0xFF。一个标记之前可能有多个字节的 0xFF,JPEG 的标记如表 14.3 所列,前四组是帧起始标记。把压缩的数据单元结合在最小编码单元(MCU)中,其中 MCU 要么是单个数据单元(非交织模式),要么是从三个图像分量得到的三个数据单元(交织模式)。JPEG 图像压缩文件的主要部分如图 14.5 所示,图中方括号标出的是可选的。

表 14.3　JPEG 标记

值	名　称	说　明
非差分的霍夫曼编码		
FFC0	SOF0	基本 DCT
FFC1	SOF1	扩展的顺序 DCT
FFC2	SOF2	渐进 DCT
FFC3	SOF3	无损(顺序)
差分的霍夫曼编码		
FFC5	SOF5	差分的顺序 DCT
FFC6	SOF6	差分的渐进 DCT
FFC7	SOF7	差分的无损(顺序)
非差分的算术编码		
FFC8	JPG	扩展而保留
FFC9	SOF9	扩展的顺序 DCT
FFCA	SOF10	渐进 DCT
FFCB	SOF11	无损(顺序)

值	名　称	说　明
	差分的算术编码	
FFCD	SOF13	差分的顺序 DCT
FFCE	SOF14	差分的渐进 DCT
FFCF	SOF15	差分的无损（顺序）
	霍夫曼编码规范	
FFC4	DHT	定义霍夫曼编码表
	算术编码条件规范	
FFCC	DAC	定义算术编码条件
	重启动间隔终点	
FFD0 – FFD7	RSTm	用模 8 和计算数值 m 重启动
	其他标记	
FFD8	SOI	图像开始
FFD9	EOI	图像结束
FFDA	SOS	扫描开始
FFDB	DQT	定义量化表
FFDC	DNL	定义线数
FFDD	DRI	定义重启动间隔
FFDE	DHP	定义等级渐进
FFDF	EXP	扩展的参改分量
FFE0 – FFEF	APPn	为应用段而保留
FFF0 – FFFD	JPGn	为 JPEG 扩展而保留
FFFE	COM	注释
	保留标记	
FF01	TEM	临时私用
FF02 – FFBF	RES	保留

图 14.5　JPEG 文件格式

文件从 SOI 标记开始,至 EOI 标记结束。在这些标记中间,压缩的文件按顺序进行组织。分级模式中有几帧,而所有其他模式都只有一个帧。每帧的图像信息包含一个或多个扫描中,但是帧中还包含一个头和几个可选表(表中又可能包括标记)。第一个扫描后面可能跟着一个可选的 DNL 段(线的定义数),它从 DNL 标记开始,并包含着图像中由帧表示的线数。一个扫描从可选表开始,后面是扫描头,再后面是几个熵编码段(ECS),由(可选的)重新开始标记(RST)隔开。每个 ECS 包含一个或多个 MCU,与前面解释一样,MCU 不是单个数据单元就是三个这样的单元。

JPEG 文件交换格式:JPEG 是一种压缩方法,不是一种图形文件格式,因此,它不规定图像宽高比、彩色空间等特征。为了能使计算机之间能交换 JPEG 压缩图像,规定引入了 JFIF,它是一个图形文件格式。

JFIF 的主要特点:对彩色图像使用 YcbCr 彩色空间,并用标记来规定 JPEG 中损失的特征,例如,图像分辨率、宽高比和与应用有关的特征。

JFIF 标记(称为 APP0 标记)从零终止串 JFIF 开始,然后是像素信息和其他规定,再后面可以是一个规定 JFIF 扩展的附加段。JFIF 扩展中有更多的图像与平台有关的信息,每个扩展都从零终止串 JFXX 开始,而后是标识扩展的 1 字节码字。扩展可能包含应用信息,此时,它不从 JFIF 或 JFXX 开始,而是从某些用来辨识具体应用的串或其标记开始。

APP0 标记第一段的格式如下:

(1) APP0 标记(4B):FFD8FFE0;

(2) Length(2B):标记的总长,包含 2B 的"Length"字段,但除去 APP0 标记本身(字段 1);

(3) Identifier(5B):4A46494600。这是一个标识 APP0 标记的 JFIF 串;

(4) Version(2B):如 0102_{16} 指定版本 1.02;

(5) Units(1B):X 和 Y 的密度单元。0 表示没有单元;Xdensity 和 Ydensity 字段指定像素宽高比:1 表示 Xdensity 和 Ydensity 为每英寸的点数,2 表示他们是每厘米的点数;

(6) Xdensity(2B)、Ydensity(2B):水平和垂直的像素密度(二者均应不为 0);

(7) Xthumbnail(1B)、Y thumbnail(1B):缩略图的水平和垂直像素计数;

(8) (RGB)n(3nB):缩略图像素的分组(24bit)值,$n =$ Xthumbnail × Y thumbnail。

JFIF 扩展 APP0 标记段的句法如下:

(1) APP0 标记;

(2) Length(2B):标记的总长,包含 2B 的"Length"字段,但除去 APP0 标记本身(字段 1);

(3) Identifier(5B):4A46494600。这是一个 JFXX 串,标识一个扩展;

(4) 扩展码字(1B):10_{16} = 用 JPEG 编码的缩略图;11_{16} = 用 1B/像素编码的缩略图(单色);13_{16} = 用 3B/像素编码的缩略图(8 色);

(5) 扩展数据(变量):这个段由特定的扩展决定。

14.2.3 JPEG 码译码技术

1. JPEG 码译码原理

基于 DCT 的 JPEG 解码器的结构,如图 14.6 所示。图中每一个功能模块所完成的工作恰恰就是编码器相对应模块的逆过程。

JPEG 算法可分为基本 JPEG(Baseline System)和扩展 JPEG(Extended System)。其中 Baseline System 应用尤其广泛。本章主要讨论 Baseline System 的解码。

228

图 14.6　JPEG 解码算法框图

1) 颜色空间变换

JPEG 算法本身与颜色空间无关,因此"RGB 到 YUV 变换"和"YUV 到 RGB 变换"不包含在 JPEG 算法中。但由于作为输出的位图数据一般要求 RGB 的表示,所以将颜色空间变换也表示在算法框图中。

2) JPEG 的编解码单元

在 JPEG 中,对于图像的编、解码是分块进行的。整个图像被划分为若干个 8×8 的数据块,称为最小编码单元(MCU),每一个块对应于原图像的一个 8×8 的像素阵列;各行的编解码顺序是从上到下,行内的编解码顺序是从左到右。

值得注意的是,由于一幅图像的高和宽不一定是 MCU 尺寸的整数倍,因此需要对图像的最右边一列或其最下边一行进行填充,扩展其高或宽,使得可以将整个图像划分为整数个 MCU;而在解码输出时,这些填充的行列要抛弃。

3) 熵解码器

在 JPEG 的熵解码时,首先利用空间相关性和各块的直流值采用差分编码,即对相邻块之间的直流差值编码,以达到压缩码长的目的;然后对于交流部分以 ZigZag 方式扫描块中的元素,对块内元素采用先游程编码后霍夫曼编码的混合编码方式,得到一维二进制块码流。熵编码过程是由直流部分的差分编码和交流部分的 ZigZag 扫描、游程编码、霍夫曼编码组成。而相应的熵解码过程是编码的逆过程,在解码端接收到的是由变长码(VLC)和变长整数(VLI)组成的数据流。为了从此数据流中恢复编码前的 DCT 系数,必须根据霍夫曼编码的原理及其各级码表生成的细节,生成霍夫曼解码表,再根据解码算法来恢复 DCT 的直流和交流系数。

4) 反量化

在 JPEG 解码端要利用发送过来的量化表对量化值进行译码,JPEG 文件里一般含有两个量化表:一个亮度分量的量化表,一个色度分量的量化表。反量化就是对熵解码出来的系数矩阵乘上相应的量化矩阵:

$$F(u,v) = C(u,v) \times Q(u,v)$$

式中:$C(u,v)$ 代表熵解码输出;$Q(u,v)$ 代表相应的量化矩阵。

5) IDCT

JPEG 解码算法能否满足实时应用,关键在于 8×8 的二维逆向离散余弦变换(IDCT)的计算速度。在编码阶段,正向离散余弦变换(FDCT)把空间域表示的图像变换成频率域表示的图像;相应地在解码阶段,IDCT 将频率域表示的图像变换为空间域表示的图像。

在 IDCT 的实现上,目前有多种算法。传统的方法是行—列法,即先对每行(列)进行一维 IDCT 计算,再对每列(行)进行一维 IDCT 计算。

2. 霍夫曼码解码

基于 IDCT 的解码过程包括:霍夫曼解码、反量化和 IDCT。如 JPEG 文件中的压缩数据是以

MCU 形式存储的,因此解码过程也必须以 MCU 为单元来实现,即不断对 MCU 单元进行循环解,直到取完所有压缩数据为止。JPEG 文件中 MCU 可以定义成多种模式,

下面以 MCU 的 4:1:1 模式进行说明。

如图 14.7 所示,对一个 MCU 进行霍夫曼解码,需要在完成亮度解码后才能进行色度解码。解码后得到 6 个具有 64 位元素的一维数组,分别是四个 Y 亮度数组、一个色度 Cb 数组、一个 Cr 色度数组。对亮度和色度进行解码其实就对亮度数组和色度数组的解码。对一个数组来说,霍夫曼解码包括直流解码和交流解码。对数组第一个元素的解码称为直流解码(简记为 DC 解码),对剩下的 63 个元素的解码称为交流解码(简记为 AC 解码)。JPEG 文件中一般包括四个霍夫曼表,即亮度 DC 表、AC 表,色度 DC 表、AC 表。对不同的数据进行解码需要调用不同的霍夫曼表。DC 解码出的数据称为 DC 值,但最终的 DC 值却是直接解码出的 DC 值与该数组紧跟的前面一个数组的 DC 值之和。AC 解码一般会得到多个数据,包括一些连续 0 数据和一个非 0 数据。

不管是亮度还是色度解码,也不管是 AC 还是 DC 解码,霍夫曼码是其最小的解码单位,且每个霍夫曼码的解码流程都是大致相同的。

图 14.7　MCU 解码流程图

14.3　JPEG – 2000 码分析与译码技术

14.3.1　JPEG – 2000 编码规则分析

1. 概述

数据压缩是不断推出新的思想、方法和技术的研究领域。JPEG 不是尽善尽美的。其中,对 8×8 的像素块进行 DCT 时会导致重建图像中出现块效应;同时当压缩比较大时,失真较大。因此,1995 年,JPEG 委员会就决定推出一种新的基于小波变换的静止图像压缩标准,称为 JPEG – 2000。JPEG – 2000 是 2000 年 12 月制定完成的,新标准在如下方面有所改进。

(1) 高压缩比,高细节灰度图像的码率小于 0.25b/s;

(2) 处理大型图像的能力($2^{32} \times 2^{32}$像素),JPEG 能处理 $2^{16} \times 2^{16}$ 像素的图像;

(3) 渐进图像传输,可根据信噪比、分辨率、色彩分量或感兴趣的区域渐进进行压缩;

(4) 可以便捷、快速地访问压缩流的不同点;

(5) 当图像的一部分正在解压缩时,解码器可摇摄/缩放整幅图像;

(6) 解压缩时,解码器可以旋转、裁剪图像;

(7) 误差弹性,为了改善噪声环境下传送的可靠性,压缩流中可以包含纠错码。

1996 年,为了 JPEG – 2000 成立了 WG1 工作组。1997 年 3 月,WG1 征集并开始评估提案。在提交的众多算法中,WTCQ(小波网格编码量化,包括小波变换和量化方法)的性能最好,199 年 11 月被选为 JPEG – 2000 的参考算法。1998 年 11 月,David Taubman 向工作组提交了 EBCOT 算法,被采纳为对小波系数进行编码的方法。1999 年 3 月,MQ 编码器被提交给工作组,并被采纳为 JPEG – 2000 的算术编码器。1999 年,开发并测试了位流格式,因而到 1999 年年底,所有 JPEG – 2000 的主要部分都已经确定。1999 年 12 月,工作组发布了委员会草案(CD),2000 年 3 月,发布了最终的委员会草案(FCD)。

2. JPEG - 2000 编码原理图

算法的简单描述:若要压缩彩色图像,首先将它分成三个分量(R,G,B),再将(R,G,B)转换为(Y,Cr,Cb)再把每个分量都分割成不重叠的矩型区域,称为贴片或分片(tiles),这是将多种类型的图像压缩加入到统一框架中的关键。

对贴片进行压缩,主要分为四步,如图14.8所示。

图 14.8　JPEG - 2000 编码原理图

第一步,与 JPEG 相比,JPEG - 2000 的最大改进之一就是以小波变换替代了 DCT。离散小波变换试近十年来兴起的现代谱分析工具,其最大的特点是具有良好的时—频局部特性,既能考察局部时域过程的频谱特征,也能考察局部频域过程的时域特征。并且可以在高频市考察窄的时域窗,而在低频时考察宽的时域窗,因此,不论是对于平稳过程还是非平稳过程,他都是强有力的分析工具。计算小波变换,其基本单位是贴片或分片,贴片的二级小波分解得到了小波系数子带,如图14.9所示。

第二步,如果用户指定了目标码率,则量化小波系数。码率越小,小波系数的量化就越粗糙,即量化误差或量化噪声越大。JPEG - 2000 与 JPEG 的量化过程基本相同,都采用了均匀量化。但也有独到之处,在此略。

第三步,JPEG - 2000 的核心算法为嵌入式编码,称为 EBCOT。EBCOT 算法也是首先用小波变换去除空间相关性,然后对小波系数进行量化,再用 MQ 编码器对小波系数进行算术编码,该算法的原理是将每个子带分成块,称为码块(code - blocks),分别独立进行编码,这样具有一定的容错能力。将几个码块的编码结果打成一个包(packet),是位流的分量。

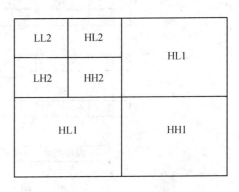

图 14.9　贴片的二级小波分解图示

第四步,构造位流,将包连同许多标记(markers)一起写进位流。

3. JPEG - 2000 编码码流分析

JPEG - 2000 的各种渐进传输方式,是在最后的码流组织阶段进行选择和实现的。为了明确码流的组织结构,首先引入几个概念及它们之间的相互关系。

(1)层(layer)。码流是按照层来组织的,它是对贴片上所有码块比特平面上边码通道的分解。层内包含特定码块的编码通道。分层的基本原则是,随着层述的增高,解码恢复的图像质量要随之提高。

(2)包(packet)。对层的继续分解就是包。包是 JPEG - 2000 码流的基本单位,它是分片上特定编码数据的组织实体,可以实现数据的随机存取与传输过程中的差错控制。

(3)界(precinct)。它是与包密切相关的一个概念,界是指某一分辨率下,空间某连续区域在所有子带中对应码块的集合。该组码块是原始图像的某一矩形区域经小波变换后在某一分辨率下的系数,如图14.10所示。该界包括 HL 子带、LH 子带、HH 子带中的各四个码块。包与界之间是多对一的关系,一个界对应于多个包;每个包封装了与之相对应的界中所有码块贡献给某一层的数据,如图14.11所示。

图 14.10　码块和界的图示

图 14.11　码流结构图示

JPEG - 2000 提供了多种渐进传输方式,这是它的一个特色。包作为压缩图像数据集和的单位,具有四个自由度:层(layer)、分辨率(resolution)、分量(component)及位置(position),这使得包的组织顺序相当灵活。JPEG - 2000 规定了五种渐进顺序:

(1) LRCP:层—分辨率—分量—位置;

(2) RLCP:分辨率—层—分量—位置;

(3) CPRL:分量—位置—分辨率—层;

(4) RPCL:分辨率—位置—分量—层;

(5) PCRL:位置—分量—分辨率—层。

14.3.2　JPEG - 2000 码关键技术分析

1. EBCOT 算法分析

EBCOT 算法是由 David Taubman 于 1998 年 12 月在 JPEG Los Angeles 会议上提出的。其基本思想是将小波变换后的子带分成编码块,并对每个编码块独立地执行位平面编码。该算法的主要特点:编解码时需要较少的内存;容易进行速率控制;较高的压缩特性;ROI 访问;错误恢复;简单量化;复杂性适度。EBCOT 算法分为两部分:T1 和 T2,如图 14.12 所示。T1 由内嵌比特平面编码和自适应算术编码器 MQ 组成,而 T2 部分完成率控制和码流组织。不同的码块产生的位流长度是不相同的,它们对恢复图像质量的贡献也是不同的。因此,对于所有码块产生的位流,T2 部分采用了率失真优化技术进行后压缩处理(PCRD),即对各码块的码流按对恢复图像的质量贡献分层,完成码流的率控制和组织。

图 14.12 JPEG – 2000 两层编码框图

1)位平面编码

编码块中的每一个量化系数 $q_b(u,v)$ 都用一个二进制数表示:

$$\pm b_1 b_2 \cdots b_n$$

式中:b_1 为最高位(最重要);b_n 为最低位(最不重要);± 为该系数的符号。

在整个编码块内的所有量化系数的 b_1 位组成最高位平面,直到所有 b_n 位组成最低位平面。首先对最高位平面进行编码,然后再对次高位平面编码。这样输出的比特流就具有可伸缩的性质,可以通过截断高速率的比特流,使其速率变低,不过此时是对所有量化系数的部分解码。

位平面编码器对每个编码块进行独立的编码操作,对于编码块的每一个位平面,存在三种编码过程:重要性传播过程,精练过程,清除过程。

重要性传播过程处理的是不重要的且有非零上下文的系数,幅度精练过程处理已经是重要的系数,清理过程处理的是上面两个过程未处理的系数,即不重要的且有零上下文的系数。除了第一个位平面之外,每一个位平面都由这三个处理过程生成的系数位组成。生成的位平面和对应的上下文状态送到 MQ 算术编码器中进行熵编码。

2)MQ 算术编码器

对于一个给定的当前系数,上下文矢量是通过其邻域内的已编码系数得到的,是一个含有 8 邻域系数重要性状态信息的二进制矢量。如图 14.13 所示,H 为当前系数的水平邻域,V 为垂直邻域,D 为对角邻域。我们将重要性、精练和符号与上下文状态一起送到 MQ 算术编码器中进行熵编码,这称为上下文自适应熵编码。属于同一上下文的位具有同样的统计概率,那样,后面的熵编码器就可以根据每个上下文的概率分布,有效地对数据进行压缩编码。

我们通过查表(JPEG – 2000 标准中给出),可以得到位于不同子波(LL,LH,HL,HH)内系数的各种上下文。

熵编码器的任务就是把二进制比特位和上下文数据转换到一个紧缩的码流里,使它的长度尽可能的接近信息熵。熵编码器的输入与输出如图 14.14 所示,其中 D 为输入判决比特,CX 为编码上下文,CD 为编码产生的比特流。

熵编码器是一种自适应的二进制算术编码器,算术编码的实质是对一个区间进行递归的概率划分。如图 14.15 所示,MPS 子区间(对应大概率编码)在 LPS 子区间(对应小概率编码)之上,输出码流指向当前子区间的底部。下面以 MPS 编码来说明编码过程。设当前的区间为 A,当前的 LPS 概率为 Q_e,对当前输入进行 MPS 编码,则 $A(1 - Q_e)$ 为 MPS 子区间,AQ_e 为 LPS 的子区间。为了实现自适应的算术编码,要使用 JPEG – 2000 所推荐的两种表查询(Q_e 概率表和 CX 表)。整个算术编码的 LPS 概率源于 Q_e 概率表,从位平面编码器得到输入 CX 和决断 D,首先由 CX 表查出 Q_e 表的索引(地址)I(CX) 和 MPS 值,再由 I(CX) 查询 Q_e 表得出当前编码所需的 Q_e 值,由 MPS 和 D 决定进入 MPS 编码或 LPS 编码,编码结束后,再更新 CX 表中的 I(CX) 和 MPS 值。

图 14.13　形成上下文的邻点状态

图 14.14　算术编码器的输入和输出

图 14.15　MPS 编码示意图

2. 速率失真优化

对于给定一个目标码率 R^{max}，我们可以以一种优化的方法来截断每一个独立的编码块比特流，以便使受限于这一速率的失真达到最小化。EBCOT 把编码块 B_i 的嵌入式比特流截断到速率 B_i^n。由于对 B_i 的截断所造成的失真 D_i^n（对于每个截断点），则 $D = \sum D_i^n$，其中 D 为图像的总失真，n_i 为编码块所选择的截断点。可以通过对截断点的优化选择，使失真在给定码率下达到最小化，即 $R^{max} \geq R = \sum R_i^{n_i}$。因为速率失真算法是在对所有的子波采样压缩完成之后才应用的，所以我们称为压缩后速率失真优化（Post Compression Rate Distortion Optimization, PCRD）。PCRD 的优点是算法简单，图像只是需要被压缩一次，更重要的是，不需要缓冲存储整幅图像，节省了存储空。

在码流中，每一个编码子块的编码数据分布在一个或多个层次中。每一个层次由叠块中各编码子块的若干相邻比特面的编码通过组成。一次编码通过包括了该叠块所有分量的所有子带。层次中编码通过的次数可以对不同编码子块各不相同，并且可以少到对任何或所有编码子块为 0，如图 14.16 所示。把最重要的数据放到最低层，涉及到细节的数据放到较高的层。每个层次将连续且单调地增加图像的质量，所以，解码图像质量随着对各个层的处理逐渐提高。这样，由"质量层结构"构成的码流形式具有"失真率可伸缩性"，编码后的压缩数据就具有渐进传输的性质了。

最终的比特流就是由一组质量层组成的。这可以通过以下操作完成：定义一组速率点 $B^{(1)}$

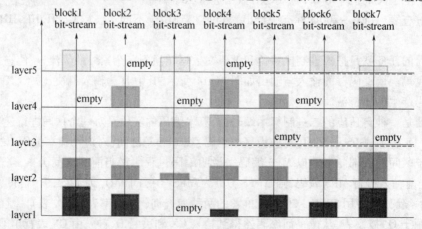

图 14.16　EBCOT 质量层

$B^{(2)}, \cdots, B^{(n)}$，首先，可以计算出 $B^{(1)}$ 点处失真率曲线的斜率 $\lambda^{(1)}$，对于每个编码块的第一个截断点 $n_i^{(1)}$ 就得到了。把在同一位置处于同一个分辨率级的比特流段打成一包，所有包含第一段比特流的包组成第一层；接着再计算出 $B^{(2)}$ 点处失真率曲线的斜率 $\lambda^{(2)}$，以及相应的第二个截断点 $n_i^{(2)}$，所有在 $n_i^{(1)}$ 和 $n_i^{(2)}$ 之间的比特流组成编码块的第二个比特流段，再把同一位置处于同一个分辨率级的比特流段打成一包，所有包含第二段比特流的包组成第二层；这样一直重复到 q 层，JPEG – 2000 的压缩比特流就产生了。

3. JPEG – 2000 码译码技术

解码是编码的逆变换，解码流程图，如图 14.17 所示。

由于加入了标记码，解码时根据标记跳过某些部分，进而更快地找到某些点。例如，可以利用标记，最先解某些码块，进而首先显示图像中的某些区域。

标记的另一个作用是使解码器可以用几种方法中的一种渐进地对图像进行解码。以层的方式组织位流，每一层都包含了更高分辨率的图像信息。因此，对图像逐层解码是一种获得渐进传输和解压缩的自然方法。

图 14.17　JPEG – 2000 解码框图

14.3.3　针对高权重比特域突发错误的纠错译码算法

JPEG – 2000 采用了一定的抗误码技术，如表 14.4 所列。但是，如果编码数据中的高权重比特域发生错误，该错误所在的码块将被丢弃，这将会对图像重建造成灾难性的影响，直接影响译码报文的阅报和信息提取。而在某些特殊应用环境下，接收方无法要求发送方重新传送正确数据，只能通过后端处理来尽量恢复丢失信息，因此高权重比特域的误码纠正有重要的意义。

与 MMR 码纠错译码相同，首先给出算法中假设的错误模式，整个算法的设计和实现都建立在这些假设基础之上。

（1）假设错误只发生在编码数据的高权重比特域数据流中，在编码数据的码头和结尾中没有比特错误。

（2）假设信道噪声和干扰的影响只是使得编码数据的数值发生改变，即由"0"错成"1"，或者由"1"错成"0"，编码数据中比特数目没有发生变化，没有出现增加或者缺失。

（3）将宽度小于 H 的多比特错误称为一处错误，假设编码数据中只有一处比特发生错误。

表 14.4　JPEG – 2000 采用的抗误码方法

应用阶段	采用的技术
熵编码	独立编码块 每个编码过程设置编码终止 每个编码过程后重设上下文 选择性算术编码旁路
打包	短数据包格式 带有再同步标记的数据包

算法具体描述如下：

1）误码发现技术

通过对 JPEG – 2000 协议的研究，总结了以下三个错误检查条件：

（1）译码时码表中没有能够与接收到的比特模式相匹配的码字；

（2）解码的分段标记不正确；

（3）比特流结尾信息不一致。

2）错误区域定位

根据假设的错误模型，将错误区域定位在高权重比特域，也就是数据起始位置"0xFF 0x93"第一个比特位置开始，根据 JPEG – 2000 图像大小的不同，高权重比特域的大小也不同。图像越大其高权重比特越多,越小高权重比特越少。设编码数据的起始位置为 P_M,假设高权重比特域终点位置在 P_M 后 b 比特处,b 根据图像的大小进行估计,具体设置见试验部分,则将误码位置定位在 $[P_M, P_M + b]$ 区域内,在此区域内进行误码搜索。

3) 穷举比特组合

同样定义一个长度为 w 个比特的滑动窗口,w 是该算法中的第二个可调参数。纠错时,算法假设每一处误码宽度小于 w,错误的比特数小于 n,n 是该算法中的第三个可调参数。误码搜索的具体步骤如下:

(1) 从 P_M 位置开始,先假设前 w 个比特中含有错误,错误的形式是其中任意不超过 n 个比特的所有组合方式中的一种。对假设的错误比特进行反转。

(2) 对反转处理后的新数据继续进行译码。

(3) 译码后使用穷举验证判断此次比特组合反转是否纠正了错误,若是,则认为对该处错误纠错成功,保存反转方案,退出纠错程序;否则认为此次反转方案不是纠错方案,还原反转过的比特。

(4) 判断是否已经对整个错误区域数据全部做过处理,如果是,则纠错失败,寻求其他纠错算法进行纠错;如果还没有对整个错误区域中数据全部做过处理,则将此滑动窗口后移继续穷举比特组合对应的比特反转,返回步骤(3)继续译码。

4) 穷举验证

每次比特组合对应的比特反转后,需要进行验证,判断此次反转是否正确,是否影响图像的恢复质量即为每次穷举后的验证依据。使用误码发现技术进行验证,若能发现错误,则认为此次错误纠正失败,将其反转还原后继续搜索。若在译出图像之前解码器发现不了错误,则评价图像的恢复质量来判断此次纠错是否成功。最常用的图像质量评价准则为峰值信噪比(Peak Signal – to – Noise, PSNR),PSNR 定义如下:

$$\text{PSNR} = 10 \times \log \left[\frac{M \cdot N \cdot m^2}{\sum_{x=0}^{M-1} \sum_{y=0}^{N-1} \left[g(x,y) - f(x,y) \right]^2} \right]$$

式中:$f(x,y)$ 为原始图像($x = 0, \cdots, M-1; y = 0, \cdots, N-1$),含错图像恢复后为 $g(x,y)$,同样包含 $M \times N$ 个像素;m 为一个像素能取到的最大灰度值(如对于 8bit 的灰度图像,$m = 255$)。

此处对还原后的 JPEG – 2000 图像质量评定时原始图像未知,即不存在 $f(x,y)$,属于无参考图像质量评价,显然 PSNR 并不适用。目前,无参考图像失真度量一般是针对某一种或几种类型的失真,如模糊效应、分块效应、噪声效应等。JPEG – 2000 压缩图像的质量评价则主要通过模糊效应的度量或者图像小波系数的统计特性分析来实现。本章采用的是基于人眼视觉特性的无参考图像质量评价准则 HVSNR,其运算复杂度低、主客观评价较一致。

首先进行噪声点检测,通过每点的梯度值使用阈值法求得噪声分布为

$$S(x,y) = \begin{cases} 1 & (P(x,y) \text{ 是噪声}) \\ 0 & (\text{其他}) \end{cases}$$

然后,根据 Mannos 和 Sakrison 等人建立的对比敏感度函数(Contrast Sensitivity Function, CSF),得到图像的对比敏感度权值为

$$Q(x,y) = 2.6(0.0192 + 0.114 \times \sqrt{2} \times f) \exp \left[- (0.114 \times \sqrt{2} \times f)^{1.1} \right]$$

式中:f 为归一化的空间频率。

令

$$K = \frac{\sum_{x=0}^{N-1} \sum_{y=0}^{M-1} Q(x,y) \cdot S(x,y)}{M \cdot N}$$

最终

$$HVSNR = 10\log\frac{255^2}{K}$$

HVSNR 越大,表示所评价的图像信噪比越高,质量越好。对于每种比特组合的反转,求出其 HVSNR 值,使得 HVSNR 取最大值的比特组合所对应的反转位置上的比特,即认为是错误比特,将其反转后,即完成纠错。

14.3.4 试验结果与分析

使用工具软件 Morgan JPEG ToolBox V2 读取标准图像,将其转换为 JPEG – 2000(＊.jp2)文件,通过 UltraEdit 软件在高权重比特域,即从数据起始位置"0xFF 0x93"开始,修改单比特,测试高权重比特对图像恢复的影响。图 14.18 显示了 512×512 像素的 Lena 图像和 256×256 像素的 Pepper 重要区域单比特位置出错时恢复图像的 PSNR。

图 14.18　单比特错误对图像恢复质量的影响

(a) 512×512 像素 Lena；(b) 256×256 像素 Pepper。

根据实际经验,对于 8bit 表示一个像素的灰度图像,PSNR 高于 40dB 说明图像质量极好(非常接近原始图像);在 30~40dB 通常表示图像质量是好的(失真可以察觉但可以接受),在 20~30dB 说明图像质量差;最后,PSNR 低于 20dB 图像不可接受。由图 14.18(a)可见,当第 800 比特错时,Lena 恢复图像的 PSNR 已超过 30dB,而当接近第 1200 比特错时,PSNR 达到 40dB,恢复的图像质量非常接近原始图像。同样由图 14.18(b)可见,当第 200 比特错时,Pepper 恢复图像的 PSNR 已超过 30dB,而当第 300 比特错时,PSNR 已达到 40dB。图 14.19 和图 14.20 分别为 Lena 和 Pepper 单比特错后恢复的图像实际效果图。

图 14.19　512×512 像素 Lena 高权重比特域错误比特位置对图像恢复质量的影响

(a) 原始图像;(b) 第 1 比特错,PSNR=12.25dB;(c) 第 80 比特错,PSNR=13.73dB

(d) 第 240 比特错,PSNR=16.69dB;(e) 第 720 比特错,PSNR=30.13dB;(f) 第 1200 比特错,PSNR=40.26dB。

图 14.20　256×256 像素 Pepper 高权重比特域错误比特位置对图像恢复质量的影响

(a) 原始图像;(b) 1: PSNR=16.69dB;(c) 32: PSNR=17.90dB;

(d) 200: PSNR=32.79dB;(e) 300: PSNR=41.40dB。

238

由图 14.19 可见对于 512×512 像素的 Lena 图像,当高权重比特域第 720 个左右比特错时,其恢复的图像视觉上基本能接受。而由图 14.20 可见 256×256 像素的 Pepper 图像,当高权重比特域第 200 个左右比特错时,其恢复的图像视觉上基本能接受。可见高权重比特域的长度与图像大小 b 有关,设宽高分别为 W、H 的图像,通过试验可设置经验值 $b = \lfloor \frac{W}{20} \times \frac{H}{20} \rfloor$($\lfloor \bullet \rfloor$ 表示向下取整)。

为了更好的说明 JPEG – 2000 纠错译码算法的纠错性能以及可调参数的配置问题,选用一份无误码的 JPEG – 2000 文件,用 UltraEdit 软件人为加入符合错误模式的误码,通过调整可调参数进行多次纠错译码,根据查看纠错后的编码数据以及视觉观察测试纠错译码效果,结果如表 14.5 所列。需要说明的是,由前面的分析,JPEG – 2000 数据对高权重比特域的比特错误敏感度很高,1bit 的错误就能对图像恢复质量造成很明显的影响,所以通过视觉观察很容易判断误码是否被纠正。

表 14.5　JPEG – 2000 纠错译码算法不同参数配置时的纠错情况

参数配置 (b,w,n)	测试一 第 4 比特开始: 错误图样:1	测试二 第 90 比特开始: 错误图样:1011	测试三 第 580 比特开始: 错误图样:101001
200,4,2	纠正	未纠正	未纠正
200,8,6	纠正	纠正	未纠正
600,8,6	纠正	纠正	纠正

表 14.5 第一行显示的是将参数配置为 $b = 500$、$w = 4$、$n = 2$ 时的纠错结果,可见此时纠正了高权重比特域第 4 比特的单比特错,而后面的两次测试的多比特误码均未纠正,原因很明显,至少 b,w,n 的配置太低。接着多次调整各参数,验证各参数对纠错效果的影响,效果如表中第二和第三行所示,错误模型中一处错误的宽度 H 即是此处的参数值 n。

通过试验,可见 b,w,n 的值越大纠错能力越强,但同时带来的是计算量指数级的增长。图 14.21 为纠错效果视觉对比图,从图中可见,高权重比特区域的少量比特错误就会对整个图像的恢复质量造成影响,当错误得到纠正后,可以正确的还原原始信息。

(a)　　　　　　　　　　　　　　(b)

图 14.21　JPEG – 2000 纠错效果对比图

第 15 章　语音压缩编码

15.1　基 本 概 念

15.1.1　语音压缩编码分类

前面已经介绍了基本分类方法,按照编码所使用的主要技术分类,语音压缩编码包括以下几种。

1. 线性预测编码

语音信号一般看作是非平稳信号;然而,在短时段内具有平稳性,因而对未来语音信号幅度进行预测是可行的,将预测值与实际值求差值,再将差值进行编码,可提高压缩效率。预测值预期先前的若干数值之间危险性关系的,就称为线性预测(LP)。最简单的预测是相邻两个样点间求差分,或称为前值预测,然后对差分信号再进行编码,如 G.721。但更广泛应用的是语音信号的线性预测编码(LPC)。很多编码器都要用到 LPC, 如 G.728、G.729、G.723.1 建议。

2. 变换域编码

变换编码是语音压缩中的一类重要的方法,也是主要的压缩方法之一。例如,MPEG 伴音压缩算法用到 FFT、MDCT,AC－3 杜比立体声也用到 MDCT,G.722.1 建议中采用了 MLT。近年来,出现的低速率语音编码算法中,小波变换在其中也有应用。

子带编码一般都与波形编码结合使用,如 G.722 采用了是 SB－ADPCM 技术。需要指出的是,子带的划分多是对频域系数的划分,因此,在子带编码中,先要应用某种变换方法得到频域系数,在G.722.1 中使用 MLT;MPEG 伴音中用 FFT 或 MDCT,划分的子带数高达 32 个。

3. 矢量量化编码

矢量量化,前面结合图像信号已进行了讨论,在语音编码中,其主要概念是类似的。在此,把 K 个采样值看作为 K 维矢量,把 K 维实数空间 $\mathbf{R}^K$ 划分成 M 个子空间 $R_1,R_2,\cdots,R_M$,这 M 个子空间应符合下列两个条件:

(1) $\bigcup\limits_{i=1}^{M} R_i = \mathbf{R}^K$,式中∪为并运算符。　　　　　　　　　　　　　　　　　(15.1a)

(2) $R_i \cap R_j = \varnothing\ (i \neq j)$,式中∩为交运算符,$\varnothing$ 为空集。　　　　　　　　　(15.1b)

将 $\mathbf{R}^K$ 无遗漏地划分成互不相交的 M 个子空间。在每个子空间 R_i 中找一个代表矢量 $\boldsymbol{y}_i$,令

$$\boldsymbol{Y} = \{\boldsymbol{y}\} = \{\boldsymbol{y}_1, \boldsymbol{y}_2, \cdots, \boldsymbol{y}_M\}$$

式中:$\boldsymbol{Y}$ 为码书;$\boldsymbol{y}_i$ 为码字。

在编码时,当矢量量化器输入一个任意的矢量 $\boldsymbol{x} \in \mathbf{R}^K$。一般情况下,根据最小失真准则,分别计算 $\boldsymbol{x}$ 与 $\boldsymbol{y}_i$ 之间的失真,最小失真所对应的 $\boldsymbol{y}_i$ 就是 $\boldsymbol{x}$ 的量化矢量。由此可见,矢量量化过程就是用 $\boldsymbol{y}$ 代表 $\boldsymbol{x}$ 所形成的码流,实际上是 $\boldsymbol{y}_i$ 的 i 所对应的二进制编码。

4. 统计编码

统计编码在数据、传真、文本、图像和视频编码中大量应用,但在语音压缩编码中使用少一些。但近年来,为了进一步提高压缩比,统计编码在音频编码算法中也有了应用,如 G.722.1 建议中,就采用了霍夫曼变长编码。

15.1.2 衡量语音编码性能的主要指标

1. 客观评定法

常用的有信噪比、加权信噪比、平均分段信噪比等，它们都是建立在度量均方误差的基础上，主要用于较高速率的波形编码。

2. 主观评分法

常用的有平均意见得分（Meant Opinion Score，MOS）、诊断押韵测试（Diagnostic Rhyme Test，DRT）、判断满意度测量（Diagnostic Acceptability Measure，DAM）等。

MOS 判分五级标准及级别描述如表 15.1 所列。

表 15.1　MOS 判分五级标准及级别描述

MOS 判分	质量级别	失真级别
5	优	无察觉
4	良	刚有察觉
3	可	有察觉且稍觉可厌
2	差	明显察觉且可厌但可忍受
1	坏	不可忍受

在数字语音通信中，通常认为 MOS 分为 4.0 ～ 4.5，为高质量数字化语音，达到长途电话网的质量要求，也称为网络质量。MOS 分为 3.5 左右，此时能感到话音质量有所下降，但不妨碍正常通话。MOS 分为 3.0 以下，称为合成语音质量，是指一些声码器的语音所能达到的质量，一般都具有足够高的可懂度，但自然度及讲话人识别等方面的性能较差。

15.1.3 提高语音编码质量的途径

（1）利用语音信号所具有的冗余，语音信号的冗余主要来自于信号样点之间的相关性和幅度分布的非均匀性。

（2）利用人耳的听觉特性。人耳分辨率有限特性，即人耳对于语音幅度的微小变化是分辨不出来的，线性量化中取 12 ～ 14b/s，已经听不出量化失真；采用非线性量化，8b/s 就可以得到满意的语音；若采用自适应量化，可进一步压缩。

（3）掩蔽效应，通过采用非最小均方准则或其他方法，改变量化噪声的频谱形状，使得量化噪声在主观听觉上能够部分或全部被语音信号所屏蔽，从而达到提高语音编码主观质量之目的。

（4）失真不敏感性，例如，人耳对相位失真就不敏感，不传送相位信息可使压缩比进一步提高。

15.2　语音预测编码

15.2.1　预测编码

1. 预测编码

预测编码有德耳塔调制方式 DM、自适应德耳塔调制方式 ADM、差分脉冲编码调制 DPCM 和自适应差分脉冲编码调制 ADPCM，ITU － T 标准：G.721、G.723、G.726、G.727 等。这类编码，明显的不足之处是编码带宽较宽，即数码率较高。

2. 线性预测编码

语音信号是非平稳信号,但在短时间段内(一般为30ms)具有平稳性特点,因而对语音信号幅度进行预测是可行的,求预测值与实际样点值的差分,再对差分信号进行编码,如 G. 721。线性预测编码(LPC)是有更广泛应用, 如 G. 728、G. 729、G. 723. 1。全球移动通信系统 GSM 13kb/s 编码器,选择了一种有长时预测器的简化 LPC 系统,用于全欧数字移动通信系统中,码率为 13kb/s,这种编码器称为 RPE – LTP。

应该指出:从利用相关性角度考虑,对于即时的样值进行预测,它不仅与本行它前面的样值有关,还与前一行的有关样值相关,甚至还与前一帧的相应的样值相关联,因此,根据预测器所利用的相关联的样值,可分为前值预测、一维预测,二维预测,三维预测等。预测即时样值,取用以前的样值模型如图 15.1 所示。

图 15.1　预测样值模型

(1)前值预测:$\hat{x} = x_1$;

(2)一维预测:$\hat{x} = \alpha_1 x_1 + \alpha_2 x_2 + \cdots$。

从对前面样值的组合方式来看,又分为线性预测和非线性预测(自适应预测)。

例 15. 1　DM 利用前一样值对即时样值进行估计。即 $\hat{x}_i = x_{i-1}$,称为前值预测,其预测误差为 $e_i = x_i - \hat{x}_i = x_i - x_{i-1}$。将 e_i 量化成 $\pm\Delta$,由"1","0"表示,系统框图如图 15. 2 所示。

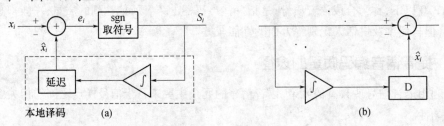

图 15.2　DM 系统框图

例 15. 2　ADM 原理,如图 15.3 所示。

图 15.3　ADM 原理图

例 15. 3　LPC 与 DM 不同的是预测器的预测函数为

$$\hat{x}_i = \alpha_1 x_{i-1} + \alpha_2 x_{i-2} + \cdots + \alpha_N x_{i-N}$$

式中：$\alpha_1, \alpha_2, \cdots, \alpha^N$ 为预测参数。

15.2.2 预测编码性能分析

1. 预测编码系统

预测编码系统传输的信号,实际上是预测误差信号经过量化后的数字信号。减少码流中的多余度,实质上就是要减小量化噪声。也就是说量化噪声越小,证明信号关联利用的越充分。因为关联利用得越充分,预测就会越准确,误差信号越于 0 附近集中,即概率分布更加非均匀化,使 $H(e) < H(X)$,而且样值 e_i 更趋向于独立化。

例如,对于均匀量化来说,量化噪声功率为

$$\bar{y}^2 = \frac{1}{\Delta} \int_{-\Delta/2}^{\Delta/2} y^2 \mathrm{d}y = \frac{1}{\Delta} \frac{1}{3} y^3 \bigg|_{-\Delta/2}^{\Delta/2} = \frac{\frac{1}{8}\Delta^3 + \frac{1}{8}\Delta^3}{3\Delta} = \frac{\Delta^2}{12}$$

由此可见,当信息率一定时(量化分层数一定),平均量化噪声 $\bar{y}^2$ 越小,Δ 越小,y 的变化范围越小,$y \rightarrow 0$ 附近集中。

对于无记忆高斯信源,信息率为

$$R(\delta) \geqslant \frac{1}{2} \log_2 \frac{\sigma^2}{\delta} \quad (\text{bit/ 样值})$$

对于一般信源而言

$$R(\delta) \geqslant W \log_2 \frac{Q}{\delta} \quad (\text{bit/s})$$

式中：W 为信号带宽;Q 为熵功率,其表达式为

$$Q = \frac{1}{2\pi e} \mathrm{e}^{2h}$$

式中：h 为信源的微分熵,其表达式为

$$h(y) = \int p(y) \ln p(y) \mathrm{d}y$$

式中：$p(y)$ 为误差信号的概率密度函数。

当 $p(y)$ 为正态分布且 y_i 独立时,$Q = \sigma_y^2$,$\sigma_y^2 = \int p(y) y^2 \mathrm{d}y$。所谓熵功率,是指与平均功率为 N 的非高斯信源有同样熵的高斯信源的平均功率。因高斯信源的熵为 $\frac{1}{2} \ln 2\pi e Q$,因此

$$\frac{1}{2} \ln 2\pi e Q = h = -\int_{-\infty}^{\infty} p(y) \ln p(y) \mathrm{d}y$$

故有

$$2\pi e Q = \mathrm{e}^{2h}, \quad Q = \frac{1}{2\pi e} \mathrm{e}^{2h}$$

2. 预测增益

若输入信号的概率度函数是高斯的,那么抽样序列为 $\{x_i\}$,若预测采用线性的,误差序列为 $\{y_i\}$,y_i 为高斯随机变量。应用线性预测理论,根据信号的统计特性,我们可以确定 K 个预测系数 $a_1, a_2, \cdots, a_K$ 使 $\{y_i\}$ 的方差达到最小值 $\sigma_{\min}^2$。这时可以认为 y_i 是统计独立的,且 y_i 又是高斯型的,故熵功率 $Q = \sigma_{\min}^2$,且也是最小的。信噪比由 dB 表示,即

$$\frac{S}{N} = 10\log \frac{\sigma^2}{\sigma_q^2}$$

将 $Q = \sigma_{\min}^2$ 代入 $R(\delta)$ 表示式,且 $R = 2Wn$,于是

$$2Wn = R \geqslant W\log \frac{Q}{\delta} = W\log \frac{Q_e}{\sigma_q^2}$$

$$2n \geqslant \log \frac{\frac{\sigma^2 \sigma_{\min}^2}{\sigma^2}}{\sigma_q^2} = \log \frac{\sigma^2 \sigma_{\min}^2}{\sigma^2 \sigma_q^2} = \log \frac{\sigma^2}{\sigma_q^2} + \log \frac{\sigma_{\min}^2}{\sigma^2}$$

故又有

$$\log_2 \frac{\sigma^2}{\sigma_q^2} \leqslant 2n + \log_2 \frac{\sigma^2}{\sigma_{\min}^2}$$

对数换成以 10 为底,则有

$$\frac{\lg \frac{\sigma^2}{\sigma_q^2}}{\lg 2} \leqslant 2n + \frac{\lg \frac{\sigma^2}{\sigma_{\min}^2}}{\lg 2} \quad (\text{dB})$$

$$10\lg \frac{\sigma^2}{\sigma_q^2} \leqslant 10 \times 2n \times \lg 2 + 10\lg \frac{\sigma^2}{\sigma_{\min}^2}$$

$$\frac{S}{N} \Big|_{\text{dB}} \leqslant 6n + 10\lg \frac{\sigma^2}{\sigma_{\min}^2} = 6 \times \frac{R}{2W} + 10\lg \frac{\sigma^2}{\sigma_{\min}^2}$$

所以

$$10\lg \frac{\sigma^2}{\sigma_{\min}^2} \geqslant 10\lg \frac{\sigma^2}{\sigma_q^2} - 6 \times \frac{R}{2W}$$

预测增益,即经预测信号方差 σ^2 降为误差信号方差 $\sigma_{\min}^2$ 时,最小增益为

$$10\lg \frac{\sigma^2}{\sigma_q^2} - 6 \times \frac{R}{2W} \quad (\text{dB})$$

15.3 语音变换编码

一般认为变换编码,在语音编码中作用不大,但在音频压缩编码中却是主要的压缩方法之一。例如,MPEG 伴音压缩算法(含著名的 MP3)用到 FFT、MDCT,AC-3 杜比立体声也用到 MDCT,G.722.1 建议中采用 MLT。在近年来出现的低速率语音编码算法中,占有重要的位置,小波变换和 Gabor 变换在其中有用武之地。

子带编码一般是将变换与波形编码相结合,如 G.722 使用的是 SB-ADPCM 技术。但子带的划分更多是对频域系数的划分,故子带编码中,往往先要应用某种变换方法得到频域系数,在 G.722.1 中使用 MLT,系数划分为 16 个子带;MPEG 伴音中用 FFT 或 MDCT,划分的子带多达 32 个。

15.3.1 语音变换编码原理分析

前面,已经阐述了去除相关性的编码技术,以及消除数据概率非均匀产生冗余的统计编码技术,在此,以 G.722.1 语音压缩编码为例,进一步讨论这些技术的综合应用。

G.722.1 是音频信号的低复杂性音频编码标准,适合用于电视会议、电话会议和互联网流应用。

G.722.1 给出了一种提供 50Hz~7kHz 音频带宽、按 24kb/s 或 32kb/s 比特率工作的数字宽带编

码器算法。G.722.1 编码器:重叠调制变换(MLT)+统计编码。

编码器输入信号为数字信号,其抽样率为 16kHz,量化为 14bit、15bit 或 16bit,且数据格式为 2 的补码格式(处理方法同 ITU – TG.722 建议书)。

该算法以变换技术为基础,采用了一种重叠调制变换(MLT),MLT 是一个严格抽样、完整重建的线性变换过程,在相邻 MLT 帧的基函数之间采用 50% 的重叠。

当已给出一个输入信号的样值系列,正向 MLT 可定义为

$$X(k) = \sum_{n=0}^{2M-1} x(n)p(n,k)$$

式中:$k = 0,1,2\cdots,M-1$(M 是块长);$p(n,k)$ 是时域混叠抵消滤波(TDAC)的基本函数,这个基本函数可由平滑窗的余弦调制获得

$$p(n,k) = h(n) \sqrt{\frac{2}{M}} \cos\left[\frac{(2n+m+1)(2k+1)\pi}{4M}\right]$$

窗函数 $h(n)$ 是低通半带滤波器,为了恢复 $x(n)$ 需要当前块 $X(k)$ 和前一块 $X^P(k)$,则 MLT 的反变换为

$$x(n) = \sum_{k=0}^{M-1} \left[X(k)p(n,k) + X^P(k)p(n+M,k)\right]$$

为得到最好的信号重建应该选取

$$h(n) = \sin\left[\frac{(2n+1)\pi}{4M}\right]$$

G.722.1 对 20ms(16 个采样值/ms,$16 \times 20 = 320$ 个采样值)的音频帧进行运算。由于变换窗口(基函数长度)为 640 个样值,并采用 50%(320 个样值)的帧间重叠,所以有效预测缓冲区时长为 20ms。因此,总的算法延迟为帧大小与预测时长之和,即 40ms。所有其他延迟属计算延迟和网络传输延迟。

G.722.1 编码框图如图 15.4 所示。

图 15.4　G.722.1 编码框图

重叠调制变换(MLT)的输入为,当前20ms(320个样值)和紧相邻或最近的前一个20ms(320个样值)时域音频样值。每次变换产生一个有320个MLT系数的帧,对由MLT系数构成的每一帧单独进行编码,即前一帧中没有状态信息剩余下来。换言之,对当前320个MLT系数帧进行独立编码,与前面的帧无关。工作在24kb/s时,每一帧产生480bit(60B);工作在32kb/s时,每一帧产生640bit(80B)。

应该指出:对于G.722.1统计编码而言,首先,把MLT变换产生的变换系数,施加于一个计算幅度包络并加以量化的模块。幅度包络大致表示了MLT频谱,该频谱被划分成子块称为区域,各含20个MLT系数。每一区域表示500Hz带宽。因为带宽为7kHz,所以把number_of_regions(区域数目)定为14,如图15.5所示。表示7kHz以上频率的MLT系数被忽略。

图15.5　G.722.1怎样将频谱分成各含20个MLT系数的14个区域的示意图

表示幅度包络的代码比特被发送至MUX(复用设备),以便传输给解码器。幅度包络量化和编码后,余下来的比特用于分类处理过程中对MLT系统(数)进行编码。

分类程序使用量化的幅度包络和幅度包络编码(及提供四个分类控制比特)之后帧内余下的比特数目,产生16组分类(分类1至分类16)。不同的分类要求用不同数目的比特编码成相同的MLT系数。

每组分类由一组14个类别赋值组成,14个区域中的每一区域都有一个赋值。一个类别规定了一组用于一个区域的预定的量化和编码参数;每一类别与对一个区域进行编码预计所需比特的数目相关。因为此类编码器采用可变长度霍夫曼编码,所以最后所用的比特数目将随区域内MLT系数的特定序列变化。

随后,对16组算法的分类中的每一种,分别对MLT系数进行量化和编码。对于每种分类,都要求决定所需的代码比特的实际数目。

量化和编码是逐区域进行的。一组分类确定所有14个区域的类别赋值,而类别赋值则同每一区域的幅度包络一道确定用于该区域的所有20个MLT系数的全部量化和编码参数。

首先通过一个区域内的量化幅度包络将一个区域内的MLT系数归一化,然后再进行标量量化。把生成的标量量化指数组合成矢量指数。随后对矢量指数进行霍夫曼编码,即用不定数目的比特将其编码,出现频度高的矢量指数所需的比特比出现频度低的矢量指数所需的比特少。采用软件进行编码的流程图如图 15.6 所示。

图 15.6　G.722.1 软件编码流图

因为这种编解码器采用可变长度霍夫曼编码并需要一种恒定的传输比特率,所以要求采取一种能把比特率限制于通路速率的方法。可用四个分类控制比特来区分已选择了分类的解码器。分类倒换可把编码比特(表示用选定的分类产生的量化 MLT 系数)送至 MUX 进行传输。选择能提供的比特数目最接近于通道速率的分类进行传输。

15.3.2　解码器设计

对于每一帧,首先要对表示区域 0 的幅度指数的前五个比特进行解码。随后,对其余的区域进行霍夫曼解码和重建。然后才能对四个分类控制比特进行解码,以确定编码器选择和传输了 16 组可能的分类中的哪组分类。帧内其余代码比特表示量化的 MLT 系数,并按每一区域的类别信息进行解码。和编码器中的情况相似,解码器中的分类程序是把幅度包络与(当前帧内)余下的待解码比特数目一道使用,并计算出 16 组可能的分类中所用的那一组。

某些区域可能由编码器分配了一个 7 的类别赋值。这就意味着没有传输表示这些区域的 MLT 系数。类别 7 的各区域是用所谓噪声填充技术重建的。从幅度包络中可得到这些区域的 MLT 幅度平均值。解码器不是把类别 7 的 MLT 系数置为 0,而是按照该区域 MLT 系数幅度平均值的比例设置其幅度值,而每一系数的符号则是随机设置的。可用多种方法中的一种来确定系数的符号;采用一个简单的伪随机数字发生器就足够了。

噪声填充也用于类别 5 和 6,因为这些类别的 MLT 系数有许多是可量化为 0 的。这些按 0 传输的值被置为该区域幅度平均值的极小分数。符号也是随机确定的。

对于标量量化为非 0 值的那些系数,有一个预先确定的表含有归一化系数的重建值。随后,用 $rms(r)$ 的相应值对重建的值按比例缩放。把表示 7kHz 以上频率的 40 个 MLT 系数置为 0。重建了 MLT 系数之后,反向重叠调制变换(IMLT)产生 320 个新的时域样值。

除了 IMLT 最后一步重叠和加法运算之外,解码器收到的每一帧中的信息与在前一帧中的信息无关。

15.3.3　G.722.1 帧的数据包结构

按规定的音频编码算法,采用 20ms 的帧和 16kHz 抽样率时钟,将 50Hz～7kHz 带宽的宽带音频信号编码成比特率 24kb/s 或 32kb/s 中的一种。可以在任何 20ms 帧边界处改变该比特率,不过不会伴随比特流在带内提供速率变化通知。工作在 24kb/s 时,每一帧产生 480bit(60 个 8 比特组);工作在 32kb/s 时,每一帧产生 640bit(80 个 8 比特组)。从而,两种比特率都可进行 8 比特组同步而无须填充比特。

同样,附件 C 的扩展算法对 50Hz～14kHz 带宽的音频信号进行编码,帧结构和数据包格式的特性相同。表 15.2 对关键参数做了归纳。

表 15.2　G.722.1 模式的参数

	抽样率/kHz	帧长度/ms	帧大小/(bit/8 比特组)
G.722.1 24kb/s	16	20	480/60
G.722.1 32kb/s	16	20	640/80
G.722.1 附件 C 24kb/s	32	20	480/60
G.722.1 附件 C 32kb/s	32	20	640/80
G.722.1 附件 C 48kb/s	32	20	960/120

一帧内的比特数目是固定的。然而,在这种固定的帧内,本建议书使用可变长度编码(例如霍夫曼编码)来表示大多数的编码参数。除了分类控制比特参数,所有其余的比特流参数都用可变长度(比特数目可变)代码来表示。图 15.7 表明了这种情况,并示出了传输参数字段的顺序。所有可变长度代码和分类控制比特都按从最左侧比特(最高有效位)至最右侧比特(最低有效位)的顺序传输。使用霍夫曼编码就意味着不可能辨识在比特流内包含的各种编码器参数/字段,除非首先对整个帧完整地解码。

图 15.7　G.722.1 主要比特流字段及其传输顺序

15.4　参　数　编　码

15.4.1　基本概念

参数编码又称声源编码,从模拟话音提取各个特征参量并进行量化编码,可实现低速率语音编码,达到 2～4.8kb/s。但话音质量只能达到中等。

参数编码是建立在人类语音产生的全极点模型的理论上,参数编码器传输的编码参数,也就是全极点模型的参数 – 基频、线谱对、增益等。典型的有 LPC – 10、LPC – 10E;而 G.729、G.723.1 以及 CELP(FS – 1016)等码本激励声码器也离不开参数编码。

CDMA 系统也采用语音编码技术。目前,13kb/s 语音编码音质水平,达到有线长途的水平,我国已正式将 CELP 编码列入 CDMA 标准中。

1）QCELP

QCELP（QualComm Code Excited Linear Predictive，QualComm，受激线性预测编码）是美国 Qual-comm 通信公司的专利语音编码算法，是北美第二代数字移动电话（CDMA）的语音编码标准（IS95）。这种算法不仅可工作于 4/4.8/8/9.6kb/s 等固定速率上，而且可变速率地工作于 800～9600b/s 之间。Q4401、Q4413 单片语音编码器就是基于这种编码算法。QCELP 算法被认为是到目前为止效率效率最高的一种算法，CDMA 8kb/s 的话音近似 GSM 13Mb/s 的话音。

2）CELP

CELP（Code Excited Linear Prediction，码激励线性预测编码）。是最成功的语音编码算法之一。CELP 语音编码算法，用线性预测提取声道参数，用一个包含许多典型的激励矢量的码本作为激励参数，每次编码时都在这个码本中搜索一个最佳的激励矢量，这个激励矢量的编码值就是这个序列的码本中的序号。

CELP 已经被许多语音编码标准所采用，美国联邦标准 FS1016 就是采用 CELP 的编码方法，主要用于高质量的窄带语音保密通信。CELP 是一个简化的 LPC 算法，以其低比特率（4.8～9.6kb/s）著称，具有很清晰的语音品质和很高的背景噪音免疫性。

15.4.2　CELP 编码原理分析

1. CELP 压缩编码方案

它综合使用了线性预测、矢量量化、感觉加权、A－B－S（综合分析法）等技术，在 4～16kb/s 的速率上，是电话宽带语音编码得到很高的编码质量。编码器原理框图如图 15.8 所示。与 LPC 模型类似，CELP 模型中也有激励信号和声道滤波器，但它的激励信号不再是 LPC 模型中的二元激励信号。在目前常用的 CELP 模型中，激励信号来自两个方面：长时基音预测器（又称自适应码本）和随机码本。自适应码本用来描述语音信号的周期性（基音信息），固定的随机码本则用来逼近语音信号经过短时和长时预测后的线性预测余量信号。从自适应码本和随机码本中搜索出的最佳激励矢量乘以各自的最佳增益后相加，便可得到激励 $e(n)$：它一方面被用来更新自适应码本；另一方面则被输入到合成滤波器 $H(z)$ 以得到合成语音 $\hat{s}(n)$。$\hat{s}(n)$ 与原始语音 $s(n)$ 的误差通过感觉加权滤波器 $W(z)$ 后可得到感觉加权误差信号 $e(n)$，使 $e(n)$ 均方误差为最小的激励矢量就是最佳激励矢量。

图 15.8　CELP 编码其原理框图

CELP 的解码过程，与编码过程中的部分技术类似。在解码时，根据编码传输过来的信息，从自适应码本和随机码本中找出最佳码矢量，分别乘以各自的最佳增益并相加，可以得到激励信号 $e(n)$，将 $e(n)$ 输入到合成滤波器 $H(z)$，便可得到合成语音 $s(n)$。

应该指出，搜索最佳激励矢量是通过综合出重建语音信号进行的。这种通过综合来分析语音编码参数的优化方法称为综合分析法，即 A－B－S 方法。采用这种方法明显提高了合成语音的质量，但增加了编码运算量。固定码本采用不同的结构形式,就构成不同类型的 CELP。例如采用代数码本、多脉冲码本、矢量和码本的 CELP 分别称为 ACELP、MP - CE: P 和 VSELP 编码。

2. CELP 算法分析

线性预测公式如下:

$$\hat{y}(n) = -\sum_{i=1}^{p} a_i y(n-i)$$

线性预测中,采样值的时序关系图如图 15.9 所示。

图 15.9　线性预测中采样值的时序关系图

CELP 语音合成如图 15.10 所示。

图 15.10　CELP 语音合成原理图

从语音产生的机理出发,对人发音模型的有关参数进行编码,即分析 - 合成编码,可获得较好音质的同时有效降低编码率,其中最具代表性的是 LPC 和 CELP。LPC 的基本原理是根据人发声特点来建立语音产生的数学模型。

人发声时有清音和浊音之分,清音无基音,呈现与白噪声类似的平坦频谱,所以可用白噪声作为清音的激励;浊音则有振动的基本频率(基音),故可用具有一定基音频率的脉冲源作激励;而人的声管相当于一组滤波器,对不同的激励产生不同的响应,形成特定声音的输出。

为了提高重建话音的自然度,编码端可以增加一组预测滤波器,采用闭环 LPC 结构,由特征参数激励得到预测信号,将此信号与原信号 $s(n)$ 相减得到残差信号 $e(n)$,把此信号与有关参数一并编码传送,在解码端进行误差修正可有效改善语音质量。

但此时将降低编码效率,不过如果能对一定时间内残差信号可能出现的各种样值的组合按一定规则排列构成一个码本,编码时从本地码本中搜索出一组最接近的残差信号,然后对该组残差信号对应的地址编码并传送,解码端也设置一个同样的码本,按照接收到的地址取出相应的残差信号加到滤波器上完成话音重建,则显然可以大大减少传输比特数,提高编码效率。这就是 CELP 编码的基本原理。

它有两个预测滤波器,短时预测计算每一采样的残差,长时预测计算每个子帧(5ms)的残差。由码本取出的激励 $e(n)$ 经长短时预测后得到预测值,与输入信号 $s(n)$ 相减得到差值,将此差值通过感知加权滤波器,以最小均方误差准则(LMS)判定最佳激励码本 $e(n)$。

对 CELP 来说关键是码本。如果码本编得好,就可以在低码率下获得较好的语音质量。由于自 20 世纪 80 年代以来,国际上一些著名的通信研究机构和大学大力开展了这种高质量低码率编码技术的研究,一些算法迅速走向了成熟。进入 20 世纪 90 年代,随着 DSP 技术的发展,这些成果得到了广泛应用。如 1989 年通过的码率为 13.6kb/s、采用规则脉冲激励—长时预测算法的语音编码标准,在误码率为 10^{-3} 的 GSM 用信道中传输,话音质量不降低;而码速率为 5.6kb/s 的 VSELP 编码则足以使现有的 GSM 扩容 1 倍;ITU 于 1995 年下半年通过了具有长话音质的 8kb/s 编码标准,它采用共轭结构代数(CSA – CELP)算法,将用于第三代移动通信系统;具有多种码率的 IS – 96 则是美国 Qual-comm 公司为 CDMA 研制的又一种 CELP 编码。总的来说,语音压缩倍率越高,数码率越低,编码算法也越复杂,在实时压缩的条件下就不可能用逻辑电路实现,也不会用体积大、速度慢、成本高的微机实现,此时 DSP 是一种合适的选择。有资料表明,在无线基站系统中,单片 TMS320C6201 可实时完成 30 个信道的语音编解码任务。

3. CELP 特点分析

CELP 的特点是改善了语音的质量。

(1)对误差信号进行感觉加权,利用人类听觉的掩蔽特性来提高语音的主观质量。

(2)用分数延迟改进基音预测,使浊音的表达更为准确,尤其改善了女性语音的质量。

(3)使用修正的 MSPE 准则来寻找"最佳"的延迟,使得基音周期延迟的外形更为平滑。

(4)根据长时预测的效率,调整随机激励矢量的大小,提高语音的主观质量。

(5)使用基于信道错误率估计的自适应平滑器,在信道误码率较高的情况下也能合成自然度较高的语音。

15.5 语音编码中的统计编码

统计编码在图像编码中应用较多,但在语音编码中应用较少。考虑编码器的压缩性能的提升,近年来出现的音频编码算法中,统计编码也受到重视。如 MPEG 伴音和 G.722.1 中,采用了霍夫曼编码。应该指出,变长码本身具有误码扩散特性,对传输误码特别敏感,这是需要考虑的一个因素。

第16章　信息系统优化设计

16.1　图像变换编码系统优化设计

16.1.1　变换编码举例

例16.1　有一二维图像信号为

$$f = \begin{bmatrix} 2 & 2 & 1 & 1 \\ 2 & 2 & 1 & 1 \\ 1 & 1 & 0 & 0 \\ 1 & 1 & 0 & 1 \end{bmatrix}$$

试对其进行 Walsh 变换,说明应采用哪一种编码方法。故有

$$F = \frac{1}{4} \begin{bmatrix} 1 & 1 & 1 & 1 \\ 1 & 1 & -1 & -1 \\ 1 & -1 & -1 & 1 \\ 1 & -1 & 1 & -1 \end{bmatrix} \begin{bmatrix} 2 & 2 & 1 & 1 \\ 2 & 2 & 1 & 1 \\ 1 & 1 & 0 & 0 \\ 1 & 1 & 0 & 1 \end{bmatrix} \begin{bmatrix} 1 & 1 & 1 & 1 \\ 1 & 1 & -1 & -1 \\ 1 & -1 & -1 & 1 \\ 1 & -1 & 1 & -1 \end{bmatrix}$$

$$= \frac{1}{4} \begin{bmatrix} 6 & 6 & 2 & 3 \\ 2 & 2 & 2 & 1 \\ 0 & 0 & 0 & 1 \\ 0 & 0 & 0 & -1 \end{bmatrix} \begin{bmatrix} 1 & 1 & 1 & 1 \\ 1 & 1 & -1 & -1 \\ 1 & -1 & -1 & 1 \\ 1 & -1 & 1 & -1 \end{bmatrix} = \frac{1}{4} \begin{bmatrix} 17 & 7 & 1 & -1 \\ 7 & 1 & -1 & 1 \\ 1 & -1 & 1 & -1 \\ 1 & -1 & -1 & 1 \end{bmatrix}$$

由 F 可见,应采用区域采样法或区域编码法为宜。

16.1.2　正交变换编码的性能分析

1. 速率失真函数的估计

根据前面的讨论,变换域的各样值 $F(s,t)$ 可以看作是相互独立(F 为对角线矩阵),或近似独立的。当 $F(s,t)$ 的概率分布看作是正态分布时,N 个样值可看作为 N 维矢量,因此

$$P(F_0 F_1 \cdots F_{N-1}) = \prod_{k=0}^{N-1} P(F_k) \prod_{k=0}^{N-1} \frac{1}{\sqrt{2\pi\sigma_{kk}^2}} e^{-F_k^2/\sigma_{kk}^2}$$

式中:σ_{kk}^2 是 Φ_y 特征值 λ_k,故有

$$P(F_0 F_1 \cdots F_{N-1}) = \prod_{k=0}^{N-1} P(F_k) \prod_{k=0}^{N-1} \frac{1}{\sqrt{2\pi\lambda_k}} e^{-F_k^2/\lambda_k}$$

我们已知,每样值的速率失真函数为

$$R(\delta_k) = \begin{cases} \dfrac{1}{2}\log\dfrac{\sigma_k^2}{\delta_k} & (\sigma_k^2 = \lambda_k \geqslant \delta_k) \\ 0 & (\sigma_k^2 < \delta_k) \end{cases}$$

那么,N 维矢量的速率失真函数为

252

$$R(\delta) = \begin{cases} \dfrac{1}{N}\displaystyle\sum_{k=0}^{N-1}\dfrac{1}{2}\log\dfrac{\sigma_k^2}{\delta_k} & (\sigma_k^2 = \lambda_k) \qquad (16.1a) \\[3mm] \delta = \dfrac{1}{N}\displaystyle\sum_{k=0}^{N-1}\delta_k & \qquad\qquad\qquad (16.1b) \end{cases}$$

现在的问题是,总样确定 δ_k,使得在满足式(16.1b)的前提条件下,求式(16.1a)的最小值,故由拉格朗日法,得

$$\frac{\partial}{\partial \delta_k}\Big[R(\delta) + S\Big(\delta - \frac{1}{N}\sum_{k=0}^{N-1}\delta_k\Big)\Big] = 0$$

所以

$$\frac{\partial}{\partial \delta_k}\Big[\frac{1}{2}\sum_{k=0}^{N-1}\log\frac{\lambda_k}{\delta_k}\Big] - \frac{\partial}{\partial \delta_k}\Big[\frac{S}{N}\sum_{k=0}^{N-1}\delta_k\Big] = 0$$

由此可求得

$$S = -\frac{1}{2\delta_K} \qquad 0 < \delta_k < \lambda_k$$

因而,总可以找到一个 i,使

$$\delta_k = \begin{cases} -\dfrac{1}{2S} & (k < i) \\[3mm] \lambda_k & (k \geq i) \end{cases}$$

应该指出,在此已使 λ_k 进行了次序排列,即有 $\lambda_0 \geq \lambda_1 \cdots \geq \lambda_{N-2} \geq \lambda_{N-1}$。若记 θ 为式(16.1a)和式(16.1b)的参数,即

$$\delta_\theta = \frac{1}{N}\sum_{k=0}^{N-1}\min\{\theta,\lambda_k\} \qquad \Big(\theta = -\frac{1}{2S}\Big)$$

$$R(\delta_\theta) = \frac{1}{N}\sum_{k=0}^{N-1}\max\Big\{0,\frac{1}{2}\log\frac{\lambda_k}{\theta}\Big\}$$

那么 $\delta_\theta, \lambda_k, \theta$ 三者之间的关系如图 16.1 所示。

图 16.1 $\delta_\theta, \lambda_k, \theta$ 之间的关系图

若 θ 定得非常小,使得 $\lambda_k \geq \theta$,那么就有

$$R(\delta) = \frac{1}{N}\sum_{k=0}^{N-1}\frac{1}{2}\log\frac{\lambda_k}{\theta} = \frac{1}{2N}\log\Big(\prod_{k=0}^{N-1}\lambda_k\Big) - \frac{1}{2N}\log\theta^N$$

$$= \frac{1}{2N}\log\Big(\prod_{k=0}^{N-1}\lambda_k\Big) - \frac{1}{2}\log\theta \qquad (16.2)$$

但是我们知道

$$\boldsymbol{\Phi}_y = \boldsymbol{T}\boldsymbol{\Phi}_x\boldsymbol{T}^{\mathrm{T}} = \mathrm{diag}(\lambda_0\lambda_1\cdots\lambda_{N-1})$$

两边取行列式$|TT^\mathrm{T}| = 1$,因此

$$|\boldsymbol{\Phi}| = |T^\mathrm{T}\mathrm{diag}(\lambda_0\lambda_1\cdots\lambda_{N-1})T| = |T\,T^\mathrm{T}||\mathrm{diag}(\lambda_0\lambda_1\cdots\lambda_{N-1})| = \prod_{k=0}^{N-1}\lambda_k \qquad (16.3)$$

因而就有(式16.2)和式(16.3))

$$R(\delta) = \frac{1}{2N}\log|\boldsymbol{\Phi}_x| - \frac{1}{2}\log\theta \qquad (16.4)$$

若设$N\to\infty$时的$R-\delta$函数为$R(\delta)$,则有

$$R_N(\delta) = R_N(\delta)\bigg|_{N\to\infty} = \frac{1}{2N}\log|\boldsymbol{\Phi}_x| - \lim_{N\to\infty}\frac{1}{2N}\log|\boldsymbol{\Phi}_x|$$

该式就表示了,由于只取有限长度而增加的信息率。由式(16.4)可见,当θ一定时,$R(\delta)$取决于$\boldsymbol{\Phi}_x$的结构。

例16.2 $N=3$,设$\boldsymbol{\Phi}_x$是一个 Toeplitz 矩阵,即

$$\boldsymbol{\Phi}_x = \begin{bmatrix} 1 & \rho & \rho^2 \\ \rho & 1 & \rho \\ \rho^2 & \rho & 1 \end{bmatrix} \quad (\rho < 1)$$

当$\rho = 0$时,信源实际上可看作为随机白噪声。因而$|\boldsymbol{\Phi}_x| = 1$。若$\rho = 0.5$,即输入为某随机过程,则可求出$|\boldsymbol{\Phi}_x| = 1 + \rho^4 - 2\rho^2 = 0.56$。若$\rho = 0.9$,即信源相关性很强,那么$|\boldsymbol{\Phi}_x| = 1 + 0.64 - 1.6 = 0.04$。由此可见,第一种情况所需比特数最多。而相关性越强的信源,经过变换后,变换增益越高,所需的比特数就越少。因而从数据压缩的角度来看,对于独立信源来说,几乎没有压缩的可能性。但人们是幸运的,实际中的信源往往是具有一定的相关性的。

2. 信道误码的影响

对于变换编码来说,由于再现信息$\{f'(m,n)\}$中的每个元素都与所有(子图像内)变换系数有关,因而,一位传输误码将影响到所有的子图像$\{f(m,n)\}$,就是变换编码的特点之一。尽管是这样的,某一误码位置的不同又将产生不同的影响效果,因为前面已讨论过,各变换域系数的能量是不一样的,而大部分能量集中在低频率区域的系数上。于是当误码发生在低频率系数上时,所产生的后果是比较大的。

应该指出,正交变换编码对误码的敏感程度与预测变换编码比较要弱一些,这是因为它只影响子图像的恢复,而 DPCM 将会影响一串,即有误差扩散现象。

3. 误差分析

在此应该指出,正交变换编码,关于其中的量化问题,没有作专门的讨论。它与预测变换编码中的量化问题类似,因而,在正交变换编码中也存在着由于量化而引起的图像失真,如颗粒噪声等。在变换编码中,还有低通滤波效应,即图像细节模糊,或散焦现象。

16.1.3 主观评定

我们应首先说明,要想全面地评述和综论主观评定对编码量化的影响,是一项专门的研究课题。它涉及到各种信源特性,人的器官的精神特质等边缘科学。因此,在这里只是以图像为例,来说明问题的必要性。

前面讨论的准则,都是基于最小均方误差准则。这个准则对于主观评定而言,通常不是最佳的。例如,对图像亮度而言,同样的改变量,低亮度像素要比高亮度元素给人们视觉带来的影响要明显。因此,为了减小这种误差的影响,就必须对低亮度象元的量化给予更多的比特数(或更多的量化分

层）。于是,在恢复的图像中,每个元素是所有变换域分量的线性组合。故对于幅度低的分量也应有较多的量化分层数。从这点来看,似乎是与均方误差准则相矛盾。

另外,人眼对高频分量的亮度跳变是很敏感的,因此在这些分量上产生的量化噪声将给人们以显著的恶感。故又希望对高频分量的量化分级数要大于同幅度的低频分量。这样,不妨可以说,在给定频率的前提下,幅度低的要给予较多的量化分层数,而在幅度给定的条件下,频率较高的分量却要给予较多的量化分层数。因此,这样的准则,给人们带来了许多难题和任务。

为了解决上述问题,人们就提出了许多非线性量化器。按着主观评定准则设计最佳量化器的方法,称为第二类方法。若对主观视觉特性有进一步研究,那么第二类设计方法就会优于按最小均方误差准则设计最佳量化器的方法。因为任何图像,直接还是间接地最终是要由人的眼睛来观赏的。

在主观评定准则中,应首先严格规定图像质量标准。电视图像质量一般分为五分制。

16.2　接入网优化设计

16.2.1　接入网研究背景

为了在公用电话网 PSTN 的普通双绞线上实现高速的数据传输,需要研究所谓的"数字用户环路"(Digital Subscriber Line,DSL)技术。对其进行优设计的理论武器就是 $C(\beta)$ 函数。下面的讨论将使您清晰可见。

DSL 的数据传输速率一般为 $1.5 \sim 52$ Mb/s,传输距离一般为 $0.3 \sim 6km$。根据所采用的技术和性能指标,DSL 技术可分为 ISDN、HDSL、SDSL、ADSL 以及 VDSL。

20 世纪 60 年代,AT&T 贝尔实验室决定研究端到端的、完全的数字电话网络(Integrated Service Digital Network,ISDN)。由于交换机和传输干线的数字化已经先行启动,所以 ISDN 系统的主要研究工作就是使模拟本地环路数字化。因此,ISDN 被认为是第一代的 DSL 技术。在 ISDN 中,传输速率接口有两个:一个是基本速率接口(Basic Rate Interface,BRI),由两个 B 通道和一个 D 通道构成,标准速率为 $2B + D16 = 2 \times 64 + 16 = 144kb/s$;另一个是一次群接口(Primary Rate Interface,PRI),它用于集成 BRI 连接。标准速率为 $23B + D64 = (23 \times 64 + 64)kb/s = 1.544Mb/s$(T1:美国标准)或 $30B + D64 = (30 \times 64 + 64)kb/s = 2.048Mb/s$(E1:欧洲标准)。

1984 年,出现了直接为用户安装的 T1 系统,它是由两对双绞线构成的,一对用于发送,另一对用于接收,传输速率达到 1.5Mb/s。为了提高传输距离可每隔约 2km 加装再生器。这样,两对双绞线传输能力就由仅传输两路模拟话音扩展为 24 路数字电话,可见,T1 技术在 PSTN 的数字接入部分也取得了成功。HDSL 是 Bellcore 公司在 20 世纪 80 年代中期提出的,目的是解决 T1 应用中的物理限制,其思路是在无再生器的情况下在约 4km 单对双绞线上达到 784kb/s 的传输速率。为了进一步解决 HDSL 的局限性,Bellcore 公司又提出了第二代 HDSL,即 HDSL2。HDSL2 采用了 CAP(Carrierless Amplitude and Phase)调制技术。由于 HDSL2 只用一对双绞线实现对称传输,因此也称为 SDSL 或称为对称 DSL(Symmetric DSL)。

1989 年,Bellcore 公司提出了 ADSL 的概念,即非对称 DSL(Asymmetric DSL)。其最初的目的就是,实现下行(是指从局端到用户端)传输速率为 1.5Mb/s,上行(是指从用户端到局端)传输速率为 16kb/s。到了 1993 年,下行传输速率提高到了 6Mb/s,而上行传输速率提高到了 64kb/s。ADSL 采用非对称传输方法,一是考虑了实际应用情况,如从 Internet 下载数据的业务量远远大于上行传输的数据量;二是实现数据传输与话音传输在一对双绞线上的兼容性。

ADSL 全速率(下行速率为 8Mb/s,上行速率为 640kb/s)标准,称为 G. dmt,不用分离器(Splitter)

的 ADSL 标准,称为 G. Lite。

1994 年,出现了 VDSL(Very High Bit Rate DSL)。这是对 ADSL 概念的扩展,它的目标是实现 52Mb/s 的下行传输速率,并且速率可变、距离可变,既可对称传输,也可不对称传输。

应该指出的是,1990 年,美国 Stanford 大学 John M. Cioffiketi 课题组和 AT&T 贝尔实验室同时开展研究 ADSL 的线编码技术,即 MODEM 中的调制技术。采用了"离散多音调制"(Discrete Multi-Tone,DMT)技术,它是 ADSL 的核心技术之一。

美国 Stanford 大学并采用实用的办法解决了这种技术中的多个实践问题。这种技术迅速成为美国和世界的标准,在一年内,就有超过 20 家主要的传输系统销售商准备提供基于 DMT 的产品。到 1995 年,基于 DMT 调制的 ADSL 调制器,成为美国国家标准化组织 ANSI 的标准,随后也成为欧洲 ETSI 和国际电信联盟 ITU 的标准。目前,世界各主要 ADSL 设备商,都提供基于 DMT 标准的 AD-SL MODEM。

16.2.2 关键技术分析

1. 多音调制的基本概念

所谓多音传输,即是把整个通信信道,在频域上划分为很多个很窄的子信道。在每个子信道上仍然采用 QAM 或类似的带通信号进行传输,其中 QAM 的通带中心频率应该与相应子信道的中心频率一致。因此,这种调制方法是在同一个通信信道上采用两个或更多的并行带通信号承载一个单一的比特流,而在接收机中,不同的带通信号分别独立地进行解调,再通过解复用恢复出原始的传输比特流。

应该指出,若每个子信道的带宽足够窄,则基本可以认为这个子信道内的频率响应是平坦的,则它周期延拓后的频谱是全通的。因此,根据 Nyquist 定律,在每个子信道中就是没有符号间干扰(Inter Symbol Interference,ISI)。所以多音频调制的关键是要把整个信道划分为足够多的子信道,以使每个子信道内的频率响应特性是平坦的。

再从时域的角度说明多音调制可以消除 ISI,根据傅里叶变换的对偶性,子信道上很窄的传输带宽意味着很长的符号周期。实际上,每个子信道中传输的符号周期 T 远远大于整个信道的脉冲响应长度。因此,相比于子信道的符号周期 T,整个信道的脉冲响应长度几乎是可以不记的。这相当于信道的脉冲响应可以看作是一个冲击函数,因此,信道中没有 ISI。

2. 多音调制的特性分析

一个多音调制系统如图 16.2 所示。该系统说明如下:

(1) 信号调制,共有 N 个类似于 QAM 的带通调制器和一个基带的 PAM 调制器,共同来发送 $N+1$ 个子符号元素 $X_n(n=0,1,\cdots,N)$。X_n 在第 n 个子信道上传输,子信道的载频为 $f_n = n/T$(T 为符号周期)。因此,发送所有信号可以看作为 $N+1$ 个独立的发射子信道。

(2) 传输速率,如果每个子信道承载的比特数为 b_n,则多音传输的总比特数为

$$b = \sum_{n=0}^{N} b_n$$

那么,它的传输速率为

$$R = \frac{b}{T} = \sum_{n=0}^{N} R_n$$

3. 多音调制的关键问题

1) 信道划分问题

如何划分子信道才是最优的、才能最有效的消除 ISI?

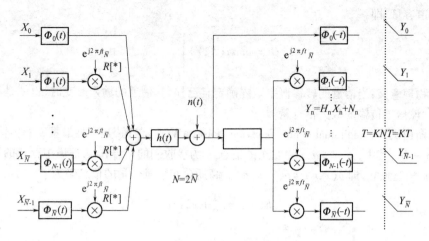

图 16.2　多音调制系统

2）比特加载问题

在划分子信道后,不同的子信道可以按照相同的比特速率进行传输,也可以按照不同的比特速率进行传输,因此,各个不同的子信道中分配比特数的准则是什么? 应如何实现最优分配?

一般原则就是,具有大信噪比的子信道内加载较多的比特,在小信噪比的子信道内加载较少的比特,而在信噪比特别差的子信道内不加载任何比特,这样的分配可证明就是最优的。

3）信道辨识问题

由前述可见对不同的子信道特性可寻求进行最优的比特分配,但是,不同子信道的特性应如何获得? 这就是信道的辨识问题。

信道辨识有多种方法,一般是在数据传输开始之前,发射一个在接收端已知结果的训练序列,接收端接收到这个训练序列之后,接收机可测量信道的脉冲响应和噪声的功率谱密度,并计算出信噪比。当然,接收机也可直接测量信道的信噪比。当训练阶段完成后,系统才进入真正的数据传输状态。

4）信道缩短问题

根据前面的分析,希望在每个子信道中传输的符号周期 T 远远大于整个信道的脉冲响应长度。也就是说,如果脉冲响应长度较短,上述条件会易于满足。因此,在 DMT 调制中,通常是需要一个信道缩短功能把信道的脉冲响应长度缩短到足够小,这个功能的实现,一般采用时域均衡器。

5）频域均衡

由于每个子信道的增益都是不同的,尽管发端信号星座之间距离间隔相同,但经过不同的子信道之后会变得不同,这样就需要对不同的子信道采用不同的检测器。为了采用同样的检测器对不同的子信道的输出进行检测,这时就需要把不同的子信道的增益调整为相同的,这个调整子信道特性的过程就是频域均衡。

6）信道的变化与比特互换

在实际的传输中,信道特性可能会发生变化,这就使得原来最优化的比特分配方案变差。为了保持比特分配的最优化,就需要及时的进行比特分配方案的调整,即是把信噪比变小的子信道减少比特数;而把信噪比变大的子信道增加比特数。

4. 关于信道的容量及其子信道的比特配置

信道即信息传输的路径信道传输信息的特性如何? 可由信道容量或容量代价函数进行定量描述。这就是信息论的意义所在。

所谓信道容量,即

$$C = \max I(X;Y) \Big|_{p(x)}$$

信道容量的物理意义:当信道的转移概率矩阵确定且已知,其信道的输入改变时,也就是不同的信源接入条件下,该信道传输的最大信息量。

加性高斯白噪声(Additional White Gaussian Noise,AWGN)信道,是一种最重要的传输信道,其模型如图 16.3 所示,其中,$y = x + n$,x 为发送的信息,y 为接收到的信号,n 为信道中存在的加性高斯白噪声。x 与 n 相互独立,即 $p(x,n) = p(x)p(n)$。高斯分布随机变量的信息熵为

$$h(X) = \frac{1}{2}\log 2\pi e\sigma^2$$

图 16.3　AWGN 信道模型

5. 高斯噪声信道的容量与"注水算法"

对 AWGN 信道,有

$$h(Y \mid X) = -\iint p(x)p(y \mid x)\log p(y \mid x)\,\mathrm{d}x\mathrm{d}y$$

$$= -\iint p(x)p(n)\log p(n)\,\mathrm{d}x\mathrm{d}n = h(n)$$

$$I(X;Y) = h(Y) - h(Y \mid X) = h(Y) - h(n)$$

由于 n 与 x 无关,所以,当 $h(Y)$ 最大化时,$I(X;Y)$ 也有最大化。根据"高斯分布的最大熵"定理,只有当 y 为高斯分布时 $h(Y)$ 才达到最大化。这样,$n + x = y$ 也是高斯分布的,y 的方差为 $\sigma_y^2 = \sigma_x^2 + \sigma_n^2$。因此,最终就得到

$$C = \max I(X;Y)\Big|_{p(x)} = \frac{1}{2}\log_2\left(1 + \frac{\sigma_x^2}{\sigma_n^2}\right) = \frac{1}{2}\log_2(1 + \mathrm{SNR})$$

式中的单位为"bit/维",它表示每维调制所能传输的最大比特数。

如果符号传输速率(抽样速率)为 $1/T$,则每单位时间所能传输的最大信息量为

$$C = \frac{1}{T} \cdot \frac{1}{2}\log_2(1 + \mathrm{SNR}) = \frac{1}{2T}\log_2(1 + \mathrm{SNR}) = W\log_2(1 + \mathrm{SNR})$$

当抽样速率为 $1/T$ 时,对一个子信道而言,且满足抽样定理,这意味着每个频率周期抽样两次,所以频带宽度 $W = 1/2T$。

6. 并行高斯白噪声信道

并行高斯白噪声信道(简称并行 WGN 信道)是由多个独立的 AWGN 信道并行构成的,如图 16.4 所示。

其中每个信道上的加性噪声 $n_i(i = 1,2,\cdots,N)$ 都是相互独立的。在并行 WGN 信道中,各个信道上的发射能量 $\varepsilon_i(i = 1,2,\cdots,N)$ 满足以下约束条件:

$$\varepsilon_x = \sum_i \varepsilon_i$$

显然，ε_x 就是各个信道上发射能量的总和。并行 WGN 信道的主要问题就是在总能量 ε_x 一定的约束条件下，如何最优地分配各个信道上的能量 ε_i，使得整个信道的传输效率最高。

并行 WGN 信道的各个子信道上的加性噪声都是独立的，因此，并行 WGN 信道的互信息量就是各个子信道上互信息量之和，即

$$I(\boldsymbol{X};\boldsymbol{Y}) = \sum_i I(X_i;Y_i)$$

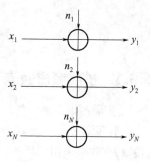

图 16.4　并行独立信道

把信道容量表达式代入上式，可得

$$C_B = \max I(\boldsymbol{X};\boldsymbol{Y}) = \sum_i \max I(X_i;Y_i) = \sum_i C_i$$

$$= \frac{1}{2} \sum \log_2 \left[1 + \frac{\varepsilon_i}{\sigma_i^2} \right] = \log_2 \prod_{i=1}^{N} \left[1 + \frac{\varepsilon_i}{\sigma_i^2} \right]^+$$

显然，要想达到总的信道容量 C_B，就要寻找各个信道上能量 ε_i 的最优分配方法，即

$$C_B = \max_{\varepsilon_i} \frac{1}{2} \sum \log_2 \left[1 + \frac{\varepsilon_i}{\sigma_i^2} \right]$$

其约束条件为总能量一定，即

$$\sum \varepsilon_i = \varepsilon_x \quad (\varepsilon_i \geqslant 0) \tag{16.5}$$

采用拉格朗日定理求最大值，构造函数

$$L = \frac{1}{2} \sum \log_2 \left[1 + \frac{\varepsilon_i}{\sigma_i^2} \right] + \lambda \left(\varepsilon_x - \sum \varepsilon_i \right)$$

对 ε_i 和 λ 分别微分，并令微分的结果等于 0，可求得

$$\varepsilon_i + \sigma_i^2 = \lambda' = 常数 \tag{16.6}$$

这就是各个子信道上的最优分配方案。

图 16.5 直地显示了式(16.5)和式(16.6)所能表达的能量分配的含义。式(16.6)的含义是要求各个子信道上分配的信号能量 ε_i 与相应的噪声能量 σ_i^2 之和等于常数。

图 16.5　离散 WGN 信道的"注水算法"

由于噪声能量与信噪比成反比，所以，式(16.6)的含义就是：在信噪比大的子信道（意味着 σ_i^2 较小），应分配较多的信号能量 ε_i；反之，就分配较少的信号能量 ε_i。这样的分配要保证各个子信道中的信号能量与噪声能量之和为常数，一直到所有的信道能量都被分配完为止，即满足式(16.5)的约束。这样的能量分配相当于在不同的子信道中注入能量，因此，把这种方法称为"注水算法"。在图中噪声的能量用信噪比的倒数 $1/g_i$ 代替，其中 g_i 表示信噪比，显然，$1/g_i$ 较小的子信道可以注入较多的能量；反之，只能注入较少的能量。对于信道 2，5，由于信噪比 g_2,g_5 太小，因此，在这两个子信道无法注入能量，这就意味着这两个子信道无法传输信息。

16.3　扩展频谱通信的理论基石

16.3.1　扩展频谱通信

1. 扩展频谱通信特性

扩展频谱通信(Spread Spectrum Communication,SSC)是将待传送的数据由伪随机码进行调制后再传输,在收端采用同样的伪随机码进行解调恢复原数据的一种通信方式。它具有很强的抗干扰能力、很好的隐蔽性能。特别是在对抗敌方人为干扰方面效果更为突出。

扩频通信的理论依据,实际上就是前面讨论的信道的容量代价函数。例如,$\sigma^2 = N_0/2$,$\beta = PT/n$时,高斯信道的容量表达式为

$$C(\beta) = \frac{1}{2} \log_2 \left(1 + \frac{2PT}{nN_0} \right) \quad (\text{bit/ 符号}) \tag{16.7}$$

当信道带宽为 $W = n/2T$,每秒传输 $n/T = 2W$ 个符号,其容量为

$$C = W \frac{1}{2} \log_2 \left(1 + \frac{P}{WN_0} \right) (\text{bit/s})$$

该式说明,当传输速率一定时,频带 W 越宽,信号的信噪比越低,非合作接收者无法恢复原信号。所接收的信号似噪声,这样就可实现隐蔽通信。

2. 扩展频道通信的应用与发展

军事通信机关对军事通信、空间探测、卫星侦察等方面应用扩频通信的研究非常活跃。由于这种通信方式具有抗干扰、抗噪声、抗多径衰落以及低功率谱密度下工作具有传输隐蔽性、可多址复用和选址灵活等优点。目前受到各国的重视,发展十分迅速,应用越来越广泛。从应用目的来分,有军用和民用两大领域。由于用于军事目的的系统,对抗毁性、保密性和可靠性要求非常高,同时对对抗敌方的侦察、截获和有意干扰的要求也很高。因此,扩展频谱已广泛用于各种通信、信息系统、武器系统和 C⁴I(通信、指挥、控制和情报)系统。在海湾战争中,以美国为首的多国部队使用了大量的采用扩频技术的系统,如联合战术信息分发系统(Joint Tactical Information Distribution System,JTIDS),是美国陆海空三军的一个战术无线网络,它为部队提供抗干扰通信、为战斗部队提供定位等。在民用方面,如移动通信、个人通信中扩频技术大有用武之地。在数字蜂窝移动通信系统中采用扩频技术,其目的是提高频谱利用率、减少公共信道的干扰的影响。在民用卫星通信中采用扩频技术,对信号能量进行扩散以减少卫星系统间的干扰。在卫星定位系统中,利用伪随机序列进行测距、测速和定位等。

地面战术通信、海空战术通信中采用扩频技术的目的是为了提高通信的抗干扰能力,在地面区域性战斗网的电台中采用跳频系统,最先开发 VHF 频段的低端(30～88MHz),后来扩展到 UHF(300 MHz 以上);在海空战术通信中的 Have Quick 系统,其工作频段为 225～400MHz,它采用跳频技术作为抗干扰措施。目前,跳频系统的跳速可到上万次甚至到几十万次跳每秒,采用直接序列跳频和跳频混合式扩展频谱战术电台,其目的是进一步提高抗干扰能力;提高抗干扰性能和数字化是战术电台的发展方向。

电台产品比较多,如美国 Harris 公司的 RF－3090 电台,采用跳频技术,跳速为 200 跳/s,工作频段为 30～90MHz;英国 Recal－Tacticom 公司的 Jaguar 系列电台,采用跳频技术,跳速为 150～200 跳/s,工作频段为 30～88MHz;意大利 Telettra 公司的 Hydra V 电台,采用直接序列/跳频混合扩频技术,工作频段为 30～88MHz,跳速为 200 跳/s。

16.3.2 扩展频谱通信技术

还要指出,图16.6所给出的系统被称为直接序列扩频工作方式,即(Direct SequenceSpread Spectrum,DS)方式,这是目前用得最多、也是最典型的一种。第二种是跳频扩频方式,即 FH(Frequency Hopping)方式。如图16.7所示,在这种方式中,数据 D 经普通调制变成带宽为 B_1 的信号,作为发射载频的调制信号,对发射载频进行调制后再发射,发射信号的带宽仍为 B_1,但是,发射载波频率在 B_2 带内、在 PN 码的控制下随机跳变,实现了从 B_1 的信号向 B_2 信号的扩频变换。发射载波频率的产生器,就是频率合成器。第三种为跳时(Time Hopping)方式,即 TH 方式。其基本结构如图16.8所示。在该系统中,数据被送到受伪随机码控制的脉冲调制发射机,所发出的携带原数据的射频信号是一个伪随机间隔的信号。关于扩频技术,还有许多研究领域,有不少新技术、新产品出现,在这里就不再介绍了。

图16.6 扩频通信原理图

图16.7 FH 方式的基本结构

图16.8 TH 方式的基本结构

扩频传输系统的基本理论依据,应该是著名的香农限频限功率高斯信道的容量公式 $C = F(1 + S/N_0 F)$,式中 F 为信号的带宽,S 为信号功率,N_0 为每赫内的噪声功率,表示噪声的强度,$N_0 F$ 就是噪声的总功率。从这个公式可见,当传输的信息量一定时,信号功率也是有限的一个定值,频带 F 变得越宽,则 $N_0 F$ 越大,信号噪声比也就越低。所以扩频传输系统把信号淹没在噪声之中,因此,扩频传输具有很好的隐蔽性,对接收者来说,只有用与发送者完全相同的伪随机码进行相关处理,才能恢复出原数据,而对第三者来说,若不能获得与发送者完全相同的伪随机码,也就不可能恢复出原数据,因此,扩频传输具有一定的保密性。

16.4　通信系统优化设计

16.4.1　通信系统优化指标

一个通信系统(或一个信息系统)的优化设计,必须遵循一定的准则和具体目标来进行,香农信息论中的信源编码定理和信道编码定量指出了优化设计所追求的传输效率和传输可靠性的目标,$C(\beta)$ 函数的提出以及下面所要讨论的定理16.1,为进行通信系统优化设计提出了系统经济性目标,这就为我们设计高效、可靠、经济的通信系统提供了理论依据。

为了讨论系统优化设计原则,首先定义三个参数:

(1) 平均代价 $\bar{\beta} = \dfrac{1}{n} E[b(X)]$,每符号的平均代价;

(2) 平均失真 $\bar{\delta} = \dfrac{1}{K} E[d(U, V)]$,每符号的平均失真;

(3) 传输速率 $\bar{r} = \dfrac{K}{n}$,每传输符号的信息传输速率。

对一个给出的信源和信道,我们总是希望设计一个 $\bar{\beta}$、$\bar{\delta}$ 较小,$\bar{r}$ 较大的最佳系统,当然,这些目标是相悖的,那么在什么情况下才是可能的呢?

定理 16.1　对一个已给出的信源和信道

(1) $\bar{\beta}$、$\bar{\delta}$ 和 $\bar{r}$ 必满足

$$\bar{r} \leqslant \frac{C(\bar{\beta})}{R(\bar{\delta})}$$

(2) 逆命题:给出 $\beta > \beta_{\min}$,$\delta > \delta_{\min}$,以及

$$r < \frac{C(\beta)}{R(\delta)}$$

设计一个如图16.9所示的系统是可能的,且使得 $\bar{\beta} \leqslant \beta$,$\bar{\delta} \leqslant \delta$,此及 $\bar{r} \geqslant r$。(U_K, X_n, Y_n, V_K) 形成一个马尔柯夫链。

$$U_k \rightarrow \boxed{\text{信源、信道编码器}} \xrightarrow{X_n} \boxed{\text{信道}} \xrightarrow{Y_n} \boxed{\text{信源、信道译码器}} \rightarrow V_k$$

图16.9　通信系统模型

证明:由定理10.5,知

$$I(U; V) \leqslant I(X; Y)$$

$$E[b(X)] = n\bar{\beta}(I(X; Y) \leqslant C_n(\bar{\beta}))$$

由

$$C(\beta) = \sup_n \frac{1}{n} C_n(\beta) \quad (n = 1,2,\cdots)$$

所以

$$C_n(\beta) \leqslant nC(\bar{\beta}) = \text{DMC} \tag{16.8}$$

和

$$I(\boldsymbol{U};\boldsymbol{V}) \leqslant nC(\bar{\beta}) \tag{16.9}$$

同样，$E[d(\boldsymbol{U},\boldsymbol{V})] = K\delta$，由

$$R_k(\delta) = \min\{I(\boldsymbol{X};\boldsymbol{Y}) : E[d(\boldsymbol{U},\boldsymbol{V})] \leqslant K\delta\}$$

故有

$$I(\boldsymbol{U};\boldsymbol{V}) \geqslant R_K(\bar{\delta}) = k \cdot R(\bar{\delta})$$

又由

$$R(\delta) = \inf_K \frac{1}{K} R_K(\delta) \quad (K = 1,2,\cdots) \tag{16.10}$$

$$I(\boldsymbol{U};\boldsymbol{V}) \geqslant K \cdot R(\bar{\delta}) \tag{16.11}$$

综合上述各式，可得

$$nC(\bar{\beta}) \geqslant KR(\bar{\delta})$$

$$\bar{r} = \frac{K}{n} \leqslant \frac{C(\bar{\beta})}{R(\bar{\delta})}$$

由上述证明可以看出，收发端联合最优化的观点，收发端均采用了信源编、译码和信道编、译码。这从物理意义上是可以理解的：任何信源都有冗余的成份，不经过信源编码、去除多余成份，就不可能有高的传输效率，也不可能实现低 $\bar{\beta}$ 的目标。

任何信道都有一定的噪声，不经过信道编码就不可能提高可靠性，也就不可能降低 $\bar{\beta}$、$\bar{\delta}$，提高 $\bar{r}$。一句话，不经过源道编码，就不可能建立可靠、高效、经济的通信系统或信息系统。如图 16.10 所示给出了系统的优化设计指标。

图 16.10　系统的优化设计指标

16.4.2 通信系统优化设计举例

例 16.3 有一个系统设计者,准备设计一个编码通信系统,信源是一个高斯过程、信道为 BSC,其比特错误率为 0.1,每秒钟可接收 10^4 个二元符号。传输 0,1 的代价为 $b(0) = 0, b(1) = 10^{-5}$ 元,以每秒钟 R 的抽样速率对高斯过程进行抽样(每个样值为一个 0 均值,方差为 1 的高斯随机变量)并进行二元编码,编码所容许的最大失真为 δ,使用信道所能承担的平均费用为每分钟 B 元,试检验下述 B, δ, R 数组,哪一组在理论上是可实现的?

$B/$元	δ	R
0.6	0.1	1250
1.8	0.2	15000

解:(1) 由 $b(0) = 0, b(1) = 10^{-5}$,而

$$\beta = \sum_x p(x)b(x) = p(1) \times 10^{-5}$$

$$\Downarrow$$

$$p(1) = 10^5\beta, \qquad p(0) = 1 - 10^5\beta$$
$$p(y_0) = (1 - 10^5\beta)q + 10^5\beta p$$

由题意可得

$$10^4 \times p(1) \times 10^{-5} = \frac{0.6}{60} = \frac{1}{100} \quad (\text{每秒钟的平均代价})$$

$$\Rightarrow p(1) = \frac{1}{100} \times 10 = \frac{1}{10}, \; p(0) = 1 - p(1) = \frac{9}{10}$$

$$\Rightarrow \beta = p(1) \times 10^{-5} = \frac{1}{10} \times 10^{-5} = 10^{-6}$$

代入 $C(\beta)$ 表达式,即

$$\begin{aligned}
C(\beta) &= H(Y) - H(Y \mid X) \\
&= H[(1 - 10^5\beta)q + 10^5\beta p] - H(P) \\
&= H\left[\left(1 - \frac{1}{10}\right)\frac{9}{10} + \frac{1}{10} \times \frac{1}{10}\right] - H\left(\frac{1}{10}\right) \\
&= H\left(\frac{82}{100}\right) - H\left(\frac{1}{10}\right) \\
&= \frac{82}{100}\log\frac{100}{82} + \frac{18}{100}\log\frac{100}{18} - \frac{1}{10}\log 10 - \frac{9}{10}\log\frac{10}{9} \\
&= 0.082 + 0.133 - 0.1 - 0.045 \\
&= 0.2333(\text{bit}/\text{符号})
\end{aligned}$$

信道传输速率为

$$0.2333 \times 10^4 = 2333.3 \; (\text{bit/s})$$

而每抽样值的 $R(\delta)$ 的结果为

$$R(\delta) = \frac{1}{2}\log\frac{\sigma^2}{\delta} = \frac{1}{2}\log\frac{1}{0.1} = \frac{1}{2}\log 10 = 1.66(\text{bit/s})$$

信源输出速率为

$$1250 \times 1.66 = 2083.3(\text{bit/s}) < 2333.3(\text{bit/s})$$

由信源—信道编码定理,得

$$\frac{k}{n} \leqslant \frac{C(\bar{\beta})}{R(\bar{\delta})} \Rightarrow kR(\bar{\delta}) \leqslant nC(\bar{\beta})$$

可见在理论上是可实现的。

（2）每符号的平均费用。由

$$10^4 \times p(1) \times 10^{-5} = \frac{1.8}{60} = \frac{3}{100} \Rightarrow p(1) = \frac{30}{100}$$

$$\beta = p(1) \times 10^{-5} = \frac{30}{100} \times 10^{-5} = 0.3 \times 10^{-5}$$

可得

$$C(\beta = 0.3 \times 10^{-5})$$

$$= H\left[0.7 \times \frac{9}{10} + 0.3 \times \frac{1}{10}\right] - H\left(\frac{1}{10}\right)$$

$$= H\left(\frac{66}{100}\right) - H\left(\frac{1}{10}\right)$$

$$= 0.92 - 0.47$$

$$= 0.45(\text{bit})$$

信源输出速率为

$$0.45 \times 10^4 = 4500(\text{bit/s})$$

而每样值为

$$R(\delta) = \frac{1}{2}\log\frac{1}{0.2} = \frac{1}{2}\log5 = \frac{1}{2} \times 2.32 = 1.16(\text{bit})$$

输出信息率为

$$1.16 \times 15000 = 17400(\text{bit}) > 4500(\text{bit})$$

所以，这一组 β, δ, R 是不可实现的。

第17章 信源码智能译码技术

本章以视频编码为重点,讨论如何在译码过程中融入智能信息处理技术,提高抗御传输误码的能力,实现高效高质量信息恢复。

17.1 研究背景

17.1.1 视频编码技术发展

1. 视频编码技术

在本章以视频编码为例讨论智能信息处理与译码技术的融合,其目的是构建优化译码技术。目前,国际上视频编码标准主要有两大系列:ISO/IEC JTC1 制定的 MPEG(Moving Picture Expert Group)系列标准;ITU – T 针对多媒体通信制定的 H.26x 系列视频编码标准,如图 17.1 所示。

图 17.1　视频编码标准示意图

1) ITU – T

1988 年通过了"$p \times 64\mathrm{kb/s}(p = 1,2,3,\cdots,30)$ 视像编码标准 H.261 建议,被称为视频编码的里程碑。1996 年 5 月,ITU – T(1992 年由 CCITT 改组而成)颁布了 H.263 建议,称为"低比特率通信视频编码"。与 H.261 相比,提高了编码效率,能保证在可接受的视频质量前提下允许比 $p \times 64\mathrm{kb/s}$ 更低的信道码率。在进行短期研究中,于 1998 年 1 月,推出 H.263 +,它提供了 12 个新的可协商模式和其他特征,进一步提高了压缩编码性能。扩充了源格式,图像形状和时钟频率也有多种选择,拓宽了应用范围;另一个重要的改进是可扩展性,它允许多显示率、多速率及多分辨率,增强了视频信息在易误码、易丢包异构网络环境下的传输能力,增强了应用的灵活性。2000 年 11 月又推出 H.263 + +,新增加了三个高级模式,使其应用范围更进一步扩大、压缩效率、抗误码能力以及重建图像的主观质量等均得到了提高。长期研究中制定低比特率的视频通信新标准,即 1999 年推出的 H.26L,称为高级视频编码。

2) MPEG

1992 年 11 月,颁布了 MPEG – 1;1994 年 11 月,又推出 MPEG – 2;1999 年 1 月,推出 MPEG – 4。另一类有关视听信息处理的国际标准 MPEG – 7,MPEG – 7 的目标是"多媒体内容描述接口",只提供描述各种媒体信息的描述符,而不是具体的音像压缩算法的规则;这种描述与媒体信息的内容有关,便于用户进行基于内容和对象的视听信息的搜索和查询。1999 年,启动了与 MPEG - 7 对应的 MPEG - 21 的研究制定工作,也称为"多媒体框架"标准,2003 年公布了 MPEG - 21。其目的是为所有使用多媒体信息的用户提供透明而有效的电子交易和使用环境,使得用户能以各种方式使用分布在全球不同设备上各种各样的多媒体信息。MPEG - 21 的基本要素包括:数字项目说明、内容描述、数字项目的识别和描述、内容管理和使用、知识产权管理和保护、终端和网络、事件报告。

2001 年 7 月,MPEG 和 ITU - T VCEG 合作成立了联合视频小组 JVT,共同制定高级视频编码 AVC(Advanced Video Coding),2003 年公布结果,MPEG 称为 MPEG - 4Part10,ITU - T 称为 H. 264,全称为 H. 264/ MPEG - 4Part10。

经过 10 年的演变,音视频编码技术本身和产业应用背景都发生了明显变化,后起之秀辈出。目前,音视频产业可以选择的信源编码标准有四个:MPEG - 2,MPEG - 4,MPEG - 4 第 10 部分(Advanced Video Coding,AVC,也称 H. 264/AVC,或 H. 264),AVS(Audio Video coding Standard)。

从制定者分,前两个标准是由 MPEG 专家组完成的,第三个是 MPEG 和 ITU - T 联合制定的,第四个是我国自主制定的,我国具有自主产权。

从发展阶段分,MPEG - 2 是第一代信源标准,其余三个为第二代标准。从主要技术指标——编码效率比较:MPEG - 4 是 MPEG - 2 的 1.4 倍,AVS 和 AVC 相当,都是 MPEG - 2 的 2 倍以上。

2. 目前的发展趋势:高质量视频编码

新技术是由市场新需求推动的,视频编码技术也是在视频应用的进一步需求下得到发展的。"高质量视频"的应用是今天和未来最重要的趋势。

ITU - T SG16 VCEG(Video Coding Experts Group),为 H. 265 制定者。

H. 265 的主要特征:压缩比高,至少为目前 H. 264 的 2 倍;复杂度低,目前 H. 264 的复杂度高,不宜芯片实现;健壮性好,高压缩比的视频信息再 IP 网络上传输易误码,必须提高抗误码能力的健壮性;对 IP 网络的友好性。

应该指出,虽然有不少改进,但依然是基于方块的混合编码,无突破性进展,因此,可称为 H. 264 + 。

3. H. 265 的几个方向性研究课题

(1) 小波算法;

(2) 基于模型的混合编码;

(3) 分布式视频编码;

(4) 多描述视频编码;

(5) HVS(人的视觉系统)的利用;

(6) 利用视频信号新的数学表示。

17.1.2 MPEG - 2 中三类图像的编码方法分析

1. 三种类型图像编码

在 MPEG - 2 中将图像分为三种类型:I 图像(Intrapictures,帧内图像)、P 图像(Predicted Picture,预测图像)和 B 图像(Bidirectional Prediction 双向预测图像)。

(1) I 图像是利用图像自身的相关性压缩,提供压缩数据流中的随机存取的点,采用基于 DCT 的编码技术,编码不需要其他帧的图像作参考,这些帧图像为译码器提供随机存取的点,是预测图像(P)帧和双向预测图像(B)帧的参考图像,所以压缩率不高。具体编码过程如图 17.2 所示。

(2) P 图像是参考过去的帧内图像或者过去预测得到的图像用运动补偿预测技术进行编码,P

图 17.2 I 图像的压缩编码算法流程

图像的编码也是以图像宏块为基本编码单元。预测编码的基础是运动估值,它将直接影响到整个系统的编码效率和压缩性能,因此希望找到一种预测精度高同时计算量又小的运动估值算法。

运动估值算法被归纳为两大类:一类是像素递归算法 PRA;另一类是块匹配算法 BMA。块匹配算法则是基于当前帧中一定大小的块,在当前帧的前后帧的一定区域内搜索该像素块的最佳匹配块,做为它的预测块。块匹配算法是 MPEG 推荐使用的。

BMA 算法认为第 N 帧中的内容是由第 $N-1$ 帧中的相应部分经不同方向的平移而形成的,于是,将每帧图像分成二维的 16×16 像素的子块,假定每个子块内的像素都做相同的平移运动,在其相邻帧中相对应的几何位置周围的一定范围内,通过某种匹配准则,寻找这些 16×16 像素块的最佳匹配块,一旦找到,便将最佳匹配块与当前块的相对位移 (dx,dy),即通常所说的运动矢量送出,并传输到接收端。

实际应用时,只将运动矢量 (dx,dy) 及最佳匹配块与当前块之间的差值块一起编码传输。在接收端,通过运动矢量在已经恢复的相邻帧中找到当前块的最佳匹配块,并与接收到的差值相加恢复出当前块,这就是运动补偿的基本过程。

2. 运动补偿压缩编解码技术

第一步:将储存的前帧与运动矢量相比较(实为相加),产生当前估计帧。

第二步:当前估计帧与差值相比较(实为相加),产生当前帧。显然,这个再生的当前帧已非常接近当前帧,故可输出及储存起来作为下一时刻的前帧使用,如图 17.3 所示。

第三步:B 图像在预测时,既可使用前一个图像作参照,也可使用下一个图像作参照或同时使用前后两个图像做为参照图像,它的压缩率最高,但双向预测图像不做为预测的参考图像。因此,对 B 图像而言,在 B 帧中的每一个宏块既可以是前向预测方式,也可以是后向预测方式,还可以是双向预测后取平均方式,当然也可以是帧内方式,其相应的 16×16 宏块也有四种类型:

(1)前向预测宏块(Forward Predicted Macroblock),简称 F 块;

(2)后向预测宏块(Backward Predicted Macroblock),简称 B 块;

(3)平均宏块(Average Macroblock),简称 A 块;

(4)帧内宏块(Intra Macroblock),简称 I 块。

3. MPEG - 2 视频流分层结构分析

为了便于误码处理、随机搜索及编辑,并考虑到与 MPEG - 1 兼容,MPEG - 2 将视频编码数据划

图 17.3   运动补偿压缩编码的基本过程

分为 6 层数据结构。从上到下依次为:视频序列层、图像组层、图像层、像条层、宏块层和像块层,每层都有确定的功能与其对应。MPEG - 2 图像层结构如图 17.4 所示。

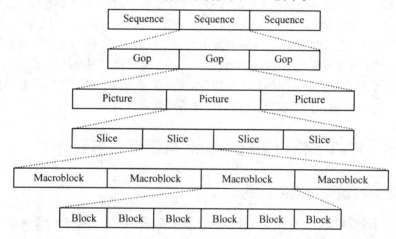

图 17.4   MPEG - 2 数据结构

1)视频序列层(Sequence)

序列指构成某路节目的图像序列,序列起始码后的序列头中包含了图像尺寸,宽高比,图像速率等信息。序列扩展中包含了一些附加数据。为保证能随时进入图像序列,序列头是重复发送的。

2)图像组层(Gop)

序列层下是图像组层,一个图像组由相互间有预测和生成关系的一组 I、P、B 图像构成,但头一帧总是 I 帧。Gop 头中包含了时间信息。

3)图像层(Picture)

图像组层下是图像层,分为 I、P、B 三种类型。PIC 头中包含了图像编码的类型和时间参考信息。

4)像条层(Slice)

图像层下是像条层,一个像条包含一定数量的宏块,其顺序与扫描顺序一致。

5)宏块层 MB(Macroblock)

像条层下是宏块层。MPEG - 2 定义了三种宏块结构:4:2:0 宏块、4:2:2 宏块和 4:4:4 宏块,分别代表构成一个宏块的亮度像块和色差像块的数量关系。

4:2:0 宏块中包含四个亮度像块、一个 Cb 色差像块和一个 Cr 色差像块;4:2:2 宏块中包含四个亮度像块、两个 Cb 色差像块和两个 Cr 色差像块;4:4:4 宏块中包含四个亮度像块、四个 Cb 色差像块和四个 Cr 色差像块。这三种宏块结构实际上对应于三种亮度和色度的抽样方式。

6) 像块层(Block)

宏块层下是像块层,像块是 MPEG－2 码流的最底层,是 DCT 的基本单元。

17.1.3 抗误码技术的现实需求

信源编码追求的目标之一就是高压缩比,为此,研究创造了一系列去相关技术和最大熵编码技术,由于好的熵编码,其特征之一就是码字均为变长度码且码字之间无标识符,这样就使得熵编码具有严重的误码扩散特性,即 1bit 的误码可能导致若干扫描线无法恢复,甚至整个页面无法恢复。如何在接收端的译码过程中,发现错误、定位错误和纠正错误,实现高质量的信源信号恢复,是当前有意义、有需求的研究课题。

关于图像与视频接收端的抗误码技术,目前,包括错误隐藏、尽早同步和纠错译码三种技术。信源码的纠错译码算法在对错误进行纠正后能够完全还原原始图像,但其运算量随纠错能力的增强而迅速增长。尽早同步则是在检测到误码时,通过分析码流中的各种特征,尽早达到再同步的技术,可以无失真的还原同步点之后的数据,在一定程度上减少了信息损失,但却主动放弃了错误区域的信息恢复。错误隐藏技术则是利用已获取的邻域图像近似还原含错的图像部分,虽然很难无失真还原原始信息,但可以尽量弥补已经丢失的信息,且其运算量是可以控制的。如何针对具体情况采用最合适的抗误码技术,实现最佳信息恢复,需要研究新的抗误码机制。

17.2 信源码抗误码译码新理论与新技术

17.2.1 信源码抗误码译码新机制

在信源码译码过程中,充分发挥三种技术各自的优势,并有效融合智能处理技术,一种新的抗误码机制如图 17.5 所示。

图 17.5 信源译码抗误码新机制

(1) 总体思想。将译码理论技术与模式识别、智能搜索、计算机视觉等智能理论技术进行有机融合,实现高性能的抗误码恢复,具体包括码流中误码识别与图像域错误块的模式识别的融合,智能搜索与误码定位纠正的融合,计算机视觉与容错恢复的融合,纠错、隐藏与尽早同步的融合。

(2) 关于误码检测(或称误码识别)。误码检测其本质是图像块是否为错误块的二分类问题,在本节提出的抗误码新机制中,误码检测是所有抗误码技术的前提,这里将人工智能领域的模式识别理论引入误码检测中,使用基于编码语法悖论的误码识别与译码恢复图像域错误检测技术相融合的技术。基于语法规则的误码识别可以准确的将部分误码识别出来,对于语法规则未检测到的误码,使用传统的基于统计的模式识别和基于支持矢量机的模式识别相结合的技术进行检测,有效提高了错误的总体检测率。

(3)关于纠错译码。当检测到误码并确定了错误区域时,采用基于假设检验的误码定位策略。所谓"假设",是一种误码搜索技术,其实质就是与检验准则相结合的"正确比特序列"的识别。一是研究了基于概率统计的局部搜索策略,这种策略的实质是基于训练指导的"正确比特序列"的识别,其目的是缓解高纠错能力与高运算量的矛盾;二是研究了基于编码分析成果的高权重比特域的局部搜索策略。关于检验准则,其实质是与搜索相匹配实现误码精确定位的判决准则,包括压缩域和恢复图像域两大类若干准则。

(4)关于错误隐藏。图像视频具有复杂性和多样性,很难设计一种通用的效果好的错误隐藏算法。根据计算机视觉原理,由于人眼感知中的注意机制,即在某一时刻表现为对一定对象的指向和集中,而忽略其余对象。在设计错误隐藏算法时,首先识别分割不同区域、不同对象,对不同区域采取不同的隐藏策略,对重点对象进行重点精细隐藏,是一种基于对象的智能处理技术,可以获得总体优化的效果。

(5)关于抗误码技术的融合。在对含错图像视频进行恢复时,根据对象不同采取不同的抗误码策略,同样可以看作是一种基于对象的智能处理技术。

17.2.2　视频信源码抗误码译码新技术

信源码纠错译码技术、尽早同步技术、错误隐藏技术各有其优缺点,纠错译码技术虽然在错误得到纠正的情况下可以完全正确的还原原始信息,但其运算量却随着纠错能力的提高成指数级增长。在某些情况下,由于人眼的视觉冗余,丢失图像的近似估计已经能够满足信息获取的需要。信源解码抗误码新机制其实质是以上三种抗误码技术的有机融合,根据具体对象的不同,其融合的方法不同,目的都是综合三种抗误码技术,充分发挥各自的优势,较好地缓解抗误码性能与运算速度之间的矛盾。本节以 MPEG-2 为例介绍抗误码融合技术,该技术的具体步骤:当通过错误检测算法检测到误码后,根据一定的条件检测,择优选择纠错译码技术和错误隐藏技术;若使用纠错译码技术无法实现有效的错误区域定位或无法完成误码纠正时,根据编码类型的不同,判断是否可实现尽早同步或者错误隐藏,使用不同的策略进行容错处理,尽量挽回信息损失,如图 17.6 所示。

下面我们介绍 MPEG-2 中帧内编码帧抗误码融合技术。

MPEG-2 是视频标准,视频序列是由一系列相关的单帧图像组合而成,就其每一帧来说是单幅图像,尤其是帧内编码帧,与静止图像 JPEG 编码相似,用于 MPEG-2 帧内编码帧的抗误码技术同样适用于 JPEG 图像。在视频通信中,针对误码常用的后处理方法是错误隐藏技术。由于 MPEG-2 解码第一个环节是熵解码,在静止图像中使用的纠错译码算法在此处也具有借鉴意义,但同样面临计算量大的问题。最后,由于 MPEG-2 可以进行尽早同步,属于图 17.6 中类型 1 的编码类型,最终设计出融合纠错译码、尽早同步和错误隐藏的抗误码技术。

1. 基于假设检验的纠错译码算法

先给出算法中假设的错误模式,整个算法的设计和实现都建立在这些假设基础之上。

(1)假设错误只发生在 DCT 块编码数据比特流中,在码流数据的各层码头数据中没有比特错误。

(2)假设信道噪声和干扰的影响只是使得编码数据的数值发生改变,即由"0"错成"1",或者由"1"错成"0",编码数据中比特数目没有发生变化,没有出现增加或者缺失。

图 17.6　信源解码抗误码融合技术

（3）将宽度小于 H 的多比特错误称为一处错误,假设每一个 DCT 块编码数据中只有一处比特发生错误。

1）误码检测技术

本节设计了基于多特征的视频分级误码检测算法,在 SVM 检测前先后进行了基于语法规则的误码检测和基于安全阈值的误码检测,算法框如 17.7 所示。

图 17.7　基于多特征的视频分级误码检测算法框图

（1）基于语法规则的误码检测技术。语法规则,就是大家说话时必须遵守的习惯,它是客观存在的,而不是语言学家规定的。语言学家只是对其进行归纳、整理,并选择恰当的方式把它们描写出来。基于语法规则的错误检测即是根据已经存在的编码协议总结出可以用来检测错误的方法,目前使用较广,虽然误检率为 0,但正确检测率却很很低。MPEG - 2 基于语法规则的误码检测技术可归纳如下:

① VLC 码字无法映射到 VLC 码表中;

② 预知或保留参数出现未定义的数值;

③ 错误运动矢量,如超越图像边界;

④ 一个 DCT 块的系数超过 64 个;

⑤ 一个 slice 的解码宏块出现不等于其应有的宏块个数;

⑥ I 帧中有宏块被跳过（macroblock _address _increment 不等于 1）;

⑦ 同步头出现错误。

将上述解码误码检测条件写入解码器,在译码过程中,只要有其中一个条件满足,则终止译码,判断当前宏块为错误宏块。该步错误检测融合在解码过程中,不消耗计算量,且误检率为0。

（2）基于安全阈值的误码检测。首先提取图像块相关的特征值。

① 边界像素均值差异（Average Inter - Sample Difference across Boundaries, AIDB）,即

$$\text{AIDB}(M:X) = \Big[\sum_{i=1}^{K} |p_i^{\text{in}} - p_i^{\text{out}}| \Big] / K$$

式中:M 表示当前宏块;X 表示相邻已译码的正确宏块;p^{in} 表示当前宏块位于边界的像素值;p^{out} 表示相邻宏块位于边界的像素值;K 是边界长度,对于宏块 $K = 16$。

② 内部边界像素均值差异（Internal AIDB, IAIDB）,即

$$\text{IAIDB} = \frac{1}{2K} \Big\{ \sum_{i=1}^{K} |p_i^{\text{above}} - p_i^{\text{below}}| + \sum_{i=1}^{K} |p_i^{\text{left}} - p_i^{\text{right}}| \Big\}$$

式中:p_i^{above} 和 p_i^{below} 分别是宏块内部 DCT 块的上下边界的像素值;p_i^{left} 和 p_i^{right} 分别是宏块内部 DCT 块的左右边界的像素值。

对各维特征进行分析,由相关文献可知,AIDB 无论对于亮度分量还是色度分量存在安全阈值,而 IAIDB 仅对于亮度分量存在安全阈值,因此当图像块通过基于语法规则的误码检测算法检测未发现误码时,首先依次提取以上所述特征,进行阈值判断,只要某一个特征超过安全阈值便可以很快速地判断当前检测块为错误宏块,而不需要再提取其他特征。

（3）基于 SVM 的错误检测。若被检测图像块通过阈值检测也未发现误码时,则进行基于 SVM 的错误检测,此时需进一步提取相关的特征值。

① 平均像素差异（Mean Pixel Difference, MPD）,即

$$\text{MPD}_4 = \Big| \overline{p_0} - \frac{1}{n} \sum_{m=1}^{n} \overline{p_m} \Big|$$

式中:$\overline{p_0}$ 为当前宏块的像素平均值;$\overline{p_m}$ 为相邻第 m 个宏块的像素平均值。

② DCT 块平均像素差异（DCT Mean Pixel Difference, DCT MPD）,即

$$\text{MPD}_3^{\text{block}} = \Big| \overline{p_0} - \frac{1}{3} \sum_{m=1}^{3} \overline{p_m} \Big|$$

式中:$\overline{p_0}$ 为当前宏块中某一个块的像素平均值;$\overline{p_m}(m = 1, 2, 3)$ 为其他三个块的像素平均值。

③ 帧间平均差值（Average Difference across Frames, ADF）,即

$$\text{ADF} = \frac{1}{N \times N} \sum_{i=0}^{N-1} \sum_{j=0}^{N-1} |p_{(i,j)}^{\text{cur\_mb}} - p_{(i,j)}^{\text{pre\_mb}}|$$

式中:$p_{(i,j)}^{\text{cur\_mb}}$ 为当前宏块位置 (i,j) 上的像素值;$p_{(i,j)}^{\text{pre\_mb}}$ 为参考帧中用来预测当前宏块的宏块位置 (i,j) 上的像素值,该特征利用了视频的时间相关性。对于宏块,此处 $N = 16$。

将 MB 所有特征值提取后送入使用这些特征预先训练过的 SVM 进行检测,获得最终的检测结果,最终确定该宏块是否包含误码。

2）误码纠正技术

从 MPEG - 2 语法可知,霍夫曼码是解码的第一个环节,在这一环节上若能纠正错误,对于提高解码质量至关重要。因此,将重点研究霍夫曼码的纠错译码算法。在将误码定位到某 MB 后,就可以进一步定位误码的位置,我们采用了"区域定位"与"精确定位"相结合的误码搜索定位与纠正策略。

（1）误码区域定位。在确定了第一个错误 MB 的基础上,初步将误码位置定位在该 MB 的起始

位置 P 后的 b 比特(b 是该算法中的第一个可设置参数,为防止错误位置在宏块码流中偏后,b 取值可适当偏大)的区域内,在该区域内进行错误搜索。

（2）误码搜索定位与纠正。先定义一个长度为 w 比特的滑动窗口,w 是该算法中的第二个可设置参数。纠错时,算法假设每一处误码宽度小于 w,错误的比特数小于 n,n 是该算法中的第三个可设置参数。基于宏块的 MPEG2 纠错译码算法流程如图 17.8 所示,误码搜索的具体步骤如下:

① 从 P_M 位置开始,先假设该 MB 前 w 个比特中含有错误,错误的形式是其中任意不超过 n 个比特的所有组合方式中的一种,对假设的错误比特进行反转。

② 从该 MB 开始,对反转处理后的新数据继续进行译码。

③ 比特反转后继续译码的过程中,仍采用错误发现技术中的准则,对每次译码过程进行检验,在该条带译完前若没有再次检测到错误,则认为对该处错误纠错成功,保存反转方案,退出纠错程序。

④ 若再次检测到了错误,则认为此次反转方案不是成功的纠错方案,还原反转过的比特。

⑤ 判断是否已经对定位的误码区域中的数据全部做过处理,如果是,则认为纠错失败,对当前条带该 MB 及以后的宏块进行错误隐藏。

⑥ 如果还没有对整个误码区域中数据全部做过处理,则接着对数据做另一种形式的反转,返回步骤②继续译码。

图 17.8　基于宏块的 MPEG2 纠错译码算法

2. 抗误码融合技术

在某些情况下,如误码发生在平坦区域,通过一个好的错误隐藏算法能够将错误隐藏起来而不被人眼察觉,很好的弥补信息的损失。但在某些情况下,如误码发生在纹理复杂区域,虽然误码率不高,甚至是 1 比特误码,就可能会造成整个条带的错误,而目前的错误隐藏算法又无法很好的隐藏纹理复杂区域而不被人眼察觉,同时错误会在时域上继续传播下去,造成视频恢复质量的明显下降。此时若在错误隐藏前进行一定的纠错处理,若能纠正错误,哪怕是单比特错误,就会还原出正确的译码结果,达到所有隐藏算法都无法达到的效果。据此设计了 MPEG-2 帧内编码帧抗误码融合技术,

274

具体流程图如图 17.9 所示,其主要步骤如下:

(1)在译码过程中,当检测到错误宏块时,首先统计周边相邻正确接受的宏块中 DCT 编码块的 DCT 系数,计算各自的交流系数绝对值之和 T_{AC},当 T_{AC} 小于预定的阈值 T_{THR} 时,判定图像块为平坦块。

(2)若与出错宏块相邻的 DCT 块都为平坦块,则判定出错宏块为平坦块,使用错误隐藏技术恢复错误宏块。

(3)否则从该宏块编码数据的开始位置尝试纠错译码,若成功纠错则输出恢复图像,否则使用尽早同步算法,最后对仍未恢复或者错误的宏块使用错误隐藏技术进行处理。

图 17.9　MPEG - 2 码抗误码融合技术流程图

3. 错误隐藏技术

在纠错译码失效或基于运算量缩减而退出纠错译码时,记录该宏块在当前帧中的位置,当该帧译码结束时转入错误隐藏环节。对于记录的宏块以及其所在条带中后续的宏块都依次进行错误隐藏。受损的 I 帧,由于缺少参考帧,一般在帧内进行空域错误隐藏,利用相邻接收的边界像素值插值出丢失宏块的像素值,特别是对于序列的第一个 I 帧。在本算法中,错误隐藏采用经典的双线性插值算法。

双线性插值算法对丢失宏块内的一个特定像素,利用水平和垂直方向四个相邻宏块边界像素的加权值得到此像素的恢复值,权值与此像素到边界像素的距离成反比,用公式表示为

$$p_{ij} = \left(\sum a_i \times (n - d_i) \middle/ \sum (n - d_i) \right)$$

式中: $p_{i,j}$ 为丢失像素; a_i 为相邻宏块的边界像素; n 为宏块的垂直或水平尺寸大小; d_i 为像素 a_i 到像素 p_i 的距离。

如图 17.10 所示,若丢失宏块的相邻宏块也丢失,则该相邻宏块的边界像素不参与加权插值;若丢失宏块相邻完好宏块的个数小于两个,则掩盖相邻宏块的边界像素也参与到此加权插值过程中。

图 17.10　双线性插值错误隐藏

17.2.3　试验结果

本算法在多组 MPEG - 2 视频序列中进行试验,这里给出视频序列图像试验结果,对恢复图像的质量,采用 PSNR 和主观观测相结合的方法作为衡量标准,图 17.11 显示了各种方法处理后前 10 帧的峰值信噪比,可见,一旦错误得到纠正,则图像的信噪比将得到大幅的提高,即使未能准确纠正错误,在纠错过程中,会恢复出错误检测算法检测不出的图像块,同样有效地提高了视频恢复质量。图 17.12 则给出了第一帧的原始图像、受损图像、错误隐藏图像和错误处理图像的实际效果图。参数集$(b、w、n)$对算法纠错性能的影响以及 H 的含义与 JPEG - 2000 纠错译码算法中相同,b,w,n 的值越大纠错能力越强,但同时带来的是计算量指数级的增长,因此根据视频较高的实时性要求以及人眼对视频序列的掩蔽效应,融合入错误隐藏技术会取得很好的效果。

图 17.11　各种方法处理后前 10 帧的峰值信噪比的统计结果

(a)　　　　　　　　　　　　　　　　(b)

276

(c)   (d)

图 17.12 第一帧经各种算法处理后恢复的效果图
（a）原始图像；（b）直接译码,PSNR=15.2dB；
（c）错误隐藏,PSNR=34.6dB；（d）抗误码融合技术,PSNR=46.1dB。

17.3 MH 码抗误码融合新技术

MH 编码是 ITU T.4 中应用于三类传真机的信源压缩编码方式,MH 码与 MMR 码的主要不同是只使用了一维编码,而没有使用二维编码,即直接对黑白游程的长度进行霍夫曼编码。虽然 MH 码压缩比不如 MMR 码,但根据传输码流协议,在每条扫描线的编码数据之前添加了行同步码 EOL "000000000001",这将错误的扩散限制在一条扫描线范围内,同时为错误隐藏提供了条件,在当前扫描线出错时,复制上一扫描线的黑白游程填补当前行,即误码补偿机制,其本质是一种空域错误隐藏策略。基于假设检验的纠错译码算法,可纠正一定范围内的误码,无失真的还原原始图像,但其运算量随纠错能力的提高而迅速增长。因此,我们设计了融合纠错译码和错误隐藏的抗误码技术。

17.3.1 基于假设检验的纠错译码算法

此处使用的基于假设检验的 MH 码纠错译码算法与基于假设检验的 MMR 码纠错译码算法框架相同,不同的是误码发现技术和误码区域定位。MH 码误码发现技术包括五个错误检查条件:

（1）无效的码字,出现码表中没有的码字;

（2）形成码的后面跟的不是终止码;

（3）零游程的终止码既不是出现在一条扫描线的开头也不是跟在形成码后面;

（4）接收到 EOL 码字之前扫描线像素总和超过标准长度;

（5）扫描线像素总和达到标准长度之前出现了 EOL 码字。

在误码定位时,由于编码协议中每行数据之间存在同步码,则可以很容易的将误码定位到当前编码数据中。

17.3.2 误码补偿新机制

协议中使用的误码补偿是简单的使用上一行黑白游程序列替代当前扫描线,只使用了与相邻一条扫描线之间的相关性,会出现"轨道"型传真副本,这里提出一种新的误码补偿机制,根据出错扫描线的邻域情况,使用相邻多条扫描线数据对出错扫描线进行补偿。

（1）错误扫描线只有单侧有相邻可利用的(正确接收或是已经纠错或隐藏恢复)扫描线。若只有一条可利用的扫描线,则直接使用该扫描线的黑白游程序列替换当前扫描线。若存在两条可利用的扫描线,则根据像素的变化趋势将相邻扫描线上的黑像素投影到当前行,具体步骤如下:

① 将当前扫描线像素全置为白像素。

② 使用如图 45 所示的模板将相邻扫描线上的黑像素投影到当前行,图 17.13 中各模板通过使用一定量的传真样张训练而来,其中心像素 P 表示相邻扫描线待投影的黑像素,A、B、C 分别表示当前扫描线与 P 相邻的三个像素,根据具体情况不同,投影后的黑像素个数大于等于 1,被重复投影的像素点仍保持黑像素不变。

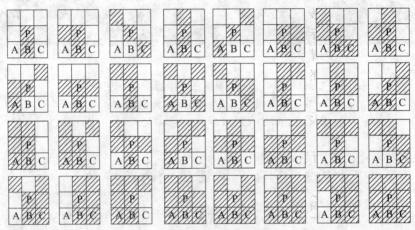

图 17.13　误码补偿投影模板

（2）当错误扫描线上下两侧都有相邻可利用的扫描线时,则分别在两侧使用上面提到的单侧误码补偿机制,被重复投影的像素点仍保持黑像素不变。

在实现时为了防止在突变点沿斜率方向一直延伸出去而产生毛刺,在补偿前先进行字符垂直分割,将补偿限制在一定水平范围内。如图 17.14 所示,字符"0"在使用新的误码补偿机制时,由于丢

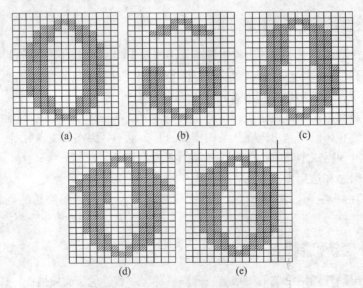

图 17.14　不同误码补偿机制示例

（a）原始图像；（b）错误图像垂直分割边界；（c）原误码补偿；

（d）本误码补偿第一步；（e）本误码补偿第二步。

278

失边界的斜率分别为45°和135°,按照新的误码补偿机制,将会产生如图17.14(d)所示的毛刺,通过垂直分割的限制,去除超过分割范围内的黑像素,将得到如图17.14(e)所示的最终结果。

17.3.3　抗误码融合技术

MH 码译码时,若误码率较高,会造成连续的扫描线译码错误,若使用传统的误码补偿机制,将出现"轨道"型传真副本,不但影响视觉效果,严重的会影响信息获取,此时尝试使用纠错译码算法纠正错误,若纠错失败再使用误码补偿,将能很好的提高图像恢复质量。当误码率不高时,少数行使用误码补偿,人眼视觉上并不易发现,更不影响信息获取。据此设计了 MH 码二值图像抗误码融合技术,具体流程图如图 17.15 所示,其主要步骤如下:

(1)在译码过程中,标记出错的扫描线,译码完成后,对错误扫描线分布进行统计。若错误扫描线为孤立扫描线,即其上下相邻的若干条扫描线内无第二条错误扫描线,则使用新误码补偿机制处理当前扫描线。

(2)否则将误码定位在当前扫描线范围内,使用滑动窗口在当前行数据流内进行假设检验纠错译码,若纠正则输出译码结果。

(3)否则纠错失败,再使用新误码补偿机制处理当前扫描线。

图 17.15　MH 码抗误码融合技术流程图

17.3.4　试验结果

选一份误码率较高的 MH 码传真报文,分别采用误码补偿技术、新误码补偿技术和抗误码融合技术进行处理,当直接使用原误码补偿机制对错误行进行处理时,会出现明显的"轨道型"样张,尤其是当紧邻出错行的上一行为全白线时,则会出现使用白线进行补偿的后果。新的误码补偿机制不但考虑了垂直像素的变化趋势,而且从上下两个方向进行补偿,取得了明显的改进效果。当使用抗误码融合技术时,在误码补偿前对错误错线密集的区域进行了试纠错处理,当错误得到纠正时,完全还原了原始信息。

参 考 文 献

[1] 刘立柱. 概率与模糊信息论及其应用. 北京:国防工业出版社,2004.

[2] 刘立柱,等. 无失真信源编码纠错译码理论与技术. 北京:国防工业出版社,2008.

[3] 丁志鸿. 图像与视频含错恢复技术研究[D]. 郑州:解放军信息工程大学,2011.

[4] 刘立柱. 传真信号和传真图像处理原理与技术. 北京:国防工业出版社,2006.

[5] (美)MeEliece RJ. The Theory of Information and Coding. Addison – Wesley Publishing Company,1968.

[6] 付祖云. 信息论 – 基础理论及应用(第 2 版). 北京:电子工业出版社,2007.

[7] 钟义信. 信息科学原理. 北京:北京邮电大学出版社,2002.

[8] (印度)Amitabh Kumar. 移动电视:DVB – HDMB3G 系统和富媒体应用. 刘荣科,等译. 北京:机械工业出版社,2009.

[9] 曹雪虹. 信息论与编码. 北京:清华大学出版社,2009.

[10] 陈运,等. 信息论与编码. 北京:电子工业出版社,2006.

[11] 姜丹. 信息论与编码(第 2 版). 合肥:中国科学技术大学出版社,2009.

[12] 冯桂,等. 信息论与编码技术(第 2 版). 北京:清华大学出版社,2011.

[13] 沈世镒,陈鲁生. 信息论与编码理论(第 2 版). 北京:科学出版社,2010.

[14] 姜楠,等. 信息论与编码理论. 北京:清华大学出版社,2010.

[15] 隋晓红,等. 信息论与编码. 北京:北京大学出版社,2011.

[16] 田宝玉. 工程信息论. 北京:邮电大学出版社,2004.

[17] (美)David Salomon. 数据压缩原理与应用. 吴乐南,等译. 北京:电子工业出版社,2003.

[18] 王军选,等. 信息论基础与编码. 北京:人民邮电出版社 ,2011 .

[19] (俄)K. K. 科林. 信息科学中的哲学问题. 邬焜,译. 北京:中国社会科学出版社,2012.

[20] 刘东华. Turbo 码原理与应用技术. 北京:电子工业出版社, 2004.

[21] 刘峰. 视频图像编码技术及国际标准. 北京:北京邮电大学出版社,2005.